U0936032

中国广西大型真菌

吴兴亮　谭伟福　宋 斌　彭定人　吴望辉　　等 著

科技基础工作专项（2014FY120100）资助项目

中国林業出版社

·北 京·

《中国广西大型真菌》简介

广西地处华南，自南向北依次跨越北热带、南亚热带和中亚热带，境内山峦起伏，森林广袤，植被类型多样，为大型真菌的生长、繁殖和演化提供了良好的生态环境。为了系统地研究广西大型真菌资源，笔者在西南地区微生物多样性专项、多项国家自然科学基金项目和多项省部级项目的资助下，自2000年起进行了长期的调查。以现代分类系统为依据，从3600多号广西真菌标本中系统整理出大型真菌1145种，重点描述了其中513种的宏观形态特征，并附有彩色生境照片、文献引证、生境、分布和用途等。《中国广西大型真菌》图文并茂，按Kirk et al. (2008) 最新分类系统排列，直观地记载了广西常见和有代表性的真菌种类，是一本集科学与艺术于一体，集研究与科普于一体的精美图书。

本书可供从事微生物研究的科研人员及高等院校相关专业的师生参考。

图书在版编目（CIP）数据

中国广西大型真菌 / 吴兴亮等著. -- 北京 : 中国林业出版社, 2021.1
ISBN 978-7-5219-0468-0

Ⅰ. ①中… Ⅱ. ①吴… Ⅲ. ①大型真菌－广西－图集 Ⅳ. ①Q949.320.8-64

中国版本图书馆CIP数据核字(2020)第021610号

责任编辑：陈 惠　马吉萍　吴 卉
封面、装帧设计：刘 敏　张 肖

出版：中国林业出版社（100009 北京西城区刘海胡同7号）
网站：https://www.forestry.gov.cn/lycb.html
印刷：北京雅昌艺术印刷有限公司
发行：中国林业出版社
电话：（010）83143500
版次：2021年1月第1版
印次：2021年1月第1次
开本：889mm×1194mm 1/16
印张：28.5
字数：910千字
定价：680.00元

《中国广西大型真菌》著者名单

主要著者：吴兴亮　谭伟福　宋　斌　彭定人　吴望辉

其他著者：巨文珍　李　满　龙植豪　罗开文　覃　婷　覃永华　连　宾　文庭池
汪建文　王绍能　李常春　覃世赢　王海京　韦立权　黄　浩　邓春英
张定亨　刘　宏　谭周荣

吴兴亮（1954—），海南大学二级教授，享受国务院政府特殊津贴，2019年获中共中央、国务院、中央军委颁发的《庆祝中华人民共和国成立70周年》纪念章。曾任海南大学和贵州科学院科研处处长，主要从事真菌分类学研究，百余次赴海南、广西等地原始森林野外调查研究，对热带大型真菌研究尤为感兴趣。主持国家自然科学基金项目4项。出版《中国灵芝图鉴》等著作10部，发表论文128篇。获省科技进步奖一等奖2项，二等奖3项，三等奖2项和教育部自然科学奖二等奖1项。

谭伟福（1963—），二级教授级，广西壮族自治区林业勘测设计院副院长，享受国务院政府特殊津贴。长期从事森林、湿地和野生动植物研究，以及生物多样性资源调查、规划和保护研究。先后主持和参与完成相关项目逾百项，参与多项生物多样性国际合作项目，获省部级科学技术进步奖3项，社会科学优秀成果奖4项，全国林业优秀工程咨询奖10项，主持制订地方技术标准3件，出版著作12部，发表论文近30篇。

宋斌（1964—），三级研究员，享受国务院政府特殊津贴，中国菌物学会理事。主要从事微生物资源调查与开发利用研究。主持或参与国家及省部级科技项目超过30项。合作发表论文超100篇，合作出版《中国药用真菌》（2013）、《中国热带真菌》（2010）、《中国食药用菌学》（2010）、《中国真菌志》（第二十八卷）（2006）、《中国真菌志》（第二十三卷）（2005）、《中国真菌志》（第十一卷）（1999）、《海南伞菌初志》（1997）、《中国真菌志》（第四卷）（1996）等学术专著10部。获得国家授权发明专利20件；参编国家标准1件。获得省部级科学技术奖一等奖3项、二等奖2项和三等奖5项。

前 言

所谓大型真菌，泛指广义上的蘑菇或蕈菌，是一类能产生大型子实体的真菌，其担子果肉眼可见、双手可摘，形状和大小各异。在系统分类上，它们隶属于真菌界的担子菌门和子囊菌门，其中大多数属于担子菌门，少数属于子囊菌门。在已知的10多万种真菌中，子囊菌门种类最多，约6万多种，除了地生或木生的种类外，还有相当数目的植物或动物的寄生真菌或病原真菌；担子菌门则是个体普遍较大、形态多种多样的一类高等真菌，约3万种。

绝大多数大型真菌是有益的种类，如著名的食用菌香菇、木耳、东方喇叭菌、松乳菇、红汁乳菇，又如著名的药用真菌灵芝和虫草，还有许多食用兼药用的种类如银耳、竹荪、牛舌菌。当然，也有一些是致命的剧毒种类，如灰花纹鹅膏、小豹斑鹅膏、鳞皮扇菇等。此外，还有一些与树木关系密切的菌根真菌和森林病害的病原真菌等。

广西壮族自治区地处云贵高原东南边缘，南临北部湾，与海南省隔海相望，东连广东，东北接湖南，西北靠贵州，西邻云南，西南与越南毗邻。陆地区域面积23.67 km^2，山多地少，地势由西北向东南倾斜，四周山地环绕，略呈盆地状。广西属亚热带季风气候区，北回归线横贯中部，低平地区从北到南平均气温17~22℃；最冷月（1月）平均气温5.5~15.2℃，最热月（7月）平均气温27~29℃；南部和中部地区基本是长夏无冬、春秋相连，北部地区则冬短夏长、四季分明。年降水量1100~2823 mm，东兴、昭平和永福附近的3个多雨中心年平均降水量在1900 mm以上，以百色为中心的右江河谷及其上游的隆林、西林和以宁明为中心的明江、左江河谷至邕宁一带为少雨地带，年平均降水量在1200 mm以下。广西植被类型复杂多样，自南向北依次分布着北热带季雨林、南亚热带季风常绿阔叶林、中亚热带典型常绿阔叶林及其垂直带谱，广阔的喀斯特地貌区还分布有北热带石灰岩季雨林和石灰岩常绿落叶阔叶混交林。广西自然生态环境优越，生物多样性十分丰富，已知野生维管束植物297科1820属8562种，陆生野生脊椎动物4纲39目150科1149

种，是我国生物多样性研究的热点地区。

真菌区系与高等植物区系有着密切的关系，大型真菌物种与区系亦有着其鲜明的特点。过去虽有部分菌物学者对广西的大型真菌做过一些考察研究，但报道不完整或比较零散，对大型真菌物种多样性及其区系研究缺乏系统性。20世纪70年代以来，国内菌物学者对广西大型真菌调查研究有一定的加强，但由于经费、交通等因素的限制，一直未能全面系统地深入调查研究，大型真菌资源情况尚未十分清楚。

2000年以来，我们陆续在十万大山、岑王老山、大瑶山、猫儿山、岑王老山、大明山、花坪、银竹老山、邦亮、崇左、雅长、弄岗、金钟山、防城金花茶等15个国家自然保护区，以及广西其他省级自然保护区和林区开展大型真菌考察与研究，积累了大量大型真菌标本和彩色照片，从3600多号标本中系统整理出大型真菌1145种，并选择其中常见和有代表性的种类编写成这本图文并茂的《中国广西大型真菌》。本书以现代分类系统为依据，详细描述了513种大型真菌的宏观和微特征，每种附有文献引证、生境、分布和用途。

在本书的编写过程中，先后得到海南大学、科技部、国家自然科学基金委员会、中国科学院微生物研究所、中国科学院真菌地衣系统学重点实验室、贵州科学院、广西林业厅保护处、广西林业勘测设计院以及各自然保护区管理机构的支持与帮助。参加广西大型真菌野外调查研究的还有李泰辉、李传华、邹方伦、杨友联等。除本书作者外，提供摄影照片均已署名。在此，对所有给予支持和帮助的单位和个人表示最衷心的感谢。

吴兴亮

2020年12月

目　录

中国广西大型真菌
名　录
Checklist

子囊菌 Ascomycota

1. 白壳白毛盘菌 *Albotricha albotestacea* (Desm.) Raitv.，生于单子叶植物的茎和叶鞘上。
2. 广西白毛盘菌 *Albotricha guangxiensis* W. Y. Zhuang，生于茅草叶鞘、茎秆及竹茎上。
3. 橙黄网孢盘菌 *Aleuria aurantia* (Pers.) Fuckel，生于林地上。
4. 棕榈黑盖壳 *Anthostomella contaminans* (Durieu & Mont.) Sacc.，生于腐木上。
5. 金蛛盘菌 *Arachnopeziza aurata* Fuckel，生于腐木上。
6. 角蛛盘菌 *Arachnopeziza cornuta* (Ellis) Korf.，生于腐木上。
7. 土粪盘菌 *Ascobolus carbonarius* P. Karst.，生于牛粪上。
8. 牛粪盘菌 *Ascobolus furfuraceus* Pers. = *Ascobolus stercorarius* (Bull.) J. Schröt.，生于牛粪上。
9. 假炭豆 *Astrocystis mirabilis* Berk. & Broome，生于腐木上。
10. 球孢白僵菌 *Beauveria bassiana* (Bals.-Criv.) Vuill.，寄生于多种昆虫的幼虫、蛹及成虫上。
11. 橘色小双孢盘菌 *Bisporella citrina* (Batsch) Korf & S. E. Carp.，生于阔叶树的枯枝上。
12. 白蜡钉菌 *Bisporella pallescens* (Pers.) S. E. Carp. & Korf = *Helotium pallescens* (Pers.) Fr.，生于阔叶林潮湿的枯枝上。
13. 深红布莱克氏霉 *Blackwellomyces cardinalis* (G. H. Sung & Spatafora) Spatafora & Luangsa-ard，寄生于鳞翅目幼虫上。
14. 胶陀螺 *Bulgaria inquinans* (Pers.) Fr.，生于林中腐木上。
15. 卡地黄杯菌 *Calycellina carolinensis* Nag Raj & W. B. Kendr.，生于腐叶上。
16. 小孢盘菌原变型 *Cervus epispartius*(Berk. et Broome) Pfister，生于阔叶林中地上。
17. 变绿杯盘菌 *Chlorociboria aeruginascens* (Nyl.) Kanouse ex C. S. Ramamurthi，Korf & L. R. Batra，生于阔叶林中腐木上。
18. 绿杯盘菌 *Chlorociboria aeruginosa* (Oeder) Seaver ex C. S. Ramamurthi，生于腐木上。
19. 艳毛杯菌 *Cookeina speciosa* (Fr.) Dennis，生于腐木上。
20. 毛缘刺杯菌 *Cookeina tricholoma* (Mont.) Kuntze，生于腐木上。
21. 叶状耳盘菌 *Cordierites frondosa* (Kobayasi) Korf，生于腐木上。
22. 金针虫虫草 *Cordyceps agriotidis* (Kawamhwein.) Raitv.，寄生于一种金针虫上。
23. 虫草棒束孢 *Cordyceps farinosa* (Holmsk.) Kepler，B. Shrestha & Spatafora = *Isaria farinosa* (Holmsk.) Fr.，生于鳞翅目昆虫的蛹上。
24. 台湾虫草 *Cordyceps formosana* Kobayasi & Shimizu，寄生于甲虫类幼虫上。
25. 蟋蟀虫草 *Cordyceps grylli* Teng，夏秋季生于蟋蟀科 Gryllidae昆虫的成虫上。
26. 蛩蠊线虫草 *Ophiocordyceps* gryllotalpa Petch，寄生于蝼蛄上。
27. 蛹虫草 *Cordyceps militaris* (L.) Link，寄生于鳞翅目虫蛹上。
28. 蛾蛹虫草 *Cordyceps polyarthra* Möller，寄生于蛾蛹上。
29. 粉被虫草 *Cordyceps pruinosa* Petch，寄生于刺蛾科昆虫的茧上。
30. 凸黑盖壳 *Creosphaeria sassafras* (Schwein.) Y. M. Ju，F. San Martín & J.D. Rogers，生于腐木上。
31. 亮层炭壳 *Daldinia bakeri* Lloyd，生于阔叶林腐木上。
32. 黑轮层炭壳 *Daldinia concentrica* (Bolton) Ces. & De Not.，生于阔叶林中的伐桩或立木基部朽木上。
33. 橙红二头孢盘菌 *Dicephalospora rufocornea* (Berk. & Broome) Spooner，生于腐木上。
34. 灰壳莲蓬 *Entonaema cinnabarinum* (Cooke & Massee) Lloyd = *Sarcoxylon aurantiacum* Pat.，生于腐木上。
35. 华美胶球炭壳 *Entonaema liquescens* Möllerr，生于腐木上。
36. 异常小绵杯盘菌(异常粒毛盘菌) *Erioscyphella abnormis*(Mont) Baral，Sandoval&B. Peric，生于朽木上。
37. 巴西粒毛盘菌 *Erioscyphella brasiliensis* (Mont.) Baral，Šandová & B. Perić = *Lachnum brasiliensis* (Mont.) J. H. Haines & Dumont.，生于腐烂树皮及枝条上。
38. 庐山粒毛盘菌 *Erioscyphella lushanensis* (W. Y. Zhuang & Zheng Wang) Guatim.，R.W. Barreto & Crous = *Lachnum lushanense* W. Y. Zhuang & Zheng Wang，生于单子叶植物茎秆，草本双子叶植物茎、棕榈上。
39. 斯氏粒毛盘菌 *Erioscyphella sclerotii* (A. L. Sm.) Baral，Šandová & B. Perić = *Lachnum sclerotii* (A. L. Sm.) J. H. Haines & Dumont.，生于腐烂树皮、枝条、腐木上。
40. 大黄胶鼓 *Galiella thwaitesii* (Berk. & Broome) Nannf. = *Sarcosoma thwaitesii* (Berk. & Broome) Petch，生于林中腐木上。
41. 黑地舌菌 *Geoglossum nigritum* (Pers.) Cooke，生于林地上。
42. 叶生蜡钉菌 *Helotium conformatum* P. Karst.，生于林中的落叶上。

43. 皱马鞍菌*Helvella crispa* (Scop.) Fr.，生于林中地上。
44. 马鞍菌 *Helvella elastica* Bull.，生于林中地上。
45. 灰褐马鞍菌 *Helvella ephippium* Lév.，生于林中地上。
46. 外花萼层杯菌 *Hymenoscyphus* calyculus (Fr.) W. Phillips，生于树木上。
47. 桔色蜡钉菌 *Hymenoscyphus serotinus* (Pers.) W. Phillips = *Helotium serotinum* (Pers.) Fr.，生于阔叶林中枯枝上。
48. 歪孢毡座 *Hypomyces hyalinus* (Schwein.) Tul. & C. Tul.，生于伞菌或喇叭菌等菌体上。
49. 红炭团 *Hypoxylon haematostroma* Mont.，生于腐木上。
50. 勒沙炭团菌(新) *Hypoxylon lechatii* J.Foum.etM. Stadler，生于林中倒木上。
51. 红棕炭团菌 *Hypoxylon rutilum* Tul. & C. Tul.，生于腐木上。
52. 蝉棒束孢 *Isaria cicadae* Miq.，在毛竹林的潮湿地方，寄生于蝉上。
53. 大孢棒束孢 *Isaria japonica* Yasuda，寄生于鳞翅目昆虫的蛹上。
54. 螺纹炭墩菌 *Kretzschmaria* zonata (Lev)P.M.D. Martin，生于竹堆中枯竹表面。
55. 渐狭粒毛盘菌 *Lachnum attenuatum* J. H. Haines & Dumont.，生于腐烂枝条上。
56. 肉色粒毛盘菌 *Lachnum carneolum* (Sacc.) Rehm，生于植物的叶片上。
57. 禾本科粒毛盘菌 *Lachnum cf. hyalopus* (Cooke & Massee) Spooner.，生于五节芒、竹子、草本植物的茎上。
58. 黄粒毛盘菌 *Lachnum flavidulum* (Rehm) J. H. Haines，生于蕨类上。
59. 麻地粒毛盘菌原变种 *Lachnum mapirianum* (Pat. & Gaillard) M. P. Sharma.，生于叶片上。
60. 裸粒毛盘菌 *Lachnum nudipes* (Fuckel) Nannf.，生于草本双子叶植物及单子叶植物的茎上。
61. 蕨粒毛盘菌 *Lachnum pteridophyllum* (Rodway) Spooner.，生于蕨类上。
62. 四川粒毛盘菌 *Lachnum sichuanense* (M. Ye & W. Y. Zhuang) W. Y. Zhuang & M. Ye，生于蔷薇科Rosaceae植物的小枝。
63. 辛格粒毛盘菌 *Lachnum singerianum* (Dennis) W. Y. Zhuang & Zheng Wang，生于蕨类上。
64. 洁白粒毛盘菌 *Lachnum virgineum* (Batsch) P. Karst.，生于腐木、树皮、枯枝、植物茎上。
65. 威氏粒毛盘菌 *Lachnum willisii* (G. W. Beaton) Spooner.，生于樟属植物和胡桃楸的叶上。
66. 广西针毛盘菌 *Lasiobelonium guangxiense* W. Y. Zhuang，生于枝条上。
67. 黄柄锤舌菌 *Leotia aurantipes* (S. Imai) F. L. Tai，生于阔叶林中地上。
68. 黄柄胶地锤 *Leotia lubrica* (Scop.) Pers.，生于林中地上。
69. 新古尼异虫草 *Metacordyceps neogunnii* T. C. Wen & K. D. Hyde，寄生于蝙蝠蛾科幼虫上。
70. 金龟子绿僵菌 *Metarhizium anisopliae* (Metschn.) Sorokin，寄生于金龟子或其他昆虫上。
71. 拟暗绿绿僵菌 *Metarhizium pseudoatrovirens* (Kobayasi & Shimizu) Kepler，S. A. Rehner & Humber = *Cordyceps pseudoatrovirens* Kobayasi & Shimizu，寄生于一种栖居于腐木中的金针虫或吉丁甲科幼虫上。
72. 红白毛杯 *Microstoma floccosum* (Schwein.) Raitv.，生于阔叶树的落枝或树皮上。
73. 白毛杯 *Microstoma insititium* (Berk. & M. A. Curtis) Boedijn = *Cookeina insititia* (Berk. et Curt.) Kuntze，生于阔叶树的倒木上。
74. 大孢小口盘菌 *Microstoma macrosporum* (Y. Otani) Y. Harada & S. Kudo，生于林中腐木上。
75. 粗腿羊肚菌 *Morchella crassipes* (Vent.) Pers.，生于地上。
76. 羊肚菌 *Morchella esculenta* (L.) Pers. = *Morchella conica* Pers.，生于地上。
77. 黄褐色羊肚菌 *Morchella smithiana* Cooke，Mycogr.，生于林中地上。
78. 小海绵羊肚菌 *Morchella spongiola* Boud.，生于林中地上。
79. 箣竹生拟胶盘菌 *Myriodiscus sparassoides* Boedijn，生于箣竹竿节上。
80. 珊瑚奈吉尔霉 *Nigelia martiale* (Speg.) Luangsa-ard & Thanakitp.，寄生于于鳞翅目昆虫蛹上。
81. 红盾菌 *Octospora leucoloma* Hedw. = *Humarina leucoloma* (Hedw.) Seaver，生于腐殖质土上。
82. 针孢线虫草 *Ophiocordyceps acicularis* (Ravenel) Petch，寄生于鞘翅目幼虫体或金针虫或甲虫类幼虫上。
83. 多枝线虫草 *Ophiocordyceps arbuscula* (Teng) G. H.，Hywel-Jones & Spatafora，寄生于金龟子幼虫体上。
84. 蚁窝线虫草 *Ophiocordyceps formicarum* (Kobayasi) G. H. Sung，J. M. Sung，Hywel-Jones & Spatafora，生于蚂蚁上。
85. 蚁线虫草 *Ophiocordyceps forquignonii* (Quél.) G. H. Sung，J. M.，Hywel-Jones & Spataforaa，寄生于蚂蚁上。
86. 日本线虫草 *Ophiocordyceps japonensis* (Hara) G. H.，Hywel-Jones & Spatafora，寄生于蚂蚁上。
87. 江西线虫草 *Ophiocordyceps jiangxiensis* (Z. Q. Liang，A. Y. Liu & Yong C. Jiang) G. H. Sung，J. M. Sung，Hywel-Jones & Spatafora = *Cordyceps jiangxiensis* H. Z. Kong & Z. Q. Liiang，寄生于丽叩甲或绿腹丽叩甲的幼虫体上。

88. 蚁线虫草 *Ophiocordyceps myrmecophila* (Ces.) G. H. Sung，J. M. Sung，Hywel-Jones & Spatafora = *Cordyceps myrmecophila* Ces.，生于蚂蚁上。
89. 下垂线虫草 *Ophiocordyceps nutans* (Pat.) G. H. Sung，J. M. Sung，Hywel-Jones & Spatafora = *Cordyceps nutans* Pat.，寄生于半翅目昆虫成虫体上。
90. 尖头线虫草 *Ophiocordyceps oxycephala* (Penz. & Sacc.) G. H. Sung，J. M. Sung，Hywel-Jones & Spatafora = *Cordyceps oxycephala* Penz. & Sacc.，寄生于蜂的成虫上。
91. 小蝉线虫草 *Ophiocordyceps sobolifera* (Hill ex Watson) G. H. Sung，J. M. Sung，Hywel-Jones & Spatafora = *Cordyceps sobolifera* (Hill ex Watson) Berk. & Broome，寄生于蝉蛹上。
92. 蜂头线虫草 *Ophiocordyceps sphecocephala* (Klotzsch ex Berk.) G. H. Sung，J. M. Sung，Hywel-Jones & Spatafora = *Cordyceps sphecocephala* (Klotzsch ex Berk.) Berk. & M. A. Curtis，寄生于黄蜂的成虫上。
93. 柱座线虫草 *Ophiocordyceps stylophora* (Berk. & Broome) G. H. Sung，J. M. Sung，Hywel-Jones & Spatafora = *Cordyceps stylophora* Berk. & Broome，生于鞘翅目幼虫上。
94. 吹泡虫线虫草 *Ophiocordyceps tricentri* (Yasuda) G. H.，Hywel-Jones & Spatafora，寄生于沫蝉的成虫上。
95. 屋久岛线虫草 *Ophiocordyceps yakusimensis* (Kobayasi) G. H.，Hywel-Jones & Spatafora，寄生于同翅目蝉若虫上。
96. 竹近蛛盘菌 *Parachnopeziza bambusae* Arendh. & R. Sharma.，生于小竹子茎上。
97. 广西近蛛盘菌 *Parachnopeziza guangxiensis* W. Y. Zhuang & Korf.，生于一种单子叶植物的穗上。
98. 中国近蛛盘菌 *Parachnopeziza sinensis* W. Y. Zhuang & Korf.，生于竹和其他单子叶植物的叶鞘上。
99. 阿维纳盘苗 *Peziza arvernensis* Roze & Boud.，生于林中地上。
100. 疣孢褐盘菌 *Peziza badia* Pers.，生于林中地上。
101. 藤盘菌 *Peziza queletii* Medardi，Lantieri & Cacialli = *Peziza ampelina* Quél.，生于土上。
102. 泡质盘菌 *Peziza vesiculosa* Bull.，生于空旷处的肥土及粪堆上，往往成群生长在一起。
103. 大明山隔毛小杯菌 *Phialina damingshanica* W. Y. Zhuang，生于潮湿的硬木上。
104. 中华歪盘菌 *Phillipsia chinensis* W. Y. Zhuang，生于木上。
105. 多明各歪盘菌 *Phillipsia domingensis* Berk.，生于阔叶树的腐木上。
106. 大歪盘菌 *Phillipsia subpurpurea* Berk. & Broome，生于林地上。
107. 弯孢暗盘菌 *Plectania campylospora* (Berk.) Nannf.，生于腐木上。
108. 黑柄炭角菌 *Podosordaria nigripes* (Klotzsch) P. M. D. Martin = *Xylaria nigripes* (Klotzsch) Cooke，菌核生长在废弃的白蚁窝上。
109. 发簪多头霉 *Polycephalomyces kanzashianus* (Kobayasi & Shimizu) Kepler & Spatafora，寄生于蝉的幼虫上。
110. 蕨叶生多丝盘菌 *Polydesmia pteridicola* W. Y. Zhuang，生于蕨叶的病斑上。
111. 层出盘菌原变种 *Proliferodiscus inspersus* (Berk. & M. A. Curtis) J. H. Haines & Dumont.，生于腐木、腐枝、树皮上。
112. 卷边假黑盘菌 *Pseudoplectania melaena* (Fr.) Sacc.，生于阔叶树的腐木上。
113. 假黑盘菌 *Pseudoplectania nigrella* (Pers.) Fuckel，生于地上。
114. 波根盘菌 *Rhizina undulata* Fr.，生于林中地上。
115. 灰槌座炭角菌 *Rhopalostroma africanum* (Wakef.) D. Hawksw.，生于腐木上。
116. 莱卡槌座炭角菌(新拟) *Rhopalostroma lekae* Whalley，Thienh，MA. Whalley& Sihan.，生于林中倒木上。
117. 亚大孢炭豆 *Rosellinia emergens* (Berk. & Broome) Sacc.，生于腐木上。
118. 棕垫炭豆 *Rosellinia necatrix* Berl. ex Prill.，生于腐木上。
119. 大孢炭豆 *Rosellinia procera* Syd. & P. Syd.，生于腐木上。
120. 绯红肉杯菌 *Sarcoscypha coccinea* (Gray) Boud. = *Sarcoscypha coccinea* (Jacq.) Sacc.，生于倒腐木或树桩上。
121. 神农架肉杯菌 *Sarcoscypha shennongjiana* W. Y. Zhuang，生于林中腐木上。
122. 核盘菌 *Sclerotinia sclerotiorum* (Lib.) de Bary，生于多种植物的菌核上。
123. 大孢红毛盘 *Scutellinia lusatiae* (Cooke) Kuntze，生于腐木上。
124. 红毛盾盘菌 *Scutellinia scutellata* (L.) Lambotte，生于阔叶树腐木上。
125. 大孢粪壳 *Sordaria humana* (Fuckel) G. Winter，生于腐木上。
126. 佩克杯盘菌 *Tatraea macrospora* (Peck) Baral = *Ciboria peckiana* (Cooke) Korf，生于潮湿的硬木或腐木上。
127. 头状弯颈霉 *Tolypocladium capitatum* (Holmsk.) C. A. Quandt，Kepler & Spatafora = *Cordyceps capitata* (Holmsk.) Link，寄生于大团囊菌体上。

128. 稻子山弯颈霉 *Tolypocladium inegoense* (Kobayasi) Quandt，Kepler & Spatafora，在毛竹林的潮湿地方，寄生于蝉上。
129. 长孢弯颈霉 *Tolypocladium longisegmentum* (Ginns) Quandt，Kepler & Spatafora，寄生于一种大团囊真菌上。
130. 大团弯颈霉 *Tolypocladium ophioglossoides* (Ehrh.) C. A. Quandt，Kepler & Spatafora = *Cordyceps ophioglossoides* (Ehrh.) Link，寄生于土壤中大团囊菌的担子果上。
131. 爪哇盖尔盘菌 *Trichaleurina javanica* (Rehm) M. Carbone，Agnello & P. Alvarado = *Galiella javanica* (Rehm) Nannf. et Korf，生于阔叶林中的朽木上。
132. 须刷菌 *Trichocoma paradoxa* Jungh.，生于腐木上
133. 红角肉棒菌 *Trichoderma cornu-damae* (Pat.) Z. X. Zhu & W. Y. Zhuang，生于腐木上。
134. 毛舌菌 *Trichoglossum hirsutum* (Pers.) Boud.，生于阔叶林中地上。
135. 大丛耳菌 *Wynnea gigantea* Berk. & M. A. Curtis，生于林中地上。
136. 钝顶炭角菌 *Xylaria aemulans* Starbäck，生于阔叶林腐木上。
137. 炭葚炭角菌 *Xylaria anisopleura* (Mont.) Fr.，生于木头上。
138. 炭笔炭角菌 *Xylaria apiculata* Cooke，生于木头上。
139. 无柄炭角菌(新拟) *Xylaria apoda*(Berk. et Broome)J.D. Rogers et Y.Ju，生于林中倒木上。
140. 大孢炭角菌 *Xylaria berkeleyi* Mont.，生于腐木上。
141. 丛炭角菌 *Xylaria bipindensis* Lloyd，生于腐木上。
142. 果生炭角菌 *Xylaria carpophila* (Pers.) Fr.，生于枫香等落果上。
143. 短柄炭角菌 *Xylaria castorea* Berk.，生于阔叶林中腐木上。
144. 花壳蛋炭角菌 *Xylaria comosa* (Mont.) Fr.，生于腐木上。
145. 短小炭角菌 *Xylaria curta* Fr.，阔叶林中腐木上。
146. 古巴炭角菌 *Xylaria cubensis* (Mont.) Fr.，生于阔叶树腐木或枯树枝上。
147. 舌状大炭角菌 *Xylaria euglossa* Fr.，阔叶林中腐木上。
148. 皱纹炭角菌 *Xylaria feejeensis* (Berk.) Fr. = *Xylaria plebeja* Ces.，生于腐木上。
149. 扣状炭角菌 *Xylaria fibula* Massee，生于腐木上。
150. 梭孢炭角菌 *Xylaria fusispora* Hai X. Ma，阔叶林中腐木上。
151. 禾生炭角菌 *Xylaria graminicola* W. R. Gerard，生于腐木上。
152. 灰皮炭角菌 *Xylaria grammica* (Mont.) Mont.，生于阔叶林腐木上。
153. 马舌炭角菌 *Xylaria hippoglossa* Speg.，生于腐木上。
154. 团炭角菌 *Xylaria hypoxylon* (L.) Grev.，生于倒腐木或树桩上。
155. 地棒炭角菌 *Xylaria kedahae* Lloyd，生于林地上。
156. 枫香果生炭角菌 *Xylaria liquidambaris* J. D. Rogers，Y. M. Ju & F. San Martín，生于枫香果实上。
157. 黑炭角菌 *Xylaria nigrescens* (Sacc.) Lloyd，生于腐木上。
158. 多形炭角菌 *Xylaria polymorpha* (Pers.) Grev.，生于林间倒腐木、树桩的树皮或裂缝间。
159. 斯氏炭角菌 *Xylaria schweinitzii* Berk. & M. A. Curtis，生于腐木上。
160. 细枝炭角菌 *Xylaria scopiformis* Mont. ex Berk. & Broome，生于阔叶林腐木上。
161. 黄色炭角菌 *Xylaria tabacina* (J. Kickx f.) Berk.，生于阔叶林腐木上。
162. 亚果实炭角菌 *Xylaria warburgii* Henn.，生于枫香的落果上。
163. 毛黑鞭炭角菌 *Xylaria xanthinovelutina* (Mont.) Fr.，生于落果上。

担子菌 Basidiomycota

164. 二年残孔菌 *Abortiporus biennis* (Bull.) Singer，生于腐木上。
165. 夏生蘑菇 *Agaricus altipes* (F. H. Møller) F. H. Møller = *Agaricus aestivalis*(F. H. Møller) Pilát，生于松林下草地上。
166. 巴氏蘑菇 *Agaricus blazei* Murrill，生于草地或林中地上。
167. 番红花蘑菇 *Agaricus crocopeplus* Berk.& Broome，生于阔叶林中地上。
168. 小紫蘑菇 *Agaricus dulcidulus* Schulzer = *Agaricus purpurellus* (F. H. Møller) F. H. Møller，生于林中地上。
169. 假环柄蘑菇 *Agaricus lepiotiformis* Yu Li，生于林中地上。
170. 雀斑蘑菇 *Agaricus micromegethus* Peck.，生于草地或林中草地上。

171. 细褐鳞蘑菇 *Agaricus moelleri* Wasser，生于林中地上。
172. 双环蘑菇 *Agaricus placomyces* Peck.，生于林中地上。
173. 紫肉蘑菇 *Agaricus porphyrion* F.D. Orton，生于阔叶林中地上。
174. 细鳞蘑菇 *Agaricus praeclaresquamosus* A. E. Freeman，生于林中地上。
175. 林地蘑菇 *Agaricus silvaticus* Schaeff.，生于阔叶林中地上。
176. 白林地蘑菇 *Agaricus silvicola* (Vittad.) Peck，生于草地或林中地上。
177. 紫红蘑菇 *Agaricus subrutilescens* (Kauffman) Hotson & D. E. Stuntz，生于林地上。
178. 黄斑蘑菇 *Agaricus xanthodermus* Genev.，生于林地上。
179. 喜湿田头菇 *Agrocybe ombrophila* (Weinm.) Konrad & Maubl.，生于林中或林缘草地上。
180. 浅黄田头菇 *Agrocybe pediades* (Fr.) Fayod，生于草地上。
181. 奇丝地花菌 *Albatrellus dispansus* (Lloyd) Canf. & Gilb.，生于林地上。
182. 黄鳞地花菌 *Albatrellus ellisii* (Berk.) Pouzar，生于林地上。
183. 球基鹅膏 *Amanita abrupta* Peck，生于林中地上。
184. 窄褶鹅膏 *Amanita angustilamellata* (Höhn.) Boedijn，生于阔叶林中地上。
185. 暗褐鹅膏 *Amanita atrofusca* Zhu L. Yang，生于阔叶林地上。
186. 灰褐黄鹅膏 *Amanita battarrae* (Boud.) Bon = *Amanita umbrinolutea* (Secr. ex Gillet) Bertill.，生于林中地下。
187. 橙黄鹅膏 *Amanita citrina* Pers.，生于针叶林或阔叶林中地上。
188. 小托柄鹅膏 *Amanita farinosa* Schwein.，生于针叶林或针阔混交林中地上。
189. 黄柄鹅膏 *Amanita flavipes* S. Imai，生于针叶林或阔叶林中地上。
190. 格纹鹅膏 *Amanita fritillaria* Sacc.，生于阔叶林中地上。
191. 灰花纹鹅膏 *Amanita fuliginea* Hongo，生于林地上。
192. 灰疣鹅膏 *Amanita griseoverrucosa* Zhu L. Yang，生于阔叶林中地上。
193. 红黄鹅膏 *Amanita hemibapha* (Berk. & Broome) Sacc.，生于林地上。
194. 异味鹅膏 *Amanita kotohiraensis* Nagas. & Mitani，生于阔叶林中地上。
195. 大果鹅膏 *Amanita macrocarpa* W. Q. Deng，生于地上。
196. 隐花青鹅膏 *Amanita manginiana* sensu W. F. Chiu，生于混交林中地上。
197. 小毒蝇鹅膏 *Amanita melleiceps* Hongo，生于马尾松林及混交林中地上。
198. 拟卵盖鹅膏菌 *Amanita neoovoidea* Hongo，生于松栎混交林地上。
199. 雪白毒鹅膏 *Amanita nivalis* Grev.，生于马尾松等树根上。
200. 东方褐盖鹅膏 *Amanita orientifulva* Zhu L. Yang，M. Weiss & Oberw.，生于林中地上。
201. 小豹斑鹅膏 *Amanita parvipantherina* Zhu L. Yang & M. Weiss & Oberw.，生于针阔混交林地上。
202. 高大鹅膏 *Amanita princeps* Corner & Bas，生于林地上。
203. 假褐云斑鹅膏 *Amanita pseudoporphyria* Hongo，生于地上。
204. 假灰托鹅膏 *Amanita pseudovaginata* Hongo，生于林地上。
205. 红托鹅膏 *Amanita rubrovolvata* S. Imai，生于阔叶林中地上。
206. 土红鹅膏 *Amanita rufoferruginea* Hongo，生于阔叶林中地上。
207. 灰褐鹅膏 *Amanita sceciliae* (Berk. & Br.) Bas.，生于林地上。
208. 刻鳞鹅膏菌 *Amanita sculpta* Corner & Bas，生于常绿阔叶林中地上。
209. 暗盖淡鳞鹅膏 *Amanita sepiacea* S. Imai，生于阔叶林中地上。
210. 中华鹅膏 *Amanita sinensis* Zhu L. Yang，生于松林或针宽混交林中地上。
211. 中华鹅膏亚球孢变种 *Amanita sinensis* var. *subglobispora* Zhu L. Yang T. H. Li & X. L. Wu，生于针叶林或针阔混交林地上。
212. 松果鹅膏 *Amanita strobiliformis* (Paulet ex Vittad.) Bertill.，生于林中地上。
213. 球基鹅膏 *Amanita subglobosa* Zhu L. Yang，生于混交林地上。
214. 黄盖鹅膏 *Amanita subjunquillea* S. Imai，生于林中地上。
215. 黄盖鹅膏白色变种 *Amanita subjunquillea* var. alba Zhu L，生于针叶林或阔叶林中地上。
216. 残托鹅膏有环变型 *Amanita sychnopyramis* Corner & Bas = *Amanita sychnopyramis* Corner & Bas f. subannulata Hongo，生于针叶林或阔叶林中地上。
217. 灰托鹅膏 *Amanita vaginata* (Bull.) Fr.，生于针叶林或阔叶林中地上。

218. 灰托鹅膏白色变种 *Amanita vaginata* var. *alba* (De Seynes) Gillet，生于针叶林或阔叶林中地上。
219. 锥鳞白鹅膏 *Amanita virgineoides* Bas，生于阔叶林中地上。
220. 鳞柄白鹅膏 *Amanita virosa* Bertill.，生于阔叶林中地上。
221. 颜氏鹅膏 *Amanita yenii* Zhu L. Yang & C. M. Chen，生于林中地上。
222. 华南假芝 *Amauroderma austrosinense* J. D. Zhao & L. W. Hsu，生于阔叶树桩旁地下腐根上。
223. 大孔假芝 *Amauroderma bataanense* Murrill，生于阔叶树旁或腐木上。
224. 伊勒假芝 *Amauroderma ealaense* (Beeli) Ryvarden，生于阔叶树立木基部朽木上。
225. 大瑶山假芝 *Amauroderma dayaoshanense* J. D. Zhao & X. Q. Zhang，生于阔叶树桩旁地下腐根上。
226. 广西假芝 *Amauroderma guangxiense* J. D. Zhao & X. Q. Zhang，生于地下腐木上。
227. 弄岗假芝 *Amauroderma longgangense* J. D. Zhao & X. Q. Zhang，生于阔叶林等中腐木上。
228. 皱盖假芝 *Amauroderma rude* (Berk.) Torrend，生于阔叶树桩旁地下腐根上。
229. 假芝 *Amauroderma rugosum* (Blume & T. Nees) Torrend，生于阔叶林中地下朽木上。
230. 二孢假芝 *Amauroderma subresinosum* (Murrill) Corner，生于腐木或树干基部。
231. 洁粉孢菌 *Amylosporus campbellii* (Berk.) Ryvarden，生于腐木上。
232. 木麻黄芮氏孔菌 *Amylosporus casuarinicola* (Y. C. Dai & B. K. Cui) Y. C. Dai，Jia J. Chen & B. K. Cui = *Wrightoporia casuarinicola* Y. C. Dai & B. K. Cui，生于木麻黄上。
233. 褐红炭褶菌 *Anthracophyllum nigritum* (Lév.) Kalchbr.，生于阔叶树的枯枝上。
234. 阿切尔尾花菌 *Anthurus archeri* (Berk.) E. Fisch.，生于阔叶林中地上。
235. 梨形马勃 *Apioperdon pyriforme* (Schaeff.) Vizzini = *Lycoperdon pyriforme* Schaeff.，生于林缘地上。
236. 圆头孢分钉耳(暂定名) *Aporpium obtusisporum* F.C. Huang & Bin Liu，生于阔叶树腐木上。
237. 蜜环菌 *Armillaria mellea* (Vahl) P. Kumm.，生于朽木上。
238. 小冠瑚菌 *Artomyces colensoi* (Berk.) Jülich，生于阔叶树腐木上。
239. 杯冠瑚菌 *Artomyces pyxidatus* (Pers.) Jülich，生于腐木上。
240. 绯红星头菌 *Aseroe coccinea* Imazeki & Yoshimi ex Kasuya，生于阔叶林中地上。
241. 红星头鬼笔 *Aseroë rubra* Labill.，生于阔叶林中地上。
242. 星孢寄生菇 *Asterophora lycoperdoides* (Bull.) Ditmar，寄生在红菇属*Russula*的担子果上。
243. 硬皮地星 *Astraeus hygrometricus* (Pers.) Morgan，生于阔叶林缘砂土地上。
244. 金焰牛肝菌 *Aureoboletus auriflammeus* (Berk. & M. A. Curtis) G. Wu & Zhu L. Yang = *Boletus auriflammeus* Berk. et M. A. Curtis，生于松树下。
245. 长柄条孢牛肝菌 *Aureoboletus longicollis* (Ces.) N. K. Zeng & Ming Zhang = *Boletellus longicollis* (Ces.) Pegler et T. W. K Young，生于混交林中地上。
246. 糙盖牛肝菌 *Aureoboletus projectellus* (Murrill) Halling = *Boletus projectellus* (Murrill) Murrill，生于松林地下。
247. 罗氏绒盖牛肝菌 *Aureoboletus roxanae* (Frost) Klofac = *Xerocomus roxanae* (Frost) Snell，生于针阔叶林中地上。
248. 纤细金牛肝菌 *Aureoboletus tenuis* T. H. Li & Ming Zhang，生于林中地上。
249. 毛木耳 *Auricularia cornea* Ehrend. = *Auricularia polytricha* (Mont.) Sacc.，生于阔叶树的腐木上。
250. 皱木耳 *Auricularia delicata* (Mont. ex Fr.) Henn. = *Auricularia delicata* (Fr.) Henn.，生于阔叶树的腐木上。
251. 脆木耳 *Auricularia fibrillifera* Kobayasi，生于阔叶树的腐木上。
252. 褐琥珀木耳 *Auricularia fuscosuccinea* (Mont.) Henn. = *Auricularia fuscosuccinea* (Mont.) Henn.，生于林中倒木上。
253. 木耳 *Auricularia heimuer* F. Wu，B. K. Cui & Y. C. Dai，生于阔叶树的腐木上。
254. 紫皱木耳 *Auricularia mesenterica* (Dicks.) Pers. = *Merulioporia violacea* (Relhan) Bondartsev，生于腐朽杉木上。
255. 盾形木耳 *Auricularia peltata* Lloyd，生于阔叶树的腐木上。
256. 网脉木耳 *Auricularia reticulata* L. J. Li，生于阔叶树的腐木上。
257. 拟毡木耳 *Auricularia submesenterica* YC. Dai et F.Wu，生于阔叶树枯木上。
258. 耳匙菌 *Auriscalpium vulgare* Gray，生于松果上。
259. 柠檬黄小薄孔菌 *Austeria citrea* (Berk.) Miettinen = *Antrodiella citrea* (Berk.) Ryvarden，生于腐木上。
260. 网翼南方牛肝菌 *Austroboletus dictyotus* (Boedijn) Wolfe，生于林中地上。
261. 黑管孔菌 *Bjerkandera adusta* (Willd.) P. Karst.，生于宽叶林腐木上。
262. 亚黑管菌 *Bjerkandera fumosa* (Pers.) P. Karst.，生于阔叶林腐木上。

263. 粪锈伞 *Bolbitius titubans* (Bull.) Fr. = *Bolbitius vitellinus*(Pers.)Fr.，生于堆肥上。
264. 凤梨条孢牛肝菌 *Boletellus ananas* (M. A. Curtis) Murrill，生于林中地上。
265. 条孢牛肝菌 *Boletellus emodensis* (Berk.) Singer，生于针叶树的腐木上。
266. 槐微牛肝菌 *Boletinellus merulioides* (Schwein.) Murrill，生于松林中地上。
267. 松林小牛肝菌 *Boletinus punctatipes* Snell，生于松林中地上。
268. 铜色牛肝菌 *Boletus aereus* Bull.，生于阔叶树林地上
269. 青木氏牛肝菌 *Boletus aokii* Hongo，生于地上。
270. 黑牛肝菌 *Boletus astratus* Q.B. Wang & Y. J. Yao = *Boletus nigricans* M. Zang，M. S. Yuan & M. Q. Gong，生于马尾松、油茶林中地上。
271. 黄牛肝菌 *Boletus auripes* Peck，生于林地中。
272. 白牛肝菌 *Boletus bainiugan* Dentinger，生于松栎混交林地上。
273. 短管牛肝菌 *Boletus brevitubus* M. Zang，生于阔叶树林地上。
274. 龙眼生牛肝菌 *Boletus dimocarpicola* M. Zang & Sittigul，生于林下地上。
275. 砖红绒盖牛肝菌 *Boletus ferrugineus* Schaeff. = *Xerocomus spadiceus* (Fr.) Quél.，生于林中地上。
276. 黄褐牛肝菌 *Boletus fulvus* Peck.，生于林地上。
277. 网柄牛肝菌 *Boletus gertrudiae* Peck，生于针阔混交林下。
278. 紫盖牛肝菌 *Boletus inedulis* (Murrill) Murrill，生于常绿栎树下。
279. 黑斑块绒盖牛肝菌 *Boletus nigromaculatus* (Hongo) Har. Takah. = *Xerocomus nigromaculatus* Hongo，生于地上。
280. 土褐牛肝菌 *Boletus pallidus* Frost，生于针阔叶混交林下。
281. 褐牛肝菌 *Boletus pinophilus* Pilát & Dermek，生于杂木林地上。
282. 草生牛肝菌 *Boletus poeticus* Corner，生于林下地上。
283. 网纹牛肝菌 *Boletus reticulatus* Schaeff.，生于在林中地上。
284. 裂皮牛肝菌 *Boletus rimosellus* Peck.，生于混交林下。
285. 华金黄牛肝菌 *Boletus sinoaurntiacus* M. Zang &R. H. Petersen，生于阔叶林中地上。
286. 小美牛肝菌 *Boletus speciosus* Frost，生于混交林地上。
287. 鳞柄牛肝菌 *Boletus squamulistipes* M. Zang，生于林中地上。
288. 亚血红牛肝菌 *Boletus subsanguineus* Peck.，生于混交林中地上。
289. 亚绒盖牛肝菌 *Boletus subtomentosus* L. = *Xerocomus subtomentosus* (L.) Quél.，生于混交林中地上。
290. 亚绒柄牛肝菌 *Boletus subvelutipes* Peck.，生于针阔混交林内地上。
291. 褐孔牛肝菌 *Boletus umbriniporus* Hongo，生于林地上。
292. 变柄牛肝菌 *Boletus variipes* Peck，生于杂木林地上。
293. 紫褐牛肝菌 *Boletus violaceofuscus* W. F. Chiu，生于混交林或阔叶林中地上。
294. 云南牛肝菌 *Boletus yunnanensis* W. F. Chiu，生于阔叶林中地上。
295. 伯氏圆孢地花孔菌 *Bondarzewia berkeleyei* (Fr.) Bondartsev & Singer，生于阔叶树基部。
296. 圆孢地花 *Bondarzewia mesenterica* (Schaeff.) Kreisel = *Bondarzewia montana* (Quél.) Singer，生于冷杉林树旁上。
297. 栗色绒盖牛肝菌 *Bothia castanella* (Peck) Halling，T. J. Baroni & Manfr. Binder = *Xerocomus castanellus* (Peck) Snell & E. A. Dick.，生于混交林中地上。
298. 褐盖韧革菌 *Boreostereum vibrans* (Berk. & M. A. Curtis) Davydkina & Bondartseva = *Stereum vibrans* Berk. & M. A. Curtis，生于林中倒木上。
299. 小灰球菌 *Bovista pusilla* (Batsch) Pers.，生于混交林或阔叶林地或草地上。
300. 黄白容氏孔菌 *Butyrea luteoalba* (P. Karst.) Miettinen=*Junghuhnia luteoalba* (P. Karst.) Ryvarden，生于阔叶树倒木上。
301. 肉色皱孔菌 *Byssomerulius* corium (Pers.) Parmasto = *Merulius corium* (Pers.) Fr.，生于阔叶林枯枝或枯干上。
302. 非美味牛肝菌 *Caloboletus inedulis* (Murrill) Vizzini = *Boletus inedulis* (Murrill) Murrill，生于阔叶树地上。
303. 角状胶角菌 *Calocera cornea* (Batsch) Fr.，生于枯立木或倒腐木上。
304. 叉状胶角耳 *Calocera furcaYa* (Fr.) Fr.，生于阔叶树腐木上。
305. 中国胶角耳 *Calocera sinensis* McNabb，生于枯立木或倒腐木上。
306. 胶角耳 *Calocera viscosa* (Pers.) Fr.，生于枯立木或倒腐木上。
307. 淡土黄丽蘑 *Calocybe carnea* (Bull.) Donk，生于林地或草地上。

308. 浅赭丽蘑 *Calocybe ochracea* (R. Haller Aar.) Bon = *Lyophyllum ochraceum* (R. Haller Aar.) Schwöbel & Reutter，生于林地上。
309. 红皮美口菌 *Calostoma cinnabarinum* Desv. = *Calostoma cinnabarinum* Corda，生于于阔叶林中地上。
310. 广西丽口菌 *Calostoma guangxiense* L. Fan & B. Liu，生于杂木林地上。
311. 黄皮丽口菌 *Calostoma junghuhnii* (Schltdl. & Müll. Berol.) Massee，生于阔叶林地上。
312. 猫儿山美口菌 *Calostoma maoershanense* X. L. Wu & Chun Y. Deng，生于林地上。
313. 小丽口菌 *Calostoma miniata* M. Zang，生于苔藓植物之间。
314. 粗皮丽口菌 *Calostoma oriruber* Massee.，生于林地上。
315. 栗粒皮秃马勃 *Calvatia boninensis* S. Ito & S. Imai，生于阔叶林或竹林地上。
316. 头状秃马勃 *Calvatia craniiformis* (Schwein) Fr.，生于林中地上。
317. 紫色马勃 *Calvatia lilacina* (Berk. & Mont.) Henn.，生于林中地上。
318. 脉褶菌 *Campanella junghuhnii* (Mont.) Singer，生于阔叶林中腐木上。
319. 淡色脉褶菌 *Campanella tristis*(G.Stev) Segedin，生于阔叶林中腐木上。
320. 白鸡油菌 *Cantharellus albidus* Fr.，生于林地上。
321. 鸡油菌 *Cantharellus cibarius* Fr.，生于于阔叶林中地上。
322. 灰色鸡油菌 *Cantharellus cinereus* (Pers.) Fr.，生于地上。
323. 红鸡油菌 *Cantharellus cinnabarinus* (Schwein.) Schwein.，生于混交林中地上。
324. 光滑鸡油菌 *Cantharellus lateritius* (Berk.) Singer，生于林地上。
325. 小鸡油菌 *Cantharellus minor* Peck.，生于阔叶林中地上。
326. 云南鸡油菌 *Cantharellus yunnanensis* W. F. Chiu，生于林地上。
327. 灰盖褶孔菌 *Cellulariella acuta* (Berk.) Zmitr. & Malysheva = *Lenzites acuta* Berk.，生于阔叶树腐木上。
328. 雅致角孔菌 *Cerioporus leptocephalus* (Jacq.) Zmitr. = *Polyporus elegans* Fr.，生于阔叶树枯枝和腐木上。
329. 软角孔菌 *Cerioporus mollis* (Sommerf.) Zmitr. & Kovalenko = *Datronia mollis* (Sommerf.) Donk.，生于阔叶树腐木上。
330. 盘角孔菌 *Cerioporus scutellatus* (Schwein.) Zmitr. = *Datronia scutellata* (Schwein.) Gilb. & Ryvarden，生于腐木上。
331. 角孔菌 *Cerioporus* sp.，生于腐木上。
332. 宽鳞角孔菌 *Cerioporus squamosus* (Huds.) Quél. = *Favolus squamosus* (Huds.) Ames.，生于阔叶树的腐朽处。
333. 革角孔菌 *Cerioporus stereoides* (Fr.) Zmitr. & Kovalenko = *Datronia stereoides* (Fr.) Ryvarden，生于叶树腐木上。
334. 小褐角孔菌 *Cerioporus varius* (Pers.) Zmitr. & Kovalenko = *Polyporus blanchetianus* Berk. & Mont.，生于阔叶树腐木上。
335. 一色齿毛菌 *Cerrena unicolor* (Bull.) Murrill，生于阔叶树的树桩上。
336. 环带小薄孔菌 *Cerrena zonata* (Berk.) H. S. Yuan = *Antrodiella zonata* (Berk.) Ryvarden，生于阔叶树的腐木上。
337. 小白毛筐菌 *Chaetocalathus craterellus* (Durieu & Lév.) Singer，生于倒木上。
338. 细小毛筐菌(参照种) *Chaetocalathus liliputianus* (Mont.) Singer，生于腐木上。
339. 铅青褶伞 *Chlorophyllum molybdites* (G. Mey.) Massee，生于草地上。
340. 柱状林德氏鬼笔 *Clathrus columnatus* Bosc = *Linderia columnata* (Bosc.) G. H. Cunn.，生于林上或落叶层上。
341. 红笼头菌 *Clathrus ruber* P. Micheli ex Pers.，生于阔叶林或竹林中地上。
342. 佐林格珊瑚菌 *Clavaria zollingeri* Lév.，生于针阔混交林中地上。
343. 虫形珊瑚菌 *Clavaria fragilis* Holmsk.，生于阔叶林或竹林中地上。
344. 直枝珊瑚菌 *Clavaria stricta* Schumach.，生于阔叶林中地上。
345. 珊瑚菌 *Clavaria vermicularis* Batsch，生于林中地上。
346. 灰锁瑚菌 *Clavulina cinerea* (Bull.) J. Schröt.，生于林中地上。
347. 珊瑚状锁瑚菌 *Clavulina coralloides* (L.) J. Schröt.，生于林地上。
348. 皱锁瑚菌 *Clavulina rugosa* (Bull.) J. Schröt.，生于阔叶林或针阔混交林中地上。
349. 怡人拟琐瑚菌 *Clavulinopsis amoena* (Zoll. & Moritzi) Corner，生于林中地上。
350. 金赤拟锁瑚菌 *Clavulinopsis aurantiocinnabarina* (Schwein.) Corner，生于阔叶林中地上。
351. 梭形拟锁瑚菌 *Clavulinopsis fusiformis* (Sow.) Corner，生于栎树林下或松栎等混交林下。
~~352. 微黄拟锁瑚菌 *Clavulinopsis helvola* (Pers.) Corner，生于林中地上。~~
353. 银朱拟锁瑚菌 *Clavulinopsis sulcata* Overeem = *Clavulinopsis miniata* (Berk.) Corner，生于针叶林、阔叶林或竹林中地上。
354. 拟锁瑚菌 *Clavulinopsis tenerrima* (Massee & Crossl.) Corner，生于林中地上。
355. 丽极肉齿菌 *Climacodon pulcherrimus* (Berk. & M. A. Curtis) Nikol.，生于阔叶树的腐木上。

356. 皱纹斜盖伞 *Clitopilus crispus* Pat.，生于阔叶林地上。
357. 肉桂色集毛孔菌 *Coltricia cinnamomea* (Jacq.) Murrill，生于阔叶林地上。
358. 大孔集毛孔菌 *Coltricia macropora* Y. C. Dai，生于地上。
359. 大集毛孔菌 *Coltricia montagnei* (Fr.) Murrill = *Cycloporus greenei* (Berk.) Murrill，生于倒木上。
360. 多年集毛孔菌 *Coltricia perennis* (L.) Murrill，生于林地上。
361. 魏氏集毛孔菌 *Coltricia weii* Y. C. Dai，in Dai，Yuan & Cui，生于阔叶林地上。
362. 小集毛孔菌 *Coltriciella pusilla* (Imazeki & Kobayasi) Corner = *Coltricia pusilla* Imazeki & Kobayasi，生于林地上。
363. 悦目小集毛孔菌 *Coltriciella oblectabilis* (Lloyd) Kotl.，Pouzar & Ryvarden，生于混交林地上。
364. 小集毛孔菌 *Coltriciella* sp.，生于混交林地上。
365. 堆金钱菌 *Connopus acervatus* (Fr.) K. W. Hughes，Mather & R. H. Petersen = *Collybia acervata* (Fr.) P. Kumm.，生于林地上。
366. 乳白锥盖伞 *Conocybe apala* (Fr.) Arnolds，生于草地上。
367. 假小鬼伞 *Coprinellus disseminatus* (Pers.) J. E. Lange = *Pseudocoprinus disseminatus* (Pers.) Kühner，生于阔叶林中树桩上。
368. 速亡鬼伞 *Coprinellus ephemerus* (Bull.) Redhead，Vilgalys & Moncalvo = *Coprinus ephemerus* (Bull.) Fr.，生于堆肥上。
369. 晶粒小鬼伞 *Coprinellus micaceus* (Bull.) Vilgalys，Hopple & Jacq. Johnson = *Coprinus micaceus* (Bull.) Fr.，生于阔叶林中树根部地上。
370. 辐毛小鬼伞 *Coprinellus radians* (Desm.) Vilgalys，生于树桩基部上。
371. 墨汁拟鬼伞 *Coprinopsis atramentaria* (Bull.) Redhead，Vilgalys & Moncalvo = *Coprinus atramentarius* (Bull.) Fr.，生于阔叶林中地上。
372. 灰盖鬼伞 *Coprinopsis cinerea* (Schaeff.) Redhead，Vilgalys & Moncalvo，生于稻草堆上。
373. 弗瑞氏拟鬼伞 *Coprinopsis friesii* (Quél.) P. Karst.，生于粪堆上。
374. 白绒鬼伞 *Coprinopsis lagopus* (Fr.) Redhead，Vilgalys & Moncalvo，生于粪堆上。
375. 疣孢鬼伞 *Coprinopsis phlyctidospora* (Romagn.) Redhead，Vilgalys & Moncalvo = *Coprinus phlyctidosporus* Romagn.，生于堆肥上。
376. 毛头鬼伞 *Coprinus comatus* (O. F. Müll.) Pers.，生于腐殖土上。
377. 粪鬼伞 *Coprinus sterquilinus* (Fr.) Fr.，生于林地上。
378. 褐白革孔菌 *Coriolopsis brunneoleuca* (Berk) Ryvarden，生于阔叶树枯倒木上。
379. 分枝毛革孔菌 *Coriolopsis telfairii* (Klotzsch) Ryvarden = *Coriolopsis telfarii* (Klotzsch) Ryvarden，生于腐木上。
380. 牛丝膜菌 *Cortinarius bovinus* Fr.，生于林中地上。
381. 哈氏丝膜菌 *Cortinarius callochrous* (Pers.) Gray = *Cortinarius haasii* (M. M. Moser) M. M. Moser，生于林中地上。
382. 较高丝膜菌 *Cortinarius elatior* Fr.，生于地下。
383. 尖顶丝膜菌 *Cortinarius gentilis* (Fr.) Fr.，生于林中地上。
384. 米黄丝膜菌 *Cortinarius multiformis* Fr.，生于林中地上。
385. 蓝紫丝膜菌 *Cortinarius salor* Fr.，生于林中地上。
386. 黄褐丝膜菌 *Cortinarius tabularis* (Fr.) Fr. = *Cortinarius decoloratus* (Fr.) Fr.，生于林中地上。
387. 黄杯革菌 *Cotylidia aurantiaca* (Pat.) A.L. Welden，生于林地上
388. 白杯革菌 *Cotylidia diaphana* (Cooke) Lentz，生于地下腐木上。
389. 金黄喇叭菌 *Craterellus aureus* Berk. & M. A. Curtis，生于阔叶林中地上。
390. 灰号角 *Craterellus cornucopioides* (L.) Pers.，生于林地上。
391. 管形鸡油菌 *Craterellus tubaeformis* (Fr.) Quél. = *Cantharellus tubaeformis* (Bull.) Fr.，生于林中潮湿苔藓丛间或腐朽木上。
392. 平盖靴耳 *Crepidotus applanatus* (Pers.) P. Kumm.，生于腐木上。
393. 圆孢靴耳 *Crepidotus applanatus* var. *applanatus* (Pers.) P. Kumm.，生于倒木上或树桩上。
394. 褐毛靴耳 *Crepidotus badiofloccosus* S. Imai，生于腐木上。
395. 丽靴耳 *Crepidotus calolepis* (Fr.) P. Karst.，生于阔叶树腐木上。
396. 毛靴耳 *Crepidotus epibryus* (Fr.) Quél.，生于倒木上或树桩上。
397. 软靴耳 *Crepidotus mollis* (Schaeff.) Staude，生于倒木上。
398. 条盖靴耳 *Crepidotus striatus* T. Bau & Y. P. Ge，生于阔叶树腐木上。
399. 硫黄色靴耳 *Crepidotus sulphurinus* Imazeki & Toki，生于腐木上。
400. 柄毛皮伞 *Crinipellis scabella* (Alb. & Schwein.) Murrill，生于腐木上。

401. 白蛋巢菌 *Crucibulum laeve* (Huds.) Kambly，生于林中腐木和枯枝上成群生长。
402. 中国隐孔菌 *Cryptoporus sinensis* Sheng H. Wu & M. Zang，生于松树腐木上。
403. 隐孔菌 *Cryptoporus volvatus* (Peck) Shear，生于腐木上
404. 小孢黑蛋巢 *Cyathus berkeleyanus* (Tul. & C. Tul.) Lloyd，生于腐木上。
405. 浅被黑蛋巢 *Cyathus griseocarpus* H. J. Brodie & B. M. Sharma，生于腐木上。
406. 皱缘黑蛋巢 *Cyathus limbatus* Tul. & C. Tul.，生于阔叶树腐木上。
407. 白被黑蛋巢菌 *Cyathus pallidus* Berk. & M. A. Curtis，生于腐木上。
408. 大孢黑蛋巢 *Cyathus poeppigii* Tul. & C. Tul.，生于腐木上。
409. 粪生黑蛋巢菌 *Cyathus stercoreus* (Schwein) De Toni，生于牛粪上。
410. 隆纹黑蛋巢菌 *Cyathus striatus* (Huds.) Willd.，生于阔叶林中的枯枝或落叶上。
411. 纵褶环褶孔菌 *Cyclomyces lamellatus* Y. C. Dai & Niemelä，生于腐木上。
412. 优雅波边革菌 *Cymatoderma elegans* Jungh.，生于阔叶树倒木。
413. 漏斗形波边革菌 *Cymatoderma infundibuliforme* (Klotzsch) Boidin，生于腐木上。
414. 委内瑞拉波边革菌 *Cymatoderma venezuelae* D. A. Reid，生于阔叶林的腐木上。
415. 金黄鳞盖菇 *Cyptotrama asprata* (Berk.) Redhead & Ginns，生于林地上。
416. 皱盖囊皮伞 *Cystoderma amianthinum* (Scop.) Fayod，生于针阔混交林中地上。
417. 金孢花耳 *Dacrymyces aureosporus* Shirouzu & Tokum.，生于阔叶树的腐木上。
418. 掌状花耳 *Dacrymyces chrysospermus* Berk. & M. A. Curtis = *Dacrymyces palmatus* Bres.，生于阔叶林的腐木上。
419. 延生花耳 *Dacrymyces enatus* (Berk. & M. A. Curtis) Massee，生于阔叶树朽木上。
420. 泪滴花耳 *Dacrymyces lacrymalis* (Pers.) Nees，生于阔叶树或针叶树朽木上。
421. 小孢花耳 *Dacrymyces microsporus* P. Karst.，生于阔叶树朽木上。
422. 小花耳 *Dacrymyces minor* Peck，生于阔叶树或针叶树朽木上。
423. 花耳 *Dacrymyces stillatus* Nees，生于阔叶树腐朽木上。
424. 斑点花耳 *Dacrymyces tortus* (Willd.) Fr.，生于阔叶树朽木上。
425. 云南花耳 *Dacrymyces yunnanensis* B. Liu & L. Fan，生于阔叶树的朽木上。
426. 橙黄假花耳 *Dacryopinax aurantiaca* (Fr.) McNabb，生于阔叶树朽木上。
427. 匙盖假花耳 *Dacryopinax spathularia* (Schwein.) G. W. Martin，生于阔叶树的朽木缝隙中。
428. 白肉迷孔菌 *Daedalea dickinsii* Yasuda.，生于阔叶树木桩和腐木上。
429. 薄盖拟层孔 *Daedalea dochmia* (Berk. & Broome) T. Hatt. = *Fomitopsis dochmia* (Berk. & Broome) Ryvarden，生于腐木上。
430. 沟迷孔菌 *Daedalea sulcata* (Berk.) Ryvarden，生于腐木上。
431. 茶色拟迷孔菌 *Daedaleopsis confragosa* (Bolt. :Fr.) Schroet.，生于多种阔叶树树干上。
432. 裂拟迷孔菌 *Daedaleopsis confragosa* (Bolton) J. Schröt.，生于腐木上。
433. 紫带拟迷孔菌 *Daedaleopsis nipponica* Imazeki = *Daedaleopsis pupurea* (Cooke) Imazeki & Aoshima，生于阔叶树枯木、立木上。
434. 三色拟迷孔菌 *Daedaleopsis tricolor* (Bull.) Bondartsev & Singer，生于阔叶树腐木上。
435. 奥弗里姆下锥伞(新拟) *Deconica overeemii* (E. Horak et Desjardin)Desjardin et.A.Perry，生于植物茎上。
436. 假蜜环菌 *Desarmillaria tabescens* (Scop.) R. A. Koch & Aime Evica，生于树干基部或木桩上。
437. 黄裙竹荪 *Dictyophora multicolor* Berk. & Broome，生于阔叶林或竹林中地上。
438. 胶盘韧钉耳 *Ditiola peziziformis* (Lév.) D. A. Reid = *Femsjonia peziziformis* (Lév.) P. Karst.，生于阔叶树或针叶树朽木上。
439. 韧钉耳 *Ditiola radicata* (Alb. & Schwein.) Fr. = *Ditiola radicata* (Alb. & Schwein.) Fr. var. *gyrocephala* (Berk. & Broome) Kenn.，生于阔叶树朽木上。
440. 琥珀德克耳 *Ductifera sucina* (Möller) K. Wells，生于阔叶树腐枝上。
441. 红贝俄氏孔菌 *Earliella scabrosa* (Pers.) Gilb. & Ryvarden，生于阔叶树腐木上。
442. 胡桃纵隔担孔菌 *Elmerina caryae* (Schwein.) D. A. Reid = *Protomerulius caryae* (Schwein.) Ryvarden，生于腐木上。
443. 白方孢粉褶菇 *Entoloma album* Hiroë，生于阔叶林或竹林地上。
444. 蓝鳞粉褶蕈 *Entoloma azureosquamulosum* Xiao L. He & T.H. Li，生于阔叶林地上。
445. 暗蓝粉褶菌 *Entoloma chalybeum* (Pers.) Noordel. = *Rhodophyllus lazulinus* (Fr.) Noordel.，生于草地、灌丛林中地上。

446. 脆柄粉褶菌 *Entoloma fragilipes* Corner & E. Horak，生于混交林地上。
447. 黄色粉褶蕈 *Entoloma luridum* Hesler，生于阔叶林中地上。
448. 纯黄粉褶菌 *Entoloma luteum* Peck，生于阔叶林地上。
449. 乳突粉褶蕈 *Entoloma mammulatum* Hesler，生于林中地上。
450. 近江粉褶菌 *Entoloma omiense* (Hongo) E. Horak，生于阔叶林地上。
451. 紫色粉褶菌 *Entoloma porphyrophaeum* (Fr.) P. Karst.，生于混交林地上。
452. 极细分褶菌 *Entoloma praegracile* Xiao L. He & T. H. Li，生于阔叶林地上。
453. 朱红方孢粉褶菇 *Entoloma quadratum* (Berk. & M. A. Curtis) E. Horak，生于阔叶林或竹林地上。
454. 变绿粉褶蕈 *Entoloma virescens* (Sacc.) E. Horak ex Courtec.，生于林中地上。
455. 红褶孔牛肝菌 *Erythrophylloporus cinnabarinus* Ming Zhang & T. H. Li，生于混交林中地上。
456. 黑胶菌 *Exidia glandulosa* (Bull.) Fr.，生于树皮上。
457. 白胶刺耳 *Exidia japonica* Yasuda = *Tremellochaete japonica* (Lloyd) Raitv.，生于阔叶树朽木上。
458. 短黑耳 *Exidia recisa* (Ditmar) Fr.，生于阔叶林中阔叶树树枝上。
459. 棕色拟黑耳 *Exidiopsis fuliginea* Rick，生于阔叶林中枯树枝上。
460. 金肾胶孔菌 *Favolaschia auriscalpium* (Mont.) Henn.，生于阔叶林中腐木或枯技上。
461. 丛伞胶孔菌 *Favolaschia manipularis* (Berk.) Teng，生于阔叶林中倒腐木上。
462. 日本胶孔菌 *Favolaschia nipponica* Kobayasi，生于阔叶林中枯枝或竹竿上。
463. 疱状胶孔菌 *Favolaschia pustulosa* (Jungh.) Kuntze，生于阔叶林中倒木上。
464. 伞胶孔 *Favolaschia staudtii* Henn.，生于腐桩及枯枝上。
465. 东京胶孔菌 *Favolaschia tonkinensis* (Pat.) Kuntze，生于阔叶林中倒木上。
466. 黄胶孔 *Favolaschia volkensii* (Bres.) Henn.，生于倒木上
467. 条盖多孔菌 *Favolus grammocephalus* (Berk.) Imazeki = *Polyporus grammocephalus* Berk.，生于倒木上。
468. 白小牛舌菌 *Fistulinella olivaceoalba* T. H. G. Pham,Yan C. Li & O. V. Morozova，生于常绿阔叶林地上。
469. 亚牛舌菌 *Fistulina subhepatica* B. K. Cui & J.Song，生于阔叶树的树干或腐木上。
470. 黄层架菌 *Flabellophora licmophora* (Massee) Corner，生于腐木上。
471. 金针菇 *Flammulina filiformis* (Z. W. Ge，X. B. Liu & Zhu L. Yang) P. M. Wang，Y. C. Dai，E. Horak & Zhu L. Yang = *Flammulina velutipes* (Curtis) Singer，生于腐木上。
472. 黑卷小薄孔菌 *Flaviporus liebmannii* (Fr.) Ginns = *Antrodiella liebmannii* (Fr.) Ryvarden，生于腐木上。
473. 黄囊耙齿菌 *Flavodon flavus* (Klotzsch) Ryvarden = Irpex flavus Klotzsch，生于倒木上。
474. 木蹄层孔菌 *Fomes fomentarius* (L.) Fr.，生于阔叶树干上或木桩上。
475. 黄褐层孔菌 *Fomes fulvellus* (Bres.) Sacc. = *Ganoderma fulvellum* Bres.，生于阔叶树基部。
476. 版纳嗜蓝孢孔菌 *Fomitiporia bannaensis* Y.C.Dai，生于阔叶树枯立木上。
477. 斑点嗜蓝孢孔菌 *Fomitiporia punctata* (P. Karst.) Murrill，生于倒木上。
478. 粉肉拟层孔 *Fomitopsis cajanderi* (P. Karst.) Kotl. & Pouzar，生于阔叶树枯立木或倒木上。
479. 木质拟层孔 *Fomitopsis ligneus* (Berk.) Ryvarden，生于阔叶树腐木上。
480. 苦白蹄拟层孔 *Fomitopsis officinalis* (Vill.) Bondartsev & Singer，生于活的或死的针叶树上。
481. 红缘拟层孔 *Fomitopsis pinicola* (Sw.) P. Karst.，生于活立木或倒木上。
482. 类彼待拟层孔菌 *Fomitopsis pseudopetchii* (Lloyd) Ryvarden，生于倒木上。
483. 印度黄褐菌 *Fulvifomes indicus* (Massee) L. W. Zhou = *Aurificaria indica* (Massee) D. A. Reid，生于腐朽木上。
484. 平伏针层孔菌 *Fulvifomes mcgregorii* (Bres.) Y. C. Dai = *Phellinus mcgregorii* (Bers.) Ryvarden.，生于倒木上。
485. 粗糙革孔菌 *Funalia aspera* (Jungh.) Zmitr. & Malysheva= *Coriolopsis aspera* (Jungh)Teng，生于阔叶树倒木和腐木上。
486. 红斑革孔菌 *Funalia sanguinaria* (Klotzsch) Zmitr. & Malysheva = *Coriolopsis sanguinaria* (Klotzsch) Teng，生于腐木上。
487. 相连木层孔菌 *Fuscoporia contigua* (Pers.) G. Cunn. = *Phellinus contiguus* (Pers. :Fr.) Pat.，生于阔叶树腐木上。
488. 黑壳针层孔菌 *Fuscoporia rhabarbarina* (Berk.) Groposo，Log. Leite & Góes-Neto = *Phellinus rhabarbarinus* (Berk.) G. Cunn.，生于阔叶树倒木上。
489. 宽棱木层孔菌 *Fuscoporia torulosa* (Pers.) T. Wagner & M. Fisch. = *Phellinus torulosus* (Pers.) Bourdot & Galzin，生于阔叶树倒木上。
490. 瓦伯针层孔菌 *Fuscoporia wahlbergii* (Fr.) T. Wagner & M. Fisch. = *Phellinus wahlbergii* (Fr.) D. A. Reid，生于阔叶树倒

木上。

491. 丛生盔孢菌 *Galerina fasciculata* Hongo，生于林地上。
492. 细条盔孢菌 *Galerina filiformis* A. H. Sm. & Singer，生于苔藓层上。
493. 纹缘盔孢菌 *Galerina marginata* (Batsch) Kühner = *Galerina autumnalis* (Peck) A. H. Sm. & Singer，生于腐木或倒木上。
494. 鹿角灵芝 *Ganoderma amboinense* (Lam.) Pat.，生于阔叶树腐木桩旁或地上。
495. 长管灵芝 *Ganoderma annulare* (Fr.) Gilbn.，生于阔叶树腐木桩上，也生于活立木的腐朽处。
496. 树舌灵芝 *Ganoderma applanatum* (Pers.) Pat.，生于阔叶林中的伐桩上。
497. 黑灵芝 *Ganoderma atrum* J. D. Zhao，L. W. Hsu & X. Q. Zhang，生于阔叶林中地下腐木上。
498. 南方灵芝 *Ganoderma australe* (Fr.) Pat.，生于阔叶树倒木上或活立木的腐朽处。
499. 坝王岭灵芝 *Ganoderma bawanglingense* J. D. Zhao et X. Q. Zhang，生于阔叶林中倒木上。
500. 褐灵芝 *Ganoderma brownii* (Murrill) Gilb.，生于阔叶树腐木桩上。
501. 喜热灵芝 *Ganoderma calidophilum* J. D. Zhao，L. W. Hsu & X. Q. Zhang，生于林中地下腐木上。
502. 薄盖灵芝 *Ganoderma capense* (Lloyd) D. A. Reid，生于阔叶林中腐木上。
503. 背柄紫灵芝 *Ganoderma cochlear* (Blume & T. Ness) Merr.，生于林中倒木上。
504. 密纹灵芝 *Ganoderma crebrostriatum* J. D. Zhao et L. W. Hsu，生于阔叶林中腐木上。
505. 小孔栗褐灵芝 *Ganoderma dahlii* (Henn.) Aoshima，生于腐木上。
506. 大青山灵芝 *Ganoderma daiqingshanense* J. D. Zhao，生于林中腐木桩上。
507. 密环灵芝 *Ganoderma densizonatum* J. D. Zhao & X. Q. Zhang，生于倒木上。
508. 吊罗山灵芝 *Ganoderma diaoluoshamense* J. D. Zhao et X. Q. Zhang，生于热带雨林中腐木桩上。
509. 弯柄灵芝 *Ganoderma flexipes* Pat.，生于阔叶林中地下腐木上。
510. 有柄灵芝 *Ganoderma gibbosum* (Blume & T. Nees) Pat.，生于阔叶树腐木桩和倒木上。
511. 桂南灵芝 *Ganoderma guinanense* J. D. Zhao & X. Q. Zhang，生于阔叶林中地下腐木上。
512. 海南灵芝 *Ganoderma hainanense* J. D. Zhao，L. W. Hsu & X. Q. Zhang，生于阔叶林中地下腐木上。
513. 黎母山灵芝 *Ganoderma limushanense* J. D. Zhao & X. Q. Zhang，生于热带雨林中倒木上。
514. 层迭灵芝 *Ganoderma lobatum* (Schwein.) G. F. Atk.，生于阔叶林中的树桩上。
515. 漆亮灵芝 *Ganoderma lucidum* (Curtis) P. Karst.，生于林中枯立木基部。
516. 大孔灵芝 *Ganoderma magniporum* J. D. Zhao & X. Q. Zhang，生于阔叶树根部。
517. 无柄紫灵芝 *Ganoderma mastoporum* (Lév.) Pat.，生于阔叶林中腐木上。
518. 奇绒毛灵芝 *Ganoderma mirivelutinum* J. D. Zhao，生于腐木上。
519. 新日本灵芝 *Ganoderma neo-japonicum* Imazeki，生于阔叶林中地下腐木上。
520. 亮黑灵芝 *Ganoderma nigrolucidum* (Lloyd) D. A. Reid，生于阔叶林中腐木上。
521. 光亮灵芝 *Ganoderma nitidum* Murrill，生于阔叶林中倒腐木上。
522. 多分枝灵芝 *Ganoderma ramosissimum* J. D. Zhao，生于阔叶林中腐木上。
523. 无柄灵芝 *Ganoderma resinaceum* Boud.，生于阔叶树基部。
524. 大圆灵芝 *Ganoderma rotundatum* J. D. Zhao，L. W. Hsu et X. Q. Zhang，生于阔叶树的腐桩上。
525. 上思灵芝 *Ganoderma shangsiense* J. D. Zhao，生于阔叶树腐木桩上或活立木树干基部。
526. 灵芝 *Ganoderma sichuanense* J. D. Zhao & X. Q. Zhang，生于阔叶林中地下腐木上或腐木桩周围地上。
527. 紫芝 *Ganoderma sinense* J. D. Zhao，L. W. Hsu & X. Q. Zhang，生于阔叶树倒木上。
528. 具柄灵芝 *Ganoderma stipitatum* Murrill，生于阔叶林中腐木上。
529. 茶病灵芝 *Ganoderma theaecolum* J. D. Zhao，生于茶树或其他阔叶树腐木上。
530. 热带灵芝 *Ganoderma tropicum* (Jungh.) Bres.，生于相思树根部或其他阔叶林中腐木上。
531. 苔藓盔孢菌 *Galerina hypnorum* (Schrank) Kühner，生于苔藓层上。
532. 无柄地星 *Geastrum fimbriatum* Fr. = *Geastrum sessile* Sowerby，生于林中地上。
533. 木生地星 *Geastrum mirabile* Mont.，生于倒腐木上或腐根处。
534. 绒皮地星 *Geastrum velutinum* Morgan，生于林地上。
535. 袋形地星 *Geastrum saccatum* Fr.，生于林地上。
536. 尖顶地星 *Geastrum triplex* Jungh.，生于林地上。
537. 须孢盘菌广西变型 *Geneosperma geneosporum* f. *guangxiense* W. Y. Zhuang，生于腐木上。

538. 喀拉拉老伞(新拟) *Gerronema keralense* K. P D. Latha et Manimi，生于枯枝上。
539. 褐黄老伞 *Gerronema xanthophyllum* (Bres.) Norvell，Redhead & Ammirati = *Clitocybe xanthophylla* Bres.，生于林地上。
540. 深褐褶孔菌 *Gloeophyllum* sepiarium (Wulfen) P. Karst.，生于倒木上。
541. 薄条纹粘褶菌 *Gloeophyllum striatum* (Fr.) Murrill，生于阔叶树腐木上。
542. 亚锈褐褶菌 *Gloeophyllum subferrugineum* (Berk.) Bondartsev & Singer，生于针叶树腐木上。
543. 皱干酪菌 *Gloeoporellus merulinus* (Berk.) Zmitr. = *Tyromyces merulinus* (Berk.) G. Cunn.，生于腐朽杉木上。
544. 粉红铆钉菇 *Gomphidius roseus* (Fr.) Gill.，生于松林中地上。
545. 线浅孔菌 *Grammothele lineata* Berk. & M. A. Curtis，生于阔叶树上。
546. 灰树花菌 *Grifola frondosa* (Dicks.) Gray，生于阔叶树上或栎树周围地上。
547. 焰耳 *Guepinia helvelloides* (DC.) Fr. = *Phlogiotis helvelloides* (DC.) G. W. Martin，生于阔叶树木上。
548. 绿褐裸伞 *Gymnopilus aeruginosus* (Peck) Singer，生于针叶树腐木或树皮上。
549. 橙褐裸伞 *Gymnopilus aurautiobumeus* Z. S. Bi，生于腐木上。
550. 紫褐裸伞 *Gymnopilus dilepis* (Berk. & Broome) Singer，生于林地上。
551. 橘黄裸伞 *Gymnopilus spectabilis* (Fr.) Singer，生于阔叶树的树干上。
552. 安络裸脚菇 *Gymnopus androsaceus* (L.) Della Magg. & Trassin. = *Marasmius androsaceus* (L.) Fr.，生于林内地上落叶层上。
553. 金黄裸脚伞 *Gymnopus aquosus* (Bull.) Antonín & Noordel.，生于针叶林中地上。
554. 绒柄裸脚伞 *Gymnopus confluens* (Pers.) Antonín，生于针叶树和阔叶树的树干或腐枝上。
555. 栎裸脚伞 *Gymnopus dryophilus* (Bull.) Murrill = *Collybia dryophila* (Bull.) P. Kumm.，生于阔叶林或针宽混交林中地上。
556. 簇生裸脚菇 *Gymnopus fasciatus* (Penn.) Halling = *Collybia fasciata* (Penn.) Halling，生于林地上。
557. 枝生裸脚伞 *Gymnopus ramulicola* T.H. Li & S.F. Deng，生于林中地上。
558. 靴状裸脚伞 *Gymnopus peronatus* (Bolton) Gray，生于林中地上。
559. 密褶裸脚菇 *Gymnopus polyphyllus*(Peck)Halling，生于地上。
560. 铅色短孢牛肝菌 *Gyrodon lividus* (Bull.) Sacc.，生于阔叶林下地上。
561. 褐圆孔牛肝菌 *Gyroporus castaneus* (Bull.) Quél.，生于混交林中地上。
562. 蓝圆孔牛肝菌 *Gyroporus cyanescens* (Bull.) Quél.，生于混交林地上。
563. 糖圆齿菌 *Gyrodontium sacchari* (Spreng.) Hjortstam，生于阔叶树枯树桩基部。
564. 彩孔菌 *Hapalopilus rutilans* (Pers.) Murrill = *Hapalopilus nidulans* (Fr.) P. Karst.，生于倒木上。
565. 红疣柄牛肝菌 *Harrya chromipes* (Frost) Halling，Nuhn，Osmundson & Manfr. Binder = *Leccinum chromapes* (Frost.) Singer，生于针阔混交林地上。
566. 日本网孢牛肝菌 *Heimioporus japonicus* (Hongo) E. Horak，生于阔叶林或针阔混交林中地上。
567. 网孢牛肝菌 *Heimioporus retisporus* (Pat. & C. F. Baker) E. Horak，生于阔叶林下地上。
568. 红网孢牛肝菌 *Heimioporus sinensis* Ming Zhang，生于阔叶林中地上。
569. 珊瑚猴头菌 *Hericium coralloides* (Scop.) Pers.，生于腐木上。
570. 猴头菌 *Hericium erinaceus* (Bull.) Pers，生于栎属的立木或弱立木上，倒腐木上也常见。
571. 多年拟层孔菌 *Heterobasidion annosum* (Fr.) Bref.，生于云杉、落叶松的干基部和根上。
572. 小孔异担子 *Heterobasidion parviporum* Niemelä & Korhonen，生于针叶树的根部或树桩上。
573. 岛生异担子 *Heterobasidion insulare* (Murrill) Ryvarden，生于针叶树上。
574. 柔美刺皮耳 *Heterochaete delicata* Bres.，生于阔叶树枯枝上。
575. 异色刺皮耳 *Heterochaete discolor* (Berk. & Broome) Petch，生于阔叶树枯枝上。
576. 莫索尼刺皮耳 *Heterochaete mussooriensis* Bodman，生于阔叶树枯枝上。
577. 彭氏刺皮耳 *Heterochaete pengii* X. W. Hu，生于阔叶树枯枝上。
578. 粉红刺皮耳 *Heterochaete roseola* Pat.，生于阔叶树枯枝上。
579. 中国刺皮耳 *Heterochaete sinensis* Teng，生于阔叶树枯枝上。
580. 帽形蜂窝菌 *Hexagonia cucullata* (Mont.) Murrill，生于阔叶树上。
581. 硬蜂窝菌 *Hexagonia rigida* Berk，生于阔叶树枯木上。
582. 勺状亚侧耳 *Hohenbuehelia petaloides* (Bull. :Fr.) Schulz，多生于宽叶落叶树的枯干上。
583. 肾形亚侧耳 *Hohenbuehelia reniformis* (G. Mey.) Singer，多生于宽叶落叶树的枯干上。
584. 亚黑轮 *Hohenbuehelia silvana* (Sacc.) O. K. Mill. = *Resupinatus silvanus* (Sacc.) Singer，生于阔叶树的树桩上。

585. 胶珊瑚 *Holtermannia pinguis* (Holterm.) Sacc. & Traverso，生于阔叶树枯枝上。
586. 红色牛肝菌 *Hortiboletus rubellus* (Krombh.) Simonini，Vizzini & Gelardi = *Boletus rubens* Frost，生于混交林地上。
587. 咖啡网孢芝 *Humphreya coffeata* (Berk.) Steyaert，生于阔叶树根部腐朽处或地下腐木上。
588. 褐薄齿菌 *Hydnellum concrescens* (Pers.) Banker，生于林地上。
589. 环纹丽齿菌 *Hydnellum concrescens* (Pers.) Banker = *Calodon zonatus* (Batsch) P. Karst.，生于混交林中腐枝物上。
590. 流苏刺孔菌 *Hydnopolyporus fimbriatus* (Fr.) D. A. Reid，生于阔叶树地下腐木上。
591. 白齿菌 *Hydnum albidum* Peck，生于针阔混交林中地上。
592. 卷缘齿菌 *Hydnum repandum* L. :Fr.，生于针阔叶混交林中地上。
593. 舟湿伞 *Hygrocybe cantharellus* (Schwein.) Murrill，生于针阔叶混交林中地上。
594. 湿伞 *Hygrocybe ceracea* (Sowerby) P. Kumm. = *Hygrocybe ceracea* (Wulfen) P. Kumm.，生于阔叶林中地上。
595. 绯红湿伞 *Hygrocybe coccinea* (Schaeff.) P. Kumm.，生于林中地上。
596. 锥形湿伞 *Hygrocybe conica* (Schaeff.) P. Kumm.，生于针叶林或阔叶林中地上。
597. 具尖湿伞 *Hygrocybe cuspidata* (Peck) Murrill，生于林地上。
598. 粉粒红湿伞 *Hygrocybe helobia* (Arnolds) Bon，生于林地上。
599. 小红湿伞 *Hygrocybe miniata* (Fr.) P. Kumm.，生于阔叶林中地上。
600. 白蜡伞 *Hygrophorus eburneus* (Bull.) Fr.，生于阔叶林中地上。
601. 狭窄锈革菌 *Hymenochaete attenuata* (Lév.) Lév.，生于枯枝上。
602. 红锈革菌 *Hymenochaete cruenta* (Pers.) Donk，生于阔叶树的腐木上、枯枝上。
603. 杜氏锈齿革菌 *Hymenochaete duportii* (Pat.) T. Wagner & M. Fisch. = *Hydnochaete duportii* Pat.，生于阔叶树倒木上。
604. 锗边刺孔菌 *Hymenochaete ochromarginata* P. H. B. Talbot，生于阔叶树腐木上。
605. 拟复瓣锈革菌 *Hymenochaete pseudoadusta* J. C. Léger & Lanq.，生于阔叶树腐木上。
606. 大黄锈革菌 *Hymenochaete rheicolor* (Mont.) Lév.，生于栎等阔叶树腐木上。
607. 栗色锈革菌 *Hymenochaete rubiginosa* (Dicks.) Lév.，生于栎树或及其他阔叶树腐木上。
608. 柔毛锈革菌 *Hymenochaete villosa* (Lév.) Bres.，生于阔叶树腐木上。
609. 干环褶菌 *Hymenochaete xerantica* (Berk.) S. H. He & Y.C. Dai = *Cyclomyces xeranticus* (Berk.) Y. C. Dai & Niemelä，生于阔叶树腐木上。
610. 卷边锈革菌 *Hymenochaete yasudae* Imazeki，生于腐木上。
611. 辐锈革菌 *Hymenochaetopsis tabacina* (Sowerby) S. H. He & Jiao Yang = *Pseudochaete tabacina* (Sowerby) T. Wagner & M. Fisch.，生于阔叶树腐木上。
612. 拟烟黄色锈齿革菌 *Hymenochaetopsis tabacinoides* (Yasuda) S. H. He & Jiao Yang，生于阔叶树腐木上。
613. 鳞柄长根菇 *Hymenopellis furfuracea* (Peck) R. H. Petersen，生于腐根上。
614. 大孢长根菇 *Hymenopellis megalospora* (Clem.) R. H. Petersen = *Xerula megalaspora* (Clem.) Redhead，Ginns & Shoemaker，生于地下树根上。
615. 长根小奥德蘑 *Hymenopellis radicata* (Relhan) R. H. Petersen = *Oudemansiella radicata* (Relhan) Singer，生于埋于土中的腐木上。
616. 烟色垂幕菇 *Hypholoma capnoides* (Fr.) P. Kumm.，生于腐木上。
617. 红垂幕菇 *Hypholoma cinnabarinum* Teng，生于阔叶林地上。
618. 簇生垂幕菇 *Hypholoma fasciculare* (Huds.) P. Kumm，生于阔叶树枯木基部或木桩上。
619. 砖红垂幕菇 *Hypholoma lateritium* (Schaeff.) P. Kumm.，生于腐木上。
620. 细笼头菌 *Ileodictyon gracile* Berk. = *Clathrus gracilis* (Berk.) Schltdl.，生于阔叶树和针叶树混交的林地上。
621. 黄褶菇 *Inocephalus murrayi* (Berk. & M. A. Curtis) Rutter & Watling，生于针阔混交叶林或竹林地上。
622. 美孢丝盖伞 *Inocybe calospora* Quél.，生于林中地上。
623. 亚黄丝盖伞 *Inocybe cookei* Bres.，生于林中地上。
624. 梨香丝盖伞 *Inocybe pyriodora* (Pers.) P. Kumm.，生于林中地上。
625. 肝褶丝盖伞 *Inocybe radiata* Peck.，生于林中地上。
626. 粗壮丝盖伞(新拟) *Inocybe saraga* K.P. D Latha et Manim，生于林中地上。
627. 薄皮纤孔菌 *Inonotus cuticularis* (Bull.) P. Karst.t.，生于桦等阔叶树腐木上。
628. 厚皮针层孔菌 *Inonotus pachyphloeus* (Pat.) T. Wagner & M. Fisch. = *Phellinus pachyphloeus* (Pat.) Pat.，生于阔叶树倒木上。

629. 丝光薄环褶菌 *Inonotus tabacinus* (Mont.) G. Cunn. = *Cyclomyces tabacinus* (Mont.) Pat.，生于腐木上。
630. 鲑贝耙齿菌 *Irpex consors* Berk.，生于倒木上。
631. 白囊耙齿菌 *Irpex lacteus* (Fr.) Fr.，生在多种阔叶树腐木上。
632. 绒囊耙齿菌 *Irpex vellereus* Berk. & Broome，生于阔叶树的腐木上。
633. 皱皮孔菌 *Ischnoderma resinosum* (Schaeff.) P. Karst.，生于云杉、红松、榆等活立木、倒木和枯木上。
634. 疣盖鬼笔 *Jansia elegans* Penz.，生于阔叶林中树干的树皮上。
635. 大孔橘黄小薄孔菌 *Junghuhnia aurantilaeta* (Corner) Spirin = *Antrodiella aurantilaeta* (Corner) T. Hatt. & Ryvarden，生于腐木上。
636. 毛腿库恩菇 *Kuehneromyces mutabilis* (Schaeff.) Singer & A. H. Sm.，生于阔叶林中树干的树皮上。
637. 白蜡蘑 *Laccaria alba* Zhu L. Yang，生于林中地上。
638. 红蜡蘑 *Laccaria laccata* (Scop.) Cooke，生于针叶林或阔叶林中地上。
639. 墨水蜡蘑 *Laccaria moshuijun* Popa & Zhu Liang Yong，生于针叶林或阔叶林中地上。
640. 酒红蜡蘑 *Laccaria vinaceoavellanea* Hongo，生于阔叶林中地上。
641. 雷丸 *Laccocephalum mylittae* (Cooke & Massee) Núñez & Ryvarden = *Polyporus mylittae* Cooke & Massee，生于竹根上或老竹兜下。
642. 毡绒垂幕菇 *Lacrymaria lacrymabunda* (Bull.) Pat.，生于粪堆或草地上。
643. 喙囊乳菇 *Lactarius austrorostratus* Wisitr. & Verbeken，生于混交林中地上。
644. 香乳菇 *Lactarius camphoratus* (Bull.) Fr.，生于阔叶林中地上。
645. 鸡足山乳菇 *Lactarius chichuensis* W. F. Chiu，生于林地上。
646. 黄汁乳菇 *Lactarius chrysorrheus* Fr.，生于混交林地上。
647. 肉桂色乳菇 *Lactarius cinnamomeus* W. F. Chiu，生于混交林地上。
648. 皱盖乳菇 *Lactarius corrugis* Peck，生于阔叶林地上。
649. 松乳菇 *Lactarius deliciosus* (L.) Gray，生于针叶林或针阔叶混交林中地上。
650. 詹氏乳菇 *Lactarius gerardii* Peck，生于针宽叶混交林下。
651. 红汁乳菇 *Lactarius hatsudake* Nobuj. Tanaka，生于阔叶林中地上。
652. 湿乳菇 *Lactarius hygrophoroides* Berk. & M. A. Curtis，生于阔叶林中地上。
653. 苦乳菇 *Lactarius hysginus* (Fr.) Fr.，生于阔叶林中地上。
654. 黑褐乳菇 *Lactarius lignyotus* Fr.，生于针阔混交林中地上。
655. 白乳菇 *Lactarius piperatus* (L.) Pers.，生于针叶林或针阔混交林中地上。
656. 窝柄黄乳菇 *Lactarius scrobiculatus* (Scop.) Fr.，生于阔叶林中地上。
657. 亚香环纹乳菇 *Lactarius subzonarius* Hongo，生于混交林地上。
658. 绒白乳菇 *Lactarius vellereus* (Fr.) Fr.，生于针叶林或阔叶林中地上。
659. 多汁乳菇 *Lactarius volemus* (Fr.) Fr.，生于林中地上。
660. 活尔特多汁乳菇 *Lactifluus waltersii* (Hesler & A. H. Sm.) De Crop = *Lactarius waltersii* Hesler & A. H. Sm.，生于阔叶林中地上。
661. 歪足乳金伞 *Lactocollybia epia* (Berk. & Broome) Pegler，生于阔叶树的腐木上。
662. 哀牢山绚孔菌 *Laetiporus ailaoshanensis* B. K. Cui & J. Song，生于倒木上。
663. 毛地花菌 *Laeticutis cristata* (Schaeff.) Audet = *Albatrellus cristatus* (Schaeff.) Kotl. & Pouzar，生于阔叶树基部。
664. 朱红绚孔菌 *Laetiporus miniatus* (P. Karst.) Overeem = *Laetiporus sulphureus* (Bull.) Murrill var. *miniatus* (Jungh.) Imazeki，生于阔叶树腐木上。
665. 硫磺菌 *Laetiporus sulphureus* (Bull.) Murrill，生于倒木上。
666. 杂孢硫磺菌 *Laetiporus versisporus* (Lloyd) Imazeki，生于阔叶树的腐木上。
667. 环区绚孔菌 *Laetiporus zonatus* B. K. Cui & J. Song，生于阔叶树的倒木上。
668. 双柱林德氏鬼笔 *Laternea columnata* Nees，生于阔叶林或竹林中地上。
669. 黄皮疣柄牛肝菌 *Leccinellum crocipodium* (Letell.) Della Magg. & Trassin. = *Leccinum crocipodium* (Letell.) Watling，生于阔叶林下。
670. 灰疣柄牛肝菌 *Leccinellum griseum* (Quél.) Bresinsky & Manfr. Binder = *Leccinum griseum* (Quél.) Singer，生于桦木、云杉林之林缘或见于高山疏林内地上。

671. 橙黄疣柄牛肝菌 *Leccinum aurantiacum* (Bull.) Gray，生于于林中地上。
672. 南疣柄牛肝菌 *Leccinum borneense* (Corner) E. Horak = *Boletus borneensis* Corner.，生于林地上。
673. 皱顶疣柄牛肝菌 *Leccinum rugosiceps* (Peck) Singer = *Leccinum rugosiceps* (Peck.) Singer，生于杂木林中地上。
674. 褐疣柄牛肝菌 *Leccinum scabrum* (Bull.) Cray，生于混交林地上。
675. 乳白栓菌 *Leiotrametes lactinea* (Berk.) Welti & Courtec. = *Trametes lactinea* (Berk.) Sacc.，生于阔叶树的腐木上。
676. 粉灰栓菌 *Leiotrametes menziesii* (Berk.) Welti & Courtec. = *Trametes menziesii* (Berk.) Ryvarden，生于阔叶树腐木和枕木上。
677. 北方小香菇 *Lentinellus ursinus* (Fr.) Kühner，生于阔叶树的腐木上。
678. 香菇 *Lentinula edodes* (Berk.) Pegler，生于阔叶树的倒木上。
679. 枝木瑚菌 *Lentaria surculus* (Berk.) Corner，生于林中的落枝上。
680. 漏斗香菇 *Lentinus arcularius* (Batsch) Zmitr. = Favolus arcularius (Batsch) Fr.，生于倒木及枯树上。
681. 冬拟多孔菌 *Lentinus brumalis* (Pers.) Zmitr. = Polyporus brumalis (Pers.)Fr.，生于多种倒木上。
682. 细毛香菇 *Lentinus connatus* Berk.，生于阔叶树的腐木上。
683. 环柄香菇 *Lentinus sajor-caju* (Fr.) Fr.，生于阔叶树腐木上。
684. 翘鳞香菇 *Lentinus squarrosulus* Mont. = *Lentinus subnudus* Berk.，生于腐树桩或腐木上。
685. 虎皮香菇 *Lentinus tigrinus* (Bull.) Fr.，生于阔叶树腐木上。
686. 绒毛香菇 *Lentinus velutinus* Fr.，生于阔叶树腐木上。
687. 桦革裥菌 *Lenzites betulina* (L.) Fr.，生于阔叶树的腐木上。
688. 桦褶孔菌 *Lenzites betulinus* (L.) Fr.，生于倒木上。
689. 东方革裥菌 *Lenzites japonica* Berk. & M. A. Curtis，生于阔叶树的腐木上。
690. 马来褶孔菌 *Lenzites malaccensis* Sacc. & Cub.，生于阔叶树的腐木上。
691. 宽褶孔菌 *Lenzites platyphylla* Lév.，生于阔叶树腐木上。
692. 大革裥菌 *Lenzites vespacea* (Pers.) Pat.，生于多种阔叶树腐木上。
693. 栗色环柄菇 *Lepiota castanea* Quél.，生于林地上。
694. 冠状环柄菇 *Lepiota cristata* (Bolton) P. Kumm.，生于林中地上。
695. 白环柄菇 *Lepiota erminea* (Fr.) P. Kumm. = *Lepiota alba* (Bres.) Sacc.，生于林中地上。
696. 粒鳞环柄蘑 *Lepiota pseudogranulosa* Velen.，生于林中地上。
697. 花脸香蘑 *Lepista sordida* (Fr.) Singer，生于林中地上。
698. 鳞状勒氏菌 *Leratiomyces squamosus* (Pers.) Bridge & Spooner，生于林地上。
699. 黑鳞白环蘑 *Leucoagaricus atrosquamulosus* (Hongo) Z. W. Ge & Zhu L. Yang，生于林地上。
700. 中华白环蘑 *Leucoagaricus sinicus* (J. Z. Ying) Zhu L. Yong，生于林地上。
701. 橘黄白环蘑 *Leucoagaricus tangerinus* Y. Yuan & J. F. Liang，生于林地上。
702. 纯黄白鬼伞 *Leucocoprinus birnbaumii* (Corda) Singer，生于阔叶林地上。
703. 粗柄白鬼伞 *Leucocoprinus cepistipes* (Sowerby) Pat.，生于树桩腐朽处或地上。
704. 脆黄白鬼伞 *Leucocoprinus fragilissimus* (Berk. & M. A. Curtis) Pat.，生于阔叶林中地上。
705. 丛生离褶伞 *Leucocybe connata* (Schumach.) Vizzini，P. Alvarado，G. Moreno & Consiglio = *Lyophyllum connatum* (Schumach.) Singer，生于林地上。
706. 极软酸味菌 *Leucophellinus hobsonii* (Berk. ex Cooke) Ryvarden = *Oxyporus mollissimus* (Pat.) D. A. Reid.，生于针叶树枕木上。
707. 海南核生柄孔菌 *Lignosus hainanensis* B.K.Cui体从阔叶林林中地下腐木生出。
708. 奇异脊革菌 *Lopharia cinerascens* (Schwein.) G. Cunn. = *Lopharia mirabilis* (Berk. & Broome) Pat.，生于枯枝或腐木上。
709. 钩刺马勃 *Lycoperdon echinatum* Pers，生于阔叶林中地上。
710. 黑刺灰包 *Lycoperdon fuligineum* Berk. & M. A. Curtis，生于林中地上。
711. 网纹马勃 *Lycoperdon perlatum* Pers.，生于林中地上。
712. 荷叶离褶伞 *Lyophyllum decastes* (Fr.) Singer，生于阔叶林中地上。
713. 棱柱散尾菌 *Lysurus mokusin* (L.) Fr.，生于竹林或针阔混交林中地上。
714. 球柄笼头菌 *Lysurus periphragmoides* (Klotzsch) Dring = *Simblum sphaerocephalum* Schltdl，生于林地上。
715. 脱皮大环柄菇 *Macrolepiota detersa* Z. W. Ge，Zhu L. Yang & Vellinga，生于林地上。
716. 高大环柄菇 *Macrolepiota procera* (Scop.) Singer，生于林中地上。

717. 褐顶环柄菇 *Macrolepiota prominens* (Sacc.) M. M. Moser = *Lepiota prominens* (Fr.) Sacc.，生于草地上。
718. 白微皮伞 *Marasmiellus candidus* (Fr.) Singer = *Marasmiellus candidus* (Bolton) Singer，生于林中枯枝落叶上。
719. 皮微皮伞 *Marasmiellus corticum* Singer，生于混交林中腐木上或竹枝上。
720. 树生微皮伞 *Marasmiellus dendroegrus* Singer，生于阔叶林朽木或腐枝上。
721. 黑柄微皮伞 *Marasmiellus melanopus* (A.W. Wilson, Desjardin & E. Horak) J.S. Oliveira，生于林地上。
722. 多纹微皮伞 *Marasmiellus polygrammus* (Mont.) J. S. Oliveira，生于针阔叶混交林中腐木上或地上。
723. 微皮伞 *Marasmiellus epochnous* (Berk. & M. A. Curtis) Singer，生于枯枝上。
724. 巴拿马微皮伞 *Marasmiellus panamensis* Singer，生于枯枝上。
725. 合生微皮伞 *Marasmiellus synodicus* (Kunze ex Fr.) Singer，生于枯枝上。
726. 特洛伊微皮伞 *Marasmiellus troyanus* (Murrill) Dennis，生于枯枝上。
727. 贝科拉小皮伞 *Marasmius bekolacongoli* Beeli，生于阔叶林中枯枝落叶层上。
728. 伯特路小皮伞 *Marasmius berteroi* (Lev.) Murrill，生于阔叶林中枯枝落叶上。
729. 脐顶皮伞 *Marasmius chordalis* Fr.，生于枯枝上。
730. 融合小皮伞 *Marasmius confertus* Berk. & Broome，生于针阔混交林地的枯枝落叶层上。
731. 马毛小皮伞 *Marasmius crinis-equi* F. Muell. ex Kalchbr. = *Marasmius equicrinis* F. Muell. ex Berk.，生于落叶和落枝上。
732. 杆生小皮伞 *Marasmius culmisedus* Singer = *Marasmius graminum* (Lib.) Berk.var. *culmisedus* (Singer) Singer，生于落叶上。
733. 叶生小皮伞 *Marasmius epiphyllus* (Pers.) Fr.，生于林内落叶上或地上。
734. 半焦小皮伞 *Marasmius epochnous* (Berk.& Broome) Singer，生于枯枝上。
735. 花盖小皮伞 *Marasmius floriceps* Berk. & M. A. Curtis，生于树枝落叶层上。
736. 青黄小皮伞 *Marasmius galbinus* T H. Li et Chun Y Deng，生于树枝落叶层上。
737. 禾小皮伞 *Marasmius graminum* (Lib.) Berk.，生于林内腐枝和落叶层上。
738. 红盖小皮伞 *Marasmius haematocephalus* (Mont.) Fr.，生于阔叶林中枯枝腐叶上。
739. 大盖小皮伞 *Marasmius maximus* Hongo，生于林中枯枝落叶层上。
740. 小羊羔小皮伞 *Marasmius microhaedinus* Singer，生于林中枯枝落叶层上。
741. 新无柄小皮伞 *Marasmius neosessilis* Singer，生于枯枝上。
742. 黑小皮伞 *Marasmius nigrobrunneus* (Pat.) Sacc.，生于枯竹叶、竹枝上。
743. 淡赭色色小皮伞 *Marasmius ochroleucus* Desjardin & E. Horak，生于枯叶和腐枝上。
744. 棕榈病小皮伞(新拟) *Marasmius palmivorus* Sharples，生于棕榈科植物枯叶柄上。
745. 棕榈病小皮伞(新拟) *Marasmius palmivorus* Sharples，生于棕榈科植物枯叶的柄上。
746. 苍白小皮伞 *Marasmius pellucidus* Berk. & Broome，生于林中枯枝落叶层上。
747. 拟皱小皮伞(参照种) *Marasmius cf. pseudocorrugatus* Singer，生于枯枝上。
748. 紫红小皮伞 *Marasmius pulcherripes* Peck，生于林中落枝叶上。
749. 紫条沟小皮伞 *Marasmius purpureostriatus* Hongo，生于阔叶林中枯枝落叶上。
750. 轮小皮伞 *Marasmius rotalis* Berk. & Broome，生于地上。
751. 辐射小皮伞 *Marasmius rotula* (Scop.) Fr.，生于林内树木枯枝和腐根上。
752. 干小皮伞 *Marasmius siccus* (Schwein.) Fr.，生于林中落枝叶上。
753. 毛褶小皮伞(参照种) *Marasmius cf. setulosifolius* Singer，生于阔叶树枯枝上。
754. 素贴山小皮伞 *Marasmius suthepensis* Wannathes, Desjardin & Lumyong，生于枯枝落叶层上。
755. 薄小皮伞 *Marasmius tenuissimus* (Sacc.) Singer，生于枯枝落叶层上。
756. 杯盖状大金钱菌 *Megacollybia clitocyboidea* R. H. Petersen，生于腐木上或土中腐木上。
757. 宽褶拟口蘑 *Megacollybia platyphylla* (Pers.) Kotl. & Pouzar = *Tricholomopsis platyphylla* (Pers.) Singer，生于混交林中地上。
758. 小孔大孢卧孔菌 *Megasporoporia microporela* X. S. Zhou & Y. C. Dai，生于腐木上。
759. 覆瓦网褶菌 *Meiorganum curtisii* (Berk.) Singer，J. García & L.D. Gómez = *Paxillus curtisii* Berk.，生于阔叶林等树木桩上。
760. 胶质干朽菌 *Merulius tremellosus* Schrad.，生于枯木或腐木上。
761. 倒卵小小孔菌 *Microporellus obvatus* (Jungh.) Ryvarden，生于阔叶树腐木上。
762. 近缘小孔菌 *Microporus affinis* (Blume & T. Nees) Kuntze，生于阔叶树倒木上。
763. 黄褐小孔菌 *Microporus xanthopus* (Fr.) Kuntze，生于阔叶树上。
764. 褐褶边奥德蘑 *Mucidula brunneomarginata* (Lj. N. Vassiljeva) R. H. Petersen，生于埋于土中的腐木上。

765. 粘小奥德蘑 *Mucidula mucida* (Schrad.) Pat. = *Oudemansiella mucida* (Schrad.) Höhn.，生于倒木上。
766. 地衣珊瑚菌 *Multiclavula clara* (Berk. & M. A. Curtis) R. H. Petersen，生于绿藻上。
767. 竹林蛇头菌 *Mutinus bambusinus* (Zoll.) E. Fisch.，生于竹林地上。
768. 蛇头菌 *Mutinus caninus* (Huds. :Persl.) Fr.，生于阔叶林或竹林中地上。
769. 弗勒歇蛇头菌 *Mutinus fleischeri* Penz.，生于竹林地上。
770. 盔盖小菇 *Mycena galericulata* (Scop.) Gray，生于阔叶林或竹林中地上。
771. 洁小菇 *Mycena pura* (Pers.) P. Kumm.，生于林中地上。
772. 红汁小菇 *Mycena sanguinolenta* (Alb. & Schwein.) P. Kumm.，生于腐枝落叶层或枯木腐朽处。
773. 特洛伊小菇 *Mycena trojana* (Murrill) Murrill，生于林地上。
774. 狭檐薄孔菌 *Neoantrodia serialis* (Fr.) Audet = *Antrodia serialis* (Fr.) Donk，生于针、阔叶树上。
775. 三河新大孔菌 *Neofavolus mikawai* (Lloyd) Sotome & T. Hatt.，生于腐木上。
776. 金平木层孔菌 *Neomensularia kanehirae* (Yasuda) F. Wu，L. W. Zhou & Y. C. Dai = *Phellinus kanehirae* (Yasuda) Ryvarden，生于阔叶树倒木。
777. 白绒红蛋巢菌 *Nidula niuea-tomentosa* (P. Henn.)，生于腐木或枯枝上。
778. 白绒红蛋巢 *Nidula niveotomentosa* (Henn.) Lloyd.，生于腐木上。
779. 硬黑孔菌 *Nigrofomes durus* (Jungh.) Murrill，生于腐木上。
780. 栗黑层孔 *Nigrofomes melanoporus* (Mont.) Murrill，生于腐木上。
781. 紫褐黑孔菌 *Nigroporus vinosus* (Berk.) Murrill，生于腐木上。
782. 硬拟层孔 *Niveoporofomes spraguei* (Berk. & M. A. Curtis) B. K. Cui，M. L. Han & Y. C. Dai = *Fomitopsis spraguei* (Berk. & M. A. Curtis) Gilb. & Ryvarden，生于阔叶树腐木上。
783. 硬褐瓣昂尼孔菌 *Onnia orientalis* (Lloyd) Imazeki = *Onnia vallata* (Berk.) Y. C. Dai & Niemelä，生于松树腐木上。
784. 褐褶缘小奥德蘑 *Oudemansiella brunneomarginata* Lj. N. Vassiljeva，生于地下腐木上。
785. 卵孢小奥德蘑 *Oudemansiella raphanipes* (Perk.) Pegler & T. W. K. Yong，生于阔叶林或竹林中地下腐木上。
786. 热带小奥德蘑 *Oudemansiella canarii* (Jungh.) Höhn.，生于阔叶树的枯立木或倒木上。
787. 拟黏小奥德蘑 *Oudemansiella submucida* Corner，生于阔叶树的枯立木或倒木上。
788. 黄褐疣孢斑褶菇 *Panaeolina foenisecii* (Pers.) Maire，生于肥土或草地上。
789. 白斑褶菇 *Panaeolus antillarum* (Fr.) Dennis = *Anellaria antillarum* (Fr.) Hlaváček;，生于林中地上。
790. 钟形花褶伞 *Panaeolus campanulatus* (L.) Quél.，生于草地上。
791. 粪生斑褶菇 *Panaeolus fimicola* (Pers.) Gillet，生于肥土或草地上。
792. 花褶伞 *Panaeolus papilionaceus* (Bull.) Quél. = *Panaeolus retirugis* (Fr.) Gillet，生于肥土或草地上。
793. 小网孔菌 *Panellus pusillus* (Pers. ex Lév.) Burds. & O. K. Mill. = *Dictyopanus pusillus* (Pers. ex Lév.) Singer，生于阔叶林中腐木上。
794. 亚扇菇 *Panellus serotinus* (Pers.) Kühner = *Hohenbuehelia serotina* (Pers.) Singer，生于腐木上。
795. 鳞皮扇菇 *Panellus stipticus* (Bull.) P. Karst.，生于阔叶林中的腐木上。
796. 纤毛革耳 *Panus brunneipes* Corner，生于阔叶林中腐木上。
797. 紫革耳 *Panus conchatus* (Bull.) Fr. = *Panus torulosus* (Pers.) Fr.，生于倒木上。
798. 褐绒革耳 *Panus fulvus*(Berk，) Pegler et R.W. Rayner，生于倒木上。
799. 新粗毛革耳 *Panus neostrigosus* Drechsler-Santos & Wartchow，生于倒腐木上。
800. 绒柄革菇 *Panus similis* (Berk. & Broome) T. W. May & A. E. Wood = *Lentinus similis* Berk. & Broome，生于林下土中腐木块上。
801. 倒垂香蘑 *Paralepista flaccida* (Sowerby) Vizzini = *Lepista inversa* (Scop.) Pat.，生于林地上。
802. 锥盖小脆柄菇 *Parasola conopilea* (Fr.) Örstadius & E. Larss. = *Psathyrella conopilus* (Fr.) A. Pearson & Dennis，生于林中地上。
803. 射纹鬼伞 *Parasola leiocephala* (P. D. Orton) Redhead，Vilgalys & Hopple = *Coprinus leiocephalus* P. D. Orton，生于堆肥上。
804. 椭孢拟干蘑 *Paraxerula ellipsospora* Zhu L. Yang & J. Qin，生于林地上。
805. 卷边桩菇 *Paxillus involutus* (Batsch) Fr.，生于混交林腐木上。
806. 硬洛伊多年卧孔菌 *Perenniporia inflexibilis* (Berk.) Ryvarden = *Loweporus inflexibilis* (Berk.) Ryvarden，生于腐木上。
807. 褐壳多年卧孔菌 *Perenniporia malvena* (Lloyd) Ryvarden，生于腐木上。

808. 硬皮层孔卧孔菌 *Perenniporia martia* (Berk.) Ryvarden = *Fomes hornodermus* (Mont.) Cooke，生于栎等枯树干上。
809. 狭髓多年卧孔菌 *Perenniporia medulla-panis* (Jacq.) Donk.，生于针、阔叶树木材上。
810. 白赭多年卧孔菌 *Perenniporia ochroleuca* (Berk.) Ryvarden，生于阔叶树倒木上。
811. 黄白多年卧孔菌 *Perenniporia subacida* (Peck) Donk，生于腐木上。
812. 蓝灰枝瑚菌 *Phaeoclavulina cyanocephala* (Berk. & M. A. Curtis) Giachini = *Ramaria cyanocephala* (Berk. & M. A. Curtis) Corner，生于林中地上。
813. 詹尼暗金钱菌 *Phaeocollybia jennyae* (P. Karst.) Romagn.，生于针阔混交林或阔叶林地上。
814. 茶耳 *Phaeotremella foliacea* (Pers.) Wedin，J. C. Zamora & Millanes = *Tremella foliacea* Pers.，生于阔叶林倒木或枯枝上。
815. 叶银耳 *Phaeotremella frondosa* (Fr.) Spirin & V. Malysheva = *Tremella frondosa* Fr.，生于阔叶树朽木上。
816. 冬荪 *Phallus dongsun* T. H. Li，Chun Y. Deng，W. Q. Deng & Zhu L. Yang，生于地上。
817. 黄脉鬼笔 *Phallus flavocostatus* Kreisel，生于草地或林地上。
818. 棘托竹荪 *Phallus echinovolvatus* M. Zang，D. R. Zheng & Z. X. Hu Kreisel = *Dictyophora echinovolvata* M. Zang，D. R. Zheng & Z. X. Hu，生于竹林或阔叶林中地上。
819. 长裙竹荪 *Phallus indusiatus* Vent. = *Dictyophora indusiata* f. *indusiata*（Vent. :Pers.）Fisch.，生于阔叶林下或竹林下。
820. 冬荪（白鬼笔） *Phallus dongsun* T.H. Li, T. Li, Chun Y. Deng, W.Q. Deng & Zhu L. Yang，生于林地上。
821. 红鬼笔 *Phallus rubicundus* (Bosc) Fr.，生于竹林或荒地上。
822. 黄鬼笔 *Phallus tenuis* (E. Fisch.) Kuntze，生于林中地上。
823. 贝针层孔菌 *Phellinopsis conchata* (Pers.) Y. C. Dai = *Phellinus conchatus* (Pers.) Quél.，生于柳科、杨树、栎树、丁香树、榆、漆树、桦等上。
824. 极硬红皮孔菌 *Phellinus adamantinus* (Berk.) Ryvarden = *Pyrrhoderma adamantinum* (Berk.) Imazeki，生于阔叶树倒木上。
825. 阿拉迪针层孔菌 *Phellinus allardii* (Bres.) S. Ahmad，生于阔叶树倒木上。
826. 淡黄木层孔菌 *Phellinus gilvus* (Schwein.) Pat.，生于多种阔叶树活立木或倒木上。
827. 霍尼木层孔菌 *Phellinus hoehnelii* (Bres.) Ryvarden，生于倒木上。
828. 平滑针层孔菌 *Phellinus laevigatus* Bourdot & Galzin = *Phellinus laevigatus* (Fr.) Bourdot & Galzin，生于树木倒木上。
829. 黑木层孔菌 *Phellinus igniarius* (L.) Quél.，生于阔叶树枯立木上。
830. 缝裂木层孔菌 *Phellinus rimosus* (Berk.) Pilát，生于杨、柳树干上。
831. 平伏木层孔菌 *Phellinus viticola* (Schwein.) Donk = *Phellinus isabellinus* (Fr.) Bourdot & Galzin，生于阔叶树腐木上。
832. 长锐齿菌 *Phellodon fuligineoalbus* (J. C. Schmidt) R. E. Baird = *Oxydontia macrodon* (Pers.) L. W. Mill.，生于阔叶树腐木上。
833. 射纹革菌 *Phlebia radiata* Fr.，生于阔叶树枯枝上。
834. 巨型牛肝菌 *Phlebopus portentosus* (Berk. & Broome) Boedijn = *Boletus portentosus* Berk. et Broome，生于林地上。
835. 异样脉柄牛肝菌 *Phlebopus portentosus* (Berk. & Broome) Boedijn = *Phlebopus portentosus* (Berk. & Broome) Boedijn，生于地上。
836. 多脂鳞伞 *Pholiota adiposa* (Batsch) P. Kumm. = *Pholiota adiposa* (Batsch) P. Kumm.，生于阔叶林中倒木或立木上。
837. 金毛鳞伞 *Pholiota aurivella* (Batsch) P. Kumm.，生于林中腐木上。
838. 黄鳞伞 *Pholiota flammans* (Batsch) P. Kumm.，生于阔叶林中倒木上。
839. 粘鳞伞 *Pholiota lubrica* (Pers.) Singer = *Pholiota lubrica* (Pers.) Singer，生于腐木上。
840. 光滑鳞伞 *Pholiota microspora* (Berk.) Sacc.，生于阔叶树的腐木上。
841. 光滑环锈伞 *Pholiota nameko*(T. Itô) S. Ito & S. Imai，生于阔叶树倒木、树桩上。
842. 鳞环鳞锈伞 *Pholiota squarrosa* (Vahl) P. Kumm. = *Pholiota squarrosa* (Weigel) P. Kumm.，生于腐木上。
843. 尖鳞伞 *Pholiota squarrosoides* (Peck) Sacc.，生于阔叶林立木或倒腐木上。
844. 吸水叶状层菌 *Phylloporia bibulosa* (Lloyd) Ryvarden，生于阔叶树活立木、藤或枯木、枯枝上。
845. 褐贝针叶状孔菌 *Phylloporia pectinata* (Klotzsch) Ryvarden = *Phellinus pectinatus* (Klotzsch) Quél.，生于阔叶树腐木或倒木上。
846. 茶藨子叶状层菌 *Phylloporia ribis* (Schumach.) Ryvaden，生于活树干基部。
847. 亚褐叶状层菌 *Phylloporia spathulata* (Hook.) Ryvarden = *Coltricia cumingii* (Berk.) Teng，生于林地上。
848. 美丽褶孔牛肝菌 *Phylloporus bellus* (Massee) Corner，生于阔叶林、针叶林中地上。
849. 鳞盖褶孔牛肝菌 *Phylloporus imbricatus* N. K. Zeng，生于林地上。
850. 片孔褶孔菌 *Phylloporus rhodoxanthus* (Schwein.) Bres. = *Phylloporus foliiporus* (Murrill) Singer，生于混交林中地上。

851. 红黄褶孔牛肝菌 *Phylloporus rhodoxanthus*(Schwein.)Brcs.，生于林地上。
852. 黄褶孔菌 *Phylloporus sulphureus* (Berk.) Singer，生于混交林中地上。
853. 粉褶侧耳 *Phyllotopsis rhodophylla* (Bres.) Singer = *Pleurotus rhodophyllus* Bres.，生于倒木上。
854. 黄褐微孔菌 *Picipes badius* (Pers.) Zmitr. & Kovalenko = *Polyporus badius* (Pers.) Schwein.，生于阔叶树倒木上。
855. 黑柄多孔菌 *Picipes melanopus* (Pers.) Zmitr. & Kovalenko = *Polyporus melanopus* (Pers.) Fr.，生于腐木上。
856. 梭伦剥管菌 *Piptoporellus soloniensis* (Dubois) B. K. Cui，M. L. Han & Y. C. Dai = *Piptoporus soloniensis* (Dubois) Pilát，生于阔叶树腐木上。
857. 豆包马勃 *Pisolithus arhizus* (Scop.) Rauschert，生于林地上。
858. 小果豆马勃 *Pisolithus microcarpus* (Cooke & Massee) G. Cunn.，生于混交林中地上。
859. 豆包菌 *Pisolithus tinctorius* (Pers.) Coker et Couch，生于混交林中地上。
860. 鹅色侧耳 *Pleurotus anserinus* Sacc.，生于腐木上。
861. 金顶侧耳 *Pleurotus citrinopileatus* Singer，生于阔叶树的腐木上。
862. 紫孢侧耳 *Pleurotus cornucopiae* (Paulet) Rolland = *Pleurotus sapidus* (Schulzer) Sacc.，生于倒木上。
863. 桃红侧耳 *Pleurotus djamor* (Rumph. ex Fr.) Boedijn,生于阔叶树的腐木上。
864. 大杯侧耳 *Pleurotus giganteus* (Berk.) Karun. & K. D. Hyde = *Lentinus giganteus* Berk，生于阔叶树地下的腐木上。
865. 小白侧耳 *Pleurotus limpidus* (Fr.) P. Karst. = *Pleurotus limpidus* (Fr.) Sacc.，生于阔叶树的腐木上。
866. 糙皮侧耳 *Pleurotus ostreatus* (Jacq.) P. Kumm.，生于阔叶树的腐木上。
867. 肺形侧耳 *Pleurotus pulmonarius* (Fr.) Quél.，生于倒木上。
868. 褐绒盖光柄菇 *Pluteus atromarginatus* (Singer) Kühner，生于腐木上。
869. 橘红光柄菇(参照种) *Pluteus cf. auraniiorugosus*(Trog)Sac.生于阔叶树枯木或枯枝上。
870. 鼠灰光柄菇 *Pluteus ephebeus* (Fr.) Gillet，生于林中地下腐木上。
871. 硬毛光柄菇 *Pluteus hispidulus* (Fr.) Gillet，生于林中地下腐木上。
872. 狮黄光柄菇 Pluteus leoninus(Schaeff.) P. Kumm.，生于阔叶林的腐木上。
873. 长条纹光柄菇 *Pluteus longistriatus* (Peck) Peck ，生于阔叶林地上腐木。
874. 网盖光柄菇 *Pluteus thomsonii* (Berk. & Broome) Dennis，生于阔叶树朽木上。
875. 木生光柄菇 *Pluteus xylophilus* (Speg.) Singer，生于腐木上。
876. 轴灰包 *Podaxis pistillaris* (L.) Fr.，生于林中地上。
877. 巴西柄杯菌 *Podoscypha brasiliensis* D.A.Reid，生于阔叶树地上枯枝或倒木上。
878. 长喙柄杯菌 *Podoscypha gilles* Boidin & Lanq，生于阔叶树腐木上。
879. 麦里西柄杯菌 *Podoscypha mellissii* (Berk. ex Sacc.) Bres.，生于阔叶树枯腐木上。
880. 瓣状杯菌 *Podoscypha venustula* (Speg.) D. A. Reid = *Stereum affine* Lév.，生于腐木上。
881. 小黑多孔菌 *Polyporus dictyopus* Mont.，生于阔叶树倒木或枯枝上。
882. 雅致多孔菌 *Polyporus leptocephalus* (Jacq.) Fr.，生于腐木上。
883. 黑柄多孔菌 *Polyporus melanopus* (Pers.) Fr.，生于阔叶树腐木上。
884. 桑多孔菌 *Polyporus mori* (Pollini) Fr.，生于阔叶树腐木上。
885. 菲律宾多孔菌 *Polyporus philippinensis* Berk.，生于倒木上。
886. 宽鳞多孔菌 *Polyporus squamosus* (Huds.) Fr.，生于阔叶树的树干上。
887. 拟黑柄多孔菌 *Polyporus submelanopus* H. J. Xue & L.W. Zhou，生于阔叶树倒木和腐木上。
888. 拟变形多孔菌 *Polyporus subvarius* C. J. Yu & Y. C. Dai，生于阔叶树腐木上。
889. 变形多孔菌 *Polyporus varius* (Pers.) Fr.，生于腐木上。
890. 烟色粉孢牛肝菌 *Porphyrellus fumosipes* (Peck) Snell = *Tylopilus fumosipes* (Peck.) A. H. Sm. & Thiers，生于阔林地上。
891. 蓝灰干酪菌 *Postia caesia* (Schrad.) P. Karst. = *Tyromyces caesius* (Schrad.) Murrill，生于阔叶树及针叶树的腐木上。
892. 黄白小脆柄菇 *Psathyrella candolleana* (Fr.) Maire = *Hypholoma appendiculatum* (Bull.) Quél.，生于林地上。
893. 安顺假笼头菌 *Pseudoclathrus anshunensis* W. Zhou & K. Q. Zhang，生于阔叶林中地上。
894. 雷公山假笼头菌 *Pseudoclathrus leigongshanensis* W. Zhou & K. Q. Zhang，生于林中地上。
895. 纺锤爪鬼笔 *Pseudocolus fusiformis* (E. Fisch.) Lloyd = *Pseudocolus schellenbergiae* (Sumst.) M. M. Johnson，生于林中地上。
896. 薄假棱孔菌 *Pseudofavolus tenuis* (Fr.) G. Cunn.，生于阔叶树朽木上。
897. 胶质刺银耳 *Pseudohydnum gelatinosum* (Scop.) P. Karst.，生于阔叶树腐木桩上。

898. 厚盖嗜蓝孢孔菌 *Pseudoinonotus dryadeus* (Pers.) T. Wagner & M. Fisch. = *Fomitiporia dryadea* (Pers.) Y. C. Dai.，生于冷杉属、栎属树木上。
899. 椹形银耳 *Pseudotremella moriformis* (Sm. & Sowerby) Xin Zhan Liu，F. Y. Bai，M. Groenew. & Boekhout = *Tremella moriformis* Sm. & Sowerby，生于阔叶树朽木上。
900. 喜粪生裸盖伞 *Psilocybe coprophila* (Bull.) P. Kumm，生于粪堆上。
901. 齿环球盖菇 *Psilocybe coronilla* (Bull.) Noordel. = *Stropharila coronilla* (Bull.) Quél.，生于林中、山坡草地、路旁、公园等处有牲畜粪肥的地方。
902. 古巴裸盖菇 *Psilocybe cubensis* (Earle) Singer，生于牛、马等动物的粪便上。
903. 黄裸盖菇 *Psilocybe fasciata* Hongo，生于林地上。
904. 雪白龙爪菌 *Pterula nivea* Pat.，生于腐木上。
905. 疸黄粉末牛肝菌 *Pulveroboletus icterinus* (Pat. & Bak.) Watl.，生于混交林中地上。
906. 黄粉末牛肝菌 *Pulveroboletus ravenelii* (Berk. & M. A. Curtis) Murrill，生于林地上。
907. 淡红粉末牛肝菌 *Pulveroboletus subrufus* N. K. Zeng & Zhu L. Yang，生于混交林中地上。
908. 白黄小孔菌 *Pycnoporellus alboluteus* (Ellis & Everh.) Kotl. & Pouzar，生于松树或针叶树上。
909. 鲜红密孔菌 *Pycnoporus cinnabarinus* (Jacq.) P. Karst.，生于阔叶树的腐木上。
910. 血红密孔菌 *Pycnoporus sanguineus* (L.) Murrill，生于阔叶树腐木上。
911. 有害小针层孔菌 *Pyrrhoderma noxium* (Corner) L.W. Zhou & Y.C. Dai，生于阔叶树腐木上。
912. 橡胶小针层孔菌 *Pyrrhoderma lamaoense* (Murrill) L. W. Zhou & Y. C. Dai = *Phellinidium lamaënse* (Murrill) Y. C. Dai.，生于阔叶树腐木、倒木。
913. 尖顶枝瑚菌 *Ramaria apiculata* (Fr.) Donk，生于林中倒腐木、落果及腐殖质上。
914. 丛枝瑚菌 *Ramaria bataillei* (Maire) Corner，生于林中地上。
915. 蓝尖枝瑚菌 *Ramaria cyanocephala* (Berk. & M. A. Curtis) Corner，生于阔叶林中地上。
916. 变红黄丛枝瑚菌 *Ramaria flava* (Schaeff.) Quél.，生于林中地上。
917. 棕黄枝瑚菌 *Ramaria flavobrunnescens* (G. F. Atk.) Corner，生于阔叶竹林混交地上。
918. 台湾丛枝瑚菌 *Ramaria formosa* (Pers.) Quél.，生于林中地上。
919. 印滇枝瑚菌 *Ramaria indoyunnaniana* R. H. Petersen & M. Zang，生于针阔叶混交林下。
920. 米黄丛枝瑚菌 *Ramaria obtusissima* (Peck.) Corner，生于林中地上。
921. 密丛枝瑚菌 *Ramaria stricta* (Pers.) Quél.，生于阔叶林中腐木上。
922. 白色拟枝瑚菌 *Ramariopsis kunzei* (Fr.) Corner ( )，生于枕木上。
923. 谦逊栓菌 *Ranadivia modesta* (Kunze ex Fr.) Zmitr. = *Trametes modesta* (Kunze ex Fr.) Ryvarden，生于倒木上。
924. 小伏褶菌 *Resupinatus applicatus* (Batsch) Gray，生于倒木上。
925. 毛伏褶菌 *Resupinatus trichotis* (Pers.) Singer，生于阔叶树腐木上。
926. 灰褐牛肝菌 *Retiboletus griseus* (Frost) Manfr. Binder & Bresinsky = *Boletus griseus* Forst.，生于混交林中地上。
927. 黑网柄牛肝菌 *Retiboletus nigerrimus* (R. Heim) Manfr. Binder & Bresinsky = *Tylopilus nigerrimus* (R. Heim) Hongo & M. Endo，生于林地上。
928. 网柄粉末牛肝菌 *Retiboletus retipes* (Berk. & M. A. Curtis) Manfr. Binder & Bresinsky = *Pulveroboletus retipes* (Berk. & M. A. Curtis) Singer，生于林地上。
929. 红根须腹菌 *Rhizopogon roseolus* (Corda) Th. Fr.，埋生或半埋生于林中地下或地上。
930. 乳酪粉金钱菌 *Rhodocollybia butyracea* (Bull.) Lennox，针阔混交林中地上。
931. 粉肉拟层孔菌 *Rhodofomes cajanderi* (P. Karst.) B. K. Cui，M. L. Han & Y. C. Dai = *Fomitopsis cajanderi* (P. Karst.) Kotl. & Pouzar，生于松、杉、落叶松等针叶树枯立木和倒腐木上。
932. 肉色拟层孔菌 *Rhodofomes carneus* (Blume & T. Nees) B. K. Cui，M. L. Han & Y. C. Dai = *Fomitopsis carnea* (Blume & T. Nees) Imazeki，生于林中阔叶树和腐木上。
933. 粉红拟层孔 *Rhodofomitopsis cupreorosea* (Berk.) B. K. Cui，M. L. Han & Y. C. Dai = *Fomitopsis cupreorosea* (Berk.) J. Carranza & Gilb.，生于腐木上。
934. 浅肉色拟层孔 *Rhodofomitopsis feei* (Fr.) B. K. Cui，M. L. Han & Y. C. Dai = *Fomitopsis feei* (Fr.) Kreisel.，生于倒木上。
935. 突囊硬孔菌 *Rigidoporus eminens* Y. C. Dai，生于阔叶树干基部上。
936. 小孔硬孔菌 *Rigidoporus microporus* (Sw.) Overeem = *Fomitopsis semitosta* (Berk.)Ryvarden，生于阔叶树干基部或倒木上。

937. 榆硬孔菌 *Rigidoporus ulmarius* (Sowerby) Imazeki，生于腐木上。
938. 坚硬硬孔菌 *Rigidoporus vinctus* (Berk.) Ryvarden，生于腐木上。
939. 匙形多孔菌 *Royoporus spatulatus* (Jungh.) A. B. De = *Polyporus spatulatus* (Jungh.) Corner.，生于倒木上。
940. 玉红牛肝菌 *Rubinoboletus balloui* (Peck) Heinem. & Rammeloo，生于林中地上。
941. 远东疣柄牛肝菌 *Rugiboletus extremiorientalis* (Lj. N. Vassiljeva) G. Wu & Zhu L. Yang = *Leccinum extremiorientale* (Lar. N. Vassiljeva) Singer，生于林地上。
942. 烟色红菇 *Russula adusta* (Pers.) Fr.，生于阔叶林或针叶林中地上。
943. 铜绿红菇 *Russula aeruginea* Lindblad ex Fr.，生于阔叶林或混交林中地上。
944. 白红菇 *Russula albida* Peck，生于针阔混交林中地上。
945. 白龟裂红菇 *Russula alboareolata* Hongo，生于针混交林中地上。
946. 黑白红菇 *Russula albonigra* (Krombh.) Fr.，生于混交林中地上。
947. 革质红菇 *Russula alutacea* (Fr.) Fr.，群生于阔叶林中地上。
948. 金红菇 *Russula aurea* Pers.，生于混交林中地上单生或群生。
949. 烤裂皮红菇 *Russula castanopsis* Hongo，生于针阔叶混交林中地上。
950. 密集红菇 *Russula compacta* Frost et Peck,，生于针叶林或阔叶林中地上。
951. 奶榛色红菇 *Russula cremeoavellanea* Singer，生于阔叶林中地上。
952. 壳状红菇 *Russula crustosa* Peck，生于针叶林或阔叶林中地上。
953. 花盖红菇 *Russula cyanoxantha* (Schaeff.) Fr.，生于阔叶林中地上。
954. 美味红菇 *Russula delica* Fr.，生于针叶林或针阔混交林中地上。
955. 密褶红菇 *Russula densifolia* Secr. ex Gillet，生于阔叶林或混交林中地上。
956. 毒红菇 *Russula emetica* (Schaeff.) Pers.，生于混交林中地上。
957. 粉柄红菇 *Russula farinipes* Romell，生于混交林中地上。
958. 臭红菇 *Russula foetens* Pers.，生于阔叶林中地上。
959. 脆红菇 *Russula fragilis* Fr.，生于混交林中地上。
960. 拟臭红菇 *Russula grata* Britzelm.，生于阔叶林中地上。
961. 叶绿红菇 *Russula heterophylla* (Fr.) Fr.，生于林中地上。
962. 日本红菇 *Russula japonica* Hongo，生于林中地上。
963. 桂樱红菇 *Russula laurocerasi* Melzer，生于阔叶或混交林中地上。
964. 绒紫红菇 *Russula mariae* Peck，生于阔叶林中地上。
965. 厚皮红菇 *Russula mustelina* Fr.，生于阔叶林中地上。
966. 黑红菇 *Russula nigricans* (Bull.) Fr.，生于阔叶林中地上。
967. 青黄红菇 *Russula olivacea* (Schaeff.) Fr.，生于松林下地上。
968. 冷杉红菇 *Russula puellaris* Fr. = *Russula abietina* Peck，生于冷杉针阔混交林地上。
969. 红菇 *Russula rosea* Pers. = *Russula lepida* Fr.，生于阔叶林或混交林中地上。
970. 玫瑰红菇 *Russula sanguinaria* (Schumach.) Rauschert = *Russula rosacea* (Pers.) Gray，生于针叶或阔叶林中地上。
971. 血红菇 *Russula sanguinea* Fr.，生于阔叶林或混交林中地上。
972. 辣红菇 *Russula sardonia* Fr.，生于林中地上。
973. 点柄臭红菇 *Russula senecis* Imai，生于混交林中地上。
974. 茶褐红菇 *Russula sororia* Fr.，生于阔叶林中地上
975. 菱红菇 *Russula vesca* Fr.，生于阔叶林及混交林中地上。
976. 变绿红菇 *Russula virescens* (Schaeff.) Fr.，生于阔叶林或混交林中地上。
977. 红边绿菇 *Russula viridirubrolimbata* J. Z. Ying，生于针栎林中地上群生。
978. 鲍氏针层孔菌 *Sanghuangporus baumii* (Pilát) L. W. Zhou & Y. C. Dai = *Phellinus baumii* Pilát，生于阔叶树腐木上。
979. 忍冬木层孔菌 *Sanghuangporus lonicerinus* (Bondartsev) Sheng H. Wu，L. W. Zhou & Y. C. Dai = *Phellinus lonicerinus* (Bondartsev) Bondartsev & Singer，生于倒木上。
980. 优美毡被菌 *Sarcodontia delectans* (Peck) Spirin = *Spongipellis delectans* (Peck.) Murrill，生于阔叶树上木材上。
981. 针小肉齿菌 *Sarcodontia setosa* (Pers.) Donk.，生于腐木上。
982. 单色毡被菌 *Sarcodontia unicolor* (Fr.) Zmitr. & Spirin = *Spongipellis unicolor* (Fr.) Murrill，生于阔叶树腐木上。

983. 裂褶菌 *Schizophyllum commune* Fr.，生于腐木、倒木上，引起白色木腐。
984. 马勃状硬皮马勃 *Scleroderma areolatum* Ehrenb.，生于针叶林中地上。
985. 光硬皮马勃 *Scleroderma cepa* Pers.，生于混交林中地上。
986. 橙黄硬皮马勃 *Scleroderma citrinum* Pers.，生于混交林中地上。
987. 黄硬皮马勃 *Scleroderma flavidum* Ellis & Everh.，生于阔叶林地上。
988. 多根硬皮马勃 *Scleroderma polyrhizum* (J. F. Gmel.) Pers.，生于林中地上。
989. 云南硬皮马勃 *Scleroderma yunnanense* Y. Wang，生于林中地上。
990. 克地盾盘菌 *Scutellinia kerguelensis* (Berk.) Kuntze，生于腐木上。
991. 多层伏革 *Scytinostroma portentosum* (Berk. & M. A. Curtis) Donk，生于阔叶树腐木上。
992. 相似干腐菌 *Serpula similis* (Berk. & Broome) Ginns，生于竹子根部。
993. 竹黄 *Shiraia bambusicola* Henn，生于竹竿上。
994. 热带辛格杯伞 *Singercicybe humilis*(Berk.et Broome)Zhu L. Yang et J.Qin，生于混交林中地上。
995. 凹陷辛格杯伞 *Singerocybe umbilicata* Zhu L. Yang & J. Qin，生于针叶林或针阔叶混交林中地上。
996. 链担子菌 *Sirobasidium sanguineum* Lagerh. & Pat.，生于阔叶树木上。
997. 半胶干皮孔菌 *Skeletocutis amorpha* (Fr.) Kotl. & Pouzar，生于针叶树上。
998. 白干皮孔菌 *Skeletocutis nivea* (Jungh.) Jean Keller，生于阔叶树上。
999. 亚肉干皮孔菌 *Skeletocutis subincarnata* (Peck) Jean Keller，生于阔叶树和针叶树木材上。
1000. 囊状体绣球菌宽瓣变型 *Sparassis cystidiosa* f. *cystidiosa* Desjardin & Zheng Wang，生于阔叶林中腐木基部。
1001. 广西锈球菌 *Sparassis* sp.，生于腐根上。
1002. 短刺白齿耳 *Steccherinum helvolum* (Zipp. ex Lév.) S. Ito，生于阔叶树的腐木上。
1003. 赭色齿耳菌 *Steccherinum ochraceum* (Pers.) Gray，生于阔叶林枯立木或枯枝上。
1004. 扁刺齿耳 *Steccherinum rawakense* (Pers.) Banker，生于阔叶树的腐木上。
1005. 胶囊刺孢齿耳菌 *Stecchericium seriatum* (Lloyd) Maas Geest.，生于阔叶树倒木上。
1006. 伯特拟韧革菌 *Stereopsis burtiana* (Peck) D. A. Reid，生于林中倒木上。
1007. 浅色拟韧革菌 *Stereopsis diaphanum* (Schwein.) Cooke，生于林地上。
1008. 角壳韧革菌 *Stereum durum* Lloyd，生于腐木上。
1009. 烟色血韧革菌 *Stereum gausapatum* (Fr.) Fr.，生于腐木上。
1010. 粗毛韧革菌 *Stereum hirsutum* (Willd.) Pers.，生于多种阔叶树腐木上。
1011. 脱毛硬革 *Stereum lobatum* (Kunze ex Fr.) Fr.，生于林中倒木上。
1012. 扁韧革菌 *Stereum ostrea* (Blume & T. Nees) Fr.，生在多种阔叶树上。造成木材白色腐朽。
1013. 薄长韧革菌 *Stereum vellereum* Berk.，生于林中倒木上。
1014. 越南松塔牛肝菌 *Strobilomyces annamiticus* Pat.，生于松树下地上。
1015. 混杂松塔牛肝菌 *Strobilomyces confusus* Singer，生于混交林中地上。
1016. 刺鳞松塔牛肝菌 *Strobilomyces echinocephalus* Gelardi & Vizzini，生于混交林中地上。
1017. 宽裂松塔牛肝菌 *Strobilomyces latirimosus* J. Z. Ying，生于栎林内地上。
1018. 黄纱松塔牛肝菌 *Strobilomyces mirandus* Corner，生于阔叶林中地上。
1019. 锥鳞松塔牛肝菌 *Strobilomyces polypyramis* Hook f.，生于林内地上。
1020. 半裸松塔牛肝菌 *Strobilomyces seminudus* Hongo，生于阔叶林中地上。
1021. 松塔牛肝菌 *Strobilomyces strobilaceus* (Scop.) Berk.，生于针阔混交叶林或阔叶林中地上。
1022. 齿环球盖菇 *Strpharia coronilla* (Bull.) Quel.，生于地上。
1023. 褐黄牛肝菌 *Suillellus luridus* (Schaeff.) Murrill = *Boletus luridus* Schaeff.，生于阔叶树或混交林的地上。
1024. 红脚牛肝菌 *Suillellus queletii* (Schulzer) Vizzini，Simonini & Gelardi = *Boletus queletii* Schulzer，生于针、阔叶混交林地。
1025. 乳牛肝菌 *Suillus bovinus* (L.) Roussel = Suillus bovinus (Pers.) Kuntze，生于针叶林中地上。
1026. 短柄乳牛肝菌 *Suillus brevipes* (Peck) Kuntze var. *subgracilis* A. H. Sm. & Thiers，生于混交林中地上。
1027. 酸味粘盖牛肝菌 *Suillus cf. acidus* (Peck.) Singer，生于混交林中地上。
1028. 褐粘盖牛肝菌 *Suillus collinitus* (Fr.) Kuntze，生于混交林中地上。
1029. 腺柄粘盖牛肝菌 *Suillus glandulosipes* Thiers & A. H. Sm.，生于混交林中地上。

1030. 点柄乳牛肝菌 *Suillus granulatus* (L.) Roussel = *Suillus granulatus* (L.) Snell，生于混交林中地上。
1031. 三针虎皮乳牛肝菌 *Suillus latteri* N. K. Zeng，R. Xue，Zhi Q. Liang & S. Jiang，生于阔叶林中地上。
1032. 褐环乳牛肝菌 *Suillus luteus* (L.) Roussel = *Suillus luteus* (L.) Cray，生于针叶林或针阔叶混交林中地上。
1033. 黄白琥珀乳牛肝菌 *Suillus placidus* (Bonord.) Singer，生于针叶林中地上。
1034. 中华丽烛衣 *Sulzbacheromyces sinensis* (R.H. Petersen & M. Zang) D. Liu & Li S. Wang，生于绿藻上。
1035. 茶褐牛肝菌 *Sutorius brunneissimus* (W. F. Chiu) G. Wu & Zhu L. Yang = *Boletus brunneissimus* W. F. Chiu，生于混交林中地上。
1036. 黑毛小塔氏菌 *Tapinella atrotomentosa* (Batsch) Šutara = *Paxillus atrotomentosus* (Batsch) Fr.，生于林地上。
1037. 耳状小塔氏菌 *Tapinella panuoides* (Fr.) E.-J. Gilbert = *Paxillus panuoides* (Fr.) Fr.，生于针叶树腐木上。
1038. 蓝伏革 *Terana coerulea* (Lam.) Kuntze = *Terana caerulea* (Lam.) Kuntze，生于阔叶树枯枝上。
1039. 金黄蚁巢伞 *Termitomyces aurantiacus* (R. Heim) R. Heim，生于地下蚁巢上。
1040. 盾形蚁巢伞 *Termitomyces clypeatus* R. Heim，生于地下白蚁巢上。
1041. 真根蚁巢伞 *Termitomyces eurhizus* (Berk.) R. Heim，生于白蚁巢上。
1042. 小蚁巢伞 *Termitomyces microcarpus* (Berk. & Broome) R. Heim，生于林中地上。
1043. 条纹蚁巢伞 *Termitomyces striatus* (Beeli) R. Heim，生于白蚁巢上。
1044. 广西层腹菌 *Timgrovea kwangsiensis* (B. Liu) Bougher & Castellano = *Hymenogaster kwangsiensis* B. Liu，生于阔叶林地上。
1045. 红木色孔菌 *Tinctoporellus epimiltinus* (Berk. & Broome) Ryvarden，生于倒木上。
1046. 粗皮灵芝 *Trachyderma tsunodae* (Yasuda ex Lloyd) Imazeki = *Ganoderma tsunodae* (Yasuda ex Lloyd) Sacc. & Trotter，生于林中腐木上。
1047. 毛蜂窝菌 *Trametes apiaria* (Pers.) Zmitr.，Wasser & Ezhov = *Hexagonia apiaria* (Pers.) Fr.，生于阔叶树的枯枝、倒木上。
1048. 雅致栓孔菌 *Trametes elegans* (Spreng.) Fr.，生于阔叶树腐木上。
1049. 迷宫栓孔菌 *Trametes gibbosa* (Pers.) Fr.，生于阔叶树倒木上。
1050. 微黄纤栓孔菌 *Trametes gilvoides* Lloyd = *Inonotus gilvoides* (Lloyd) Teng，生于倒木上。
1051. 光盖栓孔菌 *Trametes glabrorigens* (Lloyd) Zmitr., Wasser & Ezhov=*Coriolopsis glabrorigens*(Lloyd) Nuniez et Ryvarden，生于腐木上。
1052. 毛栓孔菌 *Trametes hirsuta* (Wulfen) Lloyd，生于阔叶树腐木上。
1053. 灰白栓孔菌 *Trametes incana* Lév.，生于腐木和枕木上。
1054. 马尼拉栓孔菌 *Trametes manilaensis* (Lloyd) Teng，生于腐木上。
1055. 褐带栓孔菌 *Trametes meyenii* (Klotzsch) Lloyd，生于腐木上。
1056. 灰硬栓孔菌 *Trametes nivosa* (Berk.) Murrill = *Trametes griseodurus* (Lloyd) Teng，生于阔叶树的腐木上。
1057. 东方栓孔菌 *Trametes orientalis* (Yasuda) Imazeki，生于阔叶树腐木上。
1058. 小美蝶栓孔菌 *Trametes pavonia* (Hook.) Ryvarden，生于阔叶树的腐木上。
1059. 多带栓孔菌 *Trametes polyzona* (Pers.) Justo = *Coriolopsis polyzona* (Pers.) Ryvarden，生于阔叶树腐木上。
1060. 绒毛栓孔菌 *Trametes pubescens* (Schumach.) Pilát，生于腐木上。
1061. 角形栓孔菌 *Trametes quarrei* (Beeli) Zmitr.，Wasser & Ezhov = *Microporus quarrei* (Beeli) D. A. Reid，生于阔叶树的腐木上。
1062. 槐栓孔菌 *Trametes robiniophila* Murrill，生于阔叶树的树干上。
1063. 膨大栓孔菌 *Trametes strumosa* (Fr.) Zmitr.，Wasser & Ezhov = *Coriolopsis strumosa* (Fr.) Ryvarden，生于腐木上。
1064. 香栓孔菌 *Trametes suaveolens* (L.) Fr.，生于死的或活的阔叶树上。
1065. 褐扇栓孔菌 *Trametes vernicipes* (Berk.) Zmitr.，Wasser & Ezhov = *Microporus vernicipes* (Berk.) Kuntze，生于阔叶树倒木树干上。
1066. 云芝栓孔菌 *Trametes versicolor* (L.) Pilát，生于阔叶树上。
1067. 长绒毛栓孔菌 *Trametes villosa* (Sw.) Kreisel，生于倒木上。
1068. 淡黄粗毛盖孔菌 *Trametopsis cervina* (Schwein.) Tomšovský = *Trametes cervina* (Schwein.) Bres.，生于倒木上。
1069. 澳洲银耳 *Tremella australiensis* Lloyd，生于阔叶树倒木上。
1070. 肉白银耳 *Tremella carneoalba* Coker，生于阔叶树朽木上。

1071. 朱砂银耳 *Tremella cinnabarina* Bull.，生于阔叶树倒木上。
1072. 合生银耳 *Tremella coalescens* L. S. Olive，生于阔叶树朽木上。
1073. 展生银耳 *Tremella effusa* Y. B. Peng，生于阔叶树倒木上。
1074. 大锁银耳 *Tremella fibulifera* Möller，生于阔叶林中腐木上。
1075. 茶色银耳 *Tremella foliacea* Pers. :Fr.，生于阔叶林倒木或枯枝上。
1076. 银耳 *Tremella fuciformis* Berk.，生于阔叶树的倒木上。
1077. 角状银耳 *Tremella iduensis* Kobayasi，生于阔叶树朽木上。
1078. 橙黄银耳 *Tremella mesenterica* Retz.，生于阔叶树的枯枝或倒木上。
1079. 垫状银耳 *Tremella pulvinalis* Kobayasi，生于阔叶林中阔叶树上。
1080. 珊瑚银耳 *Tremella ramarioides* M. Zang，生于阔叶树腐木上。
1081. 血红银耳 *Tremella sanguinea* Y. B. Peng，生于阔叶树朽木上。
1082. 赖特银耳 *Tremella wrightii* Berk. & M. A. Curtis，生于阔叶树朽木上。
1083. 窄孢盖尔盘菌 *Trichaleurina tenuispora* M. Carbone，Yei Z. Wang & Cheng L. Huang，生于林中地上。
1084. 冷杉囊孔菌 *Trichaptum abietinum* (Pers. ex J. F. Gmel.) Ryvarden = *Hirschioporus abietinus* (Pers. ex J. F. Gmel.) Donk，生于腐木上。
1085. 囊孔附毛菌 *Trichaptum biforme* (Fr.) Ryvarden = *Hirschioporus pargamenus* (Fr.) Bondartsev & Singer，生于腐木上。
1086. 伯氏附毛孔菌 *Trichaptum brastagii* (Corner) T. Hatt.，生于阔叶树死树上。
1087. 毛囊附毛菌 *Trichaptum byssogenum* (Jungh.) Ryvarden，生于倒木上。
1088. 褐紫附毛孔菌 *Trichaptum fuscoviolaceum* (Ehrenb.) Ryvarden，生于针叶树死树倒木和树桩上。
1089. 桦附毛孔菌 *Trichaptum pargamenum* (Fr.) G. Cunn，生于阔叶树上。
1090. 假松口蘑 *Tricholoma bakamatsutake* Hongo，生于混交林中地上。
1091. 油蘑 *Tricholoma equestre* (L.) P. Kumm.，生于混交林中地上。
1092. 黄褐口蘑 *Tricholoma fulvum* (Bull.) Bigeard & H. Guill.，生于林地上。
1093. 黄绿口蘑 *Tricholoma sejunctum* (Sowerby) Quél.，生于林中地上。
1094. 灰蘑 *Tricholoma terreum* (Schaeff.) P. Kumm.，生于阔叶林中地上。
1095. 竹林拟口蘑 *Tricholomopsis bambusina* Hongo，生于阔叶林中腐木上。
1096. 赭红拟口蘑 *Tricholomopsis rutilans* (Schaeff.) Singer，生于针叶树腐木上或腐树桩上。
1097. 土黄拟口蘑 *Tricholomopsis sasae* Hongo，生于腐枝层及草地上。
1098. 毒沟褶菌 *Trogia venenata* Zhu L. Yang, Y.C. Li & L.P. Tang，生于阔叶林中地上。
1099. 蚬木生热带孔菌(暂定名) *Tropicoporus excentrodendri* L.W. Zhou & Y.C. Dai，生于阔叶树枯立木上。
1100. 柔韧小薄孔菌 *Trullella duracina* (Pat.) Zmitr.，生于腐木或腐树桩上。
1101. 褐紫洛伊菌 *Truncospora fuscopurpurea* (Pers.) Zmitr. = *Loweporus fuscopurpureus* (Pers.) Ryvarden，生于倒木上。
1102. 喇叭陀螺菌 *Turbinellus floccosus* (Schwein.) Earle ex Giachini & Castellano = *Gomphus floccosus* (Schwein.) Singer，生于针阔混交林中地上。
1103. 浅褐陀螺菌 *Turbinellus fujisanensis* (S. Imai) Giachini，生于针阔混交林中地上。
1104. 黑盖粉孢牛肝菌 *Tylopilus alboater* (Schwein.) Murrill，生于板栗树下地上。
1105. 裂皮牛肝菌 *Tylopilus cutifractus* (Corner) E. Horak = *Boletus cutifractus* Corner，生于林地上。
1106. 苦粉孢牛肝菌 *Tylopilus felleus* (Bull.) P. Karst.，生于林地上。
1107. 烟色粉孢牛肝菌 *Tylopilus fumosipes* (Peck) Smith et Thiers，生于林地上。
1108. 新苦粉孢牛肝菌 *Tylopilus neofelleus* Hongo，生于针阔混交林地上。
1109. 橄榄红粉孢牛肝菌 *Tylopilus olivaceirubens* (Corner) E. Horak，生于混交林中地上。
1110. 紫色粉孢牛肝菌 *Tylopilus plumbeoviolaceus* (Snell & E. A. Dick) Snell & E. A. Dick，生于混交林地上。
1111. 变绿粉孢牛肝菌 *Tylopilus virens* (W. F. Chiu) Hongo，生于林地上。
1112. 杏黄干酪菌 *Tyromyces armeniacus* J. D. Zhao & X. Q. Zhang，生于阔叶树的腐木上。
1113. 薄白干酪菌 *Tyromyces chioneus* (Fr.) P. Karst.，生于阔叶树林桩上。
1114. 硫磺干酪菌 *Tyromyces kmetii* (Bres.) Bondartsev & Singer，生于阔叶树的腐木上。
1115. 垂边红孢纱牛肝菌 *Veloporphyrellus velatus* (Rostr) Y. C. L & Zhu L. Yang，生于林地上。
1116. 紫半胶菌 *Vitreoporus dichrous* (Fr.) Zmitr. = *Gloeoporus dichrous* (Fr.) Bres.，生于阔叶树上。

1117. 银丝草菇 *Volvariella bombycina* (Schaeff.) Singer，生于林中地上。
1118. 白毛草菇 *Volvariella hypopithys* (Fr.) Shaffer，生于林中地上。
1119. 小包脚菇 *Volvariella pusilla* (Pers.) Singer，生于草地上。
1120. 褐毛小草菇 *Volvariella subtaylorii* Hongo，生于阔叶林中地上。
1121. 草菇 *Volvariella volvacea* (Bull.) Singer，生于草堆、富含有机质的草地上。
1122. 茯苓 *Wolfiporia cocos* (F. A. Wolf) Ryvarden & Gilb.，生于松树下土壤中。
1123. 肝褐绒盖牛肝菌 *Xerocomus cheoi* (W. F. Chiu) F. L. Tai，生于林地上。
1124. 小绒盖牛肝菌 *Xerocomus parvulus* Hongo，生于林地上。
1125. 褶孔绒盖牛肝菌 *Xerocomus porophyllus* T. H. Li，W. J. Yan & Ming Zhang，生于阔叶树林中地上。
1126. 林绒盖牛肝菌 *Xerocomus sylvestris* (Petch) Pegler = *Boletus sylvestris* Petch，生于阔叶树林地上。
1127. 铃形干脐菇 *X eromphalina campanella* (Batsch) Kühner & Maire，生于腐木上。
1128. 绒奥德蘑 *Xerula pudens* (Pers.) Singer = *Oudemansiella pudens* (Pers.) Pegler & T. W. K. Young，生于埋于土中的腐木上。
1129. 中华干蘑 *Xerula sinopudens* R. H. Petersen & Nagas.，生于腐木上。
1130. 砂生炭角菌 *Xylaria arenicola* Welw. & Curr.，生于林中地上。
1131. 棒状炭角菌 *Xylaria beccarii* Lloyd，生于腐木上。
1132. 周氏炭角菌 *Xylaria choui* Hai X. Ma，Lar. N. Vassiljeva & Yu Li，生于腐木上。
1133. 皱扁炭角菌 *Xylaria consociata* Starbäck，生于腐木上。
1134. 冠毛炭角菌 *Xylaria cristulata* Lloyd，生于腐木上。
1135. 卵形炭角菌 *Xylaria obovata* (Berk.) Fr.，生于腐木上。
1136. 竿状炭角菌 *Xylaria rhopaloides* (Kunze)Mont.，生于腐木上。
1137. 特氏炭角菌 *Xylaria telfairii* (Berk.) Sacc.，生于腐木上。
1138. 丛片木革菌 *Xylobolus frustulatus* (Pers.) P. Karst. = *Stereum frustulatum* (Pers.) Fr.，生于无皮栎倒木和树桩上
1139. 紫灰木革菌 *Xylobolus illudens* (Berk.) Boidin，生于阔叶树倒木上。
1140. 显趋木革菌 *Xylobolus princeps* (Jungh.) Boidin = *Xylobolus annosus* (Berk. & Broome) Boidin，生于阔叶树倒木上。
1141. 金丝木革菌 *Xylobolus spectabilis* (Klotzsch) Boidin = *Stereum spectabile* Klotzsch，生于林中倒木上。
1142. 亚盖趋木革菌 *Xylobolus subpileatus* (Berk. & M. A. Curtis) Boidin，生于阔叶树死树上。
1143. 浅黄产丝齿菌 *Xylodon flaviporus* (Berk. & M. A. Curtis ex Cooke) Riebesehl & Langer = *Hyphodontia flavipora* (Berk. & M. A. Curtis ex Cooke) Sheng H. Wu，生于林中倒木上。
1144. 番丽炭角菌 *Xylosphaera venustula* (Sacc.) Dennis，生于腐木上。
1145. 红绿臧氏牛肝菌 *Zangia olivacea* Y. C. Li & Zhu L. Yang，生于针阔混交林中地上。

中国广西大型真菌
子囊菌
Ascomycota

1 橙黄网孢盘菌

Aleuria aurantia (Pers.) Fuckel, Jb. nassau. Ver. Naturk. 23-24: 325, 1870.
Helvella coccinea Bolton, Hist. fung. Halifax (Huddersfield) 3: 100, tab. 100, 1790.
Otidea aurantia (Pers.) Massee, Brit. Fung.-Fl. (London) 4: 448, 1895.
Peziza aurantia Pers., Observ. Mycol. (Lipsiae) 2: 76, 1800.
Peziza coccinea Huds., Fl. Angl., Edn 2: 636, 1778.
Scodellina aurantia (Pers.) Gray, Nat. Arr. Brit. Pl. (London) 1: 668, 1821.

子囊盘无柄，直径 2 ~ 5 cm，呈盘状或浅杯状，侧斜似耳状，边缘波状或内卷，外侧面杏黄色至橙红色，子实层面色稍浅，表面近光滑。子囊长筒形，150 ~ 170 × 9.5 ~ 11 μm，侧丝线形；孢子椭圆形，带微黄色，光滑，15 ~ 18.5 × 8 ~ 11 μm。

生境： 生于林地上。

分布： 吉林、山西、湖南、广西、海南、贵州、青海。

用途： 药用。

2 球孢白僵菌

Beauveria bassiana (Bals.-Criv.) Vuill., Bull. Soc. bot. Fr. 12: 40, 1912.
Beauveria densa (Link) F. Picard, Ann. Ecole Nat. Agr. Montpell. 13: 200, 1914.
Beauveria effusa (Beauverie) Vuill., Bull. Soc. bot. Fr. 59: 40, 1912.
Beauveria globulifera (Speg.) F. Picard, Ann. Ecole Nat. Agr. Montpell. 13: 200, 1914.
Beauveria shiotae (Kuru) Langeron, in Brumpt, Magyar. Tud. Akad. Értes.: 1839, 1936.
Beauveria stephanoderis (Bally) Petch, Trans. Br. Mycol. Soc. 10(4.) 249, 1926.
Botrytis bassiana Bals.-Criv., Arch. Triennale Lab. Bot. Crittog. 79: 127, 1836.

菌丝由寄主体表长出，菌丝绒毛状，成簇，后变为粉末状，白色，干后渐变为淡黄色；往往在一些昆虫虫体上形成一层较厚的絮状菌丝。在培养基上，菌落圆形，毯状，有3个同心轮纹，中部向外第二层隆起，粉质，乳白色；分隔，透明，光滑；分生孢子梗长约为5 μm；1 ~ 3个瓶梗着生于分生孢子梗上，瓶梗基部椭圆形、球形或锥形膨大，5.8 ~ 8.2 × 1.2 ~ 3.8 μm，向上突然变细为一细颈状；分生孢子透明，光滑。孢子球形、近卵圆形至椭圆形，1.5 ~ 2 × 1 ~ 3 μm。

寄主： 寄生于多种昆虫的幼虫、蛹及成虫上。

分布： 黑龙江、吉林、辽宁、河北、陕西、青海、安徽、江苏、江西、四川、贵州、西藏、广东、广西、福建。

用途： 具有抗凝、抗血栓、促纤溶、抗惊厥、抗癌、催眠、降糖、降脂、抑菌等作用。球孢白僵菌（僵蚕）最早记载于《神农本草经》，列为中品，具有退热、止咳、化痰、镇静、镇惊、消肿等功效。临床上用僵蚕、蝉蜕、柴胡、连翘、麻黄等组方治疗外感发热等或用于治疗癫痫、高热惊厥、流行性腮腺炎、上呼吸道感染、遗尿、头痛、偏头痛等症。球孢白僵菌（僵蚕）的不良反应有过敏反应、腹胀不良反应，有出血倾向者和肝性脑病患者应慎用。球孢白僵菌所含毒素对革兰氏阳性细菌有较强的抑菌作用，而对革兰氏阴性细菌抑菌作用很小。

1 **橙黄网孢盘菌** *Aleuria aurantia* (Pers.) Fuckel　　摄影：吴兴亮

2 **球孢白僵菌** *Beauveria bassiana* (Bals.-Criv.) Vuill.　　摄影：文庭池

3 橘色小双孢盘菌

Bisporella citrina (Batsch) Korf & S.E. Carp., Mycotaxon 1(1): 58, 1974.
Bisporella claroflava (Grev.) Lizoň & Korf, Mycotaxon 54: 474, 1995.
Calycella citrina (Hedw.) Boud., Bull. Soc. Mycol. Fr. 1: 112, 1885.
Calycella claroflava (Grev.) Boud., Hist. Class. Discom. Eur. (Paris): 95, 1907.
Calycella flava (Klotzsch ex W. Phillips) Boud., Hist. Class. Discom. Eur. (Paris), 1907.
Calycina citrina (Hedw.) Gray, Nat. Arr. Brit. Pl. (London) 1: 670, 1821.
Calycina clariflava (Grev.) Kuntze, Revis. gen. pl. (Leipzig) 3(2): 448, 1898.
Calycina flava (Klotzsch) Kuntze, Revis. gen. pl. (Leipzig) 3(2): 448, 1898.
Helotium citrinum (Hedw.) Fr., Summa veg. Scand., Section Post. (Stockholm): 355, 1849.
Helotium claroflavum (Grev.) Berk., Outl. Brit. Fung. (London): 372, 1860.
Helotium flavum Klotzsch, Man. Brit. Discomyc. (London): 156, 1887.
Octospora citrina Hedw., Descr. Micr.-anal. musc. frond. 2: 28, tab. 8B, figs. 1-7, 1789.
Peziza citrina Batsch, Elench. fung., cont. sec. (Halle): 95, 1789.
Peziza citrina (Hedw.) Pers., Tent. disp. meth. fung. (Lipsiae): 34, 1797.

子囊盘散生至群生，伸展时近平坦，直径1 ~ 3.5 mm，无毛，柠檬黄色至橙黄色，干时颜色变深并且边缘高起；柄粗短，长达1.5 mm，粗0.8 mm。子囊圆柱形至近棒形，75 ~ 140 × 7 ~ 10 μm；孢子椭圆形，9 ~ 13 × 3 ~ 5 μm。

生境：生于阔叶树的枯枝上。

分布：甘肃、四川、贵州、云南、广西。

---

4 深红布莱克氏霉

Blackwellomyces cardinalis (G.H. Sung & Spatafora) Spatafora & Luangsa-ard, in Kepler, Luangsaard, Hywel-Jones, Quandt, Sung, Rehner, Aime, Henkel, Sanjuan, Zare, Chen, Li, Rossman, Spatafora, Shrestha, IMA Fungus 8(2): 345, 2017.
Cordyceps cardinalis G.H. Sung & Spatafora, Mycologia 96(3): 660, 2004.

子座单生，从寄主幼虫的腹部长出，子座可孕部分橙红色，柄部颜色渐浅至呈黄色；子座长达20 ~ 30 mm，宽1 ~ 1.8 mm，可孕部分圆柱状，长6 ~ 9 mm，宽1.5 ~ 3.2 mm。子囊壳垂直半埋生，瓶形至卵形；孢子线形，不断裂，有隔，230 ~ 320 × 1 ~ 1.5 μm。

寄主：寄生于鳞翅目幼虫上。

分布：广东、广西。

用途：具有抗菌活性或抗肿瘤作用。

3 **橘色小双孢盘菌** *Bisporella citrina* (Batsch) Korf & S.E. Carp.　摄影：吴兴亮

4 **深红布莱克氏霉** *Blackwellomyces cardinalis* (G.H. Sung & Spatafora) Spatafora ,et al.　摄影：李玉 等

5 变绿杯盘菌

Chlorociboria aeruginascens (Nyl.) Kanouse ex C.S. Ramamurthi, Korf & L.R. Batra, Mycologia 49(6): 858, 1958.
Chlorosplenium aeruginascens (Nyl.) P. Karst., Bidr. Känn. Finl. Nat. Folk 19: 103, 1871.

子囊盘群生，圆形、盘状或浅碗状，直径3 ~ 5 mm，子实层表面鲜蓝绿色，外部色与子实层表面同色或稍浅，内层色深，往往边缘稍内卷或呈波状，光滑，有中生或侧生的菌柄，柄长2 ~ 5 mm。孢子椭圆形至棱形，6 ~ 7 × 1.5 ~ 2 μm。

生境： 生于阔叶林中腐木上。

分布： 吉林、河北、安徽、浙江、福建、湖北、广西、四川、云南、贵州、陕西、甘肃 。

6 绿杯盘菌

Chlorociboria aeruginosa (Oeder) Seaver ex C.S. Ramamurthi, Korf & L.R. Batra, Mycologia 49(6): 859, 1958.
Ascobolus aeruginosus (Oeder) Gillet, Champignons de France, Discom.(6): 146, 1883.
Chlorociboria aeruginosa (Oeder) Seaver, Mycologia 28(4): 391, 1936.
Chlorosplenium aeruginosum (Oeder) De Not., Comm. Soc. crittog. Ital. 1(fasc. 5): 22, 1863.
Chlorosplenium discoideum Massee, Brit. Fung.-Fl. (London) 4: 286, 1895.
Helotium aeruginosum (Oeder) Gray, Nat. Arr. Brit. Pl. (London) 1: 661, 1821.
Helvella aeruginosa Oeder, Fl. Danic. 3(9): tab. 534, fig. 2, 1770.
Peziza aeruginosa (Oeder) Vahl, Fl. Danic. 8: tab. 1260, fig. 1, 1797.
Peziza subgrisea Holmsk., Beata Ruris Otia FUNGIS DANICIS 2: 28, 1799.

子囊盘圆形、盘状或贝壳状，直径2 ~ 4 mm，子实层表面蓝绿色，外部色与子实层表面同色或干燥时色变浅，边缘稍内卷或呈波状，光滑；菌柄中生或偏生，长2 ~ 3 mm，直径0.5 ~ 1 mm，蓝绿色；子囊80 ~ 100 × 7 ~ 8 μm，近圆柱形，具8个孢子。孢子椭圆形至梭形，稍弯曲，无色，光滑，11 ~ 13 × 3 ~ 4 μm。

生境： 生于腐木上。

分布： 贵州、广西等地。

7 艳毛杯菌

Cookeina speciosa (Fr.) Dennis, Mycotaxon 51: 239,1994.
Peziza speciosa Fr., Syst. Mycol. (Lundae) 2(1): 84 ,1822.

子囊盘直径3 ~ 4 cm，浅杯形至浅碗形，子实层表面肉粉色，外部色与子实层表面同色，边缘有绒毛；菌柄长2 ~ 3 cm，直径2 ~ 3 mm；子囊椭圆形，基部变细，具8个孢子。孢子椭圆形，20 ~ 30 × 12 ~ 16 μm。

生境： 生于腐木上。

分布： 广西、贵州等地。

5 变绿杯盘菌

Chlorociboria aeruginascens (Nyl.) Kanouse ex C.S.Ramamurthi

摄影：王绍能

6 绿杯盘菌

Chlorociboria aeruginosa (Oeder) Seaver ex C.S. Ramamurthi

摄影：吴兴亮

7 艳毛杯菌

Cookeina speciosa (Fr.) Dennis

摄影：谭伟福

8 毛缘刺杯菌

Cookeina tricholoma (Mont.) Kuntze, Revis. gen. pl. (Leipzig) 2: 849, 1891.

子囊盘杯状或盘状，直径8 ~ 28 mm，深 6 ~ 10 mm，淡橙红色、橙黄色、淡橙色或粉红色，边缘向内卷且有白色细长毛，外侧与内侧颜色基本一致，有白色细长毛；菌柄长1 ~ 2 cm，圆柱形或向基部细，粗0.3 ~ 0.5 cm，近白色、乳白色、淡橙红色、橙黄色、淡橙色或粉红色。孢子椭圆形或近梭形，无色或近无色，透明，20 ~ 28 × 10 ~ 13 μm。

生境： 生于腐木上。

分布： 四川、云南、贵州、广东、广西、海南。

9 叶状耳盘菌

Cordierites frondosus (Kobayasi) Korf, Phytologia 21(4): 203, 1971.

子囊盘小，黑色，呈浅盘状或浅杯状，由数枚集聚生一起，具短柄或几乎无柄，直径2 ~ 3.5 cm，个体大者盖边缘呈波状，上表面光滑，下表面粗糙和有棱纹，湿润时有弹性，呈木耳状或叶状，干燥后质硬，味略苦涩；子囊细长呈棒状，40 ~ 45 × 3.5 ~ 5.5 μm，内有8个近双行排列的孢子。孢子无色，短柱状，稍弯曲，5 ~ 7.5 × 1 ~ 1.5 μm。

生境： 生于腐木上。

分布： 陕西、湖南、广西、四川、云南、贵州。

用途： 有毒。

10 金针虫虫草

Cordyceps agriotidis Kawam., Icones of Japanese fungi 8: 837, 1955.

子座单生，生于虫体的腹部，细针状，高6 ~ 7 cm；柄圆柱形，粗2 ~ 3.5 mm，上部颜色较浅，呈灰白色，下部暗褐色。子囊壳表生，320 ~ 360 × 280 ~ 350 μm，卵圆形，黑褐色，不规则地分布于子座的上部；可育部位与柄分界不明显；子囊头部随着不断成熟，由钝圆转变成稍膨大，子囊的中部略宽，微呈袋状。孢子100 ~ 180 × 4.5 ~ 5 μm，孢子成熟后断裂为2.5 ~ 4 × 1.5 μm的次生孢子。

寄主： 寄生于一种金针虫上。

分布： 吉林、安徽、贵州、广西。

8 毛缘刺杯菌

Cookeina tricholoma
(Mont.) Kuntze

摄影：王绍能

9 叶状耳盘菌

Cordierites frondosus
(Kobayasi) Korf

摄影：吴兴亮

10 金针虫虫草

Cordyceps agriotidis
Kawam.

摄影：吴兴亮

11 台湾虫草

Cordyceps formosana Kobayasi & Shimizu, Bull. natn. Sci. Mus., Tokyo, B 7(4): 113, 1981.

子座高1.3 ~ 2.5 cm，由寄主任何部位长出，棍棒形；可育部分长4 ~ 9 mm，直径3 ~ 4 mm，圆椎形长圆锥形至长椭圆形，橙黄色至橙红色：柄圆柱形，橙黄色；子囊壳近表生，分散或致密，近卵形。孢子线形，多分隔，成熟时断裂形成分孢子，分孢子5 ~ 7 × 1.8 ~ 2 μm。

寄主： 寄生于甲虫类幼虫上。

分布： 贵州、广西、海南。

12 蛾蛹虫草

Cordyceps polyarthra Möller, Bot. Mitt. Trop. 9: 213, 1901.
Isaria tenuipes Peck, Ann. Rep. N.Y. St. Mus. nat. Hist. 31: 44, 1878.
Paecilomyces tenuipes (Peck) Samson, Stud. Mycol. 6: 49, 1974.
Cordyceps subpolyarthra Henn., Hedwigia 41: 11, 1902.
Cordyceps concurrens Lloyd, Mycol. Writ. 7(Letter 68): 1180, 1923.

子座橙黄色至近黄色，不分枝或分枝，长0.6 ~ 2 cm，粗2 ~ 3 cm，弯曲；头部近圆柱形，长0.3 ~ 1.2 cm，粗0.1 ~ 0.2 cm，橙黄色至黄色，初有不育顶尖至成熟可育。子囊壳近表生，梨形，橙红色，350 ~ 450 × 130 ~ 180 μm；子囊线状，顶端略膨大，150 ~ 200 × 2.5 ~ 3.3 μm。孢子线形，粗约0.4 μm。

寄主： 寄生于蛾蛹上。

分布： 辽宁、河南、江苏、安徽、四川、贵州、福建、广东、广西、云南。

13 粉被虫草

Cordyceps pruinosa Petch, Trans. Br. Mycol. Soc. 10(1~2): 38, 1924.
Mariannaea pruinosa Z.Q. Liang, Acta Mycol. Sin. 10(2): 105, 1991.

子座数根，由寄主虫体头部，有时从节上发出，红色至橙红色，长2 ~ 5 cm；头部细棒形或扁圆柱形，长4 ~ 10 mm，粗2 ~ 3 mm，无不育顶端；子囊壳密生于子座的表面，椭圆形至狭卵圆形，200 ~ 380 × 100 ~ 180 μm；子囊细长且小，200 ~ 370 × 3 μm。孢子横断为4 ~ 6 × 1 μm的小段。

寄主： 寄生于刺蛾科昆虫的茧上。

分布： 辽宁、山东、浙江、安徽、福建、湖北、江西、四川、贵州、广东、广西、台湾。

用途： 具抗炎活性和调节免疫作用，可治疗肠道；具有抗肿瘤、抗氧化、抗紫外线辐射的保护作用以及抗菌活性。

11 台湾虫草

Cordyceps formosana Kobayasi & Shimizu

摄影：吴兴亮

12 蛾蛹虫草（未成熟）

Cordyceps polyarthra Möller

摄影：文庭池

13 粉被虫草

Cordyceps pruinosa Petch

摄影：文庭池

14 蛹虫草　*Cordyceps militaris* (L.: Fr.) Fr.

摄影：吴兴亮

14 蛹虫草

Cordyceps militaris (L.: Fr.) Fr., Obs. Mycol. 2: 317.1818.
Clavaria militaris L., Sp. Plantarum, p. 1182. 1753.
Hypoxylon militare (L.) Mérat, Nouv. Fl. Envir. Paris, p. 137. 1821.
Xylaria militaris (L.) Gray, Nat. Arr. Brit. Pl. (London), p.510. 1821.
Sphaeria militaris (L. : Fr.) Fr., Syst. Mycol. 2: 325. 1823.
Torrubia militaris (L. : Fr.) Tul. & C. Tul., Sel. Fung. Carpol.3: 6. 1865.

子座单根至多根，从寄主虫体顶端或其他部位发出，长3 ~ 8 cm，粗3 ~ 6 mm，黄色至橙黄色，不分枝；可育头部棒形，长0.8 ~ 3 cm，粗 3.5 ~ 6 mm，黄色，顶端钝圆，无不育顶端。子囊壳半埋生，粗棒形，外露部分近锥形，呈棕褐色，500 ~ 980 × 130 ~ 230 μm，成熟时由壳口喷出白色胶质孢子角或小块；子囊140 ~ 420 × 4 ~ 6 μm，蠕虫状，内含8个单行排列的孢子；孢子柱状，断裂为5 ~ 7 × 1 μm的小段。

寄主：寄生于鳞翅目昆虫蛹上。

分布：河北、辽宁、吉林、黑龙江、安徽、陕西、福建、广东、广西、贵州、云南。

用途：著名的食用、药用菌，所含虫草素(Cordycepin)具有抗癌活性。

15　黑轮层炭壳

Daldinia concentrica (Bolton) Ces. & De Not., Comm. Soc. crittog. Ital. 1(fasc. 4): 197, 1863.
Daldinia tuberosa (Scop.) J. Schröt., Jber. schles. Ges. vaterl. Kultur 59: 464, 1881.
Hemisphaeria tuberosa (Scop.) Kuntze, Revis. gen. pl. (Leipzig) 3(3): 482, 1898.
Hypoxylon concentricum (Bolton) Grev., Scott. crypt. fl. (Edinburgh) 6: 324, 1828.
Hypoxylon tuberosum (Scop.) Wettst., Verh. zool.-bot. Ges. Wien 35: 591, 1886.
Lycoperdon atrum Schaeff., Fung. bavar. palat. nasc. (Ratisbonae) 4: 131, 1774.
Lycoperdon fraxineum Huds., Fl. Angl., Edn 2 2: 641, 1778.
Peripherostoma concentricum (Bolton) Gray, Nat. Arr. Brit. Pl. (London) 1: 513, 1821.
Sphaeria concentrica Bolton, Hist. fung. Halifax, App. (Huddersfield) 3: 180, 1792.
Sphaeria tuberosa (Scop.) Timm, Fl. Megapol. Prodr.: 279, 1788.
Sphaeria tunicata Tode, Fung. mecklenb. sel. (Lüneburg) 2: 59, 1791.
Stromatosphaeria concentrica (Bolton) Grev., Scott. crypt. fl. (Edinburgh) 6: pl. 324, 1828.
Valsa tuberosa Scop., Fl. carniol., Edn 2 (Wien) 2: 399, 1772.

子座球形或半球形，无柄或短柄，单生或聚生于基物表面，外表面初期红褐色、暗褐色，后变黑褐色、黑色；内部暗褐色，有黑白相间的同心环纹，横径0.8 ~ 4.5 cm，纵径0.6 ~ 3 cm；外层木炭质，木炭色，色深而致密；内层纤维质，色较浅而疏松，呈同心环带状。孢子椭圆形或近似肾形，褐色至深褐色，11 ~ 15 × 6 ~ 8 μm。

生境： 生于阔叶林中的伐桩或立木基部朽木上。

分布： 江苏、江西、福建、台湾、湖北、湖南、广东、广西、海南、陕西、四川、贵州、云南、西藏。

用途： 药用。

16　橙红二头孢盘菌

Dicephalospora rufocornea (Berk. & Broome) Spooner, Biblthca Mycol. 116: 272, 1987.
Helotium rufocorneum Berk. & Broome, J. Linn. Soc., Bot. 14(no. 74): 108, 1873.
Hymenoscyphus rufocorneus (Berk. & Broome) Dennis, Persoonia 3(1): 62, 1964.
Lanzia rufocornea (Berk. & Broome) Dumont, Mycotaxon 12(1): 272, 1980.

子囊盘直径2 ~ 3 cm，盘形；子实层表面橘黄色至橘红色；囊盘被淡黄色至米色；菌柄污黄色至黄色，子囊100 ~ 150 × 11 ~ 13 μm，近圆柱形至棒形，具8个孢子，基部叉状；孢子长梭形，无色，表面平滑，23 ~ 40 × 4 ~ 6 μm。

生境： 生于腐木上。

分布： 广西等地。

15 **黑轮层炭壳** *Daldinia concentrica* (Bolton) Ces. & De Not. 摄影：谭周荣

16 **橙红二头孢盘菌** *Dicephalospora rufocornea* (Berk. & Broome) Spooner 摄影：李常春

17 华美胶球炭壳

Entonaema liquescens Möller, Bot. Mitt. Trop. 9: 307, 1901.
Entonaema splendens (Berk. & M.A. Curtis) Lloyd, Mycol. Writ. 7(Letter 69): 1202, 1923.
Glaziella splendens (Berk. & M.A. Curtis) Berk., in Glaziou, Vidensk. Meddel. Dansk Naturhist. Foren. Kjøbenhavn 80: 31, 1879.
Xylaria splendens Berk. & M.A. Curtis, in Berkeley, J. Linn. Soc., Bot. 10(no. 46): 382, 1868.

子囊果直径4 ~ 5 cm，不规则球形，新鲜时胶质，浅黄白色至浅橙黄色，稍有褶皱；皮壳外表系浅橙黄色的薄膜，内侧有液体状的胶质层，子囊壳600 ~ 820 × 300 ~ 600 μm，卵形，黑色，单层排列，孔口稍外突；子囊圆柱形，具8个孢子，单行排列；孢子褐色，椭圆形，8.5 ~ 11 × 5.5 ~ 6.5 μm。

生境：生于腐木上。

分布：广西、贵州等地。

18 黑地舌菌

Geoglossum nigritum (Pers.) Cooke, Mycogr., Vol. 1. Discom. (London)(no. 5): 205, 1878.
Clavaria nigrita Pers., Comm. fung. clav. (Lipsiae): 78, 1797.
Clavaria nigrita var. *ophioglossoides* Pers., Syn. meth. fung. (Göttingen) 2: 604, 1801.
Clavaria ophioglossoides Vill., Hist. pl. Dauphiné 3(2): 1049, 1789.
Geoglossum nigritum var. *cheoanum* F.L. Tai, Lloydia 7(2): 150, 1944.

子囊果高30 ~ 48 mm，有柄，可育部分黑色，长舌形、舌形，棒状，稍扁平，3 ~ 8 × 0.8 ~ 2 mm，柄近圆柱形，6 ~ 38 × 5 ~ 8 mm，子实层厚128 ~ 180 μm；子囊165 ~ 200 × 17 ~ 21 μm，棒状，具8个孢子。孢子近圆柱形至棒状，下端稍窄，褐色，在子囊中成束排列，多具分隔，70 ~ 100 × 5 ~ 7 μm。

生境：生于林地上。

分布：河北、江苏、贵州、云南、西藏、广西、海南。

17 **华美胶球炭壳** *Entonaema liquescens* Möller　　摄影：王绍能

18 **黑地舌菌** *Geoglossum nigritum* (Pers.) Cooke　　摄影：吴兴亮

19 皱马鞍菌

Helvella crispa (Scop.) Fr., Syst. mycol. (Lundae) 2(1): 14, 1822.
Costapeda crispa (Scop.) Falck, Śluzowce monogr., Suppl. (Paryz) 3: 401, 1923.
Helvella atra Oeder, Fl. Danic. 3(9): tab. 534, fig. 2, 1770.
Helvella barlae Boud. & Pat., J. Bot., Paris 2: 445, 1888.
Helvella crispa var. *barlae* (Boud. & Pat.) Boud., Hist. Class. Discom. Eur. (Paris): 35, 1907.
Helvella crispa var. *fulva* Bull., Hist. Champ. Fr. (Paris) 1(2): 293, 1791.
Helvella crispa var. *fusca* Bull., Hist. Champ. Fr. (Paris) 1(2): 293, 1791.
Helvella crispa var. *grevillei* J. Kickx f., Fl. Crypt. Flandres (Paris) 1: 504, 1867.
Helvella crispa var. *lutescens* Fr., Syst. mycol. (Lundae) 2(1): 14, 1822.
Helvella nigricans Schaeff. [as 'Elvela'], Fung. bavar. palat. nasc. (Ratisbonae) 4: 102, 1774.
Helvella nigricans var. *atra* Pers., Syn. meth. fung. (Göttingen) 2: 617, 1801.
Helvella pithyophila Boud., J. Bot., Paris 1: 218, 1887.
Phallus costatus Batsch, Elench. fung. (Halle): 129, 1783.
Phallus crispus Scop., Fl. carniol., Edn 2 (Wien) 2: 475, 1772.

子囊果菌盖直径2 ~ 4 cm，马鞍形，后张开呈不规则瓣片状，白色到淡黄色；子实层生菌盖表面，菌柄长4 ~ 5 cm，粗1.5 ~ 2 cm，白色，圆柱形，有纵生深槽，形成纵棱；子囊 240 ~ 300 × 12 ~ 18 μm，圆柱形。孢子宽椭圆形，近光滑，无色，13 ~ 18 × 10 ~ 13 μm。

生境： 生于林中地上。

分布： 湖北、河北、山西、黑龙江、江苏、浙江、西藏、陕西、甘肃、青海、广西、贵州、四川。

用途： 食用。

---

20 马鞍菌

Helvella elastica Bull., Herb. Fr. 6: tab. 242, 1785.
Helvella guepinioides Berk. & Cooke, in Cooke, Mycogr., Vol. 1. Discom. (London): 337, 1879.
Helvella klotzschiana Corda, in Sturm,Deutschl. Fl., 3 Abt. (Pilze Deutschl.) 3: tab. 57, 1831.
Helvella pulla Holmsk., Beata Ruris Otia FUNGIS DANICIS2: 49, 1799.
Leptopodia elastica (Bull.) Boud., Icon. Mycol. (Paris) 2: tab. 232, 1907.

菌盖马鞍形，直径 2.5 ~ 3.5 cm，淡褐色至褐色，平或卷曲，边缘与柄分离；子实层生于菌盖表面；菌柄圆柱形，长5 ~ 8 cm，粗0.4 ~ 0.6 cm，深蛋壳色至灰褐色，平滑，有弹性，后中空；子囊圆柱形，180 ~ 260 × 13 ~ 18 μm。孢子椭圆形，无色，光滑，16 ~ 20 × 10 ~ 12 μm。

生境： 生于林中地上。

分布： 吉林、河北、山西、陕西、甘肃、青海、江苏、浙江、四川、贵州、云南、广西、海南。

用途： 食用。

19 **皱马鞍菌** *Helvella crispa* (Scop.) Fr　　摄影：王绍能

20 **马鞍菌** *Helvella elastica* Bull.　　摄影：吴兴亮

21 灰褐马鞍菌

Helvella ephippium Lév., Annls Sci. Nat., Bot., sér. 2 16: 240, 1841.
Helvella atra var. *murina* (Boud.) Keissl., Annln naturh. Mus. Wien 35: 13, 1922.
Helvella murina (Boud.) Sacc. & Traverso, Syll. fung. (Abellini) 19: 849, 1910.
Helvella murina var. *huyoti* (Boud.) Sacc. & Traverso, Syll. fung. (Abellini) 19: 849, 1910.
Leptopodia ephippium (Lév.) Boud., Hist. Class. Discom. Eur. (Paris): 37, 1907.
Leptopodia murina Boud., Hist. Class. Discom. Eur. (Paris): 37, 1907.
Leptopodia murina var. *huyoti* Boud., Hist. Class. Discom. Eur. (Paris): 38, 1907.

菌盖呈马鞍形或不正规马鞍形，直径 1 ~ 3.5 cm，灰色至灰褐色，平或卷曲，边缘与柄分离；囊盘表面色浅，灰色，近光滑，外部与囊盘表同色，被大量灰色绒毛；菌柄圆柱形，细长，3 ~ 5 × 0.3 ~ 0.6 cm，灰白色至灰色，表面粗糙拟糠状，实心；子囊圆柱形，200 ~ 260 × 13 ~ 16 μm。孢子椭圆形，无色，光滑，18 ~ 20 × 10 ~ 12 μm。

生境： 生于林中地上。

分布： 湖南、广西、贵州等地。

22 歪孢毡座

Hypomyces hyalinus (Schwein.) Tul. & C. Tul., Annls Sci. Nat., Bot., sér. 4 13: 11, 1860.
Apiocrea hyalina (Schwein.) Syd. & P. Syd., Annls mycol. 18(4/6): 187, 1921.
Hypocrea hyalina (Schwein.) Fr., Summa veg. Scand., Sectio Post. (Stockholm): 383, 1849.
Hypolyssus hyalinus (Schwein.) Kuntze, Revis. gen. pl. (Leipzig) 3(3): 488, 1898.
Peckiella hyalina (Schwein.) Sacc., Syll. fung. (Abellini) 9: 945, 1891.
Sphaeria hyalina Schwein., Schr. naturf. Ges. Leipzig 1: 30 [4 of repr.], 1822.

一种寄生在伞菌类担子果外表的肉座菌类真菌。往往以白色菌丝密布的形式盖于半腐朽伞菌体的外表，初呈白絮状覆盖，后呈灰肉色，偶呈肉黄色、浅茶褐色；子囊壳近球形，灰褐色，直径 200 ~ 300 μm；顶端有疣状突起，多埋于菌丝层中，少数在菌丝层表面；子囊长棒状，长 110 ~ 150 μm，直径5 ~ 6.5 μm。孢子长纺锤形，中部赤道处有横隔，表面初光滑，后期有微疣，透明至微黄色，18 ~ 20 × 4.5 ~ 5.5 μm。

生境： 生于伞菌或喇叭菌等菌体上。

分布： 江苏、浙江、四川、贵州、云南、广西。

用途： 药用。

21 灰褐马鞍菌 *Helvella ephippium* Lév. 摄影：吴兴亮

22 歪孢毡座 *Hypomyces hyalinus* (Schwein.) Tul.& C. Tul. 摄影：吴兴亮

23 红棕炭团菌

Hypoxylon rutilum Tul. & C. Tul., Select. fung. carpol. (Paris) 2: 38 ,1863.
Hypoxylon miniatum Cooke, Grevillea 7(no. 43): 80 ,1879.
Hypoxylon pulchellum Sacc., Atti Soc. Veneto-Trent. Sci. Nat., Padova, Sér. 4 4: 121 ,1875.

子座近球形或半球形，近无炳，直径3 ~ 8 mm，褐色至红褐色；近光滑至有细小疣突；子囊壳直径约300 μm，紧密排列，有小疣状的孔口；子囊圆筒形，100 × 5 μm，有孢子部分长50 ~ 56 μm。孢子不等边椭圆形，7 ~ 10 × 3 ~ 4 μm。

生境： 生于腐木上。

分布： 山西、四川、安徽、江苏、浙江、湖南、云南、广西。

24 蝉棒束孢

Isaria cicadae Miq., Bull. Sci. phys. nat. Néerl.: 85, 1838.
Cordyceps cicadae (Miq.) Massee, Ann. Bot., Lond. 9: 38, 1895.
Cordyceps cicadae S.Z. Shing, Acta microbiol. sin. 15(1): 25, 1975.
Paecilomyces cicadae (Miq.) Samson, Stud. Mycol. 6: 52, 1974.

孢梗束从寄主蝉的头部生出，多根簇生，高5 ~ 10 cm，基部和上部皆可分枝；可孕部分圆柱形、棒状至不规则形，直或稍弯曲，顶部有大量近白色，粉状分生孢子。分生孢子圆筒形至长椭圆形，常弯曲，6 ~ 10 × 2 ~ 3.5 μm。

寄主： 在毛竹林的潮湿地方，寄生于蝉上。

分布： 陕西、江西、宁夏、银川、安徽、浙江、湖南、四川、福建、台湾、广东、广西、贵州、西藏、海南。

用途： 蝉棒束孢中含的氨基酸、多糖、甘露醇、多种生物碱及麦角甾醇等成分。蝉棒束孢（蝉花）民间代替蝉花入药，是我国传统中药，具有多种药理活性，如免疫调节、调节脂类代谢、滋补强壮、抗疲劳、解热镇痛、镇静催眠、降血糖、抗肿瘤等。研究显示 N6-2-羟乙基腺苷具有Ca2拮抗作用和肌肉收缩活性，可能对心律失常、心肌缺血、心绞痛、高血压、血栓等心血管系统疾病有治疗作用。

讨论： 本种现用名*Cordyceps cicadae* (Miq.) Massee。

23 **红棕炭团菌** *Hypoxylon rutilum* Tul. & C. Tul. 摄影：吴兴亮

24 **蝉棒束孢** *Isaria cicadae* Miq. 摄影：文庭池

25　大孢棒束孢

Isaria japonica Yasuda, Bot. Mag., Tokyo 35: 220 ,1915.

孢梗束群生或近丛生，基部蛋壳色至米黄色，光滑，致密，分枝；可孕部分头部珊瑚状分枝，顶部有大量近白色至黄白色粉末状分生孢子；孢梗束的高度与茧蛹大小和环境湿度有关，高20 ~ 35 mm。分生孢子椭圆形，一侧扁平，3.5 ~ 5 × 1.5 ~ 2.5 μm。

寄主： 寄生于鳞翅目昆虫的蛹上。

分布： 辽宁、江苏、福建、广东、广西、海南、台湾。

讨论： 本种在我国不存在，可能是一个误定。

26　新古尼异虫草

Metacordyceps neogunnii T.C. Wen & K.D. Hyde, in Wen, Xiao, Han, Huang, Zha, Hyde & Kang, Phytotaxa 302(1): 33, 2016.

Cordyceps gunnii var. *minor* Z.Z. Li, C.R. Li, B. Huang, M.Z. Fan & M.W. Lee, Korean J. Mycol. 27(3): 232, 1999.

Paecilomyces gunnii var. *minor* Z.Z. Li, C.R. Li, B. Huang, M.Z. Fan & M.W. Lee, Korean J. Mycol. 27(3): 233, 1999.

寄主体表灰白至淡黄色；子座从寄主头部发出，单生，少数多生，柄鼠灰色，长40 ~ 60 mm，宽3 ~ 5 mm；头部一般灰白色至灰褐色，狭长卵形至柱状，一般10 ~ 12 × 3 ~ 6 mm，成熟时与柄的界限分明，无不孕顶端。子囊壳拟卵形或长瓶形，630 ~ 830 × 240 ~ 340 μm，埋生，成熟时孔口外露；子囊长柱形，250 ~ 480 × 3.5 ~ 4.6 μm，内含8个孢子；子囊帽5.1 ~ 8.4 × 3.4 ~ 6 μm。孢子330 ~ 460 × 2.2 ~ 2.9 μm，丝状，成熟时断裂成2.6 ~ 3.8 × 1.5 ~ 2.3 μm的次生孢子。

寄主： 寄生于蝙蝠蛾科幼虫上。

分布： 浙江、吉林、山西、河南、四川、贵州、江西、湖南、安徽、广东、广西、福建。

用途： 本种在国内误定为*Cordyceps gunnii* (Berk.) Berk.，中文命名为“古尼虫草”。所以国内以古尼虫草名下报道的成分含量、药理等研究结果都归于新古尼异虫草*Metacordyceps neogunnii* T.C. Wen & K.D. Hyde名下。古尼虫草名下报道了含有人体必需的赖氨酸、苏氨酸、异亮氨酸、蛋氨酸、门冬氨酸、甘氨酸和苯丙氨酸等多种氨基酸维生素C及维生素E等多种营养物质。含多糖、氨基酸、虫草素、D-甘露醇、麦角甾醇、麦角甾醇过氧化物、肽类物质、生物碱和有机酸等。古尼虫草具有调节机体免疫力、安眠、镇痛、镇静、改善和增强记忆、抗心律失常、降低心肌耗氧等作用，对急性全脑缺血和再灌注损伤有保护作用，耐急性缺氧，可预防和治疗高脂血症，具有抗衰老、抗肿瘤、抗紫外线辐射、抗炎、平喘、祛痰等作用。从新古尼异虫草*Metacordyceps neogunnii* T.C. Wen & K.D. Hyde [=古尼虫草*Cordyceps gunnii* (Berk.) Berk.] 的无性型古尼拟青霉 *Paecilomyces gunnii* Z.Q. Liang 的菌丝体中初步分离纯化到镇痛成分，其镇痛效果好且无吗啡类药物依赖性。具有改善睡眠、增强记忆、镇痛、降血压、诱生干扰素、增强试验小鼠腹腔巨噬细胞的吞噬能力、提高机体耐力和抗缺氧等生理效应。

25 **大孢棒束孢** *Isaria japonica* Yasuda 摄影：黄浩

26 **新古尼异虫草** *Metacordyceps neogunnii* T.C. Wen & K.D. Hyde 摄影：罗国涛

27 黄柄锤舌菌 *Leotia aurantipes* (S. Imai) F.L. Tai

摄影：吴兴亮

27　黄柄锤舌菌

Leotia aurantipes (S. Imai) F.L. Tai, Lloydia 7(2): 157, 1944.

子囊果高2～3.6 cm，胶质；头部扁半球形，不规则皱卷，直径5～13 mm，黄色带橄榄色至橄榄色；菌柄黄色，圆柱形，有时稍扁，上部宽，下部渐削细，粗2.5～5 mm，上有微细绒毛。子囊长棒形；孢子梭形，15～19 × 4.8～6 μm，有隔膜，光滑，无色。

生境：生于阔叶林中地上。

分布：吉林、安徽、江苏、浙江、江西、四川、贵州、云南、西藏、广东、广西、海南。

28 金龟子绿僵菌

Metarhizium anisopliae (Metschn.) Sorokin, Rastitel'nye parazity cheloveka i zhivotnykh kak prichina zarazhykh boleznei (Petersburg) 2: 268, 1883.
Entomophthora anisopliae Metschn., Zeitschr. d. kaiserl. landwirthschaftl. Ges. für Neurussland: 21-50, 1879.
Isaria anisopliae (Metschn.) R.H. Pettit, Bulletin of Cornell University 97: 356, 1895.
Isaria anisopliae var. *americana* R.H. Pettit, Bull. Cornell Univ. Agric. Exp. Stn 97: 354, 1895.
Isaria anisopliae var. *anisopliae* (Metschn.) R.H. Pettit, Bulletin of Cornell University 97: 356, 1895.
Metarhizium album Petch, Trans. Br. Mycol. Soc. 16(1): 71, 1931.
Metarhizium guizhouense Q.T. Chen & H.L. Guo, in Guo, Ye, Yue, Chen & Fu, Acta Mycol. Sin. 5(3): 181, 1986.
Metarhizium pinghaense Q.T. Chen & H.L. Guo, in Guo, Ye, Yue, Chen & Fu, Acta Mycol. Sin. 5(3): 179, 1986.
Metarhizium velutinum Borowska, Golonk. & Kotulowa, Acta Mycologica, Warszawa 6(2): 332, 1970.
Penicillium anisopliae (Metschn.) Vuill., Bull. Soc. Mycol. Fr. 20: 220, 1904.

菌落绒毛状或棉絮状，最初白色，产生孢子时呈绿色；在自然界中主要进行无性繁殖，由昆虫体壁进行主动入侵而感染不同昆虫，它对寄主侵染过程包括黏附。孢子萌发，产生附着胞，穿透虫体，体内发育和致死，次生子囊孢子圆筒形，5 ~ 7 × 2 ~ 3.5 μm。

寄主：寄生于金龟子或其他昆虫上。

分布：湖南、四川、贵州、云南、广西。

用途：一种广谱性的杀虫真菌。

29 拟暗绿绿僵菌

Metarhizium pseudoatrovirens (Kobayasi & Shimizu) Kepler, Rehner & Humber, in Kepler, Humber, Bischoff & Rehner, Mycologia 106(4,:824, 2014.
Cordyceps pseudoatrovirens Kobayasi & Shimizu, Bull. natn. Sci. Mus., Tokyo, B 8(4,: 111, 1982.
Metacordyceps pseudoatrovirens (Kobayasi & Shimizu) Kepler, G.H. Sung & Spatafora, in Kepler, Sung, Ban, Nakagiri, Chen, Huang, Li & Spatafora, Mycologia 104(1): 190, 2012.

子座圆柱状，单生或多个从寄主头部、腹部或尾部长出，10 ~ 30 mm，绿色，可孕部柱状或拟卵形膨大，6 ~ 10 × 2 ~ 5 mm。子囊壳埋生，拟卵形，500 ~ 560 × 240 ~ 320 μm；子囊圆柱状，中间膨大，141 × 7 μm，孢子梭形，长45 μm，一般有8个横隔，4.2 ~ 4.8 × 2.4 ~ 3 μm（梁宗琦，2007）。

寄主：寄生于一种栖居于腐木中的金针虫或吉丁甲科幼虫上。

分布：广西、贵州。

28 **金龟子绿僵菌** *Metarhizium anisopliae* (Metschn.) Sorokin　　绘图：吴兴亮

29 **拟暗绿绿僵菌** *Metarhizium pseudoatrovirens* (Kobayasi & Shimizu) Kepler, et al.　　仿绘：吴兴亮

30 红白毛杯

Microstoma floccosum (Schwein.) Raitv., Eesti NSV Tead. Akad. Toim., Biol. seer 14: 529, 1965.
Anthopeziza floccosa (Schwein.) Kanouse, Mycologia 40(4): 491, 1948.
Geopyxis floccosa (Schwein.) Morgan, J. Mycol. 8(4): 188, 1902.
Microstoma floccosum var. *floccosum* (Schwein.) Raitv., Eesti NSV Tead. Akad. Toim., Biol. seer 14: 529, 1965.
Peziza floccosa Schwein., Trans. Am. phil. Soc., Ser. 2 4(2): 172, 1832.
Plectania floccosa (Schwein.) Seaver, North American Cup-fungi, (Operculates) (New York): 192, 1928.
Sarcoscypha floccosa (Schwein.) Sacc., Syll. fung. (Abellini) 8: 156, 1889.

子囊盘有柄，漏斗状，边缘内卷，直径5 ~ 7.5 mm，粉红色至红色，具有长的白色纤毛；菌柄白色，10 ~ 30 × 1.5 ~ 2 mm，具有白色纤毛。子囊300 ~ 380 × 16 ~ 20 μm；孢子椭圆形，25 ~ 40 × 10 ~ 16 μm。

生境： 生于阔叶树的落枝或树皮上。

分布： 黑龙江、贵州、云南、福建、广西、海南。

---

31 白毛杯

Microstoma insititium (Berk. & M.A. Curtis) Boedijn [as 'insititia'], Sydowia 5(3-6): 212, 1951.
Boedijnopeziza insititia (Berk. & M.A. Curtis) S. Ito & S. Imai, Trans. Sapporo nat. Hist. Soc. 15: 58,1937.
Cookeina insititia (Berk. & M.A. Curtis) Kuntze, Revis. gen. pl. (Leipzig) 2: 849, 1891.
Peziza insititia Berk. & M.A. Curtis, Proc. Amer. Acad. Arts & Sci. 4: 127, 1860.
Pilocratera insititia (Berk. & M.A. Curtis) Sacc. & Traverso, Syll. fung. (Abellini) 20: 412, 1911.

子囊盘直径5 ~ 10 mm，近白色，干燥时蛋壳色，边缘有毛；菌柄中空，白色，20 ~ 30 × 1 ~ 2 mm，具有白色纤毛；子囊400 ~ 450 × 14 ~ 20 μm。孢子不等边梭形，42 ~ 55 × 10 ~ 12 μm。

生境： 生于阔叶树的倒木上。

分布： 贵州、广西、福建、海南。

---

32 大孢小口盘菌

Microstoma macrosporum (Y. Otani) Y. Harada & S. Kudo, Mycoscience 41(3): 275, 2000.
Microstoma floccosum var. *macrosporum* Y. Otani , Trans. Mycol. Soc. Japan 21(2): 158, 1980.

子囊盘直径5 ~ 10 mm，高5 ~ 15 mm，杯形；子实层表面粉红色至肉红色；被长的白色纤毛，纤毛刚毛状，顶端尖锐；菌柄粉红色，长8 ~ 10 mm；子囊近圆柱形，基部渐细，具8个孢子。孢子椭圆形，两端略尖，表面平滑，无色或近无色，45 ~ 55 × 18 ~ 22 μm。

生境： 生于林中腐木上。

分布： 广西等地。

---

30 红白毛杯

Microstoma floccosum (Schwein.) Raitv.

摄影：吴兴亮

31 白毛杯

Microstoma insititium (Berk. & M.A. Curtis) Boedijn

摄影：吴兴亮

32 大孢小口盘菌

Microstoma macrosporum (Y. Otani) Y. Harada & S. Kudo

摄影：吴兴亮

33 粗腿羊肚菌

Morchella crassipes (Vent.) Pers., Syn. meth. fung. (Göttingen) 2: 621 (1801).
Mitrophora hybrida var. *crassipes* (Vent.) Boud., Bull. Soc. mycol. Fr. 13: 152 (1897).
Morchella crassipes var. *crispa* (Krombh.) Krombh., Naturgetr. Abbild. Beschr. Schwämme (Prague) 3: 6 (1834).
Morchella crispa Krombh., Naturgetr. Abbild. Beschr. Schwämme (Prague) 1: 76 (1831).
Morchella esculenta var. crassipes (Vent.) M.M. Moser, in Gams, Kl. Krypt.-Fl., Rev. Edn 5 (Stuttgart) 2a: 85 (1983).
Morchella esculenta var. crassipes (Vent.) Bresinsky & Stangl, Z. Pilzk. 27(2-4): 104 (1962).

菌盖圆锥形，高5.5 ~ 12 cm，宽2.5 ~ 4 cm，黄色至黄褐色，凹坑浅，网棱窄，纵向排列，由横脉连接；菌柄白黄色至淡土黄色，海绵状，中空，圆柱形，长3.5 ~ 7 cm，粗 2 ~ 3.5 cm，向下渐粗，下部有明显凹槽，上部凹槽浅或近乎平，整个菌柄表面有浅色糠麸状小鳞片或小疣状附属物；菌肉与菌盖同色，肉质，很脆；子囊圆柱形，130 ~ 230 × 16 ~ 20 μm。孢子椭圆形至圆形，光滑，无色，20 ~ 23 × 11 ~ 13 μm。

生境：生于地上。

分布：内蒙古、山西、甘肃、青海、新疆、四川、贵州、云南、西藏、广东。

用途：野生名贵食用、药用菌。含多糖、蛋白质、粗纤维、多种常量和微量元素，有助消化、益肠胃、理气的功效。

34 羊肚菌

Morchella esculenta (L.) Pers., Syn. meth. fung. (Göttingen) 2: 618, 1801.
Morchella lutescens Leuba, Champ. comest.: 89, 1890.
Morchella pubescens (Pers.) Krombh., Naturgetr. Abbild. Beschr. Schwämme (Prague) 3: tab. 17, fig. 20, 1834.
Morchella rigida (Krombh.) Boud., Bull. Soc. Mycol. Fr. 13: 137, 1897.
Morchella rotunda (Pers.) Boud., Bull. Soc. Mycol. Fr. 13: 135, 1897.
Morchella tremelloides (Vent.) Pers., Syn. meth. fung. (Göttingen) 2: 621, 1801.
Morchella umbrina Boud., Bull. Soc. Mycol. Fr. 13: 138, 1897.
Morilla esculenta (L.) Quél., Enchir. fung. (Paris): 271, 1886.
Morilla tremelloides (Vent.) Quél., Enchir. fung. (Paris): 272, 1886.
Phallus tremelloides Vent., Ann. Bot. (Usteri) 21: 509, 1797.

菌盖近卵形至椭圆形，高5 ~ 8.5 cm，直径3 ~ 5 cm，顶端钝圆，表面有似羊肚状的凹坑；凹坑不定型至近圆形，直径4 ~ 8 mm，蛋壳色至淡黄褐色，棱纹色较浅，不规则地交叉；菌柄近圆柱形，近白色，中空，上部平滑，基部膨大并有不规则的浅凹槽，长3 ~ 6 cm。孢子长椭圆形，无色，呈单行排列，18 ~ 22 × 10 ~ 13 μm。

生境：生于地上。

分布：贵州、云南、广西、海南。

用途：食用、药用。

33 粗腿羊肚菌

Morchella crassipes (Vent.) Pers.

摄影：吴兴亮

34 羊肚菌

Morchella esculenta (L.) Pers.

摄影：吴兴亮

35 黄褐色羊肚菌

Morchella smithiana Cooke, Mycogr., Vol. 1. Discom. (London)(no. 5): 184, 1878.

担子果高8 ~ 18 cm，直径3 ~ 5 cm；子囊盘钝锥形，表面有似羊肚状的凹坑；凹坑不定型；子实层表面黄褐色；菌柄长4 ~ 8 cm，直径2 ~ 3.5 cm，近棒形至近圆柱形，淡土黄色，海绵状，中空，被小鳞片或小疣状附属物；子囊200 ~ 280 × 15 ~ 25 μm，具8个孢子。孢子椭圆形，表面平滑，19 ~ 23 × 10 ~ 13 μm。

生境：生于林中地上。

分布：甘肃、广西、贵州。

36 小海绵羊肚菌

Morchella spongiola Boud., Bull. Soc. Mycol. Fr. 13: 138, 1897.

菌盖近圆锥状，高3 ~ 4 cm，直径2 ~ 3.5 cm，下部边缘与菌柄连接，由长和近放射状的条棱形成似蜂窝状凹窝，边缘往往薄而短，灰褐色；菌柄长3.5 ~ 5 cm，粗2 ~ 2.5 cm，近白色带浅土黄色，空心；子囊长柱状。孢子椭圆形，光滑，18 ~ 21 × 11 ~ 13 μm。

生境：生于林中地上。

分布：广西、贵州等地。

37 珊瑚奈吉尔霉

Nigelia martiale (Speg.) Luangsa-ard & Thanakitp., in Luangsa-ard, Mongkolsamrit, Thanakitpipattana, Khonsanit, Tasanathai, Noisripoom & Humber, Index Fungorum 345: 1, 2017.
Metarhizium martiale (Speg.) Kepler, Rehner & Humber, in Kepler, Humber, Bischoff & Rehner, Mycologia 106(4): 823, 2014.
Meacortdyceps martialis (Speg.) Kepler, G.H. Sung & Spatafora, in Kepler, Sung, Ban, Nakagiri, Chen, Huang, Li & Spatafora, Mycologia 104(1): 185, 2012.
Cordyceps martialis Speg., Boln Acad. nac. Cienc. Córdoba 11(4): 535, 1889.
Nigelia martiale (Speg.) Luangsa-ard & Thanakitp., in Luangsa-ard, Mongkolsamrit, Noisripoom, *Thanakitpipattana,* Khonsanit & Wutikhun, Mycol. Progr. 16(4): 380, 2017.

子座长3 ~ 7 cm，从寄主各处长出，上部橘红色，下部近橘黄色至黄色，头部及柄分枝，有时不分枝，分枝扁；柄圆柱形，多弯曲，上有沟纹，头部棒形，长1.5 ~ 3 cm，粗3 ~ 6 mm，橘红色，顶端钝圆或尖；子囊壳倾斜埋生，近卵形，550 ~ 650 × 240 ~ 280 μm；子囊圆柱形250 ~ 330 × 4 ~ 5 μm。次生孢子短棒状，3 ~ 4 × 1 μm。

寄主：寄生于鳞翅目昆虫蛹上。

分布：河南、陕西、湖北、湖南、安徽、浙江、四川、云南、贵州、西藏、福建、台湾、香港、广东、广西、海南。

用途：具有抗菌活性。

35 **黄褐色羊肚菌** 摄影：吴兴亮

Morchella smithiana Cooke,Mycogr.

36 **小海绵羊肚菌** 摄影：吴兴亮

Morchella spongiola Boud.

37 **珊瑚奈吉尔霉** 摄影：文庭池

Nigelia martiale (Speg.) Luangsa-ard & Thanakitp.

38 针孢线虫草

Ophiocordyceps acicularis (Ravenel) Petch, Trans. Br. Mycol. Soc. 18(1): 60, 1933.
Cordyceps acicularis Ravenel, in Berkeley, J. Proc. Linn. Soc., Bot. 1(4): 158, 1857.

子座柱形，单生，褐色至深褐色，高40 ~ 130 mm；柄圆柱形，一般多弯曲，不分枝，纤细，淡褐色，光滑，有时基部具细绒毛，长20 ~ 80 mm，粗1 ~ 1.5 mm；头部圆柱形，长15 ~ 30 mm，粗1 ~ 2.5 mm。子囊壳表生或近表生，圆锥形或近卵形，330 ~ 400 × 200 ~ 260 μm；孢子线形，多数具横隔，不断裂，50 ~ 80 × 3.5 ~ 4.5 μm。

寄主：寄生于鞘翅目幼虫体或金针虫或甲虫类幼虫上。

分布：江苏、广东、广西、海南、云南、贵州、台湾。

39 多枝线虫草

Ophiocordyceps arbuscula (Teng) G.H. Sung, J. M. Sung, Hywel-Jones & Spatafora, in Sung, Hywel-Jones, Sung, Luangsa-ard, Shrestha & Spatafora, Stud. Mycol. 57: 40, 2007.
Cordyceps arbuscula Teng, Sinensia, Shanghai 7: 812, 1936.

子座多枝，从寄主头端或背部发出，高5 ~ 10 cm，柄及头部均能分枝；柄多弯曲，米黄色，干后颜色不变，长3 ~ 6.5 cm，粗1 mm或稍粗；头部米黄色至浅土黄色，干后浅红褐色，圆柱形，顶端尖削或分枝，长0.6 ~ 3.5 cm，粗0.5 ~ 3 mm，覆有粉末状孢子块。子囊壳埋生，卵形至近圆锥形，350 ~ 450 × 200 ~ 240 μm，孔口突出；子囊长圆柱形，200 ~ 230 × 4 μm。孢子线形，有多数横隔，但不甚明显，分生孢子长椭圆形至棒形，单胞，无色，7 ~ 9 × 2.5 ~ 3 μm。

寄主：寄生于金龟子幼虫体上。

分布：陕西、湖南、广东、广西、福建、海南。

40 蚁窝线虫草

Ophiocordyceps formicarum (Kobayasi) G.H. Sung,J.M. Sung, Hywel-Jones & Spatafora, in Sung, Hywel-Jones, Sung, Luangsa-ard, Shrestha & Spatafora, Stud. Mycol. 57: 43, 2007.
Cordyceps formicarum Kobayasi, in Bull.Biogeogr.Soc.Jap.9: p,286, 1939.

子座单根，从寄主蚂蚁的胸部或颈部长出，细长而弯曲，长3.5 ~ 6.5 cm，粗1 ~ 2 mm；柄圆柱形，淡黄色、柠檬黄色至黄色，有光泽，较硬，顶端黄色至橙色，卵形、椭圆形至柠檬形或近球形，长0.4 ~ 0.6 cm，粗3 ~ 4 mm。分生孢子纺锤形 6 ~ 8 × 1 ~ 1.5 μm。

生境：生于蚂蚁上。

分布：福建、广东、广西、海南、贵州。

用途：药用。

38 针孢线虫草

Ophiocordyceps acicularis (Ravenel) Petch

摄影：文庭池

39 多枝线虫草

Ophiocordyceps arbuscula (Teng) G.H.Sung, et al.

摄影：文庭池

40 蚁窝线虫草

Ophiocordyceps formicarum (Kobayasi) G.H.Sung, et al.

摄影：吴兴亮

41 蚁线虫草

Ophiocordyceps forquignonii (Quél.) G. H. Sung, J. M. Sung, Hywel-Jones & Spataforaa, in Sung, Hywel-Jones, Sung,Luangsa-ard, Shrestha & Spatafora, Stud. Mycol. 57: 43, 2007.
Cladosporium myrmecophilum (Fresen.) Bayl. Ell., Trans. Br. Mycol. Soc. 5(1): 138, 1915.
Cladotrichum myrmecophilum (Fresen.) Lagerh., Bih. K. svenska VetenskAkad. Handl., Afd. 3 25(8): 17, 1900.
Cordyceps forquignonii Quél., Compt. Rend. Assoc. Franç. Avancem. Sci. 16: 21, 1888.
Hypocrea myrmecophila Fr., Syst. orb. veg. (Lundae) 1: 104, 1825.
Macrosporium myrmecophilum (Fresen.) Sacc., Syll. fung. (Abellini) 4: 538, 1886.
Septosporium myrmecophilum Fresen., Beitr. Mykol. 3: 49, 1863.

子座单根，从寄主蚂蚁的胸部发出，细长而弯曲，长3 ~ 5 cm，粗0.25 mm，橙黄色至橙色，有光泽和微细条纹，较硬，中心稍疏松；头部橙色，长2 ~ 3.5 cm，粗0.5 mm，柠檬形至长梨形，顶端尖细，未成熟时较光滑，有光泽，成熟时有小疣突起，疣端有白色子囊丝溢出，无不育顶端。子囊壳埋生于子座中；孢子长130 ~ 160 × 1.5 μm，无色，横断成8 ~ 10 μm的小段。

寄主： 寄生于蚂蚁上。

分布： 安徽、江苏、浙江、贵州、云南、广东、广西、海南。

用途： 具有补虚损、益精髓、保肺益肾等功效；可治疗慢性肝炎等。

---

42 日本线虫草

Ophiocordyceps japonensis (Hara) G.H. Sung, J.M.Sung, Hywel-Jones & Spatafora, in Sung, Hywel-Jones, Sung, Luangsa-ard, Shrestha & Spatafora, Stud. Mycol. 57: 43, 2007.
Cordyceps japonensis Hara, Bot. Mag., Tokyo 28: 351, 1914.

子座从寄主体上长出，1 ~ 2个或多个；可育部分顶生， 近球形至半球形，直径2 ~ 5 mm，淡黄色、土黄褐色至棕褐色；不育菌柄长1 ~ 3.5 cm，直径1 ~ 1.5 mm, 圆柱形，常弯曲，近白色至淡褐色，上端颜色较淡， 向下渐深色。子囊壳600 ~ 850 × 300 ~ 400 μm，椭圆形，倾斜埋生；子囊650 ~ 700 × 4 ~ 6 μm，长圆筒形至近长棒形。孢子600 ~ 680 × 1 ~ 1.5 μm，细长，线形，具多横隔，成熟后断裂形成分孢子；分生孢子近柱形，两端略窄，透明无色，9 ~ 10 × 1 ~ 1.5 μm。

寄主： 寄生于蚂蚁上。

分布： 福建、江西、广西。

41 **蚁线虫草** *Ophiocordyceps forquignonii* (Quél.) G. H. Sung, et al. 摄影：文庭池

42 **日本线虫草** *Ophiocordyceps japonensis* (Hara) G.H. Sung, et al. 摄影：李增智

43 江西线虫草

Ophiocordyceps jiangxiensis (Z.Q. Liang, A.Y. Liu & Yong C. Jiang) G.H.Sung, Hywel-Jones & Spatafora, in Sung, Hywel-Jones, Sung, Luangsa-ard, Shrestha & Spatafora, Stud. Mycol. 57: 43, 2007.
Cordyceps jiangxiensis Z.Q. Liang, A.Y. Liu & Yong C. Jiang, Mycosystema 20(3): 306, 2001.

子座从寄主的头部长出，簇生或丛生，柱状，可分枝，45 ~ 80 × 3 ~ 5 mm，淡褐色，无不孕尖端；子囊圆筒形或棒形，400 ~ 450 × 7 ~ 7.5 μm。孢子不断裂，长柱状，5.5 ~ 7 × 1 ~ 1.2 μm。

寄主：寄生于丽叩甲或绿腹丽叩甲的幼虫体上。

分布：江西、福建、广西、海南、贵州。

用途：在江西井冈山地区，异名江西虫草*Cordyceps jiangxiensis*俗称“草木王”。江西线虫草的无性型为江西青霉*Penicillium jiangxiensis* H. Z. Kong &. Z. Q. Liang，含尿嘧啶、腺嘌呤、腺嘌呤核糖核苷、尿嘧啶核苷、3-甲氧基尿嘧啶核苷、丁二酸、烟酸、硬脂酸-α-单甘油酯、木腊酸，具有血管扩张和镇静催眠效应。江西虫草在发现地具有悠久的民间用药史，对治疗毒蛇咬伤有良好的效果。

---

44 下垂线虫草

Ophiocordyceps nutans (Pat.) G. H. Sung, J. M. Sung, Hywel-Jones &Spatafora, in Sung, Hywel-Jones, Sung, Luangsa-ard,Shrestha & Spatafora, Stud. Mycol. 57: 45, 2007.

子座1 ~ 2个，从虫体胸部发生，长4 ~ 15 cm；柄直生或多弯曲，粗2 mm或稍粗，黑褐色，上部与头部同色；头部短棒形或圆柱形，橘黄色至红色，老后褪为黄色，5 ~ 10 × 1.5 ~ 3 mm。子囊壳倾斜埋生于子座内，狭卵形，650 ~ 720 × 180 ~ 260 μm，子囊330 ~ 480 × 5 ~ 7 μm。孢子线形，无色，光滑；分生孢子短圆柱形，6 ~ 8 × 1 ~ 1.5 μm的小段。

生境：寄生于半翅目昆虫成虫体上。

分布：吉林、河南、安徽、浙江、湖北、四川、贵州、广东、广西、海南。

用途：药用。

---

45 尖头线虫草

Ophiocordyceps oxycephala (Penz. & Sacc.) G.H.Sung, J.M. Sung, Hywel-Jones & Spatafora, in Sung, Hywel-Jones, Sung, Luangsa-ard, Shrestha & Spatafora, Stud. Mycol. 57: 45,2007.

子座单根或两根，从寄主胸部长出，高10 ~ 13.5 × 1.5 ~ 2.5 mm，不分枝，子座上部近柠檬黄色，下部黄褐色，柄细长，直或弯曲，粗0.8 ~ 1.5 mm；头部长椭圆形至圆柱状，柠檬黄色，15 ~ 18.5 × 1 ~ 1.5 mm。子囊壳倾斜埋生于子座内，长颈瓶形，750 ~ 900 × 190 ~ 270 μm。孢子长棱形，易断裂，断后的孢子小段8 ~ 11.5 × 1 ~ 1.5 μm。

寄主：寄生于蜂的成虫上。

分布：广东、海南、广西、贵州。

用途：药用。

---

43 江西线虫草

Ophiocordyceps jiangxiensis
(Z.Q. Liang, A.Y. Liu & Yong C. Jiang) G.H.Sung, et al.

摄影：吴兴亮

44 下垂线虫草

Ophiocordyceps nutans
(Pat.) G.H.Sung, et al.

摄影：吴兴亮

45 尖头线虫草

Ophiocordyceps oxycephala
(Penz. & Sacc.) G.H.Sung, et al.

摄影：吴兴亮

46 小蝉线虫草

Ophiocordyceps sobolifera (Hill ex Watson) G.H. , Hywel-Jones & Spatafora, in Sung, Hywel-Jones, Sung, Luangsa-ard, Shrestha & Spatafora, Stud. Mycol. 57: 46, 2007.
Clavaria sobolifera Hill ex Watson, Phil. Trans. Roy. Soc. London 53: 271, 1763.
Cordyceps sobolifera (Hill ex Watson) Berk. & Broome [as 'Cordiceps'], J. Linn. Soc., Bot. 14, 74) : 110, 1873.
Cordyceps sobolifera var. *sobolifera* (Hill ex Watson) Berk. & Broome, J. Linn. Soc., Bot. 14(74) : 110, 1873.
Cordyceps sobolifera var. *takaoensis* Kobayasi, Bulletin of the Biogeogr. Soc. Jap. 9: 165, 1939.
Cordyceps takaoensis (Kobayasi) Kobayasi, Sci. Rep. Tokyo Bunrika Daig., Sect. B 5: 130, 1941.
Ophiocordyceps takaoensis (Kobayasi) G.H, Hywel-Jones & Spatafora [as 'takaoënsis'], in Sung, Hywel-Jones, Sung, Luangsa-ard, Shrestha & Spatafora, Stud. Mycol. 57: 47, 2007.
Sphaeria sobolifera (Hill ex Watson) Berk., London J. Bot. 2: 207, 1843.
Torrubia sobolifera (Hill ex Watson) Tul. & C. Tul., Select. fung. carpol. (Paris) 3: 10, 1865.

子座1 ~ 3个从蝉蛹前端长出，棍棒状，高2.5 ~ 5 cm，中空；柄肉桂色，干后深肉桂色，粗0.25 ~ 0.4 cm，往往有不孕小枝；头部棒形，肉桂色至茶褐色，干后浅朽叶色，长0.7 ~ 2.8 cm ，粗0.2 ~ 0.7 cm。子囊壳呈长卵形，埋生于子座内，孔口稍凸，450 ~ 650 × 200 ~ 260 μm；子囊圆柱形，200 ~ 740 × 5.6 ~ 7 μm，内含8枚线状，多隔，透明的孢子；孢子易断为6.5 ~ 8.5 × 1 ~ 1.5 μm的小段。

寄主：寄生于蝉蛹上。

分布：吉林、河南、陕西、江苏、浙江、甘肃、福建、安徽、湖北、江西、湖南，贵州、台湾、广东、广西、四川、云南。

用途：增强免疫功能；有抗应激、激、抗疲劳的作用；镇静催眠作用；能使PP细胞（胰腺内分泌胰多肽的细胞）中的CD3细胞微量升高且有一定意义。菌丝可有效减缓肾小球硬化及肾纤维化。能降低血糖；能抗白血病。《类证本草》记载：蝉花生主治小儿惊痫、夜啼、心悸。《本草纲目》记载：功同蝉蛟、又止疟疾。本品是较珍贵的明目药品，并有清凉、退热、解毒、祛风、镇惊、退翳障、透疹等功效。

---

47 蜂头线虫草

Ophiocordyceps sphecocephala (Klotzsch ex Berk.) G.H. Sung, J.M. Sung, Hywel-Jones & Spatafora, in Sung, Hywel-Jones, Sung, Luangsa-ard, Shrestha & Spatafora, Stud. Mycol. 57: 47, 2007.
Cordyceps sphecocephala (Klotzsch ex Berk.) Berk. & M.A. Curtis, J. Linn. Soc., Bot. 10(46): 376, 1868.

子座单根，从寄主胸部长出，高6.5 ~ 7.5 cm，上部有分叉，子座上部淡黄色或近柠檬黄色，下部黄褐色，柄细长，弯曲，粗0.5 ~ 1 mm；头部棒形，15 × 1.5 mm。子囊近圆柱形，130 ~ 180 × 5 ~ 7 μm；孢子易断裂，断后的孢子小段6 ~ 12 × 1 ~ 1.5 μm。

寄主：寄生于黄蜂的成虫上。

分布：浙江、海南、广西、贵州。

用途：药用。

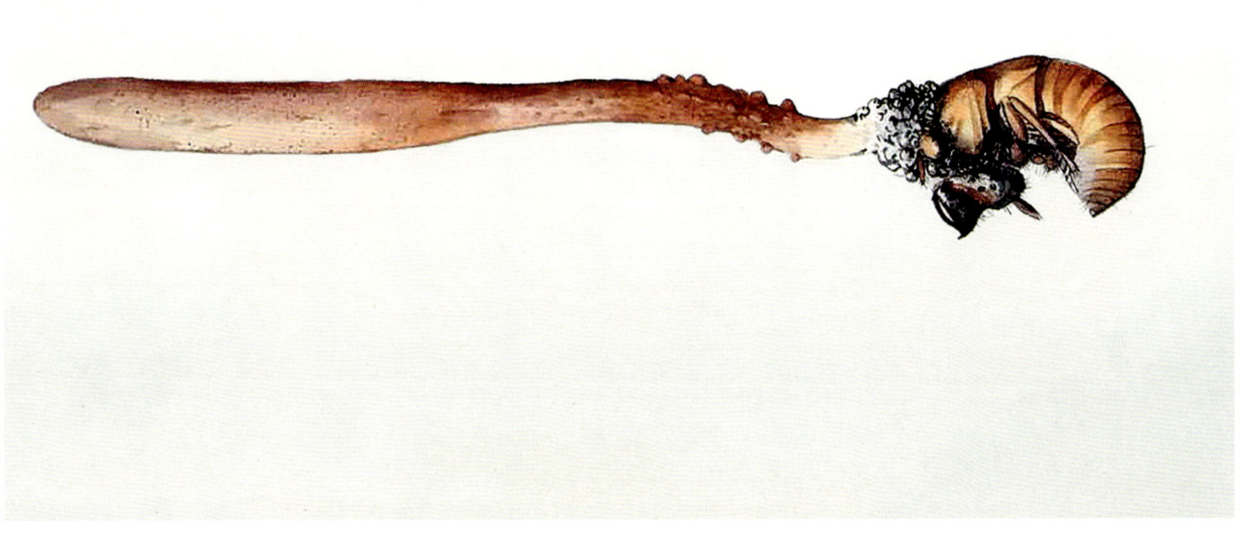

46 **小蝉线虫草** *Ophiocordyceps sobolifera* (Hill ex Watson) G.H.Sung, et al. 仿绘：吴兴亮

47 **蜂头线虫草** *Ophiocordyceps sphecocephala* (Klotzsch ex Berk.) G.H. Sung et al. 摄影：李常春

48 柱座线虫草

Ophiocordyceps stylophora (Berk. & Broome) G.H. Sung, J.M. Sung, Hywel-Jones & Spatafora, in Sung, Hywel-Jones, Sung, Luangsa-ard, Shrestha & Spatafora, Stud. Mycol. 57: 47, 2007.
Cordyceps stylophora Berk. & Broome, in Berkeley, J. Proc. Linn. Soc., Bot. 1(4): 158, 1857.

子座单生，高2 ~ 5 cm；柄直立或弯曲，粗约2 mm，蛋壳色，基部有绒毛，干后具纵向皱纹；头部圆柱形，深肉桂色，3 ~ 13 × 3 mm，其顶端有细而尖的不育部分，长2 ~ 5 mm的。子囊壳埋生，卵形，400 ~ 500 × 150 ~ 200 μm，孔口突出，在子座的表面颇似暗褐色小点；子囊160 ~ 250 × 6.0 ~ 9 μm。孢子线形，110 ~ 140 × 2 ~ 2.5 μm，成熟后断裂为3 ~ 5 × 1 μm的次生孢子。

寄主： 寄生于鞘翅目幼虫上。

分布： 吉林、浙江、广西。

49 吹泡虫线虫草

Ophiocordyceps tricentri (Yasuda) G.H. Sung, J.M.Sung, Hywel-Jones & Spatafora, in Sung, Hywel-Jones, Sung, Luangsa-ard, Shrestha & Spatafora, Stud. Mycol. 57: 47, 2007.
Cordyceps aphrophorae Yasuda, in Lloyd, Bot. Mag., Tokyo 36: 51, 1922.
Cordyceps tricentri Yasuda, in Lloyd, Bot. Mag., Tokyo 36: 51, 1922.

子座单根，从寄主侧面或胸部长出，高2 ~ 5 cm，粗1 ~ 1.5 mm，细长，上部橙黄色，下部黄褐色；可孕部棒状，长6 ~ 7 mm，粗2 ~ 3 mm，顶端尖，无不育顶部；子囊壳埋生于子座内，椭圆形或颈瓶形，550 ~ 950 × 150 ~ 180 μm；子囊长柱状，490 ~ 530 × 4 ~ 6.5 μm。孢子柱形至棱形，断成8 ~ 12 × 1 ~ 1.8 μm的小段。

寄主： 寄生于沫蝉的成虫上。

分布： 吉林、河北、浙江、湖北、安徽、四川、贵州、云南、台湾、广东、广西。

用途： 异名*Cordyceps tricentri* Yasuda具有抗菌作用。

50 屋久岛线虫草

Ophiocordyceps yakusimensis (Kobayasi) G.H.Sung, J.M.Sung, Hywel-Jones & Spatafora, in Sung, Hywel-Jones, Sung, Luangsa-ard, Shrestha & Spatafora, Stud. Mycol. 57: 47, 2007 .
Cordyceps yakusimensis Kobayasi, Bull. natn. Sci. Mus., Tokyo 6: 302, 1963.

子座单生，从寄主头部长出，圆柱状，可分枝，长100 ~ 140 mm；柄细长，淡褐色，1.5 ~ 2 mm；可孕部柱状，黄褐色或灰褐色，15 ~ 28 × 2.8 ~ 3.5 mm，皮层拟薄壁组织。子囊壳埋生，狭卵形，740 ~ 800 × 170 ~ 230 μm；子囊270 ~ 310 × 5 μm。次生孢子圆筒形，10 ~ 15 × 1 μm。

寄主： 寄生于同翅目蝉若虫上。

分布： 广西、贵州、台湾等地。

48 柱座线虫草

Ophiocordyceps stylophora
(Berk. & Broome)
G.H. Sung, et al.

仿绘：吴兴亮

49 吹泡虫线虫草

Ophiocordyceps tricentri
(Yasuda) G.H. Sung, et al.

摄影：吴兴亮

50 屋久岛线虫草

Ophiocordyceps yakusimensis
(Kobayasi) G.H.Sung, et al.

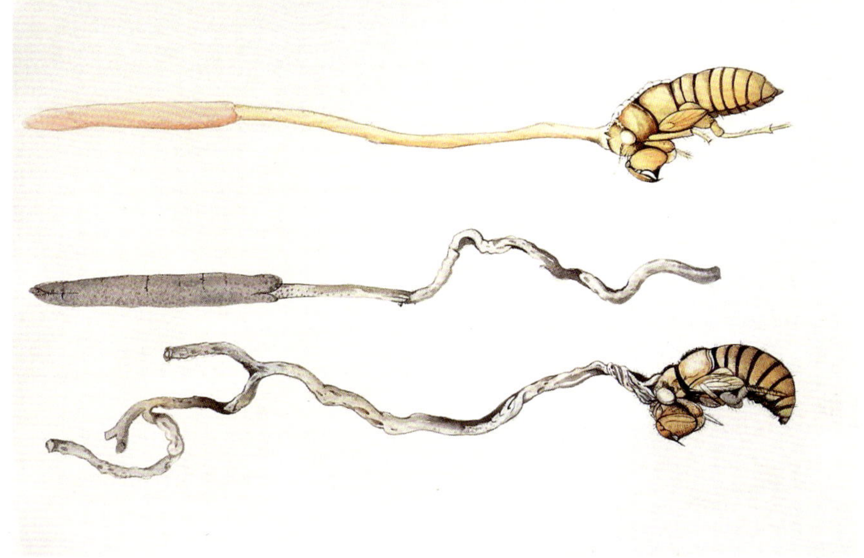

仿绘：吴兴亮

51 阿维纳盘菌

Peziza arvernensis Roze & Boud., Bull. Soc. bot. Fr. 26(Suppl.): LXXVI,1879.
Aleuria arvernensis (Roze & Boud.) Gillet, Champignons de France, Discom.(8): 206, 1886.
Aleuria sylvestris Boud., Icon. Mycol. (Paris) 2: tab. 261, 1906.
Galactinia sylvestris (Boud.) Svrček, Česká Mykol. 16(2): 111, 1962.
Peziza silvestris (Boud.) Sacc. & Traverso, Syll. fung. (Abellini) 20: 317, 1911.

子囊盘直径3 ~ 6 cm，无柄，浅盘状、碗状至杯形，后期渐平展呈不规则状；有不规整褶皱；子实层表面光滑，浅黄棕色至浅褐色；囊盘被颜色稍浅，光滑或覆盖近白色微细绒毛；菌肉薄，易碎；子囊180 ~ 240 × 13 μm，具8个孢子；侧丝圆柱形、分隔，头部棒形，略膨大；孢子宽椭圆形，3 ~ 6 × 7 ~ 9 μm。

生境：生于林中地上。

分布：广西、贵州等地。

用途：有毒。

52 疣孢褐盘菌

Peziza badia Pers., Observ. Mycol. (Lipsiae) 2: 78, 1800.
Aleuria badia (Pers.) Gillet, Champignons de France, Discom.(2): 43, 1879.
Galactinia badia (Pers.) Arnould, Bull. Soc. Mycol. Fr. 9(2): 111, 1893.
Helvella cochleata Bolton, Hist. fung. Halifax (Huddersfield) 3: 99, tab. 99, 1790.
Peziza badia var. *terrestris* Alb. & Schwein., Consp. fung. (Leipzig): 311, 1805.
Peziza badia var. *truncigena* Pers., Observ. Mycol. (Lipsiae) 2: 79, 1800.
Plicaria badia (Pers.) Fuckel, Jb. nassau. Ver. Naturk. 23-24: 327, 1870.
Plicaria badia var. *brunnea* Velen., Monogr. Discom. Bohem. (Prague): 346, 1934.
Plicaria badia var. *montana* Velen., Monogr. Discom. Bohem. (Prague): 346, 1934.
Pustularia badia (Pers.) Lambotte, Mém. Soc. roy. Sci. Liège, Série 2 14: 322 [prepr.], 1887.
Scodellina badia (Pers.) Gray, Nat. Arr. Brit. Pl. (London) 1: 669, 1821.

子囊盘宽3 ~ 6 cm，浅盘形，浅漏斗状至不规则起伏，无柄；子实层表面深褐色；囊盘被暗棕色，表面拟糠状，近边缘粗糙更明显；菌肉薄，易碎，深棕色；子囊280 ~ 300 × 13 μm，具8个孢子。孢子椭圆形，透明，表面有不规则网状纹，内含2个油滴，16.5 ~ 18 × 10 ~ 12 μm。

生境：生于林中地上。

分布：广西、贵州等地。

用途：慎食。

51 **阿维纳盘苗** *Peziza arvernensis* Roze & Boud.　　摄影：吴兴亮

52 **疣孢褐盘菌** *Peziza badia* Pers.　　摄影：吴兴亮

53　泡质盘菌

Peziza vesiculosa Bull., Herb. Fr. 10: tab. 457, fig. 1, 1790.
Aleuria isochroa (Pers.) Boud., Hist. Class. Discom. Eur. (Paris): 43, 1907.
Galactinia vesiculosa (Bull.) Le Gal, Discom. de Madagascar: 33, 1953.
Patellea coriariae (Pers.) Sacc., Syll. fung. (Abellini) 8: 784, 1889.
Peziza isochroa (Pers.) Sacc., Syll. fung. (Abellini) 8: 76, 1889.
Pustularia stevensoniana (Ellis) Rehm, Ascom. Lojkani: 3, 1882.

子囊盘直径3 ~ 6 cm，初期近球形，逐渐伸展呈杯状，无菌柄；子实层表面近白色，逐变成淡棕色，外部白色，有粉状物；菌肉白色，质脆，厚达3.5 mm；子囊260 ~ 320 × 15 ~ 17 μm。孢子光滑，无油球，单行排列，侧丝细长呈线形，上端粗，有横隔，20 ~ 23 × 10 ~ 13 μm。

生境：生于空旷处的肥土及粪堆上，往往成群生长在一起。

分布：河北、河南、江苏、贵州、云南、广西、台湾、四川、西藏。

用途：食用。

54　多明各歪盘菌

Phillipsia domingensis Berk., J. Linn. Soc., Bot. 18: 388 ,1881.
Molliardiomyces domingensis Paden, Can. J. Bot. 62(3): 214 ,1984.

子囊盘浅杯状至近盘状，子实层表面大红色，直径15 ~ 38 mm，具一粗壮的柄状基部；子囊310 ~ 360 × 15 ~ 18 μm。孢子椭圆形，20 ~ 26 × 10 ~ 13.5 μm。

生境：生于阔叶树的腐木上。

分布：贵州、云南、广西、海南。

55　发簪多头霉

Polycephalomyces kanzashianus (Kobayasi & Shimizu) Kepler & Spatafora, Fungal Biology 117(9):618, 2013.
Cordyceps kanzashiana Kobayasi & Shimizu, Bull. natn. Sci. Mus., Tokyo, B 8(3): 86, 1982.

子座3 ~ 4.5 cm，自寄主头部长出，在头部形成多个分枝；可育头部长3 ~ 5 mm，直径2.5 ~ 6 mm，球形至椭圆形，黄白色；不育柄近圆柱形，直径3.5 ~ 5 mm，灰褐色；子囊壳半埋生。孢子线形，多分隔，成熟后断裂成分孢子，分孢子圆筒形，3 ~ 5 × 1 μm。

寄主：寄生于蝉的幼虫上。

分布：贵州、广西等地。

53 泡质盘菌

Peziza vesiculosa Bull.

摄影：吴兴亮

54 多明各歪盘菌

Phillipsia domingensis Berk.

摄影：谭伟福

55 发簪多头霉

Polycephalomyces kanzashianus (Kobayasi & Shimizu) Kepler & Spatafora

摄影：吴兴亮

56 卷边假黑盘菌

Pseudoplectania melaena (Fr.) Sacc., Syll. fung. (Abellini) 8: 165, 1889.
Melascypha melaena (Fr.) Boud., Icon. Mycol. (Paris) 1(liste prélim.): [3], 1904.
Otidella fuscocana (Alb. & Schwein.) J. Schröt., in Cohn, Krypt.-Fl. Schlesien (Breslau) 3.2(1–2): 49, 1893.
Peziza fuscocana Alb. & Schwein., Consp. fung. (Leipzig): 312, 1805.
Peziza melaena Fr., Syst. Mycol. (Lundae) 2(1): 60, 1822.
Plectania melaena (Fr.) Paden, in Korf, Mycotaxon 14(1): 1, 1982.
Pseudoplectania vogesiaca Seaver, North American Cup-fungi, (Operculates) (New York): 48, 1928.
Scypharia fuscocana (Alb. & Schwein.) Quél., Enchir. fung. (Paris): 283, 1886.

子囊盘直径2 ~ 3.5 cm，盘状或碗状，无柄或具短柄；子实层表面浅褐色，近褐色，干时黑褐色，边缘近平滑，成熟时内卷；外部黑褐色，被细线毛；子囊210 ~ 300 × 11 ~ 13 µm，长圆柱形，具8个孢子、单行排列。孢子近球形，光滑，无色，直径9 ~ 11 µm。

生境： 生于阔叶树的腐木上。

分布： 广西等地。

57 假黑盘菌

Pseudoplectania nigrella (Pers.) Fuckel, Jb. nassau. Ver. Naturk. 23-24: 324, 1870.
Crouania nigrella (Pers.) Hazsl., Mathem. Természettud. Közlem. Magg. Tudom. Akad. 21: 261, 1886.
Helvella hemisphaerica Wulfen, Schr. Ges. naturf. Freunde, Berlin 8: 141, 1788.
Lachnea nigrella (Pers.) Gillet, Champignons de France, Discom.(3): 78, 1880.
Otidella nigrella (Pers.) J. Schröt., in Cohn, Krypt.-Fl. Schlesien (Breslau) 3.2(1–2): 48, 1893.
Peziza nigrella Pers., Syn. meth. fung. (Göttingen) 2: 648, 1801.
Plectania nigrella (Pers.) P. Karst., Acta Soc. Fauna Flora fenn. 2(no. 6): 119, 1885.
Scypharia nigrella (Pers.) Quél., Enchir. fung. (Paris): 283, 1886.
Sepultaria nigrella (Pers.) Lambotte, Mém. Soc. roy. Sci. Liège, Série 2 14: 301 [prepr.], 1887.
Sphaerospora nigrella (Pers.) Massee, Brit. Fung.-Fl. (London) 4: 296, 1895.

子囊盘直径1.5 ~ 3 cm，碗状、杯形或盘形，具短柄；子实层表面暗褐色至黑褐色，边缘近波浪状，干时内卷；光滑有褐色绒毛；子囊200 ~ 280 × 10 ~ 13 µm，长圆柱形，具8个孢子、单行排列。孢子近球形，光滑，无色，直径10 ~ 12 µm。

生境： 生于地上。

分布： 贵州、广西及东北、青藏等地。

56 **卷边假黑盘菌** *Pseudoplectania melaena* (Fr.) Sacc. 摄影：王绍能

57 **假黑盘菌** *Pseudoplectania nigrella* (Pers.) Fuckel 摄影：吴兴亮

58　波根盘菌

Rhizina undulata Fr., Observ. Mycol. (Havniae) 1: 161, 1815.
Helvella acaulis Pers., Icon. Desc. Fung. Min. Cognit. (Leipzig) 2: 20, 1800.
Helvella inflata Schaeff. [as 'Elvela'], Fung. bavar. palat. nasc. (Ratisbonae) 4: 102, 1774.
Rhizina inflata (Schaeff.) Quél., Enchir. fung. (Paris): 272, 1886.
Rhizina laevigata Fr., Observ. Mycol. (Havniae) 1: 162, 1815.
Rhizina laevigata var. praetexta (Ehrenb.) Pers., Mycol. eur. (Erlanga) 1: 207, 1822.
Rhizina praetexta Ehrenb., Sylv. Mycol. berol. (Berlin): 29, 1818.

子囊盘直径3.5 ~ 8 cm，盘形、贝壳形至不规则形，无柄，垫状附于地上，波浪状或有褶皱；子实层表面光滑，红褐色至深褐色，光亮；囊盘被褐色，边缘白色；菌肉浅红褐色，有菌丝束固着在地上；子囊280 ~ 380 × 15 ~ 20 μm，近圆柱形，具8个孢子。孢子纺锤形或梭形，无分隔，光滑，无色，28 ~ 35 × 8 ~ 10 μm。

生境：生于林中地上。

分布：广西、贵州。

59　绯红肉杯菌

Sarcoscypha coccinea (Gray) Boud., Bull. Soc. Mycol. Fr. 1: 103, 1885.
Aleuria insolita (Cooke) Boud., Hist. Class. Discom. Eur. (Paris): 46, 1907.
Calycina cyathoides (L.) Kuntze , Revis. gen. pl. (Leipzig) 3(2): 447, 1898.
Geopyxis coccinea (Scop.) Massee, Brit. Fung.-Fl. (London) 4: 377, 1895.
Helvella coccinea Scop., Fl. carniol., Edn 2 (Wien) 2: 479, 1772.
Helvella coccinea Schaeff. , Fung. bavar. palat. nasc. (Ratisbonae) 4: 100, tab. 148, 1774.
Lachnea coccinea (Gray) Gillet, Champignons de France, Discom.(3): 66, 1880.
Macroscyphus coccineus Gray, Nat. Arr. Brit. Pl. (London) 1: 672, 1821.
Peziza insolita Cooke, Mycogr., Vol. 1. Discom. (London): fig. 375, 1878.
Plectania coccinea (Jacq.) Fuckel, Jb. nassau. Ver. Naturk. 23~24: 324, 1870.
Plectania coccinea (Scop.) Fuckel ex Seaver, North American Cup-fungi, (Operculates) (New York): 191, 1928.

子囊盘杯状，直径1.5 ~ 3 cm，有柄，边缘常内卷，外侧浅红色，有绒毛，绒毛多弯曲，子实层下凹，鲜红色；柄极短，0.3 ~ 0.5 cm，粗1 ~ 2.5 mm；子囊圆柱状，230 ~ 380 × 12 ~ 13 μm。孢子椭圆形，无色，22 ~ 25 × 9 ~ 11.5 μm。

生境：生于倒腐木或树桩上。

分布：浙江、贵州、福建、云南、广东、广西、海南。

58 **波根盘菌** *Rhizina undulata* Fr. 摄影：吴兴亮

59 **绯红肉杯菌** *Sarcoscypha coccinea* (Gray) Boud. 摄影：吴兴亮

60 神农架肉杯菌

Sarcoscypha shennongjiana W.Y. Zhuang, Mycotaxon 76: 3, 2000.

子囊盘直径1.5 ~ 3 cm，盘形至杯形，无柄至近无柄；子实层表面橙黄色至橘红色，平或有不规整褶皱；囊盘被颜色较淡，近圆柱形；子囊近圆柱形，220 ~ 280 × 11 ~ 13 μm。孢子椭圆形，表面平滑，18 ~ 25 × 8 ~ 11 μm。

生境：生于林中腐木上。

分布：广西等地。

61 红毛盾盘菌

Scutellinia scutellata (L.) Lambotte, Mém. Soc. roy. Sci. Liège, Série 2 1: 299, 1888.
Humariella scutellata (L.) J. Schröt., in Cohn, Krypt.-Fl. Schlesien (Breslau) 3.2(1–2): 37, 1893.
Lachnea scutellata (L.) Sacc., Champignons de France, Discom.: 57 ,1879.
Patella scutellata (L.) Morgan, J. Mycol. 8(4): 187 ,1902.
Peziza aurantiaca Vent., Hist. Champ. France (Paris): index, tab. 10,1812.

子囊盘浅杯形，盘状至盾形，直径5 ~ 8 mm，子实层体表面扁平，橘红色至红色，光滑，周边及下侧长有栗褐色的毛，周边的毛最长，硬直，顶端尖；子囊圆柱形，150 ~ 230 × 12 ~ 17 μm，内有8个孢子，单行排列。孢子椭圆形至广椭圆形，有小疣，14 ~ 20 × 10 ~ 12 μm，无色至浅黄色；侧丝丝状，160 ~ 220 × 3 ~ 6 μm。

生境：生于阔叶树腐木上。

分布：河北、山西、吉林、江苏、浙江、安徽、河南、广东、海南、广西、四川、云南、贵州、西藏、陕西、甘肃、青海、台湾。

60 **神农架肉杯菌** *Sarcoscypha shennongjiana* W.Y. Zhuang 摄影：刘宏

61 **红毛盾盘菌** *Scutellinia scutellata* (L.) Lambotte　　摄影：吴兴亮

62 **头状弯颈霉** *Tolypocladium capitatum* (Holmsk.) Quandt, et al.　　绘图：吴兴亮

62 头状弯颈霉

Tolypocladium capitatum (Holmsk.) Quandt, Kepler & Spatafora, in Quandt, Kepler, Gams, Araujo, Ban, Evans, Hughes, Humber, Hywel-Jones, Li, Luangasa-ard, Rehner, Sanjuan, Sato, IMA Fungus 5: 126, 2014.
Clavaria capitata Holmsk., Beata Ruris Otia FUNGIS DANICIS 1: 38, tab. 15, 1790.
Cordyceps capitata (Holmsk.) Link, Handbuck zur Erkennung der Nutzbarsten und am Häufigsten *Vor*-kommenden Gewächse 3: 347, 1833.
Cordyceps capitata f. *capitata* (Holmsk.) Link, Handbuck zur Erkennung der Nutzbarsten und am Häufigsten Vorkommenden Gewächse 3: 347, 1833.
Cordyceps capitata var. *capitata* (Holmsk.) Link, Handbuck zur Erkennung der Nutzbarsten und am Häufigsten Vorkommenden Gewächse 3: 347, 1833.
Elaphocordyceps capitata (Holmsk.) G.H. Sung, J.M. Sung & Spatafora, in Sung, Hywel-Jones, Sung, Luangsa-ard, Shrestha & Spatafora, Stud. Mycol. 57: 37, 2007.
Sphaeria capitata (Holmsk.) Pers., Comm. fung. clav. (Lipsiae): 13, 1797.
Torrubia capitata (Holmsk.) Tul. & C. Tul., Select. fung. carpol. (Paris) 3: 22, 1865.
Cordyceps canadensis., Bull. Torrey bot. Club 25: 501, 1898.

子囊果寄生于大团囊菌果上，高6 ~ 10 cm，单个，不分枝；柄部长6 ~ 8 cm，粗1.5 ~ 1 cm，圆柱形，直或多弯曲，淡黄色或黄白色，表面粗糙有稍颗粒；可孕部近球形，黄褐色至红褐色，表面有粗糙颗粒。子囊细长，圆柱形，320 ~ 350 × 9 ~ 10 μm；孢子无色，细长，线形，有多数分隔，断为16 ~ 25 × 2 ~ 3 μm的小段。

寄主： 寄生于大团囊菌体上。

分布： 云南、广西。

63 稻子山弯颈霉

Tolypocladium inegoense (Kobayasi) Quandt, Kepler & Spatafora, in Quandt, Kepler, Gams, Araujo, Ban, Evans, Hughes, Humber, Hywel-Jones, Li, Luangasa-ard, Rehner, Sanjuan, Sato, IMA Fungus 5: 126, 2014.
Cordyceps inegoensis Kobayasi, Bull. natn. Sci. Mus., Tokyo 6: 292, 1963.
Elaphocordyceps inegoensis (Kobayasi) G.H. Sung, J.M. Sung & Spatafora, in Sung, Hywel-Jones, Sung, Luangsa-ard, Shrestha & Spatafora, Stud. Mycol. 57: 37, 2007

子座单个或2个，从寄主蝉的头部长出，不分枝，高8.5 ~ 10.5 cm，圆柱形至棒状，肉质，直或稍弯曲；可孕部顶生，柱形至纺锤形，暗橄榄色，40 ~ 50 mm，粗5 ~ 7 mm，表面粗糙有稍颗粒，无不孕尖端；柄部长3 ~ 4 cm，粗5 ~ 7 mm，淡黄色或淡黄白色，向下近白色。子囊 400 ~ 450 × 7 ~ 7.5 μm；孢子断裂，次生孢子短柱状，2.5 ~ 3 × 3 μm。

寄主： 在毛竹林的潮湿地方，寄生于蝉上。

分布： 福建、广西、海南、台湾。

用途： 福建民间常把这种虫草充当蝉花做为药用。

63 **稻子山弯颈霉** *Tolypocladium inegoense* (Kobayasi) Quandt, et al. 摄影：吴兴亮

64 长孢弯颈霉

Tolypocladium longisegmentum (Ginns) Quandt, Kepler & Spatafora, in Quandt, Kepler, Gams, Araújo, Ban, Evans, Hughes, Humber, Hywel-Jones, Li, Luangsa-ard, Rehner, Sanjuan, Sato, Shrestha, Sung, Yao, Zare & Spatafora, IMA Fungus 5: 126, 2014.
Cordyceps longisegmentis Ginns, Mycologia 80(2): 219, 1988.
Elaphocordyceps longisegmentis (Ginns) G.H. Sung, J.M. Sung & Spatafora, in Sung, Hywel-Jones, Sung.

子座可育部位顶生，近球形，深棕色，直径4.6 ~ 9.7 mm，柄黄褐色，长2.5 ~ 6.5 cm，直径2 ~ 6 mm；子囊壳垂直埋生，卵形或瓶形，480 ~ 680 × 270 ~ 320 μm；子囊壳孔口突出，子囊圆柱状，长350 ~ 450 μm，直径10 ~ 12 μm，基部渐细；子囊直径6 ~ 7 μm。孢子分隔，次生孢子长棒状，13 ~ 18 × 2.5 μm，断裂成6 ~ 12 × 2.5 μm的小段。

寄主：寄生于一种大团囊真菌上。

分布：吉林、广西。

65 大团弯颈霉

Tolypocladium ophioglossoides (Ehrh.) Quandt, Kepler & Spatafora, in Quandt, Kepler, Gams, Araújo, Ban, Evans, Hughes, Humber, Hywel-Jones, Li, Luangsa-ard, Rehner, Sanjuan, Sato, Shrestha, Sung, Yao, Zare & Spatafora, IMA Fungus 5: 127, 2014.
Clavaria ophioglossoides Ehrh., Pl. crypt. exsicc.: no. 140, 1785.
Cordyceps ophioglossoides (J.F. Gmel.) Fr., Handbuck zur Erkennung der Nutzbarsten und am Häufigsten Vorkommenden Gewächse 3: 347, 1818.

子座由根状、多分枝的菌丝固定于土下的寄主上，地上部分高3 ~ 8 cm；柄圆柱形，粗0.15 ~ 0.25 cm，不分枝或分枝，灰褐色至橄榄褐色，有纵纹；子座头部椭圆形、卵形至棒形，长0.5 ~ 2 cm，粗0.3 ~ 0.8 cm，暗褐色，干后过黑色；子囊壳埋生，卵圆形；子囊细长，300 ~ 450 × 7 ~ 10 μm。孢子细长线形，无色，多横隔，成熟时断裂为3 ~ 5 × 2 ~ 2.5 μm的小段。

寄主：寄生于土壤中大团囊菌的担子果上。

分布：江苏、贵州、云南、福建、广西。

用途：大团弯颈霉具有抗肿瘤活性。异名大团囊虫草提取物有助于改善受损的神经细胞和记忆力减退，有效防治老年性痴呆。民间用于治疗血崩和月经不调。从异名大团囊虫草菌*Cordyceps ophioglossoides* 中得到4个倍半萜类新化合物，对新化合物 (Cordycepol C)抑制肝癌细胞HepG2生长的机制进行了研究，首次报道了Cordycepol C诱导肝癌细胞发生线粒体途径介导的Caspase非依赖性凋亡机制。

64 **长孢弯颈霉** *Tolypocladium longisegmentum* (Ginns) Quandt, et al. 摄影：吴兴亮

65 **大团弯颈霉** *Tolypocladium ophioglossoides* (Ehrh.) Quandt, et al. 摄影：图力古尔

66　爪哇盖尔盘菌

Trichaleurina javanica (Rehm) M. Cardone, Agnello & P.Alvarado, Ascomycete. org 5(1): 6, 2013.

子囊盘直径4 ~ 6 cm，高4 ~ 7 cm，圆锥形，陀螺形至不规则形，无柄，胶质；子实层面灰黄褐色至黑褐色，下凹，边缘有细长毛，外层被一层烟黑色绒毛；子囊长筒形，430 ~ 550 × 15 ~ 25 μm。孢子椭圆形至长椭圆形，24 ~ 40 × 10 ~ 15 μm。

生境：生于阔叶林中的朽木上。

分布：安徽、贵州、云南、西藏、广东、广西、海南。

用途：食用。

67　须刷菌

Trichocoma paradoxa Jungh., Verh. Batav. Genootsch. Kunst. Wet. 17(2): 9, 1838.
Cenangium paradoxum (Jungh.) Sacc., Syll. fung. (Abellini) 19: 238, 1910.
Trichoskytale paradoxa (Jungh.) Berk. [as 'Trichoscytale'], Handb. N.Z. Fl.: 617, 1867.

担子果高2 ~ 3 cm，黄褐色至褐色，须刷状；幼时球形，半埋生于基物中，成熟后全部外露；包被上部薄，下部坚实，具暗褐色粗糙的柄状基部；孢丝，子囊及孢子从包被中突出形成一圆柱体；孢丝直立，无色，线形。子囊囊状，成串间杂于孢丝中，成熟后易消失；孢子宽椭圆形，有横棱纹，6 ~ 7 × 5 μm。

生境：生于腐木上。

分布：贵州、广西、海南。

66 **爪哇盖尔盘菌** *Trichaleurina javanica* (Rehm) M. Cardone et al. 摄影：吴兴亮

67 **须刷菌** *Trichocoma paradoxa* Jungh. 摄影：李常春

68 红角肉棒菌　*Trichoderma cornu-damae* (Pat.) Z.X.Zhu et al.

摄影：邓春英

68 红角肉棒菌

Trichoderma cornu-damae (Pat.) Z.X. Zhu & W.Y. Zhuang, Mycosystema 33(6): 1207, 2014.
Hypocrea cornu-damae Pat., in Patouillard & Lagerheim, Bull. Soc. Mycol. Fr. 11(4): 198, 1895.
Podocrea cornu-damae (Pat.) Sacc. & D. Sacc., Syll. fung. (Abellini) 17: 799, 1905.
Podostroma cornu-damae (Pat.) Boedijn, Bull. Jard. bot. Buitenz, 3 Sér. 13: 274, 1934.

子座棒状，高3 ~ 10 cm，直径0.5 ~ 1 cm，有时呈指状分枝，先端钝圆或尖；表面红色、紫红色至橙红色，颜色十分鲜艳；菌肉白色，弹性较强。孢子三角形或四角形，表面密生刺突，大小为4 ~ 6.5 × 4 ~ 4.5 μm。

生境：生于腐木上。

分布：贵州、广西等地。

用途：有毒。

69 毛舌菌

Trichoglossum hirsutum (Pers.) Boud., Hist. Class. Discom. Eur. (Paris): 86, 1907.
Geoglossum americanum (Cooke) Sacc., Syll. fung. (Abellini) 8: 46, 1889.
Geoglossum capitatum Lloyd, Mycol. Notes (Cincinnati) 7(4): 1208, 1923.
Geoglossum capitatum Pers., Comm. fung. clav. (Lipsiae): 38, 1797.
Geoglossum capitatum Schmidel, Icon. pl., Ed. Palm (Man. III): 92, tab. 25:11-12, 1793.
Geoglossum hirsutum Schmidel, Icon. pl., Ed. Palm (Man. III): 92, tab. 25:1-19, 1793.
Geoglossum hirsutum Pers., Neues Mag. Bot. 1: 117, 1794.
Geoglossum hirsutum var. *leotioides* Cooke, Grevillea 8(no. 46): 61, 1879.
Geoglossum hirsutum var. *vulgare* Alb. & Schwein., Consp. fung. (Leipzig): 294, 1805.
Trichoglossum hirsutum var. *caespitosum* Lécuru, Bull. Sem. Soc. Mycol. Nord 93-94: 17, 2013.
Trichoglossum hirsutum var. *capitatum* (Pers.) Teng, Sinensia, Shanghai 5(5-6): 449, 1934.
Trichoglossum hirsutum var. *doassansii* Pat. [as 'doassansi'], Bull. Soc. mycol. Fr. 25: [129], 1909.
Trichoglossum hirsutum var. *heterosporum* Mains, Mycologia 46: 620, 1954.
Trichoglossum hirsutum var. *irregulare* Mains, Mycologia 46: 61, 1954.
Trichoglossum hirsutum var. *longisporum* (F.L. Tai) Mains, Mycologia 46: 619, 1954.
Trichoglossum hirsutum var. *multiseptatum* Mains, Mycologia 46: 620, 1954.
Trichoglossum longisporum F.L. Tai, Lloydia 7(2): 156, 1944.

子囊果黑色，高4 ~ 5.8 cm，有子囊部分近椭圆形，扁，长10 ~ 18 mm，直径5 ~ 8 mm。子囊棒形，200 ~ 220 × 20 ~ 23 μm；孢子8个，成束，褐色，圆柱形至棒形，向两端渐细，有15个横隔，80 ~ 130 × 6 ~ 7 μm，刚毛直，锐，黑色，250 ~ 270 × 6.5 ~ 12 μm；侧丝浅褐色，顶端弯曲并稍膨大。

生境： 生于阔叶林中地上。

分布： 吉林、河北、甘肃、四川、贵州、安徽、江西、广西、海南。

70 大丛耳菌

Wynnea gigantea Berk. & M.A. Curtis, J. Linn. Soc., Bot. 9: 424, 1867.
Midotis gigantea (Berk. & M.A. Curtis) Sacc., Syll. fung. (Abellini) 8: 547, 1889.
Wynnea gigantea var. *gigantea* Berk. & M.A. Curtis, J. Linn. Soc., Bot. 9: 424, 1867.

子囊盘自地下菌核上发生，有一共同的菌柄，有的有分枝，从柄上成丛长出几个到十多个兔耳状的子囊盘，高6 ~ 12 cm；子囊盘紫褐色至褐色，高3 ~ 7 cm，直径1 ~ 2.5 cm，两侧向内稍卷；子实层红褐色，平滑，外部色较浅亦皱缩；菌柄3 ~ 5 cm，粗1 ~ 2 cm，黑褐色有皱；子囊圆柱形，380 ~ 480 × 14 ~ 18 μm，内含8个单行排列的孢子。孢子长椭圆形至肾脏形，22 ~ 35 × 12 ~ 13.5 μm。

生境： 生于林中地上。

分布： 吉林、山西、陕西、安徽、浙江、江西、广西、四川、贵州、云南、西藏。

用途： 药用。

69 **毛舌菌** *Trichoglossum hirsutum* (Pers.) Boud. 摄影：吴兴亮

70 **大丛耳菌** *Wynnea gigantea* Berk. & M.A. Curtis 摄影：朱国胜

71 古巴炭角菌

Xylaria cubensis (Mont.) Fr., Nova Acta R. Soc. Scient. upsal., Ser. 3 1(1): 126, 1851.
Hypoxylon cubense Mont., Annls Sci. Nat., Bot., sér. 2 13: 345, 1840.
Isaria flabelliformis (Schwein.) Lloyd, Mycol. Writ. 4(Letter 40): 547, 1916.
Sphaeria flabelliformis Schwein., in Fries, Elench. fung. (Greifswald) 2: 6, 1828.
Xylaria flabelliformis (Schwein.) Berk. & M.A. Curtis, in Berkeley, J. Linn. Soc., Bot. 10(46): 381, 1868.

子座高2 ~ 5 cm，不分枝，棒形，顶端圆钝可育，表面部褐色至褐黑色，内部白色；子囊壳椭圆近球形，孔口不明显至明显；子囊长120 ~ 150 μm。孢子椭圆形，褐色至黑褐色，8.5 ~ 10.5 × 4 ~ 5.5 μm。

生境： 生于阔叶树腐木或枯树枝上。

分布： 广西、福建、云南、西藏。

72 舌状大炭角菌

Xylaria euglossa Fr., Nova Acta R. Soc. Scient. upsal., Ser. 3 1(1): 124, 1851.

担子果单根，头部圆柱形，棒状或梭形，直或弯曲，长2.5 ~ 6 cm，粗0.4 ~ 1 cm，顶端钝，偶稀扁或瓣裂，褐色或褐黑色，内部白色，松软，后变中空；柄暗褐色，平滑，基部有不明显的毡垫，长1.6 cm，粗0.5 ~ 1 cm；子囊壳埋生，近球形；孔口稍凸；子囊圆柱形，70 ~ 90 × 3.5 ~ 5.5 μm。孢子不等边椭圆形，褐色，光滑，12 ~ 16 × 5 ~ 6 μm。

生境： 阔叶林中腐木上。

分布： 广西、江西、福建、海南、云南、广东。

用途： 舌状大炭角菌内发现的内酰胺类生物碱、甾醇等天然化合物，为药理活性研究和活性筛选，以及寻找和发现药物先导化合物提供了化学物质基础。

73 梭孢炭角菌

Xylaria fusispora Hai X. Ma , Lar.N. Vassiljeva & Yu Li, Phytotaxa 147(2): 51, 2013.

子座高1.5 ~ 3.5 cm，近棒形至柱形，顶端尖锐，不分枝或偶尔分枝；可育部分初期白色，后变为灰黄白色至灰黑色；菌柄近圆柱形，暗褐色至黑色，表面光滑；子囊壳圆柱形，孔口稍凸起。孢子梭形或纺锤形，光滑，褐色，25 ~ 30 × 12.5 ~ 14.5 μm。

生境： 阔叶林中腐木上。

分布： 广西、贵州。

71 古巴炭角菌

Xylaria cubensis (Mont.) Fr.

摄影：吴兴亮

72 舌状大炭角菌

Xylaria euglossa Fr.

摄影：吴兴亮

73 梭孢炭角菌

Xylaria fusispora Hai X. Ma, et al.

摄影：吴兴亮

74 团炭角菌

Xylaria hypoxylon (L.) Grev., Fl. Edin.: 355, 1824.
Clavaria hypoxylon L., Sp. pl. 2: 1182, 1753.
Sphaeria hypoxylon(L.) Pers., Observ. Mycol. (Lipsiae) 1: 20, 1796.
Xylosphaera hypoxylon (L.) Dumort., Comment. bot. (Tournay):91, 1822.

子座不分枝或在基部、中部顶部分枝，柱形、窄纺锤形至扇形，高2.5 ~ 3.5 cm；子座幼时白色，后变为灰白色至灰黑色；菌柄近圆柱形，6 ~ 8 × 1.5 ~ 3 mm，暗褐色至黑色，表面光滑。子囊壳近球形，孔口稍凸起；子囊内近圆柱形，有长柄，有孢子部分长30 ~ 33 × 3.5 ~ 4 μm；孢子椭圆形至不等边椭圆形，光滑，褐色，4 ~ 5 × 2.5 ~ 3 μm。

生境：生于倒腐木或树桩上。

分布：河北、贵州、云南、西藏、广东、广西、海南、香港。

用途：药用。

75 枫香果生炭角菌

Xylaria liquidambaris J.D. Rogers, Y.M. Ju & F. San Martín , in Rogers, San Martín & Ju, Sydowia 54(1): 92, 2002.

子座直立，不分枝或偶尔分枝，单生或从一个果实上簇生，高2 ~ 6 cm；可育部分圆柱形至棒形，通常顶端尖悦，10 ~ 20 × 1 ~ 3 mm，黑褐色；内部白色；子囊壳近圆形，0.2 ~ 0.4 mm，埋生，孔口突起。孢子褐色，单胞，椭圆形至新月形，不等边，光滑，12 ~ 16 × 4.5 ~ 6 μm。

生境：生于枫香果实上。

分布：贵州、云南、广东、广西、海南。

用途：药用。

76 黑炭角菌

Xylaria nigrescens (Sacc.) Lloyd, Mycol. Writ. 5: 8 ,1918.

子座单根或有分叉，圆柱形、卵圆形至棒状，顶端圆钝，长2.5 ~ 4.5 cm，宽0.6 ~ 1.5 cm，表面黑色，有细小鳞片，有褶皱，可见子囊壳孔口，后期纵向裂开；内部白色，中空；可育部分长1.5 ~ 3 cm；柄黑褐色，光滑或者有毛，有褶皱；子囊壳近球形；孔口乳突状；子囊圆柱形。孢子不等边椭圆形，两端圆钝，浅褐色或褐色，20 ~ 23.5 × 6.5 ~ 7.5 μm。

生境：生于腐木上。

分布：广西、云南。

74 团炭角菌

Xylaria hypoxylon
(L.) Grev.

摄影：吴兴亮

75 枫香果生炭角菌

Xylaria liquidambaris
J.D. Rogers

摄影：吴兴亮

76 黑炭角菌

Xylaria nigrescens
(Sacc.) Lloyd

摄影：吴兴亮

77 黑柄炭角菌

Xylaria nigripes (Klotzsch) Cooke, Grevillea 11(no. 59): 89, 1883.
Sphaeria nigripes Klotzsch, Linnaea 7: 203, 1832.
Xylaria arenicola Welw. & Curr., Trans. Linn. Soc. London 26(1): 280, 1868.
Xylaria arenicola var. *brasiliensis* Theiss., Annls mycol. 6(4): 343, 1908.
Xylaria brasiliensis (Theiss.) Lloyd, Mycol. Notes (Cincinnati) 6(Letter 61): 893, 1919.
Xylaria nigripes var. *microspora* A. Pande & Waing., J. Econ. Taxon. Bot. 28(3): 610, 2004.
Xylaria nigripes var. *trifida* Pat., J. Bot., Paris 5: 317, 1891.
Xylosphaera brasiliensis (Theiss.) Dennis, Kew Bull. [13](1): 102, 1958.
Xylosphaera nigripes (Klotzsch) Dennis, Kew Bull. [13](1): 105, 1958.
Pseudoxylaria nigripes (Klotzsch) Boedijn, Persoonia 1(1): 18, 1959.
Podosordaria nigripes (Klotzsch) P.M.D. Martin, Jl S. Afr. Bot. 42(1): 80, 1976.

子座通常单生，有时分枝，分散或丛生于地上；地下部分连接着白蚁窝，高3.5 ~ 16 cm，早期白色，后变黑色；菌柄圆柱状，长1.5 ~ 6 cm，粗1 ~ 5 mm；头部有纵行皱纹；假根从柄基部延伸在地下可达15 cm，末端连接着菌核；菌核卵圆形，暗褐色至黑色，5 ~ 6.8 × 3.5 ~ 5 cm；子囊有孢子部分29 ~ 35 × 3.5 ~ 4.2 μm，圆柱状。孢子不等边椭圆形，褐色，4 ~ 5.5 × 2.3 ~ 3 μm。

生境： 菌核生长在废弃的白蚁窝上。

分布： 江苏、浙江、江西、四川、贵州、西藏、河南、广东、海南、广西、福建、台湾。

用途： 药用。

78 多形炭角菌

Xylaria polymorpha (Pers.) Grev., Fl. Edin.: 355, 1824.

子座单生或几个在基部连在一起，干时质地较硬；可育部分高3 ~ 10 cm，粗0.8 ~ 2 cm，呈棒形，圆柱形，椭圆形，近球形或不规则形，内部肉色，表皮多皱，暗色或黑褐色至黑色；菌柄黑色，圆柱状，长5 ~ 25 mm，粗3 ~ 12 mm，子囊150 ~ 160 × 8 ~ 10 μm，圆筒状。孢子梭形，呈不等边，褐色至黑褐色，20 ~ 30 × 6 ~ 9 μm。

生境： 生于林间倒腐木、树桩的树皮或裂缝间。

分布： 福建、台湾、香港、广东、广西、江西、云南、四川、贵州、西藏、海南。

用途： 药用。

77 **黑柄炭角菌** *Xylaria nigripes* (Klotzsch) Cooke 摄影：吴兴亮

78 **多形炭角菌** *Xylaria polymorpha* (Pers.) Grev. 摄影：刘宏

79　黄色炭角菌　*Xylaria tabacina* (J. Kickx f.) Berk.

摄影：王绍能

79　黄色炭角菌

Xylaria tabacina (J. Kickx f.) Berk., Nova Acta R. Soc. Scient. upsal., Ser. 3 1(1): 127, 1851.

子座高0.8～1.5 cm，直径0.8～1.5 cm，棒形至香蕉形，干后变干有皱；子座内部白色，后期空心；可育部分长3～6 cm，直径8～15 mm，棒形，顶部圆钝或渐细，表面光滑，橙褐色至灰土黄色；子囊壳埋生，近球形，成熟时可见黑色的孔口。孢子长椭圆形至肾形，两端稍尖或圆钝，光滑，褐色至暗褐色，18～23 × 6～7.5 μm。

生境：生于阔叶林腐木上。

分布：广西等地。

中国广西大型真菌

担子菌
Basidiomycota

80 巴氏蘑菇

Agaricus blazei Murrill, Q. Jl Fla Acad. Sci. 8(2): 193, 1945.

菌盖直径5 ~ 9 cm，初半球形，后为平展，表面有淡褐色至栗色的纤维状鳞片，盖缘有菌幕的碎片，边缘的菌肉薄；菌肉白色，受伤后变微黄色；菌褶离生，密集，从白色变肉粉色，后变为黑褐色；菌柄圆柱状，长5 ~ 10 cm，直径1.5 ~ 2 cm，上下等粗或基部膨大，近白色；菌环以上最初有粉状至绵屑状小鳞片，后脱落成平滑，中空；菌环大，上位，膜质，初白色，后微褐色，膜下有带褐色绵屑状的附属物。孢子宽椭圆形至卵圆形，5 ~ 6.5 × 3.5 ~ 4.8 μm。

生境： 生于草地或林中地上。国内普遍栽培。

分布： 广西、海南等地。

用途： 食用、药用。

81 细褐鳞蘑菇

Agaricus moelleri Wasser, Nov. sist. Niz. Rast. 13: 77, 1976.
Agaricus xanthodermus var. *obscuratus* Maire, Bull. Soc. Mycol. Fr. 26: 192, 1910.
Psalliota meleagris Jul. Schäff., Z. Pilzk. 4(2): 28, 1925.
Agaricus meleagris (Jul. Schäff.) Imbach, Mitt. naturf. Ges. Luzern (London) 15: 15, 1946.
Agaricus meleagris var. *terricolor* F.H. Møller, Friesia 4: 208, 1952.
Agaricus praeclaresquamosus A.E. Freeman, Mycotaxon 8: 90, 1979.

菌盖直径5 ~ 8 cm，初期半球形，后期近平展，中部平或稍凸，表面污白色，具有带褐色、黑褐色纤毛状小鳞片，中部鳞片灰褐色，边缘有少量菌幕残物；菌肉白色，稍厚；菌褶初期灰白至粉红色，最后变黑褐色，较密，不等长，离生；菌柄圆柱形，长6 ~ 10 cm，粗6 ~ 11 mm，污白色，表面平滑或有白色的短细小纤毛，基部膨大，伤处变黄色，内部松软；菌环薄膜质，双层，生柄的上部，白色，上面有褶纹，下面有白色短纤毛。孢子椭圆形，浅黄色，光滑，5 ~ 6 × 3.5 ~ 5 μm。

生境： 生于林中地上。

分布： 河北、四川、香港、贵州、广东、广西、海南。

用途： 食用。

80 **巴氏蘑菇** *Agaricus blazei* Murrill 摄影：吴兴亮

81 **细褐鳞蘑菇** *Agaricus moelleri* Wasser 摄影：吴兴亮

82 林地蘑菇

Agaricus silvaticus Schaeff., Fung. Bavar. Palat. 1: 62, 1762.
Psalliota silvatica (Schaeff.) P. Kumm., Führ. Pilzk.(Zwickau): 73, 1871.
Agaricus haemorrhoidarius Schulzer, in Kalchbrenner, Icon. Sel. Hymenomyc. Hung.: 29, 1874.
Agaricus sanguinarius P. Karst., Ryssl., Finl. Skandin. Halföns. Hattsvamp. (Helsingfors) 37: 232, 1882.
Psalliota haemorrhoidaria (Schulzer) Richon & Roze, Atlas Champignons Comestibles et Vénéneux: 49, 1888.
Psalliota sanguinaria (P. Karst.) J.E. Lange, Dansk bot. Ark. 4(no. 12): 12, 1926.
Psalliota silvatica var. *pallida* F.H.Møller, Friesia 4: 38, 1950.
Agaricus silvaticus var. *pallens* Pilát, Sb. nár. Mus. Praze 7B(1): 67, 1951.
Agaricussilvaticus var. *pallidus* (F.H. Møller) F.H. Møller, Friesia 4: 203, 1952.
Agaricus vinosobrunneus P.D. Orton, Trans.Br. Mycol. Soc. 43(2): 183, 1960.

菌盖直径6.5 ~ 10.5 m，扁半球形，后稍平展，近白色，中部被有浅朽叶色至红褐色鳞片；菌肉白色；菌褶白色，后为粉红色至褐色到暗紫褐色，不等长；菌柄近圆柱形，5 ~ 10 × 1 ~ 1.3 cm，白色，基部稍膨大；菌环生于菌柄上部或中上部，白色，膜质。孢子椭圆形至卵圆形，光滑，浅褐色，5 ~ 6 × 3.5 ~ 4.5 μm。

生境：生于阔叶林中地上。

分布：黑龙江、吉林、河北、山西、陕西、甘肃、青海、新疆、安徽、江苏、浙江、四川、贵州、云南、西藏、广西、海南。

用途：药用。

83 白林地蘑菇

Agaricus silvicola (Vittad.) Peck, Ann. Rep. Reg. St. N. Y. 23: 97, 1872.
Agaricus campestris var. *silvicola* Vittad.,Descr. fung. mang. Italia: 213, 1835.
Agaricus silvicola (Vittad.) Peck, Ann. Rep. Reg. St. N. Y. 23: 97, 1872.
Pratella flavescens Gillet, Hyménomycètes (Alençon): 564, 1878.
Psalliota silvicola (Vittad.) Richon & Roze,Atlas Champignons Comestibles et Vénéneux: pl. 7, 1885.
Agaricus essettei Bon, Docums Mycol. 13(no. 49): 56, 1983.

菌盖直径6 ~ 8.8 cm，初扁半球形，后稍平展，白色或淡黄白色，中部稍带浅朽叶色至浅褐色，被有平伏的绒毛；菌肉白色；菌褶白色，后为粉红色至褐色到暗紫褐色，不等长；菌柄近圆柱形，向下渐粗，长5 ~ 12 cm，粗0.8 ~ 1.2 cm，污白色，后变浅褐色；菌环生于菌柄中上部，白色，膜质，易脱落。孢子椭圆形至卵圆形，光滑，褐色，4.8 ~ 6 × 3.5 ~ 4.5 μm。

生境：生于草地或林中地上。

分布：黑龙江、吉林、辽宁、河北、山西、甘肃、青海、四川、贵州、云南、福建、台湾、广西、海南。

用途：食用。

82 **林地蘑菇** *Agaricus silvaticus* Schaeff. 摄影：吴兴亮

83 **白林地蘑菇** *Agaricus silvicola* (Vittad.) Peck 摄影：吴兴亮

84 紫红蘑菇

Agaricus subrutilescens (Kauffman) Hotson & D.E. Stuntz, Mycologia 30(2): 219, 1938.
Psalliota subrutilescens Kauffman, Pap. Mich. Acad. Sci. 5: 141, 1925.

菌盖直径6 ~ 10.5 cm，初期扁半球形，后伸展，近白色，被有紫红褐色鳞片；菌肉污白色，较厚；菌褶初为白色，后为粉红色至红褐色，最后变为深褐色，离生，密；菌柄圆柱形，污白色至灰白色，后变浅黄褐色，长6 ~ 12 cm，粗1.2 ~ 1.8 cm，光滑，菌环以下有纤毛状鳞片；菌环生于柄的中上部，膜质，白色，易脱落。孢子椭圆形，光滑，褐色，5.2 ~ 7 × 3.5 ~ 4.5 μm。

生境：生于林地上。

分布：甘肃、西藏、贵州、广西、海南。

用途：食用。

85 黄斑蘑菇

Agaricus xanthodermus Genev., Bull. Soc. bot. Fr. 23: 28, 1876.
Psalliota flavescens Richon & Roze, Fl. champ. com. ven.: 42 ,1 885.
Psalliota xanthoderma (Genev.) Richon & Roze, Fl. champ. com. ven.: 53, 1885.
Agaricus xanthodermus var. *lepiotoides* Maire, Bull. Soc. mycol. Fr. 24: 58 ,1908.
Psalliota xanthoderma var. *lepiotoides* (Maire) Rea, Brit. basidiomyc. (Cambridge): 85, 1922.

菌盖扁半球形，后平展，直径6 ~ 10 cm，污白色，光滑，受伤部位变黄色，中央带浅褐色；菌肉白色，较厚，靠近表皮处及菌柄基部变黄色最明显；菌褶离生，不等长，初期淡粉色渐变至黑褐色；菌柄圆柱形，长7 ~ 10 cm，粗1.5 ~ 2.5 cm，白色，伤变黄色，基部稍膨大；菌环膜质，生柄之中上部。孢子椭圆形或近球形，紫褐色，光滑，5 ~ 6.5 × 3.5 ~ 5 μm。

生境：生于林地上。

分布：青海、河北、新疆、山西、西藏、贵州、广西。

用途：有毒，含胃肠道刺激物，食后会引起头痛及腹泻等病症。

86 奇丝地花菌

Albatrellus dispansus (Lloyd) Canf. & Gilb., Mycologia 63(5): 965, 1971.
Polyporus dispansus Lloyd, Mycological Writings 3: 192, 1912.

担子果高5 ~ 8 cm，宽5 ~ 10 cm，具多个侧生的菌柄及菌盖，新鲜时软，干后脆质；菌盖近贝壳形或不规则扇形；表面新鲜时粉黄色，干后污黄色至黄褐色，粗糙，无环带；边缘钝，有时开裂，干后内卷；孔口圆形，表面新鲜时奶油色，干后浅黄褐色，每毫米4 ~ 5个；边缘薄，全缘或裂齿状；菌肉干后黄褐色，木栓质。孢子宽椭圆形至近球形，无色，薄壁，光滑，3.5 ~ 4 × 3 ~ 3.5 μm。

生境：生于林地上。

分布：云南、贵州、西藏、广西。

用途：药用。

84 紫红蘑菇

Agaricus subrutilescens
(Kauffman) Hotson
& D.E. Stuntz

摄影：吴兴亮

85 黄斑蘑菇

Agaricus xanthodermus
Genev.

摄影：袁明生

86 奇丝地花菌

Albatrellus dispansus
(Lloyd) Canf. & Gilb.

摄影：吴兴亮

87 黄鳞地花菌

Albatrellus ellisii (Berk.) Pouzar, Folia geobot. phytotax. bohemoslov. 1: 357, 1966.
Albatrellopsis ellisii (Berk.) Teixeira, Boletim da Chácara Botânica de Itu 1: 32, 1994.
Polypilus ellisii (Berk.) Teixeira, Revista Brasileira de Botânica 15(2): 126, 1992.
Polyporus ellisii Berk., in Cooke & Ellis, Grevillea 7(no. 41): 4, 1878.
Scutiger ellisii (Berk.) Murrill, Bull. Torrey bot. Club 30(8): 427, 1903.

菌盖直径 4 ~ 8 cm，近半圆形或扇形新鲜时肉质，干后脆质，木栓质；粉黄色至黄色，干后浅橙色至黄褐色，具鳞片，干后边缘内卷；孔口表面奶油色、浅黄色至黄褐色，圆形至多角形，每毫米1 ~ 2个，边缘厚，全缘；菌肉干后木栓质。孢子椭圆形，无色，薄壁，光滑，7 ~ 10 × 5 ~ 7 μm。

生境： 生于林地上。

分布： 四川、贵州、云南、广西。

用途： 药用。

88 窄褶鹅膏

Amanita angustilamellata (Höhn.) Boedijn, Sydowia 5(3-6): 318, 1951.
Amanitopsis vaginata var. *angustilamellata* Höhn., Sber. Akad. Wiss. Wien, Math.-naturw. Kl., Abt. 1 123: 74, 1914.

菌盖直径3 ~ 4.5 cm，初期扁半球形，后平展至中部稍下凹，浅灰褐色，中部色较深，边缘有明显棱纹；菌肉白色，薄；菌褶白色，离生，宽，不等长；菌柄近圆柱形，长7 ~ 10 cm，粗0.6 ~ 1.2 cm， 污白色至灰褐色，内部松软，后变空心；菌托袋状，污白色至浅灰褐色。孢子近球形，9 ~ 11 × 9 ~ 10 μm。

生境： 生于阔叶林中地上。

分布： 贵州、云南、广东、海南、广西。

87 **黄鳞地花菌** *Albatrellus ellisii* (Berk.) Pouzar 摄影：吴兴亮

88 **窄褶鹅膏** *Amanita angustilamellata* (Höhn.) Boedijn 摄影：吴兴亮

89 橙黄鹅膏

Amanita citrina Pers., Tent. disp. meth. fung. (Lipsiae): 66, 1797.
Amanita citrina f. *alba* (Pers.) Quél., C. r. Assoc. Franç. Avancem. Sci. 20(2): 467, 1892.
Amanita citrina f. *brunneoverrucosa* (Lécuru) Lécuru, in Lécuru, Courtecuisse & Moreau, Index Fungorum 384: 1, 2019.
Amanita citrina f. *carneifolia* Quirin, J. Charb. & Bouchet, Fungi europ. (Alassio) 9: 806, 2004.
Amanita citrina f. *crassior* F. Massart & Rouzeau, Docums Mycol. 29(no. 114): 28, 1999.
Amanita citrina f. *glabra* A.G. Parrot, Amanites du Sud-Ouest de la France: 80, 1960.
Amanita citrina f. *grisea* Hongo, J. Jap. Bot. 33: 346, 1958.
Amanita citrina var. *brunneoverrucosa* Lécuru, Bull. Soc. Mycol. N. France 85-86(1-2): 75, 2009.
Amanita citrina var. *gracilis* A.G. Parrot, Bull. trimest. Soc. mycol. Fr. 81(4): 657, 1966.
Amanita citrina var. *grisea* (Hongo) Hongo, Mem. Fac. lib. Arts Educ. Shiga Univ., Nat. Sci. 9: 71, 1959.
Amanita citrina var. *intermedia* Neville, Poumarat & Hermitte, in Neville & Poumarat, Fungi europ. (Alassio) 9: 808, 2004.

菌盖直径4.5 ~ 6 cm，扁半球形至扁平，中央无凸起，菌盖表面黄白色至淡黄色，中部色稍深，往往有菌幕残余，粉末状、毡状至破布状，米色至淡黄色，易脱落，菌盖边绿无沟纹；菌褶白色至粉；菌柄圆柱形，长8 ~ 10 cm，直径1 ~ 1.8 cm，菌环上部白色，菌环之下白色至米色，被淡褐色片或纤毛，菌环上位；菌柄基部呈杵状。孢子球形至近球形，7 ~ 8 × 6.5 ~ 8 μm。

生境：生于针叶林或阔叶林中地上。

分布：黑龙江、四川、贵州、云南、广东、广西。

90 小托柄鹅膏

Amanita farinosa Schwein., Schr. naturf. Ges. Leipzig 1: 79, 1822.
Agaricus farinosus Schw. Trans. Amer. Phil. Soc. 4:145, 1834.
Amanitopsis farinosus (Schw.) Peck. Ann. Rep. N.Y. State Mus. 50:87, 1989.
Amanitella farinosa (Schwein.) Earle, Bulletin of the New York Botanical Garden 5: 449, 1909.
Vaginata farinose (Schw.) Murr., Myc. 4:3,1912.

菌盖直径2 ~ 5 cm，初期扁半球形，后平展至中部稍下凹，浅灰褐色，中部色较深，表面有粉质状灰褐色鳞片，边缘有明显棱纹；菌肉白色；薄；菌褶白色，离生，直径，不等长；菌柄近圆柱形，长3 ~ 6 cm，粗0.3 ~ 0.7 cm，白色，向下部近灰黄白色，内部松软，后变空心，基部膨大呈球状；菌托小，与菌柄有不明显的界线，色较菌柄深。孢子近球形，6.8 ~ 8.8 × 5 ~ 6.5 μm。

生境：生于针叶林或阔叶林中地上。

分布：安徽、江苏、浙江、四川、贵州、云南、西藏、福建、广东、广西、海南。

用途：药用。

89 **橙黄鹅膏** *Amanita citrina* Pers.　　摄影：吴兴亮

90 **小托柄鹅膏** *Amanita farinosa* Schwein.　　摄影：吴兴亮

91 黄柄鹅膏

Amanita flavipes S. Imai, Bot. Mag., Tokyo 47: 428, 1933.
Amplariella flavipes (S. Imai) E.-J. Gilbert, in Bresadola, Iconogr. Mycol., Suppl. I 27(fasc. I): 79, 1940.

菌盖直径5 ~ 8 cm，初期扁半球形，后平展至中部稍下凹，浅黄色至黄色，中部色较深，表面菌幕残余呈黄色的粉质状、絮状片、破布状，常脱落，边缘老后有棱纹；菌肉白色，受伤不变色；菌褶白色至浅黄色，离生，不等长；菌柄近圆柱形，长6 ~ 12 cm，粗0.6 ~ 1.3 cm，黄白色、浅黄色至黄色，被浅黄色至黄色细小鳞片；菌环上位；菌柄基部膨大呈近球形，有菌暮残余常呈环带状排成数圈。孢子宽椭圆形至椭圆形，7 ~ 9 × 6 ~ 7 μm。

生境：生于针叶林或阔叶林中地上。

分布：吉林、湖北、四川、贵州、云南、广西。

92 格纹鹅膏

Amanita fritillaria Sacc., Syll. Fung (Abellini)5:26, 1887.

菌盖直径5 ~ 10 cm，扁半球形，后平展，浅灰褐色至浅青褐色，菌幕残余青褐色，块状、颗粒状、锥状、疣状，边缘无条纹；菌肉白色；菌褶白色，离生，不等长；菌柄圆柱形，污白色，长8 ~ 12 cm，粗0.8 ~ 2 cm，基部膨大呈近球状，陀螺状；菌环上面近白色而下面灰色，膜质，菌环以下有浅褐色鳞片，菌环以上色变淡；菌托由4 ~ 6圈环黑褐色的颗粒状组成。孢子椭圆形至宽椭圆形，7.5 ~ 8.6 × 5.6 ~ 7.3 μm。

生境：生于阔叶林中地上。

分布：吉林、安徽、江苏、湖南、湖北、四川、贵州、云南、西藏、台湾、福建、广东、广西、海南。

用途：有微毒。

91 **黄柄鹅膏** *Amanita flavipes* S. Imai　　摄影：吴兴亮

92 **格纹鹅膏** *Amanita fritillaria* Sacc.　　摄影：吴兴亮

93 灰花纹鹅膏

Amanita fuliginea Hongo, J. Jap. Bot. 28: 69, 1953.

菌盖直径3 ~ 6 cm，深灰色、暗褐色至灰黑色，具深色纤丝状隐花纹或斑纹，边缘平滑无沟纹；菌褶离生，白色，较密，短菌褶近菌柄端渐变狭；菌柄圆柱形，长6 ~ 11 cm，粗0.9 ~ 1.5 mm，白色至浅灰色，常被浅褐色鳞片，基部近球形；菌环顶生至近顶生，灰色，膜质；菌托浅杯状两面白色。孢子近球形至宽椭圆形，8 ~ 10 × 7 ~ 9.5 μm。

生境： 生于林地上。

分布： 湖南、江西、云南、贵州、广西、海南。

用途： 剧毒，是我国南方地区主要的导致死亡的种类。1994—2002年在我国湖南、江西等地发生多起因误食此菌中毒事件，导致多人中毒死亡。本种与可食的隐花青鹅膏*Amanita manginiana* sensu W.F.Chiu相混淆，但灰花纹鹅膏的菌盖色较深，边缘无菌环残余，菌柄常被淡褐色细小鳞片，菌环灰色，菌柄基部膨大呈近球形。

---

94 灰疣鹅膏

Amanita griseoverrucosa Zhu L. Yang ,in. Yang, Frontiers in Basidiomycote Mycology: 320, 2004.

菌盖直径6 ~ 10 cm，浅灰色至灰色，其上的菌幕残余疣状至锥状，边缘常有絮状物，平滑无棱纹；菌褶离生至近离生，白色，较密；菌柄长7 ~ 15 cm，粗1 ~ 2.5 cm，近圆柱形，污白色至浅灰色，被有纤丝状至絮状浅灰色至灰色鳞片，内部实心，基部腹鼓状至梭形，在膨大基部的上半部和菌柄下部常被有灰色至近白色的絮状至疣状的鳞片或菌幕残余；菌环膜质，易破碎消失。孢子椭圆形，8 ~ 10.5 × 5.5 ~ 6.5 μm。

生境： 生于阔叶林中地上。

分布： 海南、江苏、福建、广东、广西、四川、贵州、云南。

用途： 菌根菌。

---

95 红黄鹅膏

Amanita hemibapha (Berk. & Broome) Sacc., Syll. fung. (Abellini) 5: 13, 1887.
Agaricus hemibaphus Berk. & Broome, Trans. Linn. Soc. London 27: 149, 1870.

菌盖直径6 ~ 10 cm，初期钟形，半球形，后平展，鲜时橙黄色至橘红色，光滑，边缘具明显条纹；菌肉白色或带微黄色；菌褶浅黄色或浅柠檬黄色，较密，离生；菌柄长8 ~ 13 cm，粗1 ~ 2 cm，黄色，近圆柱形，向下渐粗，基部常膨大，内部初松软，表面密被橙红色鳞片；菌环生于菌柄上部，膜质，大而明显，下垂，黄色，上面有微细条纹；菌托大，苞状或杯状，上缘呈裂片状，膜质，黄白色。孢子宽椭圆至近球形，无色，光滑，7.5 ~ 10 × 6.5 ~ 7.5 μm。

生境： 生于林地上。

分布： 黑龙江、吉林、辽宁、北京、河南、安徽、湖南、四川、云南、贵州、西藏、福建、广西、海南。

用途： 药用。

---

93 灰花纹鹅膏

Amanita fuliginea Hongo

摄影：吴兴亮

94 灰疣鹅膏

Amanita griseoverrucosa Zhu L.Yang

摄影：吴兴亮

95 红黄鹅膏

Amanita hemibapha (Berk. & Broome) Sacc.

摄影：吴兴亮

96 隐花青鹅膏

Amanita manginiana (Har. & Pat.) E.-J. Gilbert, in Bresadola, Iconogr. Mycol. 27(Suppl.1): 78, 1941.
Agaricus mappa (Batsch et Lasch) Fr., Hymenomycetes Europaei 19, 1847.

菌盖直径3.5 ~ 15 cm，初期卵圆形至钟形，后渐平缓，中央稍凸，淡褐色或青褐色，具深褐色纤毛隐花纹，光滑，边缘无条纹，往往悬挂有大而不规则的白色内菌幕残片；菌肉白色，较厚；菌褶白色，分叉，不等长，稍密，离生；菌柄长5 ~ 15 cm，粗1 ~ 3.5 cm，近圆柱形，上下等粗或向上渐细，白色，脆，内部松软至中空；基部膨大呈鳞茎状；菌环位于菌柄上部，宽大，膜质，白色，下垂，上有细条纹，易脱落，悬挂于菌盖的边缘上；菌托杯状，白色，边缘常呈裂片状，有时上缘破裂成大片附在菌盖表面。孢子近球形或卵形，光滑，无色，7 ~ 9 × 5 ~ 6.5 μm。

生境： 生于混交林中地上。

分布： 江苏、福建、四川、贵州、云南、广西。

用途： 食用。

97 拟卵盖鹅膏菌

Amanita neovoidea Hongo, Memoirs of the Faculty of Education Shiga University 25:57. 1975.

菌盖直径5.5 ~ 8 cm初半圆形，中部微凸，外被不完整的被膜，白色至污白色，盖缘多具残膜或粉粒状物悬附，盖表初期微黏，后变干燥；菌肉白色；菌褶白色，密，不等长；柄圆柱形，长10 ~ 12 cm，粗1 ~ 1.5 cm，基部膨大，下部连接白色的菌托，菌柄上部有膜状菌环，柄表密被残膜状物或粉质颗粒。孢子椭圆形，7 ~ 9 × 5.5 ~ 6 μm。

生境： 生于松栎混交林地上。

分布： 湖南、四川、贵州、云南、广西、海南。

用途： 有毒。

98 东方褐盖鹅膏

Amanita orientifulva Zhu L. Yang, M. Weiss & Oberw., Mycologia 96(3): 643, 2004.

菌盖直径4.5 ~ 8 cm，黄褐色至红褐色，初期卵圆形至钟形，后渐平展，中部稍凸起，光滑，稍黏，边缘具有明显条纹；菌肉白色或乳白色；菌褶白色至乳白色，较密，离生，不等长；菌柄较细长，圆柱形，长9 ~ 16 cm，粗0.8 ~ 1.5 cm，黄褐色至浅红褐色，有红褐色鳞片；菌托较大，袋状，乳白色至浅土黄色。孢子近球形，无色，光滑，9 ~ 11.5 × 9 ~ 11 μm。

生境： 生于林中地上。

分布： 黑龙江、吉林、浙江、湖南、四川、贵州、云南、西藏、福建、广东、广西、海南。

用途： 食用。

96 隐花青鹅膏

Amanita manginiana
(Har. & Pat.) E.-J. Gilbert

摄影：吴兴亮

97 拟卵盖鹅膏菌

Amanita neovoidea Hongo

摄影：袁明生

98 东方褐盖鹅膏

Amanita orientifulva Zhu L. Yang, M. Weiss & Oberw.

摄影：吴兴亮

99 异味鹅膏

Amanita kotohiraensis Nagas. & Mitani, Mem. Natn Sci. Mus, Tokyo 32: 93, 2000.

菌盖直径4 ~ 6 cm，扁半球形至平展，菌盖表面白色至米色，被菌幕残余，菌盖菌幕残余毡状至碎片状，白色，不规则分布，菌盖边缘常悬垂有絮状物，无沟纹；菌肉白色，不变色，常有刺鼻气味；菌褶米色至淡黄色；菌柄圆柱形，长7 ~ 11 cm，直径0.8 ~ 1.3 cm，白色，被白色细小鳞片；菌环上位，白色，菌柄基部近球形，直径2.5 ~ 3.5 cm，由数圈白色疣状、颗粒状至近锥状菌幕残余呈环带状排列。孢子宽椭圆形至椭圆形，7 ~ 9 × 5 ~ 6.5 μm。

生境：生于阔叶林中地上。

分布：江苏、安徽、广东、广西、海南、四川、贵州、云南。

用途：有毒。

100 小豹斑鹅膏

Amanita parvipantherina Zhu L. Yang, M. Weiss & Oberw., Mycologia 96(3): 639, 2004.

菌盖直径3 ~ 5 cm，扁平至平展，菌盖表面淡灰黄色至黄色，中部色较深，边缘色变淡，被白色、污白色、米色疣状至角锥状的菌幕残余，易脱离，菌盖边缘有沟纹；菌褶离生至近离生，白色至米色；菌柄圆柱形，长4 ~ 8 cm，直径0.6 ~ 0.8 cm，白色、米色至淡黄色；菌柄基部膨大，近球形至卵形，直径1 ~ 1.8 cm，上部被有白色、米色至淡黄色或淡灰色菌幕残余；菌环着生于菌柄上部，膜质，较小，白色至米色，宿存。孢子宽椭圆形至椭圆形，9 ~ 11 × 7 ~ 9 μm。

生境：生于针阔混交林中地上。

分布：湖南、四川、贵州、云南、广西、海南。

用途：有毒。

99 **异味鹅膏** *Amanita kotohiraensis* Nagas. & Mitani　　摄影：吴兴亮

100 **小豹斑鹅膏** *Amanita parvipantherina* Zhu L. Yang, M. Weiss & Oberw.　　摄影：吴兴亮

101 高大鹅膏

Amanita princeps Corner & Bas, Persoonia 2(3): 297, 1962.

菌盖直径8 ~ 18 cm，黄褐色，边缘色渐变为浅黄褐色，湿时黏，光滑，偶被破布状的白色菌幕残片，边缘有长棱纹；菌肉白色；菌褶离生，白色；菌柄长10 ~ 23 cm，粗1.5 ~ 3 cm，近圆柱形或向上稍变细，污白色至浅灰黄色，近光滑或被灰色纤维状鳞片，内部中空；菌托呈袋状，外表污白色、浅灰色至浅褐色；菌环着生菌柄顶部至近顶部，白色，膜质，在菌盖展开过程中易被撕破而脱落。孢子宽椭圆形至近球形，无色，8 ~ 11 × 8 ~ 11 μm。

生境： 生于林地上。

分布： 湖南、四川、贵州、云南、西藏、广东、广西、海南。

用途： 食毒不明。

102 假灰托鹅膏

Amanita pseudovaginata Hongo, Mem. Fac. Educ. Shiga Univ., Nat. Sci. 33: 39, 1983.
Amanitopsis pseudovaginata (Hongo) Wasser, Ukr. bot. Zh. 45(6): 77, 1988.

菌盖直径4.5 ~ 8 cm，灰褐色、褐色至深褐色，初期半球形，后渐平展，中部稍凸起，光滑，稍黏，边缘无条纹；菌肉白色；菌褶白色，较密，离生，不等长；菌柄圆柱形，长6 ~ 10 cm，粗1 ~ 1.5 cm，污白色至浅褐色；菌托杯状。孢子近球形，无色，光滑，9 ~ 10.5 × 8 ~ 10 μm。

生境： 生于林中地上。

分布： 河南、江苏、湖北、湖南、四川、贵州、云南、西藏、广西。

用途： 食毒不明。

103 红托鹅膏

Amanita rubrovolvata S. Imai, Bot. Mag., Tokyo 53: 392, 1939.
Amplariella rubrovolvata (S. Imai) E-J. Gilbert, in Bresadola, Iconogr. Mycol. 27(Suppl. 1): 79, 1941.

菌盖红色至橘红色，边缘橘色至带黄色，被有红色、橘红色至黄色鳞片；菌褶离生，白色；菌柄近圆柱形，长5 ~ 7 cm，粗0.5 ~ 0.8 cm，浅黄色；基部膨大，其上半部被红色、橘红色至橙色粉末状鳞片；菌环上表白色，下表带黄色。孢子球形至近球形，光滑，无色，7 ~ 8 × 7 ~ 8.5 μm。

生境： 生于阔叶林中地上。

分布： 贵州、云南、四川、湖北、浙江、广西、海南。

用途： 可能有毒。

101 高大鹅膏

Amanita princeps Corner & Bas

摄影：吴兴亮

102 假灰托鹅膏

Amanita pseudovaginata Hongo

摄影：吴兴亮

103 红托鹅膏

Amanita rubrovolvata S. Imai

摄影：吴兴亮

104 土红鹅膏

Amanita rufoferruginea Hongo, J. Jap. Bot. 41: 165, 1966.

菌盖初期半球形，后平展，直径3 ~ 6 cm，表面附着有橙色、锈红色的细粉末状、小疣状至絮状的菌幕残余，边缘具明显条棱，老后渐脱落；菌肉白色，近表皮处浅黄色，薄；菌褶白色，离生，较密，不等长；菌柄细长，圆柱形，向下渐粗，长8 ~ 12 cm，粗0.5 ~ 1 cm，其表面附有土红色粉末，基部稍膨大；菌托与盖同色，菌托由几圈粉状颗粒组成，易脱落；菌环生柄之上部，破碎后常是挂在菌盖边沿，上表面白色，有辐射状细沟纹，下表面锈红色至橘红褐色。孢子近球形，带黄色，7.5 ~ 9.5 × 6 ~ 8 μm。

生境： 生于阔叶林中地上。

分布： 湖南、贵州、云南、广东、广西、海南。

用途： 可能有毒。

---

105 暗盖淡鳞鹅膏

Amanita sepiacea S. Imai, Bot. Mag., Tokyo 47: 426, 1933.
Amplariella sepiacea (S. Imai) E.-J. Gilbert, in Bresadola, Iconogr.Mycol., Suppl. I (Milan) 27: 78, 1940.

菌盖扁半球形至平展，直径6 ~ 10 cm，菌盖表面褐色至暗褐色，具隐生纤丝花纹，被菌幕残余，菌幕残余锥状至疣状，有时絮状，污白色至淡灰色，常易脱落，菌盖边缘沟纹不明显；菌肉白色；菌褶白色；菌柄长10 ~ 12 cm，直径1.5 ~ 2 cm，浅灰色，下半部被有灰色至淡灰色纤丝状鳞片；菌环近顶生，白色；菌柄基部呈梭形、球状，上半部被有近白色或淡灰色疣状至锥状菌幕残余，呈环带状排成数圈。孢子椭圆形至宽椭圆形，8 ~ 10 × 6 ~ 7.5 μm。

生境： 生于阔叶林中地上。

分布： 吉林、湖南、广东、广西、云南。

用途： 食毒不明。

---

106 中华鹅膏

Amanita sinensis Zhu L. Yang, Biblthca Mycol. 170: 23, 1997.

菌盖初期球形、圆锥形至半球形，后平展，直径7 ~ 15 cm，灰白色至浅青灰色，被有灰色或污白色棉絮状大鳞片，老后边缘有明显的条纹；菌肉白色，较厚；菌褶白色，与菌柄离生，不等长；菌柄长10 ~ 18 cm，粗2 ~ 3 cm，圆柱形，基部膨大并延伸成假根状，内实，内质，初期有棉絮状或绒毛状鳞片，老后渐光滑；菌环大，生于菌柄顶部，极易脱落；菌托不明显。孢子椭圆形或广椭圆形，无色，8.5 ~ 11 × 6.5 ~ 8 μm。

生境： 生于松林或针宽混交林中地上。

分布： 江苏、安徽、福建、湖南、广东、广西、海南、四川、贵州、云南。

用途： 药用。

---

104 土红鹅膏

Amanita rufoferruginea Hongo

摄影：吴兴亮

105 暗盖淡鳞鹅膏

Amanita sepiacea S. Imai

摄影：吴兴亮

106 中华鹅膏

Amanita sinensis Zhu L.Yang

摄影：吴兴亮

107 黄盖鹅膏白色变种

Amanita subjunquillea var. **alba** Zhu L. Yang, Biblthca Mycol. 170: 174, 1997.

菌盖宽3.5 ~ 5.5 cm，扁平至平展，白色，表面光滑，边缘无条纹，无菌幕残余；菌肉白色，伤不变色；菌褶白色，不等长，密，离生；菌柄中生，圆柱形或向上渐细，长5 ~ 10 cm，粗10 ~ 15 mm，白色，被有白色纤毛或细小鳞片，基部膨大呈近球状，实心；菌环近顶生至上位，白色，单环，膜质，易脱落；菌托白色，浅杯形。孢子球形至近球形，7 ~ 9 × 7 ~ 9 μm，光滑，无色。

生境： 生于针叶林或阔叶林中地上。

分布： 河南、湖北、湖南、广东、广西、四川、贵州、云南、西藏。

用途： 剧毒。

---

108 残托鹅膏有环变型

Amanita sychnopyramis f. **subannulata** Hongo, Memoirs of Shiga University 21 : 63, 1971
Amanita kwangsiensis Y.C. Wang, Acta microbiol. sin. 13(1): 7 ,1973.

菌盖直径4 ~ 6.5 cm，初期扁半球形，后平展，湿时稍黏，灰褐色、褐色至棕褐色，边缘色较中部浅，有条纹，表面附着白色块状或角状鳞片；菌肉白色，薄；菌褶白色，离生或近离生，较密；菌柄长5 ~ 11 cm，粗1 ~ 1.5 cm，白色至稍带淡黄白色，近圆柱形，基部膨大，空心，脆；菌环生菌柄中部或中下部，膜质，白色至稍带淡黄白色，易脱落；菌托由菌幕残余呈同心环排列。孢子球形至近球形，无色，光滑，6.5 ~ 8.5 × 6 ~ 8 μm。

生境： 生于针叶林或阔叶林中地上。

分布： 黑龙江、吉林、河北、河南、湖南、安徽、四川、贵州、云南、西藏、福建、广东、广西、海南。

用途： 有毒。

---

109 灰托鹅膏

Amanita vaginata (Bull.) Fr., Encyclop. Méthod. Botan. (Paris) 1: 109, 1783.
Agaricus vaginatus Bull., Herb. France (Paris) 3: pl. 98, 1782.
Amanita vaginata var. *vaginata* (Bull.) Fr., Encyclop. Méthod. Botan. (Paris) 1: 109, 1783.
Vaginata livida Gray, Nat. Arr. Brit. Pl. (London) 1: 601, 1821.

菌盖初期卵形或钟形，后渐平展，中央稍后凸起，直径5 ~ 10 cm，鼠灰色至灰褐色，光滑，湿时黏，边缘具条纹，条纹通达菌盖中部；菌肉薄，白色，脆；菌褶白色，密，长短不一，与菌柄离生；菌柄圆柱形，10 ~ 15 cm，粗0.6 ~ 1 cm，向上渐细，白色至污白色，脆，上部具白色粉末，下部常有纤毛状鳞片，中空；菌托较大，苞状至鞘状，白色，地下生，膜质，常破裂成大片附着在菌盖上。孢子广椭圆形或近球形，光滑，无色，9.5 ~ 11 × 7.8 ~ 9.5 μm。

生境： 生于针叶林或阔叶林中地上。

分布： 河北、江苏、浙江、安徽、福建、河南、湖北、湖南、广东、广西、海南、四川、贵州、云南、西藏。

用途： 药用。

---

107 黄盖鹅膏白色变种

Amanita subjunquillea
var. *alba* Zhu L. Yang

摄影：吴兴亮

108 残托鹅膏有环变型

Amanita sychnopyramis
f. *subannulata* Hongo

摄影：吴兴亮

109 灰托鹅膏

Amanita vaginata (Bull.) Fr.

摄影：吴兴亮

110 灰托鹅膏白色变种

Amanita vaginata var. **alba** (De Seynes) Gillet, Hyménomycètes (Alençon): 51, 1874.

菌盖初期卵形或钟形，后渐平展，中央稍后凸起，直径5 ~ 8 cm，白色，光滑，湿时黏，边缘具条纹，条纹通达菌盖中部；菌肉薄，白色，脆；菌褶白色，密，长短不一，与菌柄离生；菌柄圆柱形，10 ~ 13 cm，粗0.8 ~ 1.3 cm，向上渐细，白色至污白色，脆，上部具白色粉末，下部常有白色纤毛，中空；菌托较大，苞状至鞘状，白色，地下生，膜质，常有不规则分布的淡褐色小斑。孢子广椭圆形或近球形，光滑，无色，9 ~ 11 × 8 ~ 9.5 μm。

生境：生于针叶林或阔叶林中地上。

分布：广西、海南、四川、贵州、云南、台湾。

用途：有毒。

111 鳞柄白鹅膏

Amanita virosa Bertill., Dict. Encyclop. Sci. Médic. (Paris) 1(3): 497, 1866.
Agaricus virosus Fr., Epicr. syst. mycol. (Upsaliae): 3, 1838.
Amanita virosa var. *aculeata* Voglino, Boll. Soc. bot. ital., 1894: 120, 1894.
Amanita virosa var. *levipes* Neville & Poumarat, Fungi europ. (Alassio) 9: 600, 2004.
Amanitina virosa (Bertill.) E.-J. Gilbert, in Bresadola, Iconogr. mycol., Suppl. I (Milan) 27: 78, 1940.

菌盖直径5 ~ 8 cm，白色，近半球形，后期扁平至平展，有白色绒毛状鳞片；菌肉白色；菌褶离生到近离生，白色；菌柄近圆柱形或者向上稍变细，长5 ~ 10 cm ，直径1 ~ 1.5 cm，白色，被白色絮状到绒毛状鳞片，内部实心，基部膨大；菌托白色，苞状；菌环上位，白色，膜质，上表面有辐射状细沟纹，下表面有疣状至锥状小凸起，菌环常撕破而悬垂于菌盖边缘或破碎消失。孢子宽椭圆形到近球形，无色，透明、光滑，9 ~ 11 × 8 ~ 10 μm。

生境：生于阔叶林中地上。

分布：吉林、河南、贵州、广西、海南。

110 **灰托鹅膏白色变种** *Amanita vaginata* var. *alba* (De Seynes) Gillet 摄影：吴兴亮

111 **鳞柄白鹅膏** *Amanita virosa* Bertill., Dict. Encyclop. 摄影：吴兴亮

112 锥鳞白鹅膏

Amanita virgineoides Bas, Persoonia 5(4): 435, 1969.

菌盖近半球形，后期平展，直径6 ~ 10 cm，白色，有白色圆锥状到角锥状鳞片，边缘常常悬垂有絮状物；菌肉白色；菌褶离生到近离生，白色至米色；菌柄长10 ~ 15 cm，直径1.5 ~ 2.5 cm，近圆柱形或者向上稍变细，白色，被白色絮状到圆锥状鳞片，后呈蛇皮状，内部实心，基部膨大，腹鼓状至卵形，在其上半部被有白色疣状到颗粒状的菌幕残余，排列成环带状；菌环白色，膜质，上表面有辐射状细沟纹，下表面有疣状至锥状小凸起，菌环常撕破而悬垂于菌盖边缘或破碎消失。孢子宽椭圆形或近球形，无色透明，光滑，8 ~ 10 × 7 ~ 8 μm。

生境： 生于阔叶林中地上。

分布： 江苏、安徽、江西、湖南、台湾、贵州、云南、广东、广西、海南。

用途： 可能有毒。

113 颜氏鹅膏

Amanita yenii Zhu L. Yang & C.M. Chen, Mycotaxon 88: 456, 2003.

菌盖扁平至平展，直径5 ~ 8 cm，白色至污白色，被白色菌幕残余锥状至近锥状，边缘常悬垂有絮状物，平滑无沟纹；菌肉白色，不变色；菌褶近离生，幼时白色，成熟后为米色至浅黄色；菌柄长6 ~ 10 cm，宽0.6 ~ 1.5 cm，近圆柱形或向上稍变细，被有白色反卷的鳞片，基部棒状至腹鼓状，与菌柄之间无明显界线；菌环膜质，白色至米色。孢子椭圆形至长椭圆形，8 ~ 10 × 5 ~ 6.5 μm。

生境： 生于林中地上。

分布： 贵州、广西、海南、台湾。

用途： 可能有毒。

114 华南假芝

Amauroderma austrosinense J.D. Zhao & L.W. Hsu, in Zhao, Xu & Zhang, Acta Mycol. Sin. 3(1): 20, 1984.

担子果无柄，木栓质；菌盖近圆形，有时不规则形圆形，直径3 ~ 6 cm，厚0.3 ~ 0.6 cm，中央稍平坦，表面黄色或黄褐色，具较稠密的同心环纹，并有不规则的放射纵沟，边缘钝，略向内卷；菌肉近白色；菌管与菌盖同色或稍浅；孔面淡白色，管口近圆形，完整，每毫米5 ~ 6个；菌柄近中生、偏生，与菌盖同色或稍深，中空，长6 ~ 13 cm，粗0.4 ~ 0.8 cm，近圆柱状，粗细不均匀，无光泽。孢子近球形，双层壁，外壁无色透明，平滑，内壁淡黄色，具稠密的小刺，7 ~ 8.8 × 6.2 ~ 8 μm。

生境： 生于阔叶树桩旁地下腐根上。

分布： 广西、海南。

112 锥鳞白鹅膏

Amanita virgineoides Bas

摄影：吴兴亮

113 颜氏鹅膏

Amanita yenii Zhu L. Yang. & C.M. Chen

摄影：吴兴亮

114 华南假芝

Amauroderma austrosinense J.D. Zhao & L.W. Hsu

摄影：吴兴亮

115　大瑶山假芝

Amauroderma dayaoshanense J.D. Zhao & X.Q. Zhang, Acta Mycol. Sin. 6(1): 5, 1987.

担子果有柄，木栓质到木质；菌盖近半圆形，4 ~ 6 × 5 ~ 8 cm，厚0.5 ~ 0.8 cm，表面污褐色、黑褐色到黑色，具较稠密的、颜色深浅相间的同心环带，无似漆样光泽，边缘圆钝，污白色至黄褐色，下面有0.3 ~ 0.5 cm宽的不孕带；菌肉呈均匀的黄褐色，具轮纹，厚0.3 ~ 0.5 cm；菌管长0.1 ~ 0.2 cm；孔面黄褐色或污黄褐色，管口近圆形，每毫米5 ~ 6个；菌柄平侧生，长5 ~ 10 cm，粗1.5 ~ 2 cm。孢子宽椭圆形到近球形，双层壁，外壁无色透明，平滑，内壁微带黄褐色，小刺不明显，7 ~ 9 × 6.5 ~ 8 μm。

生境： 生于阔叶树桩旁地下腐根上。

分布： 广西。

116　广西假芝

Amauroderma guangxiense J.D. Zhao & X.Q. Zhang, Acta Mycol. Sin. 5(4): 221, 1986.

担子果有柄，木栓质到木质；菌盖半圆形、近圆形到圆形，宽10 × 12 cm，厚0.6 ~ 1.5 cm，光滑，紫黑色到黑色，具似漆样光泽，边缘微带紫红褐色，有稀疏同心环和稠密纵皱，边缘稍薄或略钝，完整，稍呈波状，下面具0.2 ~ 0.3 mm的不孕带；菌肉均匀褐色到栗褐色，厚0.4 ~ 0.8 cm；菌管长0.3 ~ 0.6 cm，淡褐色至褐色；孔面淡褐色到褐色，管口近圆形，每毫米5 ~ 6个；菌柄中生或偏侧生，圆柱形，长6 ~ 12 cm，粗1.2 ~ 2 cm，黑色，有似漆样光泽。孢子近球形或宽卵圆形，外壁无色透明，平滑，内壁微带淡褐色，有小刺或小刺不清楚，6.8 ~ 9.4 × 6.2 ~ 7.5 μm。

生境： 生于地下腐木上。

分布： 广西、海南。

117　弄岗假芝

Amauroderma longgangense J.D. Zhao & X.Q. Zhang, Acta Mycol. Sin. 5(4): 222, 1986.

担子果有柄，木栓质到木质；菌盖半圆形或近圆形，上面稍下凹呈脐状，黑色，有似漆样光泽，同心环明显或不明显，有较大的纵皱，直径5 ~ 12 cm，厚0.5 ~ 1.5 cm，边缘钝而稍薄，完整或波浪状；菌肉褐色，厚0.3 ~ 0.8 cm；菌管长0.3 ~ 0.6 cm；孔面污白色，淡褐色至褐色，不平坦，管口近圆形，每毫米4 ~ 6个，菌柄侧生或假偏生，圆柱状或向下渐细，长6 ~ 11 cm，粗1 ~ 2 cm。孢子宽卵形或近球形，淡黄褐色，双层壁，外壁透明，平滑，内壁有小刺或小刺不清楚，6 ~ 9 × 5 ~ 7.5 μm。

生境： 生于阔叶林等中腐木上。

分布： 广西。

115 大瑶山假芝

Amauroderma dayaoshanense
J.D. Zhao & X.Q. Zhang

摄影：吴兴亮

116 广西假芝

Amauroderma guangxiense
J.D. Zhao & X.Q. Zhang

摄影：吴兴亮

117 弄岗假芝

Amauroderma longgangense
J.D. Zhao & X. Q. Zhang

摄影：吴兴亮

118　皱盖假芝

Amauroderma rude (Berk.) Torrend, Brotéria, Sér. Bot. 75: 240, 1950.
Amauroderma intermedium (Bres. & Pat.) Torrend, Brotéria, Sér. Bot. 18: 128, 1920.
Fomes pseudoboletus (Speg.) Speg., Revista Argent. Hist. Nat. 1: 103, 1891.
Fomes pullatus Berk. ex Cooke, Grevillea 15(no. 73): 21, 1886.
Fomes rudis Berk., Grevillea 13(no. 68): 117,1885.
Ganoderma pseudoboletus (Speg.) Pat., Anal. Mus. nac. Hist. Nat. B. Aires 19: 274, 1909.
Phellinus rudis (Berk.) X.L. Zeng, Acta Mycol. Sin. 6(3): 145, 1987.
Polyporus pseudoboletus Speg., Anal. Soc. cient. argent. 16: 279, 1883.
Polyporus rudis Berk., Ann. Mag. Nat. Hist., Ser. 1 3: 323, 1839.

担子果有柄，木栓质；菌盖近圆形或近肾形，灰褐色或褐色，中部稍深，5 ~ 9 × 6 ~ 10 cm，厚0.5 ~ 1.5 cm，表面有放射状，和明显或不明显的环纹，无光泽，边缘锐，波浪状；菌肉暗灰土黄色至暗灰黄褐色，厚0.3 ~ 0.5 cm；菌管长0.2 ~ 0.4 cm，颜色较菌肉深，灰黑色至黑色；管口近圆形，每4毫米 ~ 5个；孔面初为灰白色，伤变红色，不久变为灰黑色；菌柄偏生，偶有中生；圆柱形或不规则圆柱形，似念珠状，长7 ~ 15 cm，粗0.5 ~ 1.2 cm，常弯曲，与菌盖同色，下部似假根状。孢子近球形，双层壁，外壁透明，平滑，内壁小刺不明显，近无色或稍带淡黄褐色，8 ~ 10.5 × 8 ~ 9.5 μm。

生境：生于阔叶树桩旁地下腐根上。

分布：贵州、云南、福建、广东、广西、海南。

用途：药用。

119　假芝

Amauroderma rugosum (Blume & T. Nees) Torrend, Brotéria, Sér. Bot. 18: 127, 1920.
Amauroderma atrum (Lloyd) Corner, Beih. Nova Hedwigia 75: 70, 1983.
Amauroderma elmerianum Murrill, Bull. Torrey Bot. Club 34: 475, 1907.
Amauroderma juxtarugosum (Lloyd) Imazeki, Bull. Tokyo Sci. Mus. 6: 100, 1943.
Amauroderma vansteenisii (Steyaert) Teixeira, Revista Brasileira de Botânica 15(2): 125, 1992.

担子果有柄，木栓质；菌盖肾形、半圆形或近圆形，3 ~ 6 × 3 ~ 8 cm，厚0.3 ~ 1.5 cm，表面灰褐色、褐色或褐色，无光泽，有显著的纵皱和同心环纹，常有不显著的放射状皱纹，被青灰色微绒毛，边缘钝或锐、波浪状；菌肉灰褐色、深灰色至深褐色；菌管暗褐色至黑褐色，长1.8 ~ 4.5 mm；孔面新鲜时灰白色，伤变血红色，后变黑褐色至黑色；管口近圆形或稍不规则形，每毫米4 ~ 6个；菌柄侧生或偏生，圆柱形，长6 ~ 15 cm，粗0.5 ~ 1.5 cm，近光滑或被有短绒毛，与菌盖同色，有假根，无光泽。孢子近球形，双层壁，平滑，近无色，有微小刺或小刺不清楚，8 ~ 10.5 × 7 ~ 10 μm。

生境：生于阔叶林中地下朽木上。

分布：贵州、云南、广东、广西、海南。

用途：药用。

118 皱盖假芝 *Amauroderma rude* (Berk.) Torrend　　摄影：吴兴亮

119 假芝 *Amauroderma rugosum* (Blume & T. Nees) Torrend　　摄影：吴兴亮

120 二孢假芝

Amauroderma subresinosum (Murrill) Corner, Beih. Nova Hedwigia 75: 93 ,1983.

担子果无柄，木栓质到木质；菌盖近扇形、半圆形或近圆形，基部有明显的凸起，7 ~ 15 × 6 ~ 18 cm，厚2 ~ 4 cm，菌盖往往叠生，表面黑褐色到黑色，稍有光泽，同心环带不明显，有显著纹射状纵皱，以及不规则的皱褶，边缘厚，完整或波浪状；菌肉白色或污白色；厚0.8 ~ 2.5 cm；菌管长0.3 ~ 0.9 cm，近黄白色；孔面淡白色或稍带淡灰白色；管口近圆形到角形，每毫米4 ~ 6个。孢子有大小两种，大孢子卵圆形或宽椭圆形，双层壁，外壁透明，平滑，内壁无色到淡黄褐色，有小刺或小刺不清楚，7 ~ 10 × 6 ~ 7.5 μm，小孢子单壁，无色，4 ~ 6 × 3 ~ 4 μm。

生境： 生于腐木或树干基部。

分布： 贵州、广西、海南、云南。

121 阿切尔尾花菌

Anthurus archeri (Berk.) E. Fisch., Jb. Königl. Bot. Gart. Berlin 4: 81, 1886.
Clathrus archeri (Berk.) Dring, Kew Bull. 35(1): 29, 1980.
Anthurus sepioides McAlpine [as 'sepioïdes'], Victorian Nat. 20(3): 42, 1903.
Aserophallus archeri (Berk.) Kuntze, Revis. gen. pl. (Leipzig) 2: 844, 1891.
Lysurus archeri Berk., in Hooker, Bot. Antarct. Voy., III, Fl. Tasman. 2: 264, 1859.

菌蕾卵形，1.3 ~ 1.8 × 1.5 ~ 2 cm，近白色，外层有糠麸状物，成熟时长出包托；包托为一短柱形中空的柄，上部伸出3 ~ 5根半圆锥形分枝，长3 ~ 5 cm，顶端红色，新鲜张开时顶端相连，老后分离；孢体生于分枝的内侧表面，暗青黄色，黏，有臭味。孢子长椭圆形，光滑，无色至浅青黄色，4.5 ~ 5 × 2 ~ 2.5 μm。

生境： 生于阔叶林中地上。

分布： 广东、广西、湖南、云南、海南。

用途： 可能有毒。

122 环带小薄孔菌

Antrodiella zonata (Berk.) Ryvarden, Boln Soc. argent. Bot. 28(1-4): 228, 1992.
Irpex zonatus Berk., Hooker's J. Bot. Kew Gard. Misc. 6: 168, 1854.
Xylodon zonatus (Berk.) Kuntze, Revis. gen. pl. (Leipzig) 3(3): 541, 1898.

担子果平伏至无柄盖形，橘黄色至黄褐色，单个菌盖直径1.5 ~ 3 cm，厚0.6 cm，菌盖之间通常左右相连，复瓦状叠生，革质，干燥后变为硬革质或脆革质，菌盖表面有明显的同心环带，边缘锐；孔口表面橘黄褐色至黄褐色，管口近圆形，成熟后的子实层体为裂齿状，菌齿紧密排列；菌肉奶油色至浅黄色，木栓质。孢子广椭圆形，无色，薄壁，平滑，5 ~ 6 × 3 ~ 4 μm。

生境： 生于阔叶树的腐木上。

分布： 云南、贵州、江苏、四川、浙江、湖南、海南、广西。

用途： 药用。

120 二孢假芝

Amauroderma subresinosum (Murrill) Corner

摄影：吴兴亮

121 阿切尔尾花菌

Anthurus archeri (Berk.) E. Fisch.

摄影：吴兴亮

122 环带小薄孔菌

Antrodiella zonata (Berk.) Ryvarden

摄影：刘宏

123　褐红炭褶菌

Anthracophyllum nigritum (Lév.) Kalchbr., Grevillea 9(no. 52): 137, 1881.
Panellus nigritus (Lév.) Teng, Chung-kuo Ti Chen-chun, [Fungi of China]: 762, 1963.
Xerotus nigritus Lév., Annls Sci. Nat., Bot., sér. 3 5: 120, 1846.

菌盖近肾形、半圆形、扇形或椭圆形，有放射状沟纹，长0.8 ~ 2.5 cm，宽0.6 ~ 2 cm，红褐色、茶褐色至紫褐色；菌肉薄，较切，褐色至带淡黄褐色；菌褶极稀疏，狭窄，从着生基部呈辐射状排列生出，红茶褐色至紫褐色；菌柄极短，侧面着生。孢子椭圆形，近无色，7 ~ 8.5 × 4 ~ 5 μm。

生境：生于阔叶树的枯枝上。

分布：广西、贵州。

124　蜜环菌

Armillaria mellea (Vahl) P. Kumm., Führ. Pilzk. (Zwickau): 134, 1871.
Agaricus melleus Vahl, Fl. Dan. 9: Tab. 1013, 1790.
Armillariella mellea (Vahl) P. Karst., Acta Soc. Fauna Flora fenn. 2(1): 4, 1881.

菌盖初期呈半球形，后渐平展至中央稍凹陷，直径3.5 ~ 10 cm，淡蜜黄色，浅土黄色或栗褐色，有细鳞片，滑润，稍黏，老熟后边缘有放射状条纹，色较中部浅；菌肉近白色或微浅黄色；菌褶近白色，直生或近延生，较疏，后期变污黄白色至浅肉桂色；菌柄近圆柱形，长5 ~ 8.5 cm，粗0.5 ~ 1 cm，菌柄基部往往相连，菌柄表光滑或菌环以下稍有丛卷毛状鳞片，菌环以下呈浅褐色至黄褐色，菌环以上近白色或淡褐色，纤维质或近肉质，初期充实，老时中空；菌环生于柄之上部，近白色至奶油色。孢子椭圆形或球形，近无色或稍带淡黄色，透明，光滑，8 ~ 9 × 5 ~ 6 μm。

生境：生于朽木上。

分布：河北、黑龙江、吉林、山西、陕西、浙江、湖南、甘肃、青海、新疆、贵州、四川、云南、西藏、福建、广西、海南。

用途：药用。

125　假蜜环菌

Desarmillaria tabescens (Scop.) R.A.Koch & Aime, in Koch, Wilson, Sene, Hen Kel & Aime, BMC Evol. Biol. 17(33):12, 2017.

菌盖初期扁半球形，后渐平展，中部下凹，直径3.5 ~ 6 cm，黄褐色至褐色，中部有较密的毛状小鳞片，边缘有条纹；菌肉黄白色，中部厚，边缘薄；菌褶浅肉色，不等长，延生，稍稀；菌柄圆柱形，纤维质，内部松软，长5 ~ 10 cm，粗0.5 ~ 0.8 cm，上部蛋壳色或灰黄白色，基部浅棕灰色至深棕灰色，有细毛鳞片，渐变光滑。孢子广椭圆形，光滑，无色，7.5 ~ 10 × 5.5 ~ 7.5 μm。

生境：生于树干基部或木桩上。

分布：河北、河南、陕西、安徽、江苏、浙江、四川、贵州、云南、福建、广西、海南。

用途：药用。

123 褐红炭褶菌

Anthracophyllum nigritum (Lév.) Kalchbr.

摄影：吴兴亮

124 蜜环菌

Armillaria mellea (Vahl) P. Kumm.

摄影：刘宏

125 假蜜环菌

Desarmillaria tabescens (Scop.) R.A.Koch & Aime

摄影：吴兴亮

126 小冠瑚菌

Artomyces colensoi (Berk.) Jülich, Biblthca Mycol. 85: 399, 1982.
Clavaria colensoi Berk., in Hooker, Bot. Antarct. Voy. Erebus Terror 1839—1843, II, Fl. Nov.-Zeal.: 186, 1855.
Clavicorona colensoi (Berk.) Corner, Ann. Bot. Mem. 1: 287, 1950.

担子果扫帚状，丛状直立分枝，菌株高3.5 ~ 5 cm，直径3 ~ 5 cm，初期外表整体乳白色，渐变淡黄白色，老后变淡黄褐色；从下向上形成多软状分枝，通常4 ~ 5次，分枝基部细，向上渐渐增粗膨大，顶端呈杯状。孢子近球形，光滑，无色，4 ~ 5 × 3 ~ 4.5 μm。

生境：生于阔叶树腐木上。

分布：黑龙江、辽宁、吉林、河南、陕西、广东、广西、云南、贵州、四川。

用途：食用。

127 杯冠瑚菌

Artomyces pyxidatus (Pers.) Jülich, Biblthca Mycol. 85: 399, 1982.
Clavaria coronata Schwein., Trans. Am. phil. Soc., Ser. 2 4(2): 182, 1832.
Clavaria petersii Berk. & M.A. Curtis, Grevillea 2(no. 13): 7, 1873.
Clavaria pyxidata Pers., Neues Mag. Bot. 1: 117, 1794.
Clavicorona coronata (Schwein.) Doty, Lloydia 10: 42, 1947.
Clavicorona pyxidata (Pers.) Doty, Lloydia 10: 43, 1947.

担子果珊瑚状，高6 ~ 10 cm，整体乳白色，渐变淡肉黄色或肉黄色，老后或伤后变黄褐色；从下向上形成多软状分枝，通常3 ~ 5次，分枝基部细，向上渐渐增粗膨大，最上层小枝顶端呈小杯状；菌肉白色或色淡。孢子椭圆形，无色，光滑，3.5 ~ 4.5 × 2.5 ~ 3 μm。

生境：生于腐木上。

分布：黑龙江、辽宁、吉林、河南、湖南、福建、陕西、四川、贵州、云南、广西、西藏。

用途：药用。

126 **小冠瑚菌** *Artomyces colensoi* (Berk.) Jülich　　摄影：吴兴亮

127 **杯冠瑚菌** *Artomyces pyxidatus* (Pers.) Jülich　　摄影：刘宏

128 **绯红星头菌** *Aseroe coccinea* Imazeki & Yoshimi ex Kasuya

摄影：谭伟福

128 绯红星头菌

Aseroe coccinea Imazeki & Yoshimi ex Kasuya, Mycoscience 48(5): 309, 2007

菌蕾卵形，白色，成熟子实体高4 ~ 6 cm；粗1.2 ~ 1.8 cm；菌托污白色，较规则开裂长出菌柄；菌柄圆柱状，向下稍尖，中空，近白色，柄的顶端与托臂连接处成杯状，杯的外侧长有7枚托臂，托臂不分叉，朱红色至红色，圆锥形，托臂顶端变尖，托臂由柄顶端横向平展辐射，内部有5 ~ 8个细长的小腔，小腔随托臂逐渐尖削数目减少；孢体着生于柄顶的杯状部位，黑褐色，黏稠，有恶臭味。孢子长椭圆形，光滑，透明无色，4 ~ 5 × 1.5 μm。

生境：生于阔叶林中地上。

分布：广西。

129 红星头鬼笔

Aseroë rubra Labill., Bull. Murith. Soc. Valais. Sci. Nat. 1: 145, 1800.
Aseroë pentactina Endl., Iconogr. Pl. Gen., 1: 50, 1837.
Aseroë viridis Berk., Hook.Lond. Jour.Bot., 3: 192, 1844.
Aseroë actinobola Corda, Icon.Fung., 6:23, 1854.
Aseroë multiradiata Zoll., Syst.Verz., 1:11, 1854.
Aseroë hookeri Berk.,Fl.N.Z.,2: 187, 1855.
Aseroë corrugata Colenso, Trans.N.Z.,Inst.,16(1a): 362, 1884.
Aseroë lysuroides E. Fisch., Jahrb.Bot.Gart.Mus.Berlin, 4: 89, 1886.
Aseroë muelleriana (E. Fisch.) Lloyd, 18, 1907.
Aseroë pallida Lloyd, Syn.Phall., p.47, 1909.
Aseroë poculiforma F.M. Bailey, Comp.Cat.Queensland Plants, p.1910.

担子果有柄，高5 ~ 8 cm；菌托污白色，较规则开裂；菌柄圆柱状，中空，粉红色至红色，下部污白色带红色，向下稍尖，柄的顶端与托臂连接的部分成红色宽大盘状，盘的外侧长有14 ~ 18枚托臂，托臂不分叉，粉红色，扁平，托臂由柄顶端横向平展辐射，基部宽大，内部有5 ~ 8个细长的小腔，小腔随托臂逐渐尖削数目减少，托臂顶端变尖成针状；孢体着生于柄顶的盘状部位，黑褐色，黏稠，有恶臭味。孢子长椭圆形，光滑，透明无色，4 ~ 5 × 1.5 μm。

生境：生于阔叶林中地上。

分布：浙江、江西、福建、广西、云南、贵州、海南。

---

130 星孢寄生菇

Asterophora lycoperdoides (Bull.) Ditmar, J. Bot. (Schrader) 3: 56, 1809.
Agaricus lycoperdoides Bull., Herb. Fr. (Paris) 4(37-48): tab. 186, 1784.
Asterophora agaricoides Fr., in Fries & Nordholm, Symb. gasteromyc. (Lund) 1: 8, 1817.
Nyctalis asterophora Fr., Epicr. syst. Mycol. (Uppsala): 371, 1838.
Asterophora agaricicola Corda, Icon. fung. (Prague) 4: 8, 1840.

担子果菌盖宽0.5 ~ 2.5 cm，最初近球形，后为半球形，白色，其上产生土黄色或浅茶褐色粉末状的厚垣孢子；菌肉白色；菌褶稀疏，白色，厚，分叉；菌柄圆柱形，长1 ~ 2.5 cm，粗0.2 ~ 0.5 cm，白色，基部有白色毛状菌丝体。孢子椭圆形，无色，5 ~ 6 × 3 ~ 3.5 μm；厚垣孢子大量产生于菌盖的表面，球形，黄色，有刺，15 ~ 20 μm。

生境：寄生在红菇属*Russula*的担子果上。

分布：安徽、江苏、广西、云南、贵州。

用途：有微毒。

129 **红星头鬼笔** *Aseroë rubra* Labill. 摄影：李常春

130 **星孢寄生菇** *Asterophora lycoperdoides* (Bull.) Ditmar 摄影：王绍能

131 硬皮地星

Astraeus hygrometricus (Pers.) Morgan, J. Cincinnati Soc. Nat. Hist. 12: 20, 1889.
Geastrum hygrometricum Pers., Syn. meth. fung. (Göttingen) 1:135, 1801.
Geastrum diderma Defv., J.Bot., 2:102, 1809.
Geastrum vulgaris Corda, Icon. fung. (Prague) 5: 64, 1842.
Geastrum stellatus Schroet., Pilze Schles, 1: 701, 1889.
Astraeus stellatus (Scop.) E. Fisch., Nat. Pflanzenfam. 1(1): 341, 1900.

担子果未开裂时呈球形；开裂后露出地面，外包被厚，3层，外层薄而软，中层纤维质，内层软骨质，成熟时开裂成7 ~ 9瓣，潮湿时外翻，干燥时强烈内卷，外表面干时灰色至灰褐色，湿时深褐色至黑褐色，内侧深褐色且有许多深裂痕；内包被薄膜质，近球形，直径1.2 ~ 2.8 cm，灰色至褐色，里面无中轴，顶部开裂成一个孔口。孢子球形，褐色，壁表有小疣，直径7 ~ 9.5 × 7.5 ~ 9 μm。

生境：生于阔叶林缘砂土地上。

分布：河北、黑龙江、吉林、辽宁、山东、江苏、安徽、浙江、江西、福建、河南、湖南、广东、广西、云南、四川、贵州。

用途：药用。

132 纤细金牛肝菌

Aureoboletus tenuis T.H. Li & Ming Zhang, Mycotaxon 128: 196, 2014.

菌盖半球形，后凸镜形至近平展，直径2.2 ~ 3 cm，黏，具明显不规则斑块，中部褐色至红棕色，边缘渐变淡，初期内卷；菌肉柔软，白色至淡黄白色，伤不变色或变淡粉红色；菌管黄色至黄绿色，伤不变色；孔口大，圆形、多角形或不规则形；菌柄柱形，长4 ~ 5 cm，粗0.4 ~ 0.6 cm，淡红色至红褐色，光滑，黏，基部菌丝体白色。孢子椭圆形，光滑，薄壁，11 ~ 12 × 4 ~ 5 μm。

生境：生于林中有苔藓的地上。

分布：广东，广西、海南。

131 **硬皮地星** *Astraeus hygrometricus* (Pers.) Morgan　　摄影：吴兴亮

132 **纤细金牛肝菌** *Aureoboletus tenuis* T.H. Li & Ming Zhang　　摄影：王绍能

133 耳匙菌

Auriscalpium vulgare Gray, Nat. Arr. Brit. Pl. (London) 1: 650, 1821.
Auriscalpium auriscalpium (L.) Kuntze, Revis. gen. pl. (Leipzig) 3(2): 446, 1898.
Auriscalpium fechtneri (Velen.) Nikol., Nov. Sist. Niz. Rast., 1964: 171, 1964.
Hydnum atrotomentosum Schwalb, Buch der Pilze: 171, 1891.
Hydnum auriscalpium L., Sp. pl. 2: 1178, 1753.
Hydnum auriscalpium var. *auriscalpium* L., Sp. pl. 2: 1178, 1753.
Hydnum fechtneri Velen., České Houby 4-5: 746, 1922.
Leptodon auriscalpium (L.) Quél., Enchir. Fung. (Paris): 192, 1886.
Pleurodon auriscalpium (L.) P. Karst., Revue Mycol., Toulouse 3(9): 20, 1881.
Pleurodon fechtneri (Velen.) Cejp, Fauna Flora Cechoslov., II, Hydnaceae: 86, 1928.
Scutiger auriscalpium (L.) Paulet, Traité Champ., Atlas, 1812.

担子果柔韧，全部有粗绒毛，菌盖直径1.5 ~ 2.5 cm，半圆形或肾形，耳匙状，红褐色至深烟色；菌柄直立，侧生，与菌盖同色或更深，内实，基部膨大而松软，向上渐细，长3 ~ 5 cm，粗0.2 ~ 0.3 cm；子实层体为细刺，密集，奶油黄色至浅褐色，老后深褐色至近黑色。孢子无色，近球形，有微细小疣，4 ~ 5 × 3.8 ~ 4.8 μm。

生境：生于松果上。

分布：安徽、浙江、江西、福建、湖南、广西、四川、贵州、云南、西藏、海南。

---

134 网翼南方牛肝菌

Austroboletus dictyotus (Boedijn) Wolfe, Biblthca Mycol. 69: 92, 1980.
Austroboletus dictyotus var. *kinabaluensis* (Corner) Wolfe, Biblthca Mycol. 69: 101, 1980.
Austroboletus dictyotus var. *verrucisporus* (Corner) E. Horak, Malayan Forest Records 51: 208, 2011.
Boletus dictyotus (Boedijn) Corner, Boletus in Malaysia (Singapore): 80, 1972.
Boletus dictyotus var. *cristalosporus* Corner, Boletus in Malaysia (Singapore): 84, 1972.
Boletus dictyotus var. *kinabaluensis* Corner, Boletus in Malaysia (Singapore): 85, 1972.
Boletus dictyotus var. *morchellipes* Corner, Boletus in Malaysia (Singapore): 85, 1972.
Boletus dictyotus var. *verrucisporus* Corner, Boletus in Malaysia (Singapore): 85, 1972.
Porphyrellus dictyotus Boedijn, Persoonia 1(3): 316, 1960.

菌盖直径5 ~ 7.5 cm，近半球形至平展，被浅黄褐色至黄褐色鳞片，边缘有菌幕残余；菌肉白色，伤不变色；菌管与孔口表面淡粉色至粉色，伤不变色；菌柄圆柱状，长7 ~ 9 cm，直径1.8 ~ 2.5 cm，有似浅坑状的网纹，近白色，无菌环。孢子椭圆形或近纺锤形，中部具完整的网纹，16 ~ 20 × 7 ~ 10 μm。

生境：生于林中地上。

分布：广西、海南。

133 耳匙菌

Auriscalpium vulgare Gray

摄影：吴兴亮

134 网翼南方牛肝菌

Austroboletus dictyotus (Boedijn) Wolfe

摄影：刘宏

135 毛木耳

Auricularia cornea Ehrenb., in Nees von Esenbeck (Ed.), Horae Phys. Berol.: 91, 1820.
Auricula cornea (Ehrenb.) Kuntze, Revis. gen. pl. (Leipzig) 2: 844, 1891.

担子果长3 ~ 8 cm，直径3 ~ 10 cm，厚2 ~ 3.5 mm，通常群生或覆瓦状叠生，赭色、棕褐色至黑褐色，胶质有弹性，背面中部常收缩成短柄状与基质相连，盘形、杯状、碗状、碟状、耳壳状或漏斗状，边缘锐，波状，通常上卷，干后收缩成不规则形，变硬、脆，角质；子实层面平滑，不孕面被绒毛。孢子腊肠形，无色，薄壁，光滑，11 ~ 13 × 5 ~ 6 μm。

生境：生于阔叶树的腐木上。

分布：黑龙江、吉林、内蒙古、河北、山西、山东、河南、甘肃、青海、安徽、江苏、浙江、江西、四川、贵州、云南、西藏、福建、台湾、广东、广西、海南。

用途：食用、药用。本种在中国一直被错认为是*Auricularia polytricha* (Mont). Sacc.应用。

---

136 皱木耳

Auricularia delicata (Fr.) Henn., Bot. Jb. 17: 492, 1893.
Laschia delicata Fr., Epicr. Syst. Mycol. (Upsaliae): 499, 1838.

担子果2 ~ 6 × 3 ~ 10 cm，耳状或浅碗状，胶质，淡红褐色，无柄或有短柄；子实层有明显皱褶，淡红褐色，形成网格，不孕面黄褐色、灰黄色、紫红褐色或紫褐色。孢子圆柱形至腊肠形，无色，光滑，10 ~ 13 × 5 ~ 6 μm。

生境：生于阔叶树的腐木上。

分布：福建、广东、海南、广西、江西、四川、贵州、云南、台湾。

用途：食用、药用。

---

137 木耳

Auricularia heimuer F. Wu, B.K. Cui & Y.C. Dai, in Wu, Yuan, Malysheva, Du & Dai, Phytotaxa 186: 248, 2014.

担子果薄，有弹性，胶质，半透明，中凹，往往呈耳状或杯状，后为叶状或花瓣状，红褐色或黑褐色，直径3 ~ 8 cm，表面近平滑或有脉状皱纹，干后强烈收缩；子实层变为褐色至黑色，不孕的上面为暗褐色，上表面有极短的绒毛，密生，不分隔，多弯曲，向顶端渐渐尖削，基部显著褐色，往上渐变浅。孢子圆柱形或腊肠形，无色，透明，9 ~ 13 × 5 ~ 7.5 μm。

生境：生于阔叶树的腐木上。

分布：黑龙江、吉林、辽宁、河北、河南、陕西、宁夏、甘肃、江苏、湖南、四川、贵州、云南、西藏、福建、台湾、广东、广西、海南。

用途：食用、药用。在中国一直定为*Auricularia Auricula* (L.ex Hook.) Underwood 应用。

---

135 毛木耳

Auricularia cornea Ehrenb.

摄影：吴兴亮

136 皱木耳

Auricularia delicata (Fr.) Henn.

摄影：吴兴亮

137 木耳

Auricularia heimuer F. Wu, B.K. Cui & Y.C. Dai

摄影：吴兴亮

138　盾形木耳

Auricularia peltata Lloyd, Mycol. Writ. 7(Letter 66): 1117, 1922.

担子果盾形至耳状，直径4 ~ 5 cm，黄褐色、棕褐色或红褐色，胶质，软而有弹性，半透明，干后强烈收缩，不育面有绒毛，透明无色至淡褐色；子实层生于下面，褐色至深褐色；不孕面的上面为红褐色，表面密生有极短的绒毛。孢子腊肠形至圆柱形，略弯曲，无色，透明，11 ~ 13 × 5 ~ 5.5 μm。

生境： 生于阔叶树的腐木上。

分布： 福建、广东、广西、贵州、云南、台湾。

用途： 食用。

139　网脉木耳

Auricularia reticulata L.J. Li, Acta Mycol. Sin. 4(3): 151, 1985.

担子果耳状，不孕面被黄褐色柔毛，直径4 ~ 10 cm，干后呈褐色，新鲜时胶质，半透明，多形成网格状；子实层黄褐色，干时暗褐色至近黑色，表面近光滑；具柔毛层，毛近透明，顶端圆，基部褐色；菌肉菌丝致密，与表面近于平行。孢子近无色，腊肠形，14.5 × 5 ~ 6 μm。

生境： 生于阔叶树的腐木上。

分布： 广西、海南。

用途： 食用。

140　黑管孔菌

Bjerkandera adusta (Willd.) P. Karst., Meddn Soc. Faun. Fl. Fenn. 5: 38, 1880.
Boletus adustus Willd., Flora Berol. 2 (Crypt.): 392, 1787.
Boletus carpineus Sowerby, Col. fig. Engl. fung. (London) 2: pl. 231, 1799.
Polyporus adustus (Willd.) Fr., Syst. Mycol. (Lundae) 1: 363, 1821.

担子果平伏而反卷，贝壳状，常左右相连或覆瓦状，新鲜时软革质，干后硬，菌盖2 ~ 5 × 2 ~ 6 cm，厚0.2 ~ 0.5 cm，盖表面初期乳白色，后期浅灰色到淡黑色、灰黑色，被短绒毛，边缘薄，全缘，波浪状，干后内卷，有时开裂，有细纵纹和不明显的环纹；菌肉白色或浅灰色；菌管暗灰色到淡黑色；孔面灰黑色到黑色；管口略圆形到多角形或不规则形，每毫米4 ~ 6个。孢子椭圆形，无色，平滑，3.5 ~ 4.5 × 2 ~ 2.8 μm。

生境： 生于宽叶林腐木上。

分布： 黑龙江、吉林、内蒙古、河北、河南、陕西、甘肃、新疆、浙江、湖北、湖南、四川、贵州、云南、西藏、福建、广东、广西、海南。

用途： 药用。

---

138 盾形木耳

Auricularia peltata Lloyd

摄影：吴兴亮

139 网脉木耳

Auricularia reticulata L. J. Li

摄影：吴兴亮

140 黑管孔菌

Bjerkandera adusta (Willd.) P.Karst.

摄影：吴兴亮

141 亚黑管菌

Bjerkandera fumosa (Pers.) P. Karst., Meddn Soc. Fauna Flora fenn. 5: 38, 1879.
Daedalea saligna Fr., Syst. Mycol. (Lundae) 1: 337, 1821.
Polyporus salignus (Fr.) Fr., Epicr. Syst. Mycol. (Uppsala): 452, 1838.
Polyporus pallescens Fr., Hymenomyc. Eur. (Uppsala): 546, 1874.

担子果通常覆瓦状叠生，菌盖2 ~ 5 × 3 ~ 6 cm，革质、软木栓质至木栓质；菌盖表面初期乳白色至淡黄褐色，后期灰褐色，无环带或环带不明显，有微细绒毛，边缘厚或薄，锐，干后内卷；管口表面新鲜时乳白色，后变为烟灰色；管口多角形，每毫米3 ~ 5个；管口边缘薄；菌肉白色至污白色；菌管淡烟灰色至灰褐色；菌肉与管口之间具细的黑线。孢子长椭圆形，无色，薄壁，光滑，5 ~ 6 × 2.5 ~ 4 μm。

生境： 生于阔叶林腐木上。

分布： 山西、吉林、江苏、福建、河南、湖北、湖南、广西、海南、四川、云南、贵州、西藏。

用途： 药用。

142 槐微牛肝菌

Boletinellus merulioides (Schwein.) Murrill, Mycologia 1(1): 7, 1909.
Boletinus merulioides (Schwein.) Coker & Beers, The Boletaceae of North Carolina: 87, 1943.
Boletus merulioides (Schwein.) Murrill, Lloydia 11: 28, 1948.
Daedalea merulioides Schwein., Trans. Am. phil. Soc., New Series 4(2): 160, 1832.
Gyrodon merulioides (Schwein.) Singer, Revue Mycol., Paris 3: 171, 1938.

菌盖扁半球型凸镜形，后渐平展，直径5 ~ 9 cm，土黄褐色至褐色；菌肉近白色至浅黄色，伤变为浅蓝绿色；菌管，辐射状排列，有时类似多横脉菌褶状，延生，不易与菌肉分离；孔口浅黄色至暗黄色或橄榄褐色，伤后缓慢变蓝色；菌柄圆柱形，长3 ~ 5 cm，直径1 ~ 2.5 cm，浅土黄色至浅黄褐色，下部与菌盖相似，伤后变暗褐色。孢子宽椭圆形，光滑，带橄榄色，8 ~ 10 × 4 ~ 5 μm。

生境： 生于松林中地上单生或群生。

分布： 贵州、广西。

143 松林小牛肝菌

Boletinus punctatipes Snell, Mycologia 33(1): 36, 1941.
Suillus pinetorum (W.F. Chiu) H. Engel & Klofac, in Engel, Dermek, Klofac, Ludwig & Brückner, Schmier- und Filzröhrlinge s.l. in Europa, Die Gattungen Boletellus, Boletinus, Phylloporus, Suillus, Xerocomus (Weidhausen b. Coburg): 12, 1996.
Boletinus pinetorum (W.F. Chiu) Teng, Chung-kuo Ti Chen-chun, [Fungi of China]: 759, 1964.
Suillus punctatipes (Snell & E.A. Dick) Singer, Farlowia 2: 257, 1945.

菌盖初期扁半球形，后期近平展，直径4 ~ 7 cm，肉桂色，边缘色浅，呈淡黄褐色，表面光滑，黏；菌肉白色，近表皮处粉红色；菌柄近柱形，长3 ~ 6 cm，粗6 ~ 10 mm，近似盖色，上部浅黄褐色，内部实心；菌管辐射状排列，黄色，稍延生；管孔复式，管口多角形，浅黄色，往往口缘有褐色小腺点。孢子椭圆形，光滑，黄色，7 ~ 10 × 3.5 ~ 4 μm。

生境： 生于松林中地上。

分布： 吉林、福建、湖南、贵州、云南、安徽、四川、广西、西藏

用途： 可食用，但也有记载会引起轻的中毒，采食时应注意。

141 亚黑管菌

Bjerkandera fumosa (Pers.) P. Karst.

摄影：吴兴亮

142 槐微牛肝菌

Boletinellus merulioides (Schwein.) Murrill

摄影：吴兴亮

143 松林小牛肝菌

Boletinus punctatipes Snell

摄影：吴兴亮

144 白牛肝菌

Boletus bainiugan Dentinger, in Dentinger & Suz, Index Fungorum 29: 1, 2013.

菌盖初期扁半球形，后期近平展至凸镜形，直径6 ~ 12 cm，表面光滑，黄褐色、肉桂色、土褐色或暗肉桂色，成熟后菌盖色变浅至淡黄褐色，不黏，平滑或有凹陷，边缘钝；菌肉白色，伤不变色，厚；菌管淡黄色至灰黄色，直生或弯生，或在菌柄之周围有凹陷；管口近圆形，初期白色至米色，淡黄色至灰黄色并微具橄榄褐色；菌柄长5 ~ 10 cm，粗2 ~ 3 cm，近圆柱形或基部略膨大，淡褐色或淡黄褐色，上部污白色网纹，中下部具淡褐色网纹。孢子近纺锤形或长椭圆形，光滑，淡黄色，11 ~ 15 × 4 ~ 5 μm。

生境： 生于松栎混交林地上。

分布： 吉林、黑龙江、内蒙古、河南、浙江、江苏、湖北、湖南、青海、四川、贵州、云南、广东、广西、

用途： 食用。

145 土褐牛肝菌

Boletus pallidus Frost, Bull. Buffalo Soc. nat. Sci. 2: 105, 1874.

菌盖半球形，后平展，直径5 ~ 7 cm，淡褐色至土褐色，光滑或具细绒毛，老后部分龟裂；菌肉白色，受伤变蓝色；菌管淡黄色，后变淡橄榄黄色，直生到稍延生，管口每毫米1 ~ 2个；菌柄长5 ~ 8 cm，粗1 ~ 1.5 cm，淡黄色，被污白色粉末。孢子长纺锤形或近椭圆形，平滑，9.5 ~ 12 × 4 ~ 5 μm。

生境： 生于针阔叶混交林下。

分布： 江苏、湖南、贵州、西藏、福建、广东、广西、四川、云南。

146 华金牛肝菌

Boletus sinoaurantiacus M. Zang & R.H. Petersen [as 'sino-aurantiacus'], Mycotaxon 80: 481, 2001.

菌盖半球形至凸镜形，直径3 ~ 5 cm，橘黄色至橘红色；菌肉米黄色，伤不变色；菌管淡黄色；孔口肉黄色，伤不变色；菌柄圆柱形，长5 ~ 7 cm，直径0.6 ~ 1 cm，与菌盖同色，被细小橙黄色糠麸状鳞片，基部被近白色绒毛。孢子长椭圆形至近梭形，光滑，淡黄色，11 ~ 13 × 5 ~ 6 μm。

生境： 生于阔叶林中地上。

分布： 广西、海南、贵州。

144 白牛肝菌

Boletus bainiugan Dentinger

摄影：袁明生

145 土褐牛肝菌

Boletus pallidus Frost

摄影：袁明生

146 华金牛肝菌

Boletus sinoaurantiacus M. Zang & R.H. Petersen

摄影：吴兴亮

147 紫褐牛肝菌

Boletus violaceofuscus W.F. Chiu, Mycologia 40: 210, 1948.

菌盖宽4 ~ 8 cm，半球形，后渐平展，黄褐色、淡灰紫褐色至紫褐色，有绒毛；菌肉乳白色，伤后不变色，干后呈淡黄褐色；菌管乳白色、淡黄色至淡黄褐色，弯生或离生，在柄之周围凹陷；管口近圆形，与菌管同色，每毫米1 ~ 2个；菌柄圆柱形，长5 ~ 8 cm，粗1.5 ~ 2.5 cm，基部稍为膨大，淡灰紫褐色至紫褐色，有明显的污白色网纹。孢子椭圆形或近梭形，光滑，近浅褐色，10 ~ 15 × 5 ~ 6 μm。

生境： 生于混交林或阔叶林中地上。

分布： 四川、贵州、云南、广东、广西、海南。

用途： 对小白鼠肉瘤180的抑制率达60%，对艾氏癌的抑制率为60%。食用。

---

148 云南牛肝菌

Boletus yunnanensis W.F. Chiu, Mycologia 40(2): 217, 1948.
Xerocomus yunnanensis (W.F. Chiu) F.L. Tai, Syll. fung. sinicorum: 816, 1979.

菌盖直径3 ~ 4.5 cm，扁半球形至平展，褐色，具绒毛；菌肉淡黄色，伤不变色；菌管近离生，黄色，孔口多肉角形，柠檬黄色，伤不变色；菌柄长3 ~ 5 cm，直径0.5 ~ 1 cm，污白色，圆柱形，基部稍膨大。孢子长椭圆，光滑，淡黄色，8 ~ 12 × 3 ~ 4.5 μm。

生境： 生于阔叶林中地上。

分布： 广西、云南、贵州。

---

149 高山瘤孢孔菌

Bondarzewia mesenterica (Schaeff.) Kreisel, Feddes Repert. Spec. Nov. Regni Veg. 95(9-10): 699, 1984.
Boletus mesentericus Schaeff., Fung. bavar. palat. nasc. (Ratisbonae) 4: 91, 1774.
Bondarzewia montana (Quél.) Singer, Revue Mycol., Paris 5: 4, 1940.
Cerioporus montanus Quél., Fl. Mycol. France (Paris): 407, 1888.
Cladomeris montanus (Quél.) Bigeard & H. Guill., Fl. Champ. Supér. France (Chalon-sur-Saône) 1: 410, 1909.
Grifola mesenterica (Schaeff.) Murrill, Mycologia 12(1): 10, 1920.
Grifola montana (Quél.) Pilát, Beih. bot. Zbl., Abt. 2 52: 62, 1934.

担子果莲花状叠生，有柄，直径28 ~ 55 cm，肉质至软革质，干后软木栓质；单个菌盖半圆形、肾形至勺形，长6 ~ 12 cm，直径5 ~ 10 cm，基部厚8 ~ 18 mm；菌盖表面黄褐色、灰褐色至污红褐色，具同心环节，有茸毛，干后粗糙，边缘颜色略浅，钝至锐，内卷； 孔口木材色，圆形至多角形，每毫米2 ~ 4个，边缘薄，撕裂状；菌肉奶油色至木材色；菌管木材色，软木栓质。孢子球形或近球形，无色，具明显的短刺， 6 ~ 7 × 5.2 ~ 6.5 μm。

生境： 生于阔叶林中地下树根上。

分布： 广西、贵州。

用途： 食用、药用。

---

147 紫褐牛肝菌

Boletus violaceofuscus
W.F. Chiu

摄影：吴兴亮

148 云南牛肝菌

Boletus yunnanensis
W.F. Chiu

摄影：吴兴亮

149 高山瘤孢孔菌

Bondarzewia mesenterica
(Schaeff.) Kreisel

摄影：刘宏

150 小灰球菌

Bovista pusilla (Batsch) Pers., Syn. Meth. Fung. (Göttingen) 1: 138, 1801.
Bovistella pusilla (Batsch) Lloyd, Mycol. Writ. 3: 603, 1910.
Lycoperdon pusillum Batsch, Elench. Fung., Cont. Sec. (Halle): 123, Tab. 41:228, 1789.
Pseudolycoperdon pusillum (Pers.) Velen., Novit. Mycol. Nov., (Op. Bot. Ćech.): 93, 1947.

担子果近球形，直径1 ~ 1.5 cm，先白色，后变为浅土黄色至浅茶褐色，无不孕基部；包被两层，外包被为易于脱落的一层细小的颗粒所组成；内包被薄，光滑，成熟时顶端开一小口；内部孢体蜜黄色至浅茶褐色；孢丝浅黄色，分枝，直径3 ~ 4 μm。孢子球形，淡黄色，近平滑，3.5 ~ 4.5 × 3 ~ 4 μm。

生境：生于混交林或阔叶林地或草地上。

分布：辽宁、内蒙古、河北、山西、陕西、甘肃、青海、江西、湖南、贵州、云南、福建、广东、广西、海南、台湾。

用途：药用。

151 脉褶菌

Campanella junghuhnii (Mont.) Singer, Lloydia 8(3): 192, 1945.
Campanella cucullata (Fr.) Lloyd, Mycol. Notes (Cincinnati) 58: 815, 1919.
Cantharellus junghuhnii Mont., in Léveillé, Annls Sci. Nat., Bot., sér. 2 16: 318, 1841.
Favolaschia celebensis (Pat.) Kuntze, Revis. gen. pl. (Leipzig) 3(3): 476, 1898.
Guepinia cucullata Fr., Summa veg. Scand., Sectio Post. (Stockholm): 331, 1849.
Laschia celebensis Pat., J. Bot., Paris 1: 227, 1887.

菌盖半圆形至圆扇形，直径0.5 ~ 1.5 cm，初期向内卷，后伸展，质韧，白色至淡黄褐色，干后奶油色至浅黄褐色至土黄色，平滑；菌肉白色，薄；菌褶近白色，从基部呈辐射状生出，褶间具有横脉，相互连成网络状，褶缘全缘；菌柄极短或无，侧生。孢子近球形至宽椭圆形，无色，平滑，7.8 ~ 10 × 5 ~ 6.5 μm。

生境：生于阔叶林中腐木上。

分布：贵州、广东、广西、海南、台湾。

150 **小灰球菌** *Bovista pusilla* (Batsch) Pers.　　摄影：吴兴亮

151 **脉褶菌** *Campanella junghuhnii* (Mont.) Singer　　摄影：吴兴亮

152 角状胶角菌

Calocera cornea (Batsch) Fr., Stirp. Agri. Femison. 5: 67, 1827.
Calocera palmata (Schumach.) Fr., Epicr. Syst.Mycol. (Upsaliae): 581, 1838.
Clavaria aculeiformis Bull., Hist. Champ. France (Paris) 10, 1785.
Clavaria cornea Batsch, Elench. Fung. (Halle): 139, 1783.

担子果群生至丛生，有时2 ~ 3个基部合生在一起，韧胶质，近圆柱状至锥形，单一或至不规则分叉，直立或稍弯曲，高0.5 ~ 1.5 cm，粗0.3 cm，新鲜时黄橙色，干后红褐色；子实层周生，平滑；担子顶端分叉，淡黄色，25 ~ 30 × 5 μm。孢子弯圆柱形，有1隔，8 ~ 11 × 3 ~ 4.5 μm，以芽管或分生孢子萌发。

生境：生于枯立木或倒腐木上。

分布：黑龙江、吉林、河北、河南、浙江、甘肃、福建、湖南、广东、广西、海南、四川、贵州、云南、西藏。

153 中国胶角耳

Calocera sinensis McNabb, N.Z. Jl Bot. 3(1): 36, 1965.

担子果群生，新鲜时黄色、橙黄色，干后红褐色，胶质，棒状，不分叉，直立或稍弯曲，高6 ~ 10 mm，粗0.5 ~ 1.5 mm；子实层周生；菌丝具隔，薄壁，光滑或粗糙，无锁状联合；原担子圆柱状至近棒状，基部具锁状联合，25 ~ 50 × 3.5 ~ 5 μm。孢子弯圆柱形，薄壁，具小尖，10 ~ 13 × 4.5 ~ 5.5 μm。

生境：生于枯立木或倒腐木上。

分布：浙江、湖北、福建、贵州、广西、四川。

154 胶角耳

Calocera viscosa (Pers.) Fr., Syst. Mycol. (Lundae) 1: 486, 1821.
Clavaria viscosa Pers., Neues Mag. Bot. 1: 117, 1794.
Calocera flammea Fr., Symbolae mycologicae: 117, 1869.
Calocera cavarae Bres., in Cavara, Staz. Sper. Argar. Ital. 29: 14, 1896.
Calocera viscosa var. *cavarae* (Bres.) McNabb, N.Z. Jl Bot. 3: 40, 1965.

担子果高3 ~ 5 cm，直径2 ~ 3 mm，胶质，黏，平滑，顶端分叉，上部鹿角形分枝，下部圆柱形，顶端较尖，黄色或橙黄色，基部近淡黄色，深入着生的树皮基物；子实层着生于枝顶部，周生。原担子圆柱状至近棒状；孢子椭圆形至腊肠形，光滑，7 ~ 12 × 3.5 ~ 5 μm。

生境：生于枯立木或倒腐木上。

分布：吉林、湖南、贵州、四川、广西、海南。

152 角状胶角菌

Calocera cornea (Batsch) Fr.

摄影：吴兴亮

153 中国胶角耳

Calocera sinensis McNabb

摄影：吴兴亮

154 胶角耳

Calocera viscosa (Pers.) Fr.

摄影：吴兴亮

155 红皮美口菌

Calostoma cinnabarinum Desv., J. Bot. (Desvaux) 2: 94, 1809.
Mitremyces cinnabarinus (Desv.) De Toni, Syll. fung. (Abellini) 7: 70, 1888.
Scleroderma callostoma Pers., J. Bot. (Desvaux) 2: 15, 1809.

担子果近球形，基部具柄，长2 ~ 3 cm，圆柱形，由多数浅黄色、软胶质线状体交织而成；外包被厚，透明胶质，微黄色；内层薄，膜质，朱红色至鲜红色，全部开裂成片，并完全脱落；内包被薄，干时坚韧，角质，全部覆盖有朱红色的粉粒，嘴部有5 ~ 7个深红色突起的皱褶；孢子袋浅黄色，孢体粉白色。孢子淡黄色，长方椭圆形，表面具小刺或小点，10 ~ 13 × 7.5 ~ 10 μm。

生境： 生于阔叶林中地上。

分布： 湖南、贵州、云南、广东、广西、海南。

用途： 药用。

156 猫儿山美口菌

Calostoma maoershanense X.L. Wu & Chun Y. Deng, Sydowia 66(1): 25-28, 2014.

担子果头部近宽椭圆形，9 ~ 11 mm，基部有较发达的柄；外包被淡白色，表面被圆锥形或不规则角锥状小颗粒，顶端的较大，成熟后完全脱落，外包被变淡土黄色；内包被薄，平滑，淡白色，坚韧，软骨质，干后脆；角质嘴部有5 ~ 6片深红色突起的皱褶；菌柄长0.8 ~ 1.8 cm，由多数胶质柱状交织而成，近白色，透明；孢子袋浅白色，孢体白色。孢子球形，白色，孢壁表面具如同绣球状纹饰的网络凹穴，10 ~ 11 × 10 ~ 11 μm。

生境： 生于林地上。

分布： 广西。

157 栗粒皮秃马勃

Calvatia boninensis S. Ito & S. Imai, Trans. Sapporo nat. Hist. Soc. 16: 9, 1939.

担子果高5 ~ 8 cm，陀螺形，不孕基部发达，以根状菌索固着在地上；包被两层均为膜质，茶黄褐色或绣褐色，表面初期具细绒状，逐渐光滑，成熟后顶部开裂，并成片脱落；造孢组织幼时白色，后为蜜黄色，棉絮状，成熟后孢粉暗褐色。孢子近球形至宽椭圆形，淡黄褐色，平滑或有细微的小疣，3 ~ 4.5 × 3 ~ 4 μm。

生境： 生于阔叶林或竹林地上。

分布： 黑龙江、吉林、河北、河南、陕西、安徽、江苏、浙江、江西、湖南、四川、贵州、云南、福建、台湾、广东、广西、海南。

用途： 药用。

155 红皮美口菌

Calostoma cinnabarinum Desv.

摄影：谭周荣

156 猫儿山美口菌

Calostoma maoershanense X.L. Wu & Chun Y. Deng

摄影：王绍能

157 粟粒皮秃马勃

Calvatia boninensis S. Ito & S. Imai

摄影：吴兴亮

158　紫色马勃

Calvatia lilacina (Mont. & Berk.) Henn.,: 205, Heclwigia 43(3): 1904.
Bovista lilacina Mont. & Berk., London J. Bot. 4: 64, 1845.
Lycoperdon lilacinum (Mont. & Berk.) Speg., Anal. Mus. nac. B. Aires, Ser. 3 12: 252, 1881.

担子果球形或陀螺形，不孕基部发达，直径6 ~ 10 cm，包被薄，白色，后污紫褐色至暗褐色，有斑纹，两层，成熟后上部常裂成小块，逐渐脱落；孢体紫色，当孢子及孢丝散失后，遗留的不孕基部呈不规则杯状。孢子近球形，带紫色，无柄或稀有柄，具小刺，4 ~ 6 × 4.2 ~ 6 μm。

生境： 生于林中地上。

分布： 黑龙江、辽宁、内蒙古、河北、山西、青海、新疆、安徽、江苏、湖北、四川、贵州、云南、福建、台湾、广东、广西、海南。

用途： 药用。

159　鸡油菌

Cantharellus cibarius Fr., Syst.Mycol. (Lundae) 1: 318, 1821.
Agaricus chantarellus L., Sp. pl. 2: 1171, 1753.
Cantharellus vulgaris Gray, Nat. Arr. Brit. Pl. (London) 1: 636, 1821.
Craterellus cibarius (Fr.) Quél., Fl. Mycol. France (Paris): 37, 1888.
Cantharellus cibarius f. *neglectus* Souché, Bull. Soc. Mycol. Fr. 20: 39, 1904.
Cantharellus pallens Pilát, Acad. Republ. Pop. Romine: 600, 1959.

担子果肉质，高4 ~ 10 cm，直径3 ~ 5 cm，全菌杏黄色或鸡油黄色；初期内卷呈凸型，后展开，中间下凹呈喇叭形，光滑，边缘厚而纯，呈波浪状，内卷且常有瓣裂；菌肉浅黄色，较厚；菌褶狭窄，棱脊状，稀疏，下延至柄部，分叉或相互交织；菌柄内实，圆柱形或向下渐细狭，光滑。孢子椭圆形，光滑，7 ~ 10 × 5 ~ 6.5 μm。

生境： 生于阔叶林中地上。

分布： 陕西、甘肃、安徽、湖南、湖北、四川、贵州、云南、西藏、福建、广东、广西、海南。

用途： 食用、药用。

158 **紫色马勃** *Calvatia lilacina* (Mont. & Berk.) Henn. 摄影：吴兴亮

159 **鸡油菌** *Cantharellus cibarius* Fr. 摄影：吴兴亮

160 红鸡油菌

Cantharellus cinnabarinus (Schwein.) Schwein., Trans. Am. phil. Soc., New Series 4(2): 153, 1832.
Cantharellus cibarius var. *australiensis* Cleland, Toadstools and Mushrooms and Other Larger Fungi of South Australia (Adelaide) 1: 172, 1934.
Cantharellus cinnabarinus var. *australiensis* (Cleland) Corner, Monogr. Cantharelloid Fungi: 42, 1966.
Chanterel cinnabarinus (Schwein.) Murrill, Mycologia 5(5): 258, 1913.

菌盖宽2 ~ 5 cm，初半球形，后中凹状，最终成漏斗形，肉质，肉红色至橙红色，被白色绒毛，边缘初内卷，后下垂；菌肉呈肉红色，近柄处厚1 ~ 2 mm，边缘处很薄；子实层体黄白色，有纵棱，纵棱分叉，较密有横脉，延生；菌柄中生至偏生，棒形，长2 ~ 5 cm，被白色绒毛，上有条纹，近肉质，实心，后空心。孢子卵圆形至短圆柱形，光滑，无色，7 ~ 8.5 × 4 ~ 6 μm。

生境：生于混交林中地上。

分布：江苏、浙江、安徽、广东、广西、四川、贵州、西藏。

用途：食用。该菌幼嫩时脆香味浓，味美可口。

---

161 小鸡油菌

Cantharellus minor Peck, Ann. Rep. Reg. St. N.Y. 23: 122, 1872.
Merulius minor (Peck) Kuntze, Revis. Gen. pl. (Leipzig) 2: 862, 1891.

担子果小，肉质，高0.7 ~ 25 mm，喇叭形，全菌杏黄色或鸡油黄色；盖初期内卷呈凸型，展开后形成中间下凹，光滑，边缘波浪状，内卷且常有瓣裂；菌肉浅黄色，较厚；菌褶狭窄，棱脊状，稀疏，下延至柄部，分叉或相互交织；菌柄内实，后变中空，长1.5 ~ 3.5 cm，粗2 ~ 5 mm，圆柱形或向下渐细狭，往往弯曲，光滑。孢子椭圆形，光滑，有尖突，6.5 ~ 8 × 4.5 ~ 5.5 μm。

生境：生于阔叶林中地上。

分布：吉林、陕西、江苏、湖南、四川、贵州、云南、福建、广东、广西、海南。

用途：药用。

---

162 一色齿毛菌

Cerrena unicolor (Bull.) Murrill, J. Mycol.9: 91, 1903.
Boletus unicolor Bull., Herb. France (Paris) 9: pl. 408, 1789.
Daedalea cinerea (Pers.) Fr., Observ. Mycol. (Leipzig) 1: 105, 1815.

担子果无柄，菌盖半圆形到扇形或平伏而反卷，覆瓦状，2 ~ 5 × 2 ~ 6 cm，厚0.2 ~ 0.5 cm，革质，往往左右相连，灰白色、灰色或浅褐色，有细长毛或粗毛，具同心环带，边缘薄而锐，波浪状或瓣裂，下侧无子实层；菌肉白色或近白色，在菌肉和毛层之间有一条黑线；菌管近白色，灰色至暗灰色；管口近迷路状，很快裂为齿状。孢子椭圆形，无色，光滑，5 ~ 6 × 2.5 ~ 3.5 μm。

生境：生于阔叶树的树桩上。

分布：黑龙江、吉林、内蒙古、河北、山西、河南、甘肃、青海、新疆、安徽、江苏、浙江、江西、湖南、四川、贵州、云南、福建、海南、广西。

用途：药用。

---

160 红鸡油菌

Cantharellus cinnabarinus (Schwein.) Schwein.

摄影：李常春

161 小鸡油菌

Cantharellus minor Peck

摄影：吴兴亮

162 一色齿毛菌

Cerrena unicolor (Bull.) Murrill

摄影：吴兴亮

163 铅青褶伞

Chlorophyllum molybdites (G. Mey.) Massee, Bulletin of Miscellaneous Information, Royal botanic Gardens, Kew: 136, 1898.
Agaricus molybdites G. Mey., Prim. fl. esseq.: 300, 1818.

菌盖直径5 ~ 15 cm，白色，半球形、扁半球形至半球形，中部稍凸起，幼时暗褐色或浅褐色，平展时裂为褐紫色鳞片，往往边缘脱落；菌肉白色或带浅粉红色，松软；菌褶初期污白色，后期呈浅青褐色，离生，宽，不等长；菌柄长12 ~ 22 cm，粗1 ~ 2 cm，圆柱形，污白色至浅灰褐色，基部稍膨大，内部空心，菌柄菌肉伤处变褐色；菌环膜质，生菌柄之上部。孢子宽卵圆形至宽椭圆形，光滑，8 ~ 12 × 6 ~ 8 μm。

生境：生于草地上。

分布：广东、海南、广西。

用途：该菇是华南等地引起中毒事件最多的种类之一。所含有的毒素主要引起胃肠型症状，但也对肝等脏器和神经系统造成损害，进食量大时也会致命。

164 红笼头菌

Clathrus ruber P. Micheli ex Pers., Syn. meth. fung. (Göttingen) 2: 241, 1801.
Clathrus cancellatus L., Syst. Mycol. (Lundae) 2(2): 288, 1823.

担子果初期球形至卵圆形，具凹陷网格，直径4 ~ 6 cm，由白色菌索固定于基物上；包被外层薄，膜状，乳白色至淡乳黄白色，中层较厚，胶质，内部中空；成熟时包被开裂，露出橙红色至红色笼头状孢托，极脆，网格较多，不规则，网格顶部容易断裂，边缘具横皱褶或小疣突起；产孢组织生于网格的内侧，黏，青绿色。孢子近椭圆形，光滑，无色，4 ~ 5 × 1.5 ~ 1.8 μm。

生境：生于阔叶林或竹林中地上。

分布：湖南、广东、广西、四川、贵州、西藏。

165 虫形珊瑚菌

Clavaria fragilis Holmsk., Beata Ruris Otia FUNGIS DANICIS 1: 7, 1790.
Clavaria vermicularis Fr., Syst. Mycol. (Lundae) 1: 484, 1821.
Clavaria cylindrica Gray, Nat. Arr. Brit. Pl. (London) 1: 656, 1821.
Clavaria vermicularis var. *sphaerospora* Bourdot & Galzin, Hyménomyc. de France (Sceaux): 110, 1928.

担子果直立，不分枝，丛生，成熟后稍弯曲，脆，高3 ~ 5 cm，粗0.3 ~ 0.4 cm，白色，老后略带淡黄色，圆柱形或近长梭形，后变扁平，向上渐细，常内实，后变中空。椭圆形或果仁状，孢子无色，光滑，常具小尖，5 ~ 7 × 3 ~ 4 μm。

生境：生于阔叶林或竹林中地上。

分布：吉林、江苏、浙江、广东、广西、海南、四川、云南、贵州。

用途：食用。

163 铅青褶伞

Chlorophyllum molybdites (G. Mey.) Massee

摄影：吴兴亮

164 红笼头菌

Clathrus ruber P. Micheli ex Pers.

摄影：吴兴亮

165 虫形珊瑚菌

Clavaria fragilis Holmsk.

摄影：吴兴亮

166 佐林格珊瑚菌

Clavaria zollingeri Lév., Annls Sci. Nat., Bot., sér. 3 5: 155, 1846.
Clavaria lavandula Peck, Bull. N.Y. St. Mus. 139: 47, 1910.

担子果高3.5 ~ 6 cm，丛宽2.5 ~ 5 cm，基部常相连一起，密集成丛呈珊瑚状或鹿角状，枝顶纯，肉质，易碎，淡紫色、紫色至紫罗兰色，老后渐褪色呈淡紫褐色；基部之上分枝2 ~ 4回，常二叉分枝。孢子宽椭圆形至近球形，光滑，无色，5.5 ~ 7 × 4 ~ 5 μm

生境：针阔混交林中地上。

分布：湖南、贵州、广西。

167 珊瑚状锁瑚菌

Clavulina coralloides (L.) J. Schröt., in Cohn, Krypt.-Fl. Schlesien (Breslau) 3.1(25–32): 443, 1888.
Clavaria coralloides L., Sp. pl. 2: 1182, 1753.
Clavaria cristata (Holmsk.) Pers., Syn. meth. fung. (Göttingen) 2: 591, 1801.
Clavulina cristata (Holmsk.) J. Schröt., in Cohn, Krypt.-Fl. Schlesien (Breslau) 3.1(25–32): 442, 1888.

担子果高3 ~ 6 cm，枝丛直径4 ~ 5 cm；白色、灰白色、粉白红色或淡黄褐色，老后灰色至灰褐色，珊瑚状，多分枝，柄基部较粗壮，枝的顶端有一丛密集、较纤细的小枝，小枝易于卷曲，尖部挺直；菌肉白色，内实。孢子近球形或宽卵形，一端有钝喙状突起，光滑，无色，7.5 ~ 9.5 × 6.5 ~ 8 μm。

生境：生于林地上。

分布：青海、安徽、江苏、浙江、四川、贵州、云南、广西、海南。

用途：食用。

168 皱锁瑚菌

Clavulina rugosa (Bull.) J. Schröt., in Cohn, Krypt.-Fl. Schlesien (Breslau) 3.1(25–32): 442, 1888.
Clavaria rugosa Bull., Herb. Fr. (Paris) 10: tab. 448, fig. 2, 1790.
Clavicorona rugosa (Bull.) Corner, Beih. Nova Hedwigia 33: 168, 1970.
Ramaria rugosa (Bull.) Gray, Nat. Arr. Brit. Pl. (London) 1: 655, 1821.

子实体通常不分枝，有时在顶端有1 ~ 2次不规则分枝，高4 ~ 7 cm，宽0.3 ~ 0.6 cm，柄不显著，白色或米色，干后黄褐色，平滑或有多皱；菌肉白色，内实。孢子近球形至宽椭圆形，天色，光滑，7.5 ~ 10 × 7 ~ 9.5 μm。

生境：生于阔叶林或针阔混交林中地上。

分布：江苏、江西、青海、甘肃、陕西、贵州、广西。

166 佐林格珊瑚菌

Clavaria zollingeri Lév.

摄影：吴兴亮

167 珊瑚状锁瑚菌

Clavulina coralloides (L.) J. Schröt.

摄影：吴兴亮

168 皱锁瑚菌

Clavulina rugosa (Bull.) J. Schröt.

摄影：吴兴亮

169 金赤拟锁瑚菌

Clavulinopsis aurantiocinnabarina (Schwein.) Corner, Monograph of Clavaria and Allied Genera (Annals of Botany Memoirs No. 1): 358, 1950.
Clavaria aurantiocinnabarina Schwein., Trans. Am. Phil. Soc., New Series 4(2): 183, 1832.

担子果不分枝或少许分枝，高2.5 ~ 5.5 cm，直径0.3 ~ 0.5 cm，橙黄色至橘红色，棒形，中空，有时扭曲，枝端尖或微瓣裂；菌肉黄褐色；担子棒形，2 ~ 4个孢子，小梗直立，长3 ~ 6 μm。孢子近球形，光滑，无色，5 ~ 7 × 5 ~ 6 μm。

生境： 生于阔叶林中地上。

分布： 广东、广西、河北、吉林、江苏、贵州。

170 梭形拟锁瑚菌

Clavulinopsis fusiformis (Sow.) Corner, Ann. Bot. Mem. 1:367, 1950.
Clavaria fusiformis (Sow.) Fr.Syst.Myc.1:481, 1821.

担子果高3 ~ 6 cm，黄色，橘黄色，枝直立，单一或少有分枝，两端渐尖，呈延长纺锤形，表面光滑，顶端狭尖处，成熟后易枯萎，并呈褐黄色；菌体中空，呈管状，菌丝有明显的锁状联合；担子长棒形，45 ~ 48 × 5 ~ 7 μm。孢子近球形，光滑，无色，7 ~ 11 μm。

生境： 生于栎树林下或松栎等混交林下。

分布： 湖南、四川、贵州、云南、广西。

171 微黄拟锁瑚菌

Clavulinopsis helvola (Pers.) Corner, Monograph of Clavaria and allied Genera, (Annals of Botany Memoirs No. 1): 372, 1950.
Clavaria angustata Pers., Comm. fung. clav. (Lipsiae): 72, 1797.
Clavaria helvola Pers. [as 'helveola'], Comm. fung. clav. (Lipsiae): 69, 1797.
Clavulinopsis helvola f. *geoglossoides* (Boud. & Pat.) Lécuru, in Lécuru, Courtecuisse & Moreau, Index Fungorum 384: 1, 2019.
Donkella helvola (Pers.) Malysheva & Zmitr., Nov. sist. Niz. Rast. 40: 150, 2006.
Ramariopsis helvola (Pers.) R.H. Petersen, Mycologia 70(3): 668, 1978.

担子果丛生，圆柱形或长纺锤形，柠檬黄色至黄色，不分枝，高3 ~ 7 cm，直径0.3 ~ 0.45 cm；柄不明显，圆柱形，往往中空，有时扭曲，顶端钝。孢子近球形或宽椭圆形，无色，光滑，5 ~ 7 × 4.5 ~ 6 μm。

生境： 生于林中地上。

分布： 湖南、贵州、广西。

169 金赤拟锁瑚菌

Clavulinopsis aurantiocinnabarina (Schwein.) Corner

摄影：吴兴亮

170 梭形拟锁瑚菌

Clavulinopsis fusiformis (Sow.) Corner

摄影：吴兴亮

171 微黄拟锁瑚菌

Clavulinopsis helvola (Pers.) Corner

摄影：吴兴亮

172 银朱拟锁瑚菌

Clavulinopsis sulcata Overeem, Bull. Jard. Bot. Buitenz, 3 Sér. 5: 279, 1923.
Clavaria miniata Berk., London J. Bot. 2: 416 bis, 1843.
Clavaria sulcata (Overeem) R.H. Petersen, Mycologia 70(3): 667, 1978.
Clavulinopsis miniata Corner, Monograph of Clavaria and allied Genera, (Annals of Botany Memoirs No. 1): 378, 1950.

担子果丛生，直立，不分枝，高5 ~ 10 cm，粗0.3 ~ 0.5 cm，橙红色，后变为淡粉红色、浅肉色或黄褐色，常呈扁平状，棱形，有纵沟和皱纹，幼时内实，后变中空；菌柄短，近柱状，浅红色，后变为淡粉红色、浅肉色或黄褐色。孢子宽椭圆形至近球形，光滑，无色，5.5 ~ 7 × 5.5 ~ 6.5 μm。

生境：生于针叶林、阔叶林或竹林中地上。

分布：海南、广西、四川、云南、贵州。

用途：食用。

173 皱纹斜盖伞

Clitopilus crispus Pat., Bull. Soc. Myc. Fr. 29: 214, 1913.

菌盖凸镜形至平展形，后中凹，直径2 ~ 6 cm，白色至粉白色，边缘内卷，近毛缘，菌盖边缘有放射状的棱纹；菌肉白色；菌褶延生，不等长，白色或奶油色、黄白色至近粉色；菌柄白色，2 ~ 6 × 0.3 ~ 0.8 cm，偏生，近圆柱状。孢子卵圆形，宽椭圆形至椭圆形，淡粉红色，有纵凌，7 ~ 8 × 4.5 ~ 5.5 μm。

生境：生于阔叶林地上。

分布：广东、广西、海南、贵州、云南。

174 肉桂色集毛孔菌

Coltricia cinnamomea (Jacq.) Murrill, Bull. Torrey bot. Club 31(6): 343, 1904.
Boletus cinnamomeus Jacq., Collnea bot. 1(1): 116, 1787.
Coltricia oblectans (Berk.) G. Cunn., Bull. N.Z. Dept. Sci. Industr. Res., Pl. Dis. Div. 77: 3, 1948.
Coltricia parvula (Fr.) Murrill, Bull. Torrey bot. Club 31(6): 345, 1904.
Microporus bulbipes (Fr.) Kuntze, Revis. gen. pl. (Leipzig) 3(2): 495, 1898.
Microporus cinnamomeus (Jacq.) Kuntze, Revis. gen. pl. (Leipzig) 3(2): 495, 1898.

担子果革质，菌盖薄，圆形，中央脐状或近漏斗形，直径1 ~ 5 cm，厚1 ~ 2 mm，深肉桂色至深褐色，有不明显的环带，有光泽及辐射状纤毛，边缘薄，锐，内卷；孔口表面锈褐色，多角形或撕裂；菌柄中生，圆柱形，与菌盖同色，有细绒毛，长1.5 ~ 3 cm，粗2 ~ 3 mm。孢子椭圆形，淡黄褐色，光滑，6 ~ 7 × 4 ~ 5 μm。

生境：生于阔叶林地上。

分布：江西、四川、贵州、福建、广东、广西、海南。

172 银朱拟锁瑚菌

Clavulinopsis sulcata Overeem

摄影：吴兴亮

173 皱纹斜盖伞

Clitopilus crispus Pat.

摄影：吴兴亮

174 肉桂色集毛孔菌

Coltricia cinnamomea (Jacq.) Murrill

摄影：吴兴亮

175 魏氏集毛孔菌

Coltricia weii Y.C. Dai, in Dai, Yuan & Cui, Sydowia 62(1): 16, 2010.

子实体具中生柄，革质，干后木栓质；菌盖圆形至漏斗形，直径1.5 ~ 3 cm，表面锈褐色至暗红褐色，具同心环纹，边缘撕裂状；孔口表面红褐色至暗褐色；不规则圆形至不规则多角形，每毫米3 ~ 4个；菌肉暗褐色，革质；菌管棕褐色；菌柄与菌盖同色，长0.5 ~ 1 cm，粗2 mm。孢子宽椭圆形，浅黄色，厚壁，光滑，5 ~ 7 × 4 ~ 5 μm。

生境：生于阔叶林地上。

分布：广西、海南、贵州。

176 假小鬼伞

Coprinellus disseminatus (Pers.) J.E. Lange, Dansk Bot. Ark. 9(6): 93, 1938.
Coprinus disseminatus (Pers.) Gray, Nat. Arr. Brit. Pl. (London) 1: 634, 1821.
Coprinarius disseminatus (Pers.) P. Kumm., Führ. Pilzk. (Zwickau): 68, 1871.

担子果密集丛生或群生；初卵形，后稍展开，钟帽状，直径0.6 ~ 1 cm，白色、灰白色至灰褐色，中央较深，边缘具长沟纹，膜质，表面初具鳞片和绒毛或絮状鳞片；菌肉薄如膜，白色；菌褶贴生，膜质，初白色，成熟后呈灰黑色；菌柄细长，中生，圆柱状，灰白色，中空，嫩脆，长2 ~ 4 cm，粗0.1 ~ 0.3 cm，柄基有白色纤毛。孢子椭圆形，光滑，淡褐色，6 ~ 9 × 4 ~ 5 μm。

生境：生于阔叶林中树桩上。

分布：河北、江苏、江西、广西、云南、海南、贵州。

177 晶粒小鬼伞

Coprinellus micaceus (Bull.) Vilgalys, Hopple & Jacq. Johnson, in Redhead, Vilgalys, Moncalvo, Johnson & Hopple, Taxon 50(1): 234, 2001.
Agaricus micaceus Bull., Herb. Fr. 6: tab. 246, 1786.

菌盖直径2 ~ 3.5 cm，初期卵圆形，钟形，斗笠形，后平展而反卷，黄褐色，中部带红褐色，表面有白色颗粒状晶体，边缘有条纹或棱纹；菌肉白色，薄；菌褶初期黄白色，后变黑褐色并自溶为墨汁状，离生、密，不等长；菌柄圆柱形，白色至黄白色，长3 ~ 6.5 cm，粗0.3 ~ 0.4 cm。孢子卵圆形至椭圆形，光滑，淡褐色，7 ~ 9 × 4.5 ~ 5 μm。

生境：生于阔叶林中树根部地上。

分布：黑龙江、吉林、辽宁、河北、山西、河南、陕西、甘肃、青海、新疆、江苏、湖南、四川、广西、西藏、香港。

用途：药用。可食用，但与酒同食会中毒。

175 魏氏集毛孔菌

Coltricia weii Y.C. Dai

摄影：吴兴亮

176 假小鬼伞

Coprinellus disseminatus (Pers.) J.E. Lange

摄影：吴兴亮

177 晶粒小鬼伞

Coprinellus micaceus (Bull.) Vilgalys

摄影：吴兴亮

178 辐毛小鬼伞

Coprinellus radians (Desm.) Vilgalys, Hopple & Jacq. Johnson, in Redhead, Vilgalys, Moncalvo, Johnson & Hopple, Taxon 50(1): 234, 2001.
Coprinus radians (Desm.) Fr., Epicr. Syst.Mycol. (Upsaliae): 248, 1838.
Agaricus radians Desm., Annls Sci. Nat., Bot., Sér. 1 13: 214, 1828.
Coprinus hortorum Métrod, Revue Mycol., Paris 5(2-3): 80, 1940.
Coprinus similis Berk. & Broome, Ann. Mag. Nat. Hist., Ser. 3 13: 214, 1865.

菌盖未成熟时卵形、钟形或锥形，平展后盖缘上卷，直径2.5 ~ 4.5 cm，黄褐色至赭褐色，肉质，表皮被有粒状小鳞片，并有显著的辐射状褶纹；菌肉白色至稍带淡黄褐色，极薄；菌褶初白色，后呈灰黑紫色，不等长，弯生；菌柄长3 ~ 4.5 cm，粗2 ~ 4 mm，圆柱形，白色至稍带淡褐色，上有白色细粉末，柄基略膨大，菌柄基部至基物上有放射状橙黄色菌丝团。孢子椭圆形，灰褐色，9.5 ~ 10 × 6 ~ 7.5 μm。

生境： 生于树桩基部。

分布： 河北、江苏、浙江、湖南、四川、贵州、西藏、广西、海南。

用途： 药用。

179 墨汁拟鬼伞

Coprinopsis atramentaria (Bull.) Redhead, Vilgalys & Moncalvo, in Redhead, Vilgalys, Moncalvo, Johnson & Hopple, Taxon 50(1): 226, 2001.
Agaricus atramentarius Bull., Herb. Fr.: tab. 164, 1786.
Agaricus sobolifer Hoffmann, Nomencl. Fung. 1: 216, 1789.
Coprinus atramentarius (Bull.) Fr., Epicr. Syst.Mycol. (Upsaliae): 243, 1838.
Coprinus atramentarius var. *soboliferus* (Fr.) Rea, Brit. basidiomyc. (Cambridge): 502, 1922.
Coprinus luridus (Bolton) Fr., Epicr. Syst.Mycol. (Upsaliae): 243, 1838.

菌盖未成熟时卵形、钟形或锥形，后平展至斗笠状，直径5 ~ 8 cm，灰白色、灰色、灰褐色至烟灰色，肉质，初期盖表光滑，后表皮裂成丛生毛状小鳞片，并有显著的辐射状褶纹，边缘花瓣状，反卷，撕裂；菌肉初白色至污褐色，后变成墨黑色至黑色汁液；菌褶初白色至污褐色，稠密，不等长，离生，后期液化为墨汁状；菌柄中生，长6 ~ 8 cm，粗4 ~ 8 mm，圆柱形，白色至白带褐色，上有绒毛小鳞片，脆骨质，空心，菌柄基部有菌环痕迹。孢子椭圆形，黑褐色，8 ~ 10 × 5 ~ 6 μm。

生境： 生于阔叶林中地上。

分布： 吉林、河北、山西、河南、江苏、湖南、四川、贵州、云南、福建、台湾、广东、广西、海南。

用途： 药用。

178 **辐毛小鬼伞** *Coprinellus radians* (Desm.) Vilgalys 摄影：吴兴亮

179 **墨汁拟鬼伞** *Coprinopsis atramentaria* (Bull.) Redhead 摄影：吴兴亮

180 毛头鬼伞

Coprinus comatus (O.F. Müll.) Pers., Tent. disp. meth. Fung. (Lipsiae) : 66, 1797.
Agaricus ovatus Schaeff., Fung. Bavar. Palat. 1: 7, 1762.
Agaricus comatus O.F. Müll., Fl. Dan.: tab. 834, 1767.
Agaricus fimetarius Bolton, Hist. fung. Halifax (Huddersfield) 1: 44, 1788.
Agaricus cylindricus Sowerby, Col. fig. Engl. fung. (London) 2: pl. 189, 1799.
Coprinus comatus var. *ovatus* (Schaeff.) Fr., Syst. Mycol. (Lundae) 1: 307, 1821.
Coprinus ovatus (Schaeff.) Fr., Epicr. syst. Mycol. (Uppsala): 242, 1838.
Coprinus comatus var. *caprimammillatus* Bogart, Mycotaxon 4(1): 274, 1976.

菌盖初期近圆筒形，后钟形至斗笠形，直径4 ~ 8 cm，初期白色，顶部淡褐色或淡土黄褐色，后期色渐变深，表面早期光滑，后开裂形成平伏而反卷的鳞片；菌肉白色，较薄；菌褶初期白色，后变为粉灰色至黑色，并液化成墨汁状；菌柄近圆柱形，基部稍膨大，向上渐细，长5 ~ 15 cm，粗1 ~ 2.5 cm，白色，光滑，中空，基部渐膨大并向下渐细；菌环白色，膜质，后期可上下移动，易脱落。孢子椭圆形，黑色，光滑，12 ~ 18 × 7.8 ~ 10 μm。

生境：生于腐殖土上。

分布：河北、山西、辽宁、吉林、黑龙江、江苏、福建、广西、贵州、云南、甘肃、青海。

用途：药用。

181 红斑革孔菌

Coriolopsis sanguinaria (Klotzsch) Teng, Chung-kuo Ti Chen-chun, [Fungi of China]: 760, 1963.
Coriolopsis sanguinaria (Klotzsch) Teng, Chung-kuo Ti Chen-chun, p. 760, 1963.
Polyporus sanguinarius Klotzsch, Linnaea 8: 484, 1833.
Fomes sanguinarius (Klotzsch) Cooke, Grevillea 14(69): 21, 1885.
Trametes sanguinaria (Klotzsch) Corner, Beih. Nova Hedwigia 97: 149, 1989.

担子果无柄盖状，覆瓦状叠生，革质，干后木栓质；菌盖半圆形至扇形，长5 ~ 8.5 cm，宽4.5 ~ 8 cm，基部厚3 ~ 6 mm；菌盖表面浅黄褐色、黄褐色至红褐色，靠近基部红褐色至黑红褐色，光滑或有疣状物，具明显的同心环带；边缘锐，奶油色；菌肉浅棕褐色，木栓质；孔口表面乳白色、奶油色、黄褐色；不育边缘明显，奶油色；孔口圆形，每毫米6 ~ 8个；菌管浅黄褐色。孢子椭圆形，无色，薄壁，光滑，4.5 ~ 6 × 2 ~ 3.5 μm。

生境：生于腐木上。

分布：福建、广东、广西、海南。

用途：造成木材白色腐朽。

180 **毛头鬼伞** *Coprinus comatus* (O.F. Müll.) Pers.　　摄影：王绍能

181 红斑革孔菌 *Coriolopsis sanguinaria* (Klotzsch) Teng

摄影：吴兴亮

182 粪鬼伞

Coprinus sterquilinus (Fr.) Fr., Epicr. Syst. Mycol. (Uppsala): 242, 1838.

菌盖直径2.5 ~ 5 cm，高5 ~ 7 cm，初期椭圆形，后变为圆锥形，渐平展，纯白色至灰白色，中部浅褐色，有鳞片，边缘有明显的棱纹，老后灰褐色至黑色；菌肉白色较薄；菌褶白色，后变粉红色至黑色而自溶为黑汁状；菌柄长6 ~ 15 cm，粗0.6 ~ 1 cm，白色，后变污白色至灰白色，圆柱形，基部稍膨大，内部松软变中空；菌环白色，膜质，窄，常留在菌柄基部似菌托。孢子椭圆形，黑褐色，光滑，18 ~ 22 × 10 ~ 12.5 μm。

生境：生于林地上。

分布：河北、江苏、台湾、广东、广西、贵州、云南。

用途：幼嫩时可食用。可药用，益肠胃、化痰理气、解毒、消脚，经常食用，有助消化和治疗痔疮；对小白鼠肉瘤S-180及艾氏癌的抑制率均为80%。

183 金黄喇叭菌

Craterellus aureus Berk. & M.A. Curtis, Proc. Amer. Acad. Arts & Sci. 4: 123, 1860.

担子果高6 ~ 9 cm，菌盖直径3 ~ 5.5 cm，鲜橙黄色至金黄色，呈喇叭状至号角形，下凹至基部，边缘伸展或内卷，近光滑；子实层面平滑无褶棱；菌柄不明确，长2 ~ 6 cm，粗0.5 ~ 1 cm，向基部渐细。孢子椭圆形，无色，光滑，7 ~ 9.5 × 5.5 ~ 7.5 μm。

生境：生于阔叶林中地上。

分布：河南、四川、贵州、云南、西藏、福建、广东、广西、海南。

用途：食用、药用。

183 **金黄喇叭菌** *Craterellus aureus* Berk. & M.A. Curtis 摄影：吴兴亮

182 **粪鬼伞** *Coprinus sterquilinus* (Fr.) Fr.　　　摄影：王绍能

184 管形鸡油菌

Craterellus tubaeformis (Fr.) Quél., Fl. mycol. France (Paris): 36, 1888.
Cantharellus cantharelloides Quél., C. r. Assoc. Franç. Avancem. Sci. 24(2): 619, 1896.
Cantharellus tubaeformis Fr., Syst. Mycol. (Lundae) 1: 319, 1821.

菌盖直径3 ~ 5 cm，初期扁半球形，后近扁平，中部深下凹，近漏斗形，淡褐色至橄榄褐色，边缘呈波状或内卷，有细丝状纤毛；菌肉浅黄色，薄；菌褶淡黄褐色至浅灰黄色，延生，稀而呈条棱状，褶缘钝，具分叉或褶间有明显脉相连；菌柄圆柱形，长3 ~ 6 cm，粗0.4 ~ 0.7 cm，淡黄色至赭色，基部变浅，表面光滑，内部实心变空心。孢子长圆形，无色或带淡黄色，6 ~ 11 × 5 ~ 7 μm。

生境： 生于林中潮湿苔藓丛间或腐朽木上。

分布： 福建、云南、贵州、广西

用途： 可食用。

---

185 平盖靴耳

Crepidotus applanatus (Pers.) P. Kumm., Führ. Pilzk. (Zerbst): 74, 1871.
Agaricus applanatus Pers., Observ. Mycol. (Lipsiae) 1: 8, 1796.
Agaricus globiger Berk., J. Linn. Soc., Bot. 13: 158, 1872.
Agaricus putrigenus Berk. & M.A. Curtis, Ann. Mag. nat. Hist., Ser. 3 4: 292, 1859.
Crepidotus applanatus var. *subglobiger Singer,* Nova Hedwigia, Beih. 44: 478, 1973.
Crepidotus globiger (Berk.) Sacc., Syll. fung. (Abellini) 5: 879, 1887.

菌盖扇形或近半圆形，直径2 ~ 3 cm，表面光滑，无毛，初白色，后浅褐色，湿时水浸状，干时枯叶色，边缘内卷，色较淡，并有细条纹；菌肉薄，白色、污白色到淡褐色；菌褶较密，不等长，初白色，后浅褐色，延生；菌柄很短。孢子近球形，有微细尖状突起，浅褐色，5 ~ 6.5 × 4.8 ~ 6 μm。

生境： 生于腐木上。

分布： 辽宁、福建、贵州、广东、香港、海南。

---

186 褐毛靴耳

Crepidotus badiofloccosus S. Imai, Bot. Mag., Tokyo 53: 399, 1939.

菌盖无菌柄，近扇形或近半圆形，直径2 ~ 4 cm，边缘内卷，黄褐色，表面密被褐色或深褐色毛状小鳞片，基部密集污白黄色或黄褐色绒毛；菌肉白色，不等长；菌褶污黄白色至淡褐黄色；孢子近球形，浅褐黄色，具细小疣，5.5 ~ 7 × 5.5 ~ 6.5 μm。

生境： 生于腐木上。

分布： 甘肃、广西、海南、贵州。

---

184 管形鸡油菌

Craterellus tubaeformis
(Fr.) Quél.

摄影：吴兴亮

185 平盖靴耳

Crepidotus applanatus
(Pers.) P. Kumm.

摄影：吴兴亮

186 褐毛靴耳

Crepidotus badiofloccosus
S. Imai

摄影：吴兴亮

187 丽靴耳

Crepidotus calolepis (Fr.) P. Karst., Bidr. Känn. Finl. Nat. Folk 32: 414, 1879.
Agaricus calolepis Fr., Öfvers. K. Svensk. Vetensk.-Akad. Förhandl. 30(no. 5): 5, 1873.
Agaricus tigrensis Speg., Anal. Soc. cient. argent. 12(1): 20, 1881.
Crepidotus tigrensis (Speg.) Sacc., Syll. fung. (Abellini) 5: 879, 1887.
Crepidotus calolepis var. *tigrensis* (Speg.) Blanco-Dios, Tarrelos 20: 29, 2018.
Crepidotus calolepis var. *polycystis* (Singer) Blanco-Dios, Tarrelos 20: 29, 2018.
Crepidotus mollis f. *calolepis* (Fr.) E. Ludw., Pilzkompendium (Eching) 1([2]): 71, 2001.
Crepidotus calolepis var. *squamulosus* (Cout.) Senn-Irlet, Persoonia 16(1): 37, 1995.

菌盖半圆形、肾形、球形或扇形，边缘内卷，直径2 ~ 5 cm，水浸后黏，淡褐色或淡锈色，密被淡茶色或褐色绒毛或细小毛状鳞片，基部具有一丛白色绒毛；菌肉近白至奶油色；菌褶稍密，较窄，奶油色、淡赭色至肉桂色，无柄或有柄基。孢子广椭圆形，光滑，7.5 ~ 9 × 5.5 ~ 7 µm。

生境：生于阔叶树腐木上。

分布：黑龙江、吉林、河北、内蒙古、广东、广西、贵州。

188 软靴耳

Crepidotus mollis (Schaeff.) Staude, Schwämme Mitteldeutschl. 25: 71, 1857.

菌盖半圆形至扇形，直径1 ~ 5 cm，水浸后半透明，黏，白色，干后锈褐色，基部有毛，边缘内卷；菌肉薄；菌褶稍密，从盖至基部辐射而出，延生，初白色，后变为锈褐色。孢子椭圆形或卵形，淡锈色，6 ~ 9.5 × 4 ~ 5 µm。

生境：生于腐木上。

分布：河北、山西、吉林、江苏、浙江、湖南、福建、河南、广东、广西、陕西、青海、四川、贵州、云南。

189 条盖靴耳

Crepidotus striatus T. Bau & Y.P. Ge, Mycosystema, 39(2): 251, 2020.

菌盖直径0.7 ~ 2.2 cm，幼时白色，成熟时白色、污白色至淡肉粉色，盖面黏，蹄形、贝壳形至扇形、半圆形、近平展，边缘时具明显条纹，较密，非水浸状；菌褶幼时白色，成熟后污白色至土褐色，延生；菌柄极小，近透明，近圆柱形，表面具白色菌丝；菌肉极薄，近透明，无特殊味道和气味；孢子椭圆形至近宽梭形，浅茶色至土褐色，光滑或具油滴，6.7 ~ 8.5 × 4.5 ~ 5.6 µm。

生境：生于阔叶树腐木上。

分布：广西、广东、福建、浙江、安徽、贵州。

187 丽靴耳

Crepidotus calolepis
(Fr.) P. Karst.

摄影：吴兴亮

188 软靴耳

Crepidotus mollis
(Schaeff.) Staude

摄影：吴兴亮

189 条盖靴耳

Crepidotus striatus
T Bau & Y.P. Ge

摄影：吴兴亮

190 硫黄色靴耳

Crepidotus sulphurinus Imazeki & Toki, Bull. Govt Forest Exp. Stn Meguro 67: 38, 1954.

菌盖半圆形至扇形，直径1 ~ 2.5 cm，水侵后半透明，黏，淡黄色，黄色至硫色，有绒毛，初期边缘内卷；菌肉薄，稍带黄色；菌褶稍密，从菌盖至基部辐射而出，延生，初淡黄色，黄色至硫色，后变为肉桂色至黄褐色；菌柄侧生，极短。孢子球形或近球形，有小疣，8 ~ 9.5 × 8 ~ 9.5 μm。

生境：生于腐木上。

分布：福建、广西、贵州、海南。

191 柄毛皮伞

Crinipellis scabella (Alb. & Schwein.) Murrill, N. Amer. Fl. (New York) 9: 287, 1915.
Agaricus caulicinalis Bull., Herb. Fr. (Paris) 6: tab. 522, fig. 2, 1786.
Agaricus scabellus Alb. & Schwein., Consp. fung. (Leipzig): 189, 1805.
Agaricus stipitarius Fr., Syst. mycol. (Lundae) 1: 138, 1821.

菌盖直径1 ~ 1.5 cm，凸镜形至漏斗型，黄褐色，边缘奶油色，被密集的红褐色长茸毛或纤毛；菌肉近白色，薄；菌褶白色，不等长，褶缘平滑；菌柄浅褐色至红褐色，长2 ~ 5 cm ，直径0.2 ~ 0.3 cm，圆柱形，被密集的红褐色纤毛，坚硬。孢子椭圆形，无色，光滑，8.5 ~ 10 × 4.5 ~ 6 μm。

生境：生于腐木上。

分布：广西、贵州。

192 白蛋巢菌

Crucibulum laeve (Huds.) Kambly, Gast. Iowa: 167, 1936.
Peziza crucibuliformis Schaeff., Fung. Bavar. Palat. 2: 125, 1763.
Peziza laevis Huds., Fl. Angl. Edn 22: 634, 1778.

担子果似鸟巢或杯状，包被高0.4 ~ 0.6 cm，顶部直径0.5 ~ 0.8 cm，白色，外表面有肉桂色的绒毛，后光滑，内侧成熟前有盖膜，盖膜白色，上有肉桂色绒毛，后盖膜脱离；内有数个扁球形的小包，小包扁球形，由一有韧性的绳状体固定于包被中，表面有一层白色的外膜，外膜脱落后变成黑色。孢子椭圆形，无色，光滑，8 ~ 11 × 5 ~ 6 μm。

生境：生于林中腐木和枯枝上成群生长。

分布：河北、山西、黑龙江、陕西、甘肃、青海、新疆、江苏、浙江、安徽、江西、湖北、湖南、广西、云南、贵州、西藏。

190 硫黄色靴耳

Crepidotus sulphurinus
Imazeki & Toki

摄影：王绍能

191 柄毛皮伞

Crinipellis scabella
(Alb. & Schwein.) Murrill

摄影：吴兴亮

192 白蛋巢菌

Crucibulum laeve
(Huds.) Kambly

摄影：吴兴亮

193　中国隐孔菌

Cryptoporus sinensis Sheng H. Wu & M. Zang, Mycotaxon 74(2): 416, 2000.

担子果具柄或近无柄，软木栓质，干后木栓质；菌盖扁球形到马蹄形，外伸可达2 cm，宽可达3 cm，基部厚可达1 cm，表面乳白色至蛋壳色，成熟后黄褐色至红褐色，光滑，边缘钝，颜色比菌盖表面浅，延生至孔口表面形成覆盖整个子实层的菌幕，全部担子果有如一空囊，仅后侧有一圆口，成熟后释放一种香味；孔口表面干后灰褐色；菌肉近白色，干后木栓质；菌管浅粉色，硬木栓质。孢子圆柱形，无色，光滑，8 ~ 10 × 3.8 ~ 5 μm。

生境： 生于松树腐木上。

分布： 河北、安徽、浙江、湖北、广东、广西、贵州、云南。

用途： 药用。

194　白被黑蛋巢菌

Cyathus pallidus Berk. & M.A. Curtis, in Berkeley, J. Linn. Soc., Bot. 10(no. 46): 346, 1868.
Cyathia pallida (Berk. & M.A. Curtis) V.S. White, Bull. Torrey bot. Club 29: 263, 1902.
Cyathodes pallidum (Berk. & M.A. Curtis) Kuntze, Revis. gen. pl. (Leipzig) 2: 851, 1891.

担子果似鸟巢，高0.7 ~ 1 cm ，边缘直径0.5 ~ 0.7 cm ，往往又呈杯状；包被米黄色至污白色，平滑或有不规则皱纹；杯中小包直径1.5 ~ 2 mm ，扁圆形，浅灰色或更深，具外膜，由绳索状体固定其中。孢子椭圆形，6 ~ 10 × 5 ~ 6.5 μm。

生境： 生于腐木上。

分布： 四川、贵州、云南、广东、广西。

195　粪生黑蛋巢菌

Cyathus stercoreus (Schwein.) De Toni, in Saccardo, Syll. Fung. (Abellini) 7: 40, 1888.
Nidularia stercorea Schwein., Trans. Am. Phil. Soc. Ser. 2 4(2): 253, 1834.

担子果包被杯状，外表面覆盖有一层粗毛，直径0.4 ~ 0.6 cm，高0.5 ~ 1.2 cm，早期棕黄色，后期色渐变深，毛脱落以后，无纵皱褶；内表面灰色至褐色，后期近黑褐色，平滑，无纵纹；小包黑色，扁圆形，由菌丝索固定于杯中，小包的外层由褐色粗丝所组成。孢子近球形至广椭圆形，透明，无色，22 ~ 36 × 18 ~ 32 μm。

生境： 生于牛粪上。

分布： 河北、山西、江苏、安徽、浙江、江西、湖南、广东、广西、四川、云南、贵州、西藏。

用途： 药用。

193 中国隐孔菌

Cryptoporus sinensis Sheng H. Wu & M. Zang

摄影：吴兴亮

194 白被黑蛋巢菌

Cyathus pallidus Berk. & M.A. Curtis

摄影：吴兴亮

195 粪生黑蛋巢菌

Cyathus stercoreus (Schwein.) De Toni

摄影：吴兴亮

196　隆纹黑蛋巢菌

Cyathus striatus (Huds.) Willd., Fl. Berol. Prodr.: 399, 1787.
Peziza striata Huds., Fl. Angl. Edn 22: 634, 1778.
Nidularia striata (Huds.) With., Bot. Arr. Brit. pl. Edn 2 (London) 3: 446, 1792.

包被杯状，直径0.6 ~ 0.8 cm，高0.7 ~ 1.2 cm，外表面覆盖有粗毛，棕褐色，后渐变深，毛脱落以后露出纵皱褶；内表面灰色至褐色，平滑，有明显纵纹；小包扁圆形，直径1.5 ~ 2 mm，下面中央有一条菌丝索固定于杯内，黑色，外表有一层色淡而薄的外膜。孢子椭圆形至卵圆形，透明，无色，壁厚，15 ~ 20 × 8 ~ 11.5 μm。

生境：生于阔叶林枯枝或落叶上。

分布：河北、山西、江苏、安徽、浙江、江西、湖南、广东、广西、海南、贵州、四川、云南、西藏。

用途：药用。

197　优雅波边革菌

Cymatoderma elegans Jungh., Tijdschr. Nat. Gesch. Physiol. 7: 290, 1840.
Beccariella insignis Ces., Atti Accad. Sci. fis. mat. Napoli 8(no. 3): 10, 1879.
Beccariella kingiana Massee, Grevillea 20(no. 94): 33, 1891.
Cladoderris australica Berk., Syll. fung. (Abellini) 6: 548, 1888.
Cladoderris elegans (Jungh.) Fr., Summa veg. Scand., Sectio Prior (Stockholm): 142, 1845.
Cladoderris lamellata (Berk. & M.A. Curtis) Pat., Essai Tax. Hyménomyc. (Lons-le-Saunier): 73, 1900.
Cladoderris roccati Mattir., Ann. Bot., Roma 7: 144, 1908.
Cladoderris scrupulosa Lloyd, Mycol. Writ. 4: 8, 1913.
Cladoderris spongiosa Fr., Summa veg. Scand., Sectio Prior (Stockholm): 140, 1845.
Cymatoderma lamellatum (Berk. & M.A. Curtis) D.A. Reid [as 'lamellata'], Kew Bull. [10]: 631, 1956.
Stereum lamellatum (Berk. & M.A. Curtis) Wakef., Ann. Mo. bot. Gdn 50: 102, 1920.
Thelephora lamellata Berk. & M.A. Curtis, Amer. J. Sci. Arts, Ser. 211: 94, 1851.

担子果具侧生短柄，新鲜时革质，干后木栓质；菌盖漏斗形，直径5 ~ 7 cm；表面肉桂色至黄褐色，被绒毛，老后脱落，具明显的辐射皱褶，常有小疣，近边缘处具环带，干后浅灰黄褐色至浅土黄色，边缘瓣裂，干后波状；子实层体新鲜时乳白色，干后米黄色，具皱褶；菌肉米黄色，木栓质；菌柄圆柱形，短，被绒毛。孢子宽椭圆形，无色，薄壁，光滑，7.5 ~ 10 × 4 ~ 5 μm。

生境：生于阔叶树倒木。

分布：广东、广西、海南。

用途：药用。

196 **隆纹黑蛋巢菌** *Cyathus striatus* (Huds.) Willd. 摄影：吴兴亮

197 **优雅波边革菌** *Cymatoderma elegans* Jungh. 摄影：谭伟福

198 金黄鳞盖菇

Cyptotrama asprata (Berk.) Redhead & Ginns, Can. J. Bot. 58(6): 731, 1980.
Agaricus aspratus Berk., London J. Bot. 6: 481 bis, 1847.
Armillaria asprata (Berk.) Petch, Ann. R. bot. Gdns Peradeniya 4(6): 386, 1910.
Lepiota asprata (Berk.) Sacc., Syll. fung. (Abellini) 5: 48, 1887.
Mastocephalus aspratus (Berk.) Kuntze, Revis. gen. pl. (Leipzig) 2: 859, 1891.
Xerula asprata (Berk.) Aberdeen, Kew Bull. 16(1): 129, 1962.

菌盖扁半球形至平展，直径1.5 ~ 2.5 cm，橙黄色，表面密被有橙黄色的刺鳞；菌肉近白色至淡黄白色，较薄；菌褶白色，近表皮处淡黄白色，稀疏，不等长，直生；菌柄中生，长2 ~ 3.5 cm，粗3 ~ 6 mm，圆柱形，内部实心至松软，淡黄色至柠檬黄色，被有橙黄色绵毛状纤维状物，基部膨大具有淡黄色刺鳞片。孢子近宽柠檬形，光滑，无色，7.5 ~ 8.5 × 6 ~ 6.5 μm。

生境： 生于阔叶林的腐木上。

分布： 福建、广东、海南、广西、贵州。

---

199 皱盖囊皮伞

Cystoderma amianthinum (Scop.) Fayod, Annls Sci. Nat. Bot., sér. 7 9: 351, 1889.
Agaricus amianthinus Scop., Fl. carniol. Edn 2 (Vienna) 2: 434, 1772.
Lepiota granulosa var. *amianthina* (Scop.) P. Kumm., Führ. Pilzk. (Zwickau): 136, 1871.
Lepiota amianthina (Scop.) P. Karst., Hattsvampar 32: 15, 1879.

菌盖直径2 ~ 3.5 cm，扁平球形至平展，中央有小突起，黄褐色，边缘稍浅，被同色细小疣突，不平滑有辐射状皱纹；菌肉白色；菌褶白色至米色；菌柄长3 ~ 5 cm，直径3 ~ 6 mm，圆柱形，菌环以上浅黄色至米黄色，光滑，菌环以下密被褐黄色细小鳞片，菌环易消失。孢子椭圆形，光滑，5 ~ 6.5 × 2.5 ~ 3.5 μm。

生境： 生于针阔混交林中地上。

分布： 分布于中国大部分地区。

---

200 金孢花耳

Dacrymyces aureosporus Shirouzu & Tokum., Persoonia 23: 22, 2009.

子实体高0.6 ~ 1.3 cm，直径4 ~ 10 cm，表面有皱褶呈脑状或瓣裂状，胶质状，干后角质，新鲜时肉红色、金黄色至橙红色，担子纵裂为4瓣，具4个担孢子。孢子圆柱形至腊肠形，光滑，16 ~ 23 × 7 ~ 8.5 μm。

生境： 生于阔叶树的腐木上。

分布： 湖南、贵州、广西。

用途： 可食用。

---

198 **金黄鳞盖菇**

Cyptotrama asprata (Berk.) Redhead & Ginns

摄影：吴兴亮

199 **皱盖囊皮伞**

Cystoderma amianthinum (Scop.) Fayod

摄影：吴兴亮

200 **金孢花耳**

Dacrymyces aureosporus Shirouzu & Tokum.

摄影：吴兴亮

201 掌状花耳

Dacrymyces chrysospermus Berk. & M.A. Curtis, Grevil lea 2(no. 14): 20, 1873.
Dacrymyces palmatus Bres., Öst. bot. Z. 54: 425 ,1904.
Dacrymyces palmatus var. *minor* B. Liu & L. Fan, Acta Mycol. Sin. 9(1): 17, 1990.
Dacryopsis palmata (Schwein.) Lloyd, Mycol. Writ. 6(Letter 64): 989, 1920.

担子果形状不规则瓣裂成一堆，瘤状或脑状，有褶皱和沟纹，直径2 ~ 6 cm ，高2 cm 左右，橘黄色；菌肉胶质，有弹性，橘黄色或稍浅。孢子圆柱状至腊肠形，无色，光滑，具多隔，15 ~ 20 × 5 ~ 7 μm。

生境： 生于阔叶林的腐木上。

分布： 四川、云南、贵州、海南。

用途： 药用。

202 花耳

Dacrymyces stillatus Nees, Syst. d. Pilze Würzburg: 89, 1816.
Calloria stillata (Nees) Fr., Summa veg. Scand.Section Post. (Stockholm): 359, 1849.
Dacrymyces abietinus (Pers.) J. Schröt., in Cohn, Krypt. -Fl. Schlesien Pilze (Breslau) 3(1): 400, 1888.

担子果直径1.5 ~ 2.5 cm，黄色至橙黄色，干后暗黄色，胶质，初为多泡状突起，后垫状、盘状或不规则脑状，表面有时有稀皱褶，具唯一固着点，可形成长条状的群体；子实层周生。担子成熟后呈叉状，26 ~ 36 × 3.5 ~ 4.5 μm；孢子圆柱状，常稍弯，壁厚，具小尖，具多隔，11 ~ 15 × 4 ~ 6 μm。

生境： 生于阔叶树腐朽木上。

分布： 山西、陕西、湖北、湖南、四川、贵州、云南、广西、海南。

用途： 药用。

201 **掌状花耳** *Dacrymyces chrysospermus* Berk. & M.A. Curtis　　摄影：吴兴亮

202 **花耳** *Dacrymyces stillatus* Nees　　摄影：谭周荣

203 云南花耳

Dacrymyces yunnanensis B. Liu & L. Fan, Acta Mycol. Sin. 8(1): 23, 1989.

担子果直径0.8 ~ 1.8 cm，高达6 mm，瘤状至脑状，橘黄色至橘红色，胶质，有柄状基部。担子成熟后呈叉状分枝；孢子宽椭圆形至近球形，具横隔，15 ~ 20 × 12 ~ 15 μm。

生境： 生于阔叶树的朽木上。

分布： 云南、广西、贵州。

204 匙盖假花耳

Dacryopinax spathularia (Schwein.) G.W. Martin, Lloydia 11: 116, 1948.
Cantharellus spathularius (Schwein.) Schwein., Trans. Am. Phil. Soc., New Series 4(2): 153, 1832.
Guepinia spathularia (Schwein.) Fr., Elench. Fung. (Greifswald) 2: 32, 1828.
Guepiniopsis spathularia (Schwein.) Pat., Essai Tax. Hyménomyc.: 30, 1900.

担子果群生至丛生，全株高5 ~ 15 mm，菌盖匙状，上部往往深裂为扁平，不规则的瓣片，胶质，橙黄色，新鲜时软，干后强烈收缩，不育面及柄表带白色；子实层表面常具纵皱，原担子圆柱形至近棒状，基部具隔，成熟后叉状分枝。孢子圆柱状或不等边椭圆形，稍弯曲，壁薄，一端具小尖，7.8 ~ 12.5 × 4.5 ~ 5 μm，具一隔；分生孢子近圆形，7 ~ 8.5 μm。

生境： 生于阔叶树的朽木缝隙中。

分布： 河北、吉林、江苏、安徽、浙江、江西、福建、河南、湖南、广西、海南、云南、四川、贵州、西藏。

用途： 药用。

203 **云南花耳** *Dacrymyces yunnanensis* B. Liu & L. Fan　摄影：刘宏

204 **匙盖假花耳** *Dacryopinax spathularia* (Schwein.) G.W. Martin　摄影：吴兴亮

205 茶色拟迷孔菌

Daedaleopsis confragosa (Bolt.: Fr.) Schroet., Pilze Schles. 1:493, 1888.
Boletus confragosus Bolt., Hist. Fung. Suppl. 3:pl. 160, 1791.
Daedalea confragosa Pers. Syn. Meth. Fung. 501, 1801.
Daedalea confragosa Bolt.: Fr, Syst, Myc. 1:336, 1821.

菌体扇形至半圆形，一侧固着于木材基质，无柄，盖表灰色、褐色、茶灰色，有微绒毛；菌盖下面的子实层呈迷路褶片状，新鲜时白色，干后赭灰色、赭黄色，后变成近深褐色；菌肉近白色，菌肉的近菌盖处不呈白色，而呈木褐色。孢子圆柱形，光滑，透明，7 ~ 9 × 2 ~ 2.5 μm。

生境： 生于多种阔叶树树干上。

分布： 贵州、云南、广西。

用途： 药用。

206 三色拟迷孔菌

Daedaleopsis tricolor (Bull.) Bondartsev & Singer, Annls Mycol. 39(1): 64, 1941.
Agaricus tricolor Bull., Hist.Champ. France (Paris) 15: 541, 1791.
Cellularia tricolor (Bull.) Kuntze, Revis. gen. pl. (Leipzig) 3(2): 452, 1898.
Daedalea sepiaria subsp. *tricolor* (Bull.) Pers., Mycol. eur. (Erlanga) 3: 12, 1828.
Daedalea tricolor (Bull.) Fr.,Mycol. eur. (Erlanga) 3: 12, 1828.
Lenzites tricolor (Bull.) Fr., Epicr. Syst.Mycol. (Upsaliae): 406, 1838.
Trametes tricolor (Bull.) Lloyd, Mycol. Writ. 6: 998, 1920.

担子果无柄，半圆形，2 ~ 5 × 2 ~ 6 cm，厚0.5 ~ 0.8 cm，往往左右相连，有细绒毛，后变光滑，有明显的环带和辐射状皱纹，朽叶色至红褐色，后褪至浅茶褐色或肉桂色，边缘薄锐，波浪状；菌肉淡肉桂色；菌褶薄，初期淡褐色，后变为肉桂色，近基部相互交织，褶缘波浪状或近锯齿状。孢子圆柱形，无色，平滑，6.8 ~ 9.5 × 2 ~ 3 μm。

生境： 生于阔叶树腐木上。

分布： 黑龙江、吉林、辽宁、内蒙古、河北、山西、河南、陕西、甘肃、安徽、湖南、四川、贵州、云南、西藏、福建、广东、广西。

用途： 药用。

205 **茶色拟迷孔菌** *Daedaleopsis confragosa* (Bolt.: Fr.) Schroet. 摄影：刘宏

206 **三色拟迷孔菌** *Daedaleopsis tricolor* (Bull.)Bondartsev & Singer 摄影：吴兴亮

207　短裙竹荪

Dictyophora duplicate (Bosc.) Fisch. , in Sacc. , Syll. Fung. 7:6, 1888.
Phallus duplicatus Bosc., Magaz, Ges. Naturf. Freunde Berlin, 5:86, 1811.

菌蕾近球形或卵形，污白色至污粉红色，直径4 ~ 5 cm；菌盖钟形，高3.5 ~ 5 cm，直径3 ~ 3.5 cm，顶端有一穿孔，四周有显著网络，白色，表面有一层臭而黏液状的孢体，青褐色；菌裙较短，从菌盖下垂仅达菌柄中上部或中部，白色，网状，网眼不规则多边形，直径0.6 ~ 1.5 cm，边缘的网眼较小；菌柄圆柱形，长8 ~ 15 cm，粗2 ~ 4 cm，白色，海绵质，中空；菌托污粉红色，内含污白色胶质。孢子椭圆形，光滑，无色，3.5 ~ 4.5 × 1.5 ~ 2 μm。

生境：生于竹林中地上。

分布：吉林、黑龙江、江苏、浙江、福建、广东、广西、四川、贵州、云南。

用途：食用、药用。本种已作 *Phallus indusiadus* Vene 异名。

208　棘托竹荪

Dictyophora echinovolvata M. Zang, D.R. Zheng & Z.X. Hu, in Zeng, Hu & Zhou, Zhongguo Shiyongjun(4): 5, 1988.

菌蕾卵形或近球形，白色至浅灰褐色，2.5 ~ 3.5 × 2.5 ~ 3.5 cm，表面具白色至灰褐色的棘突，棘端渐突，托下部具多数菌索相系；菌盖帽状、钟状；子实层为不规则的网络，橄榄褐色、上部中央有开口；菌裙从菌盖下垂长达菌托处，网状；菌柄圆柱形，白色，中空，高9 ~ 15 cm，粗2 ~ 3 cm；菌托灰白色至灰褐色，表面具棘突。孢子近棒状，肾状或长卵圆形，3 ~ 4 × 1.3 ~ 2 μm。

生境：生于竹林或阔叶林中地上。

分布：江苏、安徽、福建、广东、湖南、广西、贵州、四川、云南。

用途：食用。本种已作为*Phallus echinouolvatus* (M.Zang, D, R, Zhang & Z. X. Hu) Kreisel异名。

209　长裙竹荪

Dictyophora indusiata f. **indusiata**（Vent.：Pers.）Fisch.，Ann. Myc.25: 472, 1927.
Phallus indusiatus Vent.: Pers. Syn. Meth. Fung.244, 1801.
Dictyophora phalloidea Desv. J. Bot.2: 92, 1809.

菌蕾未展开时，近球形至卵球形，3 ~ 5 × 4 ~ 5 cm，近白色或浅灰褐色，基部常有白色的菌丝索，成熟时包被破裂伸出笔形的孢托；孢托由菌柄和菌盖组成；菌盖生于菌柄顶部，钟形，顶部平截并开口，高2.8 ~ 4.5 cm，直径2.8 ~ 4.5 cm，表面有深网状突起，上面附着暗绿色的黏液状恶臭孢体；菌裙网状，白色，从菌盖下垂长达菌柄基部，边缘直径可达8 ~ 12 cm，网眼多角形、近圆形或不规则形，直径0.5 ~ 1.5 cm；菌柄白色，圆柱形，中空，壁海绵状，长9 ~ 15 cm，基部粗3 ~ 5 cm，向上渐细；菌托鞘状，近白色、粉灰色至淡褐色，膜质。孢子椭圆形，平滑，3 ~ 4 × 1.5 ~ 2 μm。

生境：生于阔叶林下或竹林下。

分布：河北、江苏、安徽、浙江、江西、福建、湖南、广东、广西、海南、贵州、云南、台湾、四川。

用途：食用。本种也作为*Phallus indusiatus* Vent, 异名。

207 短裙竹荪

Dictyophora duplicate (Bosc.) Fisch.

摄影：吴兴亮

208 棘托竹荪

Dictyophora echinovolvata M. Zang

摄影：吴兴亮

209 长裙竹荪

Dictyophora indusiata f. *indusiata*（Vent.: Pers.）Fisch.

摄影：吴兴亮

210 黄裙竹荪

Dictyophora multicolor Berk. & Broome, Trans. Linn. Soc. Lond. 2. Ser. Bot. 2:3, 1883.

菌蕾卵形至近球形，白色或污白色，3 ~ 4 × 3 ~ 4.5 cm；菌盖钟形，高3 ~ 4 cm，直径2.8 ~ 3.5 cm，四周有明显网络，黄色至橘黄色，表面覆盖一层青褐色或橄榄绿色的黏液状臭孢体，顶端平，有穿孔；菌裙从菌盖下垂长达菌柄基部，黄色，网眼多角形或不规则形，直径0.5 ~ 2.5 cm；菌柄黄白色或淡黄色，海绵状，中空，长10 ~ 18 cm，粗2 ~ 3.5 cm。孢子椭圆形，光滑，透明，3 ~ 4 × 1.5 ~ 2 μm。

生境： 生于阔叶林或竹林中地上。

分布： 江苏、浙江、福建、台湾、湖南、广东、广西、海南、四川、贵州、云南、西藏。

用途： 药用。

211 红贝俄氏孔菌

Earliella scabrosa (Pers.) Gilb. & Ryvarden, Mycotaxon 22(2): 364, 1985.
Ischnoderma scabrosum (Pers.) Zmitr. [as 'scabrosa'], Mycena 1(1): 93, 2001.
Pelloporus scabrosus (Pers.) Bondartsev, Botanicheskie Materialy 14: 199, 1961.
Polyporus hypopolius Kalchbr., in Cooke, Grevillea 10(no. 55): 99, 1882.

担子果平伏反卷至盖状，菌盖通常连生或覆瓦状叠生，新鲜时韧革质，干后木栓质；菌盖多数半圆形，单个菌盖长可达3 cm，宽可达8.5 cm，中部厚可达6 mm，菌盖表面幼时乳白色或为灰白色，棕褐色，后期从基部为漆红色皮壳层，光滑，有同心环纹，边缘锐，奶油色；孔口表面乳白色，后浅黄色至棕黄色，不育边缘奶油色至浅黄色，多角形、弯曲至不规则形，有时为迷宫形或撕裂状，每毫米约2 ~ 3个；菌肉奶油色；菌管浅黄色，比菌肉颜色深。孢子圆柱形或长椭圆形，无色，薄壁，光滑，7 ~ 9 × 3.5 ~ 4 μm。

生境： 生于阔叶树腐木上。

分布： 湖南、贵州、广东、广西、海南。

用途： 造成木材白色腐朽。

210 **黄裙竹荪** *Dictyophora multicolor* Berk. & Broome　　摄影：谭周荣

211 **红贝俄氏孔菌** *Earliella scabrosa* (Pers.) Gilb. & Ryvarden　　摄影：吴兴亮

212　白方孢粉褶菇

Entoloma album Hiroë,in Appl. Mushroom Sci.4, p.1. 1939.
Rhodophyllus murrayi f. *albus* (Hiroë) Hongo, J. Jap. Bot. 29(3): 92, 1954.

菌盖白色、污白色至淡黄白色，初期圆锥形至斗笠形，中部具有一明显尖状突起，直径1.5 ~ 3 cm，稍黏，湿时表面有细条纹；菌肉白色，薄；菌褶淡肉红色至粉红色，直生；菌柄中生，长3 ~ 8 cm，粗0.2 ~ 0.4 cm，白色至污白色，圆柱形，表面纤维状，中空。孢子四角形，光滑，透明，9.2 ~ 11.5 μm。

生境：生于阔叶林或竹林地上。

分布：福建、广东、海南、广西、四川、贵州、云南。

213　黄色粉褶蕈

Entoloma luridum Hesler, Beih. Nova Hedwigia 23: 66, 1967.

菌盖初期圆椎形，后平展，中央具明显突起，直径4 ~ 6 cm，表面浅橙黄色至橙黄色，光滑，边缘波状，菌肉白色至淡黄色；菌褶粉黄色呈浅黄色，弯生，较密，不等长；菌柄圆柱形，长4 ~ 6 cm，直径0.6 ~ 1 cm，淡黄色至黄色，下部色变浅，基部稍膨大。孢子近球形，具明显不规则棱角，淡黄色，7 ~ 8.5 × 7 ~ 8 μm。

生境：生于阔叶林中地上。

分布：贵州、湖南。

214　纯黄粉褶菌

Entoloma luteum Peck, Ann. Rep. Reg. N.Y. St. Mus. 54: 146, 1902.
Inocephalus luteus (Peck) T.J. Baroni, in Baroni & Halling, Brittonia 52(2): 134, 2000.
Rhodophyllus luteus (Peck) A.H. Sm., Pap. Mich. Acad. Sci. 38: 72, 1953.

菌盖半球形，凸镜形或近钟形，直径1 ~ 2.5 cm，光滑至纤毛状的，顶端具鳞片，无明显脐突或尖突，肉浅黄色至黄色，成熟后颜色变浅，水渍状，具条纹；菌褶直生或近离生，较稀，初白色后变粉色，不整齐；菌柄长4 ~ 6.5 cm，粗0.4 ~ 0.5 cm，中生，圆柱形，中空，具纵条纹；菌肉白色或带浅黄色。孢子方形，淡粉色，7.3 ~ 9.3 μm。

生境：生于阔叶林地上。

分布：广西、云南。

212 白方孢粉褶菇

Entoloma album Hiroë

摄影：吴兴亮

213 黄色粉褶蕈

Entoloma luridum Hesler

摄影：吴兴亮

214 纯黄粉褶菌

Entoloma luteum Peck

摄影：黄浩

215 朱红方孢粉褶菇

Entoloma quadratum (Berk. & M.A. Curtis) E. Horak, Sydowia 28(1-6): 190, 1976.
Agaricus quadratus Berk. & M.A. Curtis, Ann. Mag. nat. Hist., Ser. 3 4: 290, 1859.
Inocephalus quadratus (Berk. & M.A. Curtis) T.J. Baroni, in Baroni & Halling, Brittonia 52(2): 133, 2000.
Latzinaea quadrata (Berk. & M.A. Curtis) Kuntze, Revis. gen. pl. (Leipzig) 2: 858, 1891.
Nolanea quadrata (Berk. & M.A. Curtis) Sacc., Syll. fung. (Abellini) 5: 723, 1887.

菌盖直径1.5 ~ 3.2 cm，朱红色，初期圆锥形至斗笠形，中部具有一明显尖状突起，稍黏，湿时表面有细条纹；菌肉淡黄红色至淡朱红色，薄；菌褶淡粉红色至淡朱红色，直生；菌柄中生，长3.5 ~ 8.5 cm，粗0.2 ~ 3.5 cm，朱红色，圆柱形，表面纤维状，中空。孢子方形，光滑，透明，8.5 ~ 10.5 μm。

生境： 生于阔叶林或竹林地上。

分布： 广东、海南、广西。

用途： 食毒不明。

216 变绿粉褶蕈

Entoloma virescens (Sacc.) E. Horak ex Courtec., in Courtecuisse, Mycotaxon 27: 131, 1986.
Leptonia virescens Sacc., Syll. fung. (Abellini) 5: 714, 1887.

菌盖直径2 ~ 3.5 cm, 斗笠形至平展，中部有明显凸突，有细鳞片，浅灰蓝绿色至蓝绿色；菌肉浅蓝绿色，薄；菌褶弯生或离生，粉蓝绿色，不等长；菌柄圆柱形，长4 ~ 8 cm, 粗0.2 ~ 0.3 cm，浅蓝绿色，空心，表面有纵条纹或纤毛，基部有浅色绒毛。孢子方形，淡粉红色，9 ~ 11.5 μm。

生境： 生于林中地上。

分布： 湖南、海南、广西、广东、贵州。

217 红褶孔牛肝菌

Erythrophylloporus cinnabarinus Ming Zhang & T.H. Li, Mycosystema37(9): 1119, 2018.

菌盖直径1.5 ~ 6.5 cm，初半球形至平展凸形，深橙色至红橙色到红色，被小鳞片或近絮状菌幕，呈微绒状斑块；菌肉亮黄色至橙黄色；菌褶延生，较密，黄橙色、深橙色至橙红色，伤时变灰蓝色至灰绿色；菌柄15 ~ 35 × 2 ~ 7 mm，实心，近圆柱状或棍棒状，橙色至橙红色，伤时变深紫色至黑蓝色。孢子宽椭圆形至近卵球形，光滑，薄壁，5.5 ~ 6.8 × 4.5 ~ 5.5 μm。

生境： 生于混交林中地上。

分布： 海南、广东、广西、江西、浙江。

215 朱红方孢粉褶菇

Entoloma quadratum
(Berk. & M.A. Curtis) E. Horak

摄影：吴兴亮

216 变绿粉褶蕈

Entoloma virescens (Sacc.)
E. Horak ex Courtec.

摄影：刘宏

217 红褶孔牛肝菌

Erythrophylloporus cinnabarinus Ming Zhang

摄影：吴兴亮

218 黑胶菌

Exidia glandulosa (Bull.) Fr., Syst.Mycol. (Lundae) 2(1): 224, 1822.
Tremella atra O.F. Müll., Fl. Dan. 5: tab. 884,1782.
Tremella glandulosa Bull., Herb. France (Paris) 9: pl. 420, fig. 1, 1789.
Tremella spiculosa Pers., Observ. Mycol. (Copenhagen) 2: 99, 1800.
Gyraria spiculosa (Pers.) Gray, Nat. Arr. Brit. Pl. (London) 1: 594, 1821.
Exidia truncata Fr., Syst.Mycol. (Lundae) 2(1): 224, 1822.
Exidia spiculosa (Pers.) Sommerf., Suppl. fl. Lapp. (Oslo): 307, 1826.

担子果黑色，胶质，扭曲，初期小瘤状，很快扩展并相互连接，形成不规则瓣裂状，基部狭窄，往往沿树皮的裂缝长条地连接在一起，干后收缩、平伏，其表面现出细小的疣点。担子卵圆形，13 ~ 15 × 9 ~ 11 μm；孢子腊肠形，12 ~ 14 × 3.5 ~ 4 μm。

生境： 生于树皮上。

分布： 河北、宁夏、甘肃、青海、江苏、浙江、贵州、广西、海南。

用途： 有毒。

219 短黑耳

Exidia recisa (Ditmar) Fr., Syst. mycol. (Lundae) 2(1): 223, 1822.
Tremella recisa Ditmar, in Sturm, Deutschl. Fl. III (Pilze) 1: 27, 1813.

担子果胶质，直径1 ~ 2.5 cm，高1 ~ 1.5 cm，暗棕色、暗肉桂色至黑褐色；具短柄，被细小鳞片；子实层光滑，常具黑色乳头状突起；原担子近球形，成熟后下担子卵圆形，十字纵分隔，上担子管状。孢子腊肠形，透明，10 ~ 13 × 3 ~ 4 μm。

生境： 生于阔叶林中阔叶树树枝上。

分布： 贵州、广西、海南。

用途： 慎食。

220 金肾胶孔菌

Favolaschia auriscalpium (Mont.) Henn., Bot. Jb. 22: 93, 1895.
Laschia auriscalpium Mont., Annls Sci. Nat., Bot., sér. 4 1: 137, 1854.

菌盖直径3 ~ 7 mm，肾形、半圆形或圆形，有明显的网格，全身鲜橙色，干后黄色；菌柄近等粗，圆柱状，侧生，长3 ~ 12 mm，与盖同色；色胞存在于菌盖表皮层、子实层上及管孔边缘，菌管与菌盖同色；管孔多角形或不规则形，与盖同色。孢子椭圆形，9.5 ~ 10.5 × 6.5 ~ 7.5 μm。

生境： 生于阔叶林中腐木或枯技上。

分布： 广西、海南、云南、贵州。

218 黑胶菌

Exidia glandulosa (Bull.) Fr.

摄影：李常春

219 短黑耳

Exidia recisa (Ditmar) Fr.

摄影：王绍能

220 金肾胶孔菌

Favolaschia auriscalpium (Mont.) Henn.

摄影：吴兴亮

221 丛伞胶孔菌

Favolaschia manipularis (Berk.) Teng, Chung-kuo Ti Chen-chun, [Fungi of China]: 760, 1963.
Favolus manipularis Berk., Hooker's J. Bot. Kew Gard. Misc. 6: 229, 1854.
Filoboletus manipularis (Berk.) Singer, Lloydia 8(3): 215, 1945.
Laschia caespitosa var. *manipularis (*Berk.) Sacc., Syll. fung. (Abellini) 6: 407, 1888.
Laschia manipularis (Berk.) Sacc., Syll. fung. (Abellini) 6: 408, 1888.
Mycena manipularis (Berk.) Sacc., Syll. fung. (Abellini) 5: 272, 1887.
Mycena manipularis var. *micropora* A. Kawam. ex Corner [as 'microporus'], Trans. Br. Mycol. Soc. 37(3): 269, 1954.
Polyporus microsporus Kawam., in Haneda, Kwagaku-nanyo 4: 226, 1942.
Poromycena manipularis (Berk.) R. Heim, Revue Mycol., Paris 10: 35, 1945.

担子果簇生，菌盖直径1 ~ 3 cm，扁半球形至扁平或平展，白色、污白色、浅枯叶色至浅黄褐色，老后稍变深，表面湿润近透明，往往透视可见下面的菌管和条棱；菌肉较薄，污白色，后为浅枯叶色；菌褶为放射孔状，污白色，后为浅枯叶色，直生；管口多角形，直径0.5 ~ 1 mm；菌柄中生，圆柱形，中空，长3.5 ~ 5 cm，粗0.2 ~ 0.3 cm，污白色至浅枯叶色，质脆，表面被有细粉末至光滑，基部有绒毛。孢子宽椭圆形，无色，6.5 ~ 8 × 4 ~ 5 μm。

生境：生于阔叶林中倒腐木上。

分布：广西、海南、台湾、云南、西藏。

222 日本胶孔菌

Favolaschia nipponica Kobayasi, J. Hattori bot. Lab. 8: 1, 1952.

担子果胶质，菌盖直径0.6 ~ 1.2 cm，半球形或圆盘形，白色，老后污白色，表面湿润近透明，可见下面的菌管；菌肉较薄，白色，后为污白色至灰白色；菌褶为放射孔状，白色，孔壁厚，管口近圆形至不规则圆形，直径0.2 ~ 0.5 mm；无柄，以侧面着生于基物上。孢子无色，卵形至椭圆形，6 ~ 7 × 3.5 ~ 4.2 μm。

生境：生于阔叶林中枯枝或竹竿上。

分布：福建、广西、海南。

223 疱状胶孔菌

Favolaschia pustulosa (Jungh.) Kuntze, Revis. gen. pl. (Leipzig) 3(3): 476, 1898.
Favolus pustulosus Jungh., Verh. Batav. Genootsch. Kunst. Wet. 17(2): 73, 1838.

担子果胶质，白色，干浅黄褐色，菌盖贝壳状至近肾形或近圆形，宽1 ~ 3 cm，表面有格纹；柄无或短而侧生；菌肉白色，后为污白色至浅黄褐色；管孔多角形，中部者较大，直径2 ~ 3.5 mm，近边缘者较小。孢子近球形，光滑；无色，6 ~ 7 × 5 ~ 6 μm。

生境：生于阔叶林中倒木上。

分布：福建、广西、海南、云南。

221 丛伞胶孔菌

Favolaschia manipularis (Berk.) Teng

摄影：吴兴亮

222 日本胶孔菌

Favolaschia nipponica Kobayasi

摄影：吴兴亮

223 疱状胶孔菌

Favolaschia pustulosa (Jungh.) Kuntze

摄影：吴兴亮

224 东京胶孔菌

Favolaschia tonkinensis (Pat.) Kuntze, Revis. gen. pl. (Leipzig) 3(3): 476, 1898.

菌盖胶质，贝形至扇形，凹凸不平，胶黏，直径1.5 ~ 2.2 cm，白色，老后污白色、米色、浅枯叶色至浅黄褐色，表面湿润近透明，往往透视可见下面的菌管和网状；菌肉较薄，污白色，后为浅枯叶色；子实层体管状，白色；管孔近圆形；菌柄无或呈柄基，担子30 ~ 40 × 6 ~ 8 µm。孢子宽椭圆形至近球形，光滑，无色，8 ~ 12 × 7 ~ 10 µm。

生境： 生于阔叶林中倒木上。

分布： 广西、海南。

225 亚牛舌菌

Fistulina subhepatica B.K. Cui & J. Song, in Song, Han & Cui, Mycotaxen 130(1): 49, 2015.

担子果肉质，近舌头形，直径4 ~ 12 cm，有短柄，红褐色或血红色，成熟后变为暗褐色，从基部至盖缘具有放射状深红褐色花纹，黏，粗糙；子实层生于管内；菌管长1 ~ 2 cm，初期白色，后为淡红色；管孔近白色，后为肉色，受伤处为浅褐色或锈色；菌肉淡红色，厚1 ~ 3 cm，纵切面有纤维状分叉的深红色花纹，新鲜时软而多汁。孢子广椭圆形或近球形，近无色或粉红色，光滑，4.5 ~ 5 × 3 ~ 4 µm。

生境： 生于阔叶树的树干或腐木上。

分布： 浙江、福建、河南、湖南、广西、海南、台湾、四川、贵州、云南。

用途： 食用、药用。

226 白小牛舌菌

Fistulinella olivaceoalba T.H.G. Pham, Yan C. Li & O.V. Morozova, in Crous et al., Persoonia 41: 361, 2018.

担子果菌盖直径15 ~ 50 mm，半球形到凸形或近扁平形，灰白色至灰橄榄色，表面凹凸不平，黏滑；菌肉白色；子实层体管孔状，直生至稍微向下延生，管口至菌柄，厚3 ~ 8 mm，白色至乳白色，伤不变色；管孔圆形至角形，1 ~ 2 mm，与子实层体同色；菌柄圆柱形，白色，40 ~ 90 × 3 ~ 7 mm，具稀疏灰色颗粒状鳞片，黏滑，基部稍大，有白色绒毛。孢子纺锤状，近纺锤状，光滑，11.5 ~ 16 × 4 ~ 5.5 µm。

生境： 生于常绿阔叶林地上。

分布： 福建、湖南、广西、海南。

224 东京胶孔菌

Favolaschia tonkinensis (Pat.) Kuntze

摄影：吴兴亮

225 亚牛舌菌

Fistulina subhepatica B.K. Cui & J. Song

摄影：王绍能

226 白小牛舌菌

Fistulinella olivaceoalba T.H.G. Pham, Yan C. Li & O.V. Morozova

摄影：吴兴亮

227 金针菇

Flammulina filiformis (Z.W. Ge, X.B. Liu & Zhu L. Yang) P.M. Wang, Y.C. Dai, E. Horak & Zhu L. Yang, in Wang, Liu, Dai, Horak, Steffen & Yang, Mycol. Progr. 17(9): 1021, 2018.
Flammulina velutipes var. *filiformis* Z.W. Ge, X.B. Liu & Zhu L. Yang, in Ge, Liu, Zhao & Yang, Mycosystema 34(4): 598, 2015.

菌盖直径1.5 ~ 5 cm，平展脐凸形，淡黄褐色至黄褐色，黏，光滑，边缘色淡；菌肉白色，薄；菌褶不等长，淡黄白色，弯生；菌柄圆柱形，中生，长3 ~ 6 cm，粗3 ~ 5 mm，淡褐色，空心，纤维质，下部密生黄褐色至深褐色短绒毛。孢子椭圆形或梨核形；无色至微黄色，5.5 ~ 7.5 × 3.5 ~ 4.2 μm。

生境：生于腐木上。

分布：吉林、贵州、云南、西藏、福建、台湾、广东、广西、海南。

用途：食用、药用。

228 木蹄层孔菌

Fomes fomentarius (L.) Fr., Summa veg. Sectid Post (Stockhoim):321, 1849.
Boletus fomentarius L., Sp. pl. 2:1176, 1753.
Ochroporus fomentarius (L.) J. Schröt., in Cohn, Krypt. Fl. Schlesien (Breslau) 3.1(25-32): 486, 1888.
Polyporus fomentarius (L.) Fr., Syst. Mycol. (Lundae) 1: 374, 1821.

子实体马蹄形，无柄，木质；菌盖灰褐色、浅褐色至黑褐色，5 ~ 28 × 6 ~ 32 cm，厚3 ~ 10 cm，角质皮壳厚，有明显环带和环棱，边缘钝；菌管多层，锈褐色；菌肉软木栓质，浅褐色至锈褐色；管口每毫米3 ~ 4个，圆形，灰色至浅褐色。孢子长椭圆形，无色，光滑，13 ~ 16 × 5 ~ 6 μm。

生境：生于阔叶树干上或木桩上。

分布：黑龙江、辽宁、吉林、内蒙古、河北、河南、陕西、甘肃、新疆、湖南、湖北、四川、贵州、云南、西藏、广东、广西、香港。

用途：药用。

229 粉肉拟层孔

Fomitopsis cajanderi (P. Karst.) Kotl. & Pouzar, Česká Mykol. 11(3): 157, 1957.
Fomes cajanderi P. Karst., Finl.Basidsvamp. 46(11): 8, 1904.
Fomes subroseus (Weir) Overh., Bulletin of the Penn. State College 316: 11, 1935.
Fomitopsis roseozonata (Lloyd) S. Ito, Mycol. Fl. Japan 2(4): 309, 1955.
Fomitopsis subrosea (Weir) Bondartsev& Singer, Annls Mycol. 39(1): 55, 1941.

菌盖无柄，半圆形，边缘多呈反卷或两侧相连，往往覆瓦状，3 ~ 6 × 5 ~ 8 cm，厚5 ~ 12 mm，粉褐色至污淡褐色、灰褐色至黑褐色，有细绒毛，后期绒毛消失，有环纹，缘薄而锐，色稍淡；菌肉粉红色至粉褐色；菌管多层，粉红色，后变浅褐色、菱褐色至粉褐色；管孔小而细密，近圆形至多角形，菱褐色至污红褐色，每毫米5 ~ 6个。孢子圆柱形，无色，平滑，5 ~ 6.5 × 1.5 ~ 2.5 μm。

生境：生于阔叶树枯立木或倒木上。

分布：黑龙江、吉林、河北、河南、新疆、江西、四川、贵州、云南、广西、海南。

用途：药用。

227 金针菇

Flammulina filiformis (Z.W. Ge, X.B. Liu & Zhu L. Yang) P.M. Wang, et, al

摄影：吴兴亮

228 木蹄层孔菌

Fomes fomentarius (L.) Fr.

摄影：谭伟福

229 粉肉拟层孔

Fomitopsis cajanderi (P. Karst.) Kotl. & Pouzar

摄影：吴兴亮

230 红缘拟层孔

Fomitopsis pinicola (Sw.) P. Karst., Meddn Soc. Fauna Flora fenn. 6: 9, 1881.
Boletus pinicola Sw., Svenska Vet.Acad. hand., 1852 31: 88, 1810.
Fomes pinicola (Sw.) Cooke, Grevillea 14(no. 69): 17, 1885.
Ganoderma rubrum(Lázaro Ibiza) Sacc. & Trotter, Syll. fung. (Abellini) 23: 402, 1925.
Placodes pinicola (Sw.) Pat., Hyménomyc.Eur. (Paris): 139, 1887.
Polyporus cinnamomeus Trog, Flora, Jena 15: 556 ,1832.
Polyporus pinicola (Sw.) Fr.,Syst.Mycol. (Lundae) 1: 372, 1821.
Pseudofomes pinicola (Sw.) Lázaro Ibiza, Revta R. Acad. Cienc. exact. fis. nat.Madr. 14: 584, 1916.
Trametes pinicola (Sw.) P. Karst., Bidr. Känn. Finl. Nat. Folk 37: 46, 1882.
Ungulina pinicola(Sw.) Singer, Beih. bot. Zbl., Abt. 2 44: 79, 1929.

菌盖扁平、半球形至马蹄形，木质，5 ~ 20 × 5 ~ 25 cm，初期有黄红色至红褐色，后期变为灰红褐色至黑红褐色，有宽棱带，边缘钝，初期近黄白色、浅黄色至近红褐色；下侧无子实层；菌肉近白色至木材色，木栓质，有环纹；管孔口近圆形，近白色至乳白色，每毫米3 ~ 5个。孢子卵形至椭圆形，光滑，无色，5.5 ~ 7 × 3.5 ~ 4.5 μm。

生境： 生于活立木或倒木上。

分布： 黑龙江、吉林、内蒙古、河北、山西、甘肃、新疆、湖南、四川、贵州、云南、西藏、福建、台湾、广东、广西、海南。

用途： 药用。

231 长管灵芝

Ganoderma annulare (Fr.) Gilbn.,Mycologia 53:505, 1961.
Polyporus annularis Fr., Nov. Symb. Mycol. 52, 1855.
Fomes annularis (Fr.) Lloyd,Mycol.Writ, 4: 268, 1915.

担子果多年生，无柄，木质；菌盖半圆形，5 ~ 8 × 6 ~ 11.5 cm，厚1.5 ~ 3.5 cm，扁平，表面褐色、锈褐色或暗褐色，常被有褐色孢子粉，无似漆样光泽，有同心环沟和环带，边缘圆钝，完整；具有厚而坚硬的皮壳；菌肉薄，褐色，厚0.3 ~ 0.8 cm；有黑色壳质层，菌管褐色至深褐色，不分层，长达2.5 cm，有白色物质填充；孔面淡粉灰色，老后褐色；管壁厚，管口近圆形，每毫米4 ~ 5个。孢子卵圆形、长椭圆形或顶端平截，双层壁，外壁无色透明，平滑，内壁淡褐色，有微小刺，8.8 ~ 11.5 × 5.8 ~ 7.8 μm。

生境： 生于阔叶树腐木桩上，也生于活立木的腐朽处。

分布： 海南、广西、贵州。

230 **红缘拟层孔** *Fomitopsis pinicola* (Sw.) P. Karst.　　摄影：吴兴亮

231 **长管灵芝** *Ganoderma annulare* (Fr.) Gilbn.　　摄影：吴兴亮

232 树舌灵芝

Ganoderma applanatum (Pers.) Pat., Hyménomyc. Eur. (Paris): 143, 1887.
Boletus applanatus Pers., Observ. Mycol. (Copenhagen) 2: 2, 1800.

担子果木栓质，菌盖半圆形或不规则形，4 ~ 7 × 5 ~ 13 cm，厚1.5 ~ 4 cm，表面褐色至黑褐色，光滑，同心环纹明显或不明显，无似漆样光泽；边缘薄或厚，完整，下边下孕；菌肉淡褐色到褐色，有同心环纹，无黑色壳质层，厚1 ~ 2 cm；菌管褐色，长1 ~ 1.5 cm；孔面新鲜时污白色或淡褐色，后为褐色至暗褐色；管口近圆形，每毫米4 ~ 5个；无柄，基部形成柄基与基物连接。孢子卵圆形，椭圆形或顶端平截，双层壁，外壁透明，平滑，内壁淡褐色，有小刺或小刺不清楚，7 ~ 11 × 6 ~ 7 μm。

生境：生于阔叶林中的伐桩上。

分布：福建、湖北、湖南、广西、海南、云南、贵州。

用途：药用。

233 黑灵芝

Ganoderma atrum J.D. Zhao, L.W. Hsu & X.Q. Zhang, Acta microbiol. sin. 19(3): 268, 1979.

担子果木栓质；菌盖近匙形、半圆形或近圆形，1 ~ 3 × 2 ~ 4 cm，扁平，表面黑褐色或黑色，有似漆样光泽或较弱，有同心环沟或环沟不明显著，边缘较薄或较厚；菌肉厚0.2 ~ 0.6 cm，上层木材色或淡褐色，下层褐色；菌管长0.2 ~ 0.4 cm；孔面淡褐色至褐色，管口近圆形，每毫米5 ~ 6个；菌柄背生或背侧生，长8 ~ 16 cm，粗0.3 ~ 0.5 cm，圆柱形，粗细不等或近似念珠状，与菌盖同色。孢子卵圆形，有时顶端平截，双层壁，外壁无色透明，平滑，内壁淡褐色，有小刺或小刺不清楚，7.5 ~ 9.5 × 5 ~ 7 μm。

生境：生于阔叶林中地下腐木上。

分布：广西、海南、贵州。

234 南方灵芝

Ganoderma australe (Fr.) Pat., Bull. Soc. Mycol. Fr. 5: 67, 1889.
Polyporus australis Fr., Elench. Fung., p. 108, 1828.

担子果新鲜时木栓质，干燥后变为硬木栓质，无柄，半圆形至马蹄形，长15 ~ 55 cm，直径10 ~ 35 cm，基部厚可3 ~ 7 cm, 复合的担子果厚可达20 cm，菌盖表面锈褐色、灰褐色至黑褐色，具明显的环沟和环带，无似漆样光泽，但形成一厚表皮层壳，边缘奶油色至浅灰褐色，圆钝；孔口表面新鲜灰白色，干后灰褐色、近污黄褐色或淡褐色，手触摸后立即变为暗褐色或黑褐色；孔口圆形，每毫米4 ~ 5个；管口边缘较厚，全缘；菌肉新鲜时浅褐色，干燥后变为棕褐色，硬，厚1.5 ~ 3 cm；菌管暗褐色，比菌肉颜色深，木栓质或纤维质，分层不明显，长12 ~ 40 mm。孢子广卵圆形，顶端通常平截，淡褐色至褐色，双层壁，外壁无色，光滑，内壁有小刺， 7 ~ 8.9 × 5 ~ 6 μm。

生境：生于阔叶树倒木上或活立木的腐朽处。

分布：江苏、浙江、福建、湖北、湖南、广西、海南、四川、贵州、云南、西藏、陕西。

用途：药用。

232 树舌灵芝

Ganoderma applanatum (Pers.) Pat.

摄影：吴兴亮

233 黑灵芝

Ganoderma atrum J.D. Zhao, L.W. Hsu & X.Q. Zhang

摄影：吴兴亮

234 南方灵芝

Ganoderma australe (Fr.) Pat.

摄影：吴兴亮

235 坝王岭灵芝

Ganoderma bawanglingense J.D. Zhao et X. Q. Zhang, Acta Mycol. Sinica 6(4):205, 1987.

担子果无柄，木栓质到木质；菌盖近扇形、半圆形或近圆形，2.5 ~ 5 × 2.5 ~ 4.5 cm，厚0.5 ~ 1 cm，表面灰褐色到污褐色，无似漆样光泽，有显著的同心环沟和环带，边缘稍钝而完整；菌肉厚0.2 ~ 0.5 cm，分层不明显，上层淡褐色，靠近菌管层褐色；菌管长0.2 ~ 0.4 cm，褐色到暗褐色，有白色菌丝填充；孔面污白色，淡褐色至褐色；管口近圆形，每毫米5 ~ 6个。孢子卵圆形，顶端圆钝或有时平截，双层壁，外壁无色透明，平滑，内壁淡褐色，有显著的小刺，9 ~ 11 × 6 ~ 7.5 μm。

生境：生于阔叶林中倒木上。

分布：海南、广西。

236 褐灵芝

Ganoderma brownii (Murrill) Gilb., Mycologia 53(5): 505, 1962.
Elfvingia brownii Murrill, Western Polypores 5: 29, 1915.
Fomes brownii (Murrill) Murrill, Mycologia 7(4): 215, 1915.

担子果木栓质；菌盖半圆形或不规则形，4 ~ 7 × 5 ~ 13 cm，厚1.5 ~ 4 cm，表面褐色至黑褐色，光滑，同心环纹明显或不明显，无似漆样光泽，边缘薄或厚，完整，下边下孕；菌肉淡褐色到褐色，有同心环纹，无黑色壳质层，厚1 ~ 2 cm；菌管褐色，长1 ~ 1.5 cm；孔面新鲜时污白色或淡褐色，后为褐色至暗褐色；管口近圆形，每毫米4 ~ 5个，无柄，基部形成柄基与基物连接。孢子卵圆形，椭圆形或顶端平截，双层壁，外壁透明，平滑，内壁淡褐色，有小刺或小刺不清楚，7 ~ 11 × 6 ~ 7 μm。

生境：生于阔叶树腐木桩上。

分布：福建、广西、海南、云南、西藏。

237 喜热灵芝

Ganoderma calidophilum J.D. Zhao, L.W. Hsu & X.Q. Zhang, Acta microbiol. sin. 19(3): 270, 1979.

担子果菌盖近扇形、半圆形或近圆形，2 ~ 3.5 × 2.5 ~ 4.5 cm， 厚0.4 ~ 1.2 cm，表面红褐色或紫褐色，有似漆样光泽，有同心环沟和环纹，稍有纵皱，边缘较钝或截形；菌肉两层，上层木材色或淡褐色，下层褐色， 厚0.2 ~ 0.3 cm；菌管长0.25 ~ 0.5 cm，褐色；孔面近白色或淡黄白色；管口近圆形，每毫米4 ~ 6个；菌柄背生或背侧生，长6 ~ 15 cm，粗0.3 ~ 0.8 cm，圆柱形，有光泽，粗细不等或近似念珠状，与菌盖同色或色较深。孢子卵圆形，顶端有脐突，有时顶端平截，双层壁，外壁无色透明，平滑，内壁淡褐色，无小刺或小刺不清楚，8.2 ~ 11 × 5.5 ~ 7.5 μm。

生境：生于林中地下腐木上。

分布：江苏、福建、江西、湖南、广东、广西、海南、云南、贵州。

235 坝王岭灵芝

Ganoderma bawanglingense
J.D. Zhao et X. Q. Zhang

摄影：吴兴亮

236 褐灵芝

Ganoderma brownii
(Murrill) Gilb.

摄影：吴兴亮

237 喜热灵芝

Ganoderma calidophilum
J.D.Zhao, L.W. Hsu
& X.Q. Zhang

摄影：吴兴亮

238 薄盖灵芝

Ganoderma capense（Lloyd）D.A.Reid（As capensis）Contr. Bolus. Herb. 7:53, 1975.
Polyporus capensis Lloyd，Leetter No. 63, 1916.

担子果木栓质；菌盖近扇形或肾形、半圆形或近圆形，5 ~ 12 × 5 ~ 13 cm，厚0.8 ~ 1.2 cm，表面红褐色、紫红色或黑紫褐色，有似漆样光泽或较弱，有明显的同心环纹和皱褶，边缘较薄完整，有时瓣裂；菌肉呈均匀的锈褐色，有明显的轮纹，厚0.3 ~ 0.6 cm；菌管长0.4 ~ 0.7 cm；孔面污白色、淡黄褐色至褐色；管口近圆形，每毫米4 ~ 5个；无柄或有短柄，若有菌柄，通常长2 ~ 4 cm，粗3 ~ 4 cm，有光泽，与菌盖同色。孢子卵形圆，有时顶端平截，双层壁，外壁无色透明，平滑，内壁淡黄褐色，有小刺或小刺不清楚，8.5 ~ 10.5 × 5 ~ 6.5 μm。

生境：生于阔叶林中腐木上。

分布：广东、广西、海南、贵州。

239 匙状灵芝

Ganoderma cochlear（Blume et Nees）Bres., Hedw. 51: 313, 1912.
Polyporus cochlear Blume et Nees，Nova Acta Acad. Leop. Carol 13: 20, 1826.

担子果有柄，木栓质；菌盖近圆形或椭圆形，5 ~ 8 × 6 ~ 8 cm，厚1 ~ 1.5 cm，表面黑紫褐色或紫黑色，有似漆样光泽或较弱，常辐射状皱纹和不明显的同心棱纹，边缘较薄或钝；菌肉厚0.6 ~ 0.9 cm，深咖啡色；菌管长约0.3 ~ 0.5 cm；孔面污白色至黄白色，管口近圆形，每毫米4 ~ 5个；菌柄背生，长4 ~ 9 cm，粗1 ~ 1.5 cm，近圆柱形，有时稍扁，与菌盖同色，有似漆样光泽。孢子卵圆形，或有时顶端平截，双层壁，外壁无色透明，平滑，内壁淡褐色，有小刺或小刺不清楚，8.7 ~ 11.5 × 6 ~ 7 μm。

生境：生于阔叶林中地下腐木上。

分布：广东、广西、海南、云南、贵州。

240 密纹灵芝

Ganoderma crebrostriatum J.D.Zhao et L. W. Hsu ,Acta Mycol.Sinica 2(3): 161, 1983.

担子果有柄，木栓质到木质；菌盖近圆形或半圆形，6.5 × 7.2 cm，厚0.3 ~ 0.5 cm，表面平滑，中央部分暗褐色到黑褐色，趋向边缘渐变淡褐色，有似漆样光泽，具有稠密的同心环纹，边缘完整，钝，下面不孕；菌肉呈均匀的暗褐色，厚0.2 ~ 0.4 cm；菌管淡褐色，长0.1 ~ 0.2 cm；孔面淡黄色或奶油黄色，管口近圆形，每毫米5 ~ 6个；菌柄背生，长5 ~ 7 cm，粗1 ~ 3 cm，近圆柱形，粗细不等，暗褐色至黑色， 有似漆样光泽。孢子卵圆形或长卵圆形，有时顶端稍平截，双层壁，外壁无色透明，平滑，内壁淡褐色，无小刺或小刺不清楚，7 ~ 10.5 × 5 ~ 7 μm。

生境：生于阔叶林中腐木上。

分布：广西、海南。

238 薄盖灵芝

Ganoderma capense
(Lloyd) D.A.Reid

摄影：吴兴亮

239 匙状灵芝

Ganoderma cochlear
(Blume et Nees) Bres.

摄影：刘宏

240 密纹灵芝

Ganoderma crebrostriatum
J. D. Zhao et L. W. Hsu

摄影：吴兴亮

241 大青山灵芝

Ganoderma daiqingshanense J. D. Zhao, Acta Mycol. Sinica 8(1): 25, 1989.

担子果无柄，木栓质到木质，菌盖近扇形、半圆形或不规则形，8 ~ 15 × 10 ~ 25 cm，厚1.5 ~ 2.5 cm，基部厚达4 cm，表面红褐色、暗红褐色或黑红褐色，有似漆样光泽，有同心环脊，脊高0.5 ~ 1.5 cm，宽1 ~ 1.5 cm，有瘤状物和不清楚的纵皱，凹凸不平，边缘平而钝；菌肉厚0.5 ~ 1 cm，上层木材色或淡褐色，下层近褐色；菌管长0.6 ~ 1.2 cm；孔面新鲜时黄白色至淡黄褐色，老后呈褐色；管口近圆形，每毫米4 ~ 5个。孢子卵圆形，有时顶端平截，双层壁，外壁无色透明，平滑，内壁淡褐色，有小刺或小刺不清楚，7 ~ 8.8 × 5 ~ 6 μm。

生境： 生于林中腐木桩上。

分布： 广西、海南。

---

242 密环灵芝

Ganoderma densizonatum J.D. Zhao et X.Q. Zhang, Acta Mycol. Sinica 4(2): 86-88, 1986.

担子果，木栓质到木质；菌盖近扇形、半圆形或近圆形，6 ~ 15 × 12 ~ 18 cm，厚1 ~ 3.5 cm，表面褐色、暗褐色或黑褐色至黑色，有的地方有似漆样光泽，具稠密的同心轮沟；往往覆有锈色孢子粉层，边缘钝，完整；菌肉褐色到暗褐色，具黑色壳质层，厚0.5 ~ 1.5 cm；菌管长0.5 ~ 1 cm；孔面褐色至暗褐色；管口近圆形，每毫米5 ~ 6个；菌柄无或有粗壮的柄基，长4.5 cm，粗约2 ~ 3 cm，与菌盖同色。孢子卵圆形或长卵圆形，双层壁，外壁透明，平滑，内壁淡褐色，有小刺或小刺不清楚，8.5 ~ 10.5 × 5.5 ~ 6.4 μm。

生境： 生于倒木上。

分布： 江苏、海南、广西。

---

243 吊罗山灵芝

Ganoderma diaoluoshamense J.D. Zhao et X.Q. Zhang ,Acta Mycol. Sinica 6(1): 1-2, 1987.

担子果木栓质到木质；菌盖半圆形，剖面呈三角形，4.5 ~ 6.5 × 6.5 ~ 12 cm，厚0.5 ~ 2 cm，基部较厚达3.5 cm，上表面有显著同心环沟，褐色、锈褐色到黑褐色，光泽有或无，常被有褐色孢子粉，边缘圆钝，完整，下面不孕带宽1 ~ 2 mm；菌肉火绒状，呈均匀的褐色，厚0.3 ~ 2 cm，无黑色壳质层；菌管淡褐色到一层或多层，每层长3 ~ 5 mm，有时管层间有薄的褐色菌肉；孔面粉白色、浅褐色至锈褐色，管口略圆形，每毫米4 ~ 6个；无菌柄或有柄基。孢子椭圆形或卵圆形，双层壁，外壁无色透明，平滑，内壁淡褐色，有小刺或具有不清楚的小刺，6 ~ 10.4 × 4.8 ~ 6.4 μm。

生境： 生于热带雨林中腐木桩上。

分布： 海南、云南、广西。

---

241 大青山灵芝

Ganoderma daiqingshanense
J.D. Zhao

摄影：吴兴亮

242 密环灵芝

Ganoderma densizonatum
J.D. Zhao et X.Q. Zhang

摄影：吴兴亮

243 吊罗山灵芝

Ganoderma diaoluoshamense
J.D. Zhao et X.Q. Zhang

摄影：吴兴亮

244 弯柄灵芝

Ganoderma flexipes Pat., Bull. Soc. Mycol. Fr. 23: 75, 1907.

担子果木栓质；菌盖近匙形、半圆形或近圆形，0.5 ~ 1.2 × 0.5 ~ 1.5 cm，厚0.5 ~ 1 cm，表面黄褐色到红褐色，有似漆样光泽，有显著的同心环沟，边缘纯或呈截形;菌肉厚1 ~ 2.5 cm，木材色或淡褐色，分层不明显；菌管长0.2 ~ 0.6 cm；孔面淡灰白色、污白色至淡黄褐色；管口近圆形，每毫米4 ~ 5个；菌柄背生或背侧生，长3.5 ~ 10 cm，粗0.3 ~ 0.5 cm，圆柱形，粗细不等或近似念珠状，深红褐色、紫褐色或紫黑色。孢子卵圆形或宽卵圆形，有时顶端平截，双层壁，外壁无色透明，平滑，内壁淡黄褐色，有小刺或小刺不清楚，7 ~ 10 × 5.8 ~ 7 μm。

生境： 生于阔叶林中地下腐木上。

分布： 海南、云南、贵州。

---

245 有柄灵芝

Ganoderma gibbosum (Blume & T. Nees) Pat., Ann. Jard. Bot. Buitenzorg 8: 114, 1897.
Polyporus gibbosus Blume & T. Nees, Nov. Act. N. Cur. XIII,t.5, 1826.
Fomes amboinensis var. *gibbosus* (Blume & Nees) Cooke, Grevillea 13(no. 68): 118, 1885.

担子果木栓质到木质；菌盖半圆形或近圆形，3.5 ~ 9 × 4 ~ 8 cm，厚0.6 ~ 1.8 cm，表面污褐色或锈褐色，有同心环带，无似漆样光泽，边缘圆钝，完整；菌肉褐色至暗褐色，厚0.5 ~ 0.9 cm；菌管深褐色，长0.4 ~ 0.8 cm；孔面污白色、污黄白色或褐色；管口近圆形，每毫米4 ~ 5个；菌柄侧生或背侧生，长3 ~ 6 cm，粗1 ~ 2 cm，与菌盖同色，无光泽。孢子卵圆形或顶端平截，双层壁，外壁无色透明，平滑，内壁淡褐色，有小刺，6.5 ~ 8.5 × 4.7 ~ 5.5 μm。

生境： 生于阔叶树腐木桩和倒木上。

分布： 广东、广西、海南、贵州、云南。

用途： 药用。

---

246 桂南灵芝

Ganoderma guinanense J. D. Zhao et X. Q. Zhang, Acta Mycol. Sinica 6(1): 4, 1987.

担子果木栓质；菌盖近圆形，中央部分下凹呈漏斗状，直径10 ~ 15 cm，厚0.3 ~ 1 cm，表面紫黑褐色到紫黑色，边缘稍淡，有较强的似漆样光泽，稍具同心环带或环带不明显，边缘完整，较薄，下面具0.2 ~ 0.4 cm的不孕带；菌肉均匀的褐色，厚0.2 ~ 0.7 cm，趋向边缘渐变薄；菌管长约0.1 ~ 0.3 cm；孔面初期淡褐色，老后呈褐色；管口近圆形，每毫米4 ~ 5个；菌柄偏生至近中生，长15 ~ 20 cm，粗1 ~ 1.5 cm，近圆柱形，有时粗细不等或近似念珠状，与菌盖同色或近黑色，具强烈的似漆样光泽。孢子宽卵圆形或近球形，双层壁，外壁无色透明，平滑，内壁无色或稍带淡褐色，有小刺或小刺不清楚，7 ~ 11 × 6 ~ 7.5 μm。

生境： 生于阔叶林中地下腐木上。

分布： 广西、海南、贵州。

---

244 弯柄灵芝

Ganoderma flexipes Pat.

摄影：吴兴亮

245 有柄灵芝

Ganoderma gibbosum
(Blume & T. Nees) Pat.

摄影：吴兴亮

246 桂南灵芝

Ganoderma guinanense
J.D. Zhao et X. Q. Zhang

摄影：吴兴亮

247　海南灵芝

Ganoderma hainanense J.D. Zhao, L. W. Hsu et X. Q. Zhang, Acta Microbiol. Sinica 19(3): 269, 1979.

担子果木栓质；菌盖近匙形、肾形、半圆形或近圆形，稍厚或近马蹄形，1.5 ~ 3 × 1.5 ~ 4.5 cm，厚1 ~ 2 cm，表面红褐色或紫红褐色，有似漆样光泽，有明显的同心环沟，边缘钝或呈截形，完整；菌肉厚0.2 ~ 0.3 cm，上层木材色或淡褐色，下层褐色；菌管长0.5 ~ 1.5 cm；孔面淡黄白色至淡褐色；管口近圆形，每毫米4 ~ 6个；菌柄背生或背侧生，长8 ~ 16 cm，粗0.3 ~ 0.5 cm，圆柱形，粗细不等，有时近似念珠状，与菌盖同色或较深。孢子卵圆形，有时顶端稍平截，双层壁，外壁无色透明，平滑，内壁淡褐色，有显著小刺，7.5 ~ 9.5 × 5.5 ~ 7 μm。

生境：生于阔叶林中地下腐木上。

分布：浙江、福建、广西、海南、云南、贵州。

248　黎母山灵芝

Ganoderma limushanense J. D. Zhao et X.Q. Zhang, Acta Mycol. Sinica 5(4): 119-221, 1986.

担子果木栓质到木质；菌盖扇形、半圆形或近圆形，往往呈不规则形，5 ~ 8 × 7 ~ 11 cm，厚1 ~ 3 cm，幼时上表面淡黄褐色到淡褐色，边缘黄白色，老后表面褐色、暗褐色或黑褐色，无似漆样光泽，具显著同心环沟，边缘钝，完整；菌肉褐色至暗褐色，具黑色壳质层，厚0.5 ~ 1.2 cm；菌管褐色，具白色菌丝体填充，长0.5 ~ 1 cm；孔面初期淡白色，粉白色，后为黄褐色至暗褐色；管口近圆形，每毫米4 ~ 5个，菌柄平侧生、背侧生或侧生，长1.5 ~ 4 cm，粗1 ~ 2 cm，与菌盖同色。孢子卵圆形、椭圆形或顶端稍平截，双层壁，外壁透明，平滑，内壁淡褐色，有小刺或不清楚，7.5 ~ 10 × 5.6 ~ 7.2 μm。

生境：生于热带雨林中倒木上。

分布：广西、海南。

249　层迭灵芝

Ganoderma lobatum (Schwein.) G.F. Atk., Annls Mycol. 6: 190, 1908.
Elfvingia lobata (Schwein.) Murrill, N. Amer. Fl. (New York) 9(2): 114, 1908.
Fomes lobatus (Schwein.) Cooke, Grevillea 14(no. 69): 18, 1885.

担子果无柄，木栓质到木质；菌盖肾形或圆形，12 ~ 20 × 8 ~ 15 cm，小菌盖6 × 10 cm，厚1 ~ 4 cm，表面灰褐色、黄褐色或褐色，具同心环带，无似漆样光泽，边缘圆钝，完整；菌肉褐色，厚1 ~ 1.5 cm，有黑色壳质层；菌管单层，长1 ~ 2 cm，褐色至深褐色；孔面淡黄色、淡黄白色、污白色或污灰白色；管口近圆形，每毫米4 ~ 5个。孢子宽椭圆形、卵圆形或顶端平截，双层壁，外壁无色透明，平滑，内壁淡褐色，有小刺，6.5 ~ 8.8 × 4.5 ~ 6 μm。

生境：生于阔叶林中的树桩上。

分布：浙江、广西、海南、贵州。

用途：药用。

247 海南灵芝

Ganoderma hainanense J.D. Zhao, L. W. Hsu et X. Q. Zhang

摄影：吴兴亮

248 黎母山灵芝

Ganoderma limushanense J. D. Zhao et X.Q. Zhang

摄影：吴兴亮

249 层迭灵芝

Ganoderma lobatum (Schwein.) G.F. Atk.

摄影：吴兴亮

250 大孔灵芝

Ganoderma magniporum J.D.Zhao et X.Q.Zhang, Acta Mycol. Sinica 3(1): 15, 1984.

担子果木栓质；菌盖半圆形到近圆形，2.5 ~ 3 cm， 厚0.2 ~ 0.25 cm，表面黑褐色或黑色，稍有似漆样光泽或较弱，趋向边缘具稠密的有同心环沟，边缘呈钝齿状；菌肉呈均匀的褐色，厚0.1 ~ 0.15 cm；菌管长0.05 ~ 0.1 cm；孔面褐色，凹凸不平；管口近圆形，每毫米2 ~ 2.5个；菌柄侧生，长约2.5 cm，粗0.5 cm，圆柱形，与菌盖同色。孢子卵圆形或长卵圆形，有时顶端平截，双层壁，外壁无色透明，平滑，内壁淡褐色到褐色，有小刺，8.7 ~ 10.4 × 5.2 ~ 7 μm。

生境：生于阔叶树根部。

分布：广西。

251 无柄紫灵芝

Ganoderma mastoporum (Lév) Pat., Bull. Soc. Mycol. Fr. 5: 71, 1889.
Polyporus mastoporus Lév., Ann. Sci. Nat. Ⅲ. 2: 182, 1848.
Ganoderma subtornatum Murrill, Bull. Torrey Bot. Club 34: 477, 1907.

担子果木栓质到木质；菌盖近扇形、近圆形或贝壳状，4 ~ 5 × 6 ~ 8 cm， 厚0.5 ~ 1.3 cm，表面紫黑褐色、黑褐色到黑色，边缘色稍浅，有似漆样光泽或较弱，有稠密的同心环纹，纵皱明显或不明显，边缘圆钝，完整；菌肉呈均匀的深褐色，厚0.2 ~ 0.6 cm，间有黑色壳质层；菌管长0.3 ~ 0.7 cm，深褐色；孔面初期淡白色、淡褐色，后为褐色至深褐色；管口近圆形，每毫米5 ~ 6个；无柄或有一个狭窄的柄基。孢子卵圆形或长卵圆形，双层壁，外壁无色透明，平滑，内壁淡褐色，有小刺或小刺不清楚，8 ~ 10 × 4 ~ 6 μm。

生境：生于阔叶林中腐木上。

分布：广东、广西、海南、贵州、云南。

252 新日本灵芝

Ganoderma neo-japonicum Imazeki, Bull. Tokyo Science Museum. No. 1, 37, 1939.

担子果木栓质；菌盖近肾形或半圆形，5 ~ 8.5 × 5 ~ 9 cm；厚0.5 ~ 1.5 cm，表面紫褐色、黑紫色至近黑色，有似漆样光泽或较弱，无同心环沟或环沟不明显著，放射状条纹和皱有或不明显，边缘完整，圆钝或稍锐；菌肉分层不明显，厚0.3 ~ 0.8 cm，上层淡黄褐色，接近菌管层浅褐色；菌管长0.5 ~ 0.8 cm；孔面黄褐色；管口近圆形，每毫米5 ~ 6个；菌柄侧生，长5 ~ 12 cm，粗0.5 ~ 1.5 cm，圆柱形，有时粗细不等或近似念珠状，紫褐色、黑紫色、近黑色或与菌盖同色，有光泽。孢子卵圆形，有时顶端平截，双层壁，外壁无色透明，平滑，内壁淡黄褐色，有小刺，8 ~ 10.5 × 6 ~ 7 μm。

生境：生于阔叶林中地下腐木上。

分布：北京、山东、海南、广西、贵州。

250 大孔灵芝

Ganoderma magniporum J. D. Zhao et X.Q.Zhang

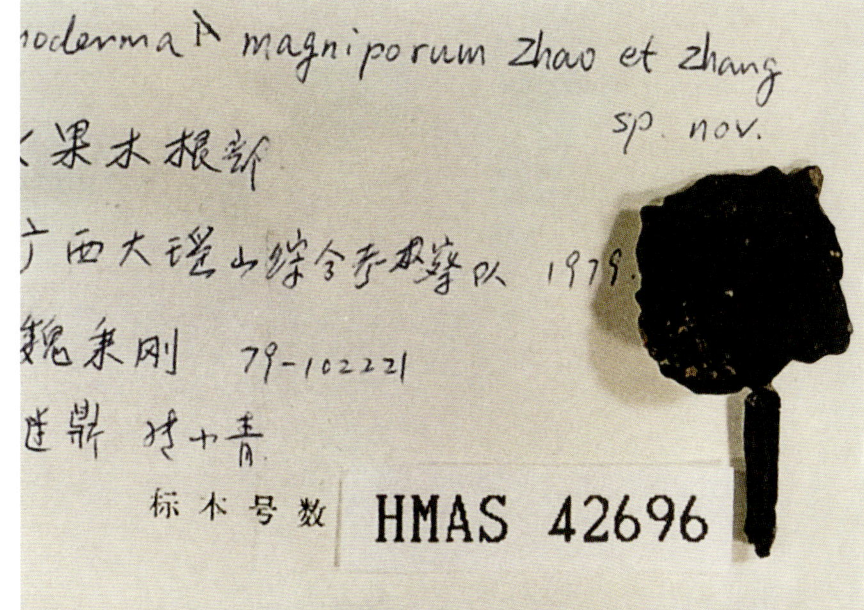

摄影：吴兴亮

251 无柄紫灵芝

Ganoderma mastoporum （Lév）Pat.

摄影：吴兴亮

252 新日本灵芝

Ganoderma neo-japonicum Imazeki

摄影：吴兴亮

253 亮黑灵芝

Ganoderma nigrolucidum (Lloyd) D.A. Reid, Bothalia 11(3): 224, 1975.
Polyporus nigrolucidus Lloyd, Mycol. Writ. 6(Letter 62): 925, 1920.

子实体木栓质；菌盖肾形到近圆形，5 ~ 8 × 6 ~ 15 cm，厚0.5 ~ 1.5 cm，表面紫红褐色、紫黑褐色或近黑色，有似漆样光泽或较弱，有稀疏的同心环纹或环纹不明显，边缘完整或瓣状，圆钝或平截，下面不孕；菌肉厚0.3 ~ 0.5 cm，上层木材色或淡黄褐色，下层浅褐色；菌管长0.3 ~ 0.8 cm；孔面黄褐色至褐色；管口近圆形，污褐色，每毫米4 ~ 6个；菌柄偏生至侧生，长5 ~ 9 cm，粗0.6 ~ 1.2 cm，近圆柱形，紫褐色到近黑色或与菌盖同色，有光泽。孢子卵圆形，有时顶端平截，双层壁，外壁无色透明，平滑，内壁淡黄褐色，有小刺或小刺不清楚，6.5 ~ 9.5 × 5 ~ 7 μm。

生境： 生于阔叶林中腐木上。

分布： 广西。

254 光亮灵芝

Ganoderma nitidum Murrill, N. Amer. Fl. (New York) 9(2): 123, 1908.

子实体木栓质；菌盖贝壳形、半圆形或不规则圆形，4 ~ 8 × 5 ~ 10 cm，厚0.6 ~ 1.8 cm，表面黄褐色、红褐色、褐色到黑褐色，有稀疏的环纹和纵皱，具似漆样光泽，边缘呈淡黄白色，完整，圆钝，下边不孕；菌肉呈褐色，硬或近火绒状，有黑色壳质层，厚0.3 ~ 0.6 cm，有时杂有白色菌丝；菌管一层到多层，长0.5 ~ 1.2 cm，分层不明显；孔面污黄白色、淡褐色至褐色；管口近圆形或不规则形，每毫米4 ~ 6个；柄基短而粗，由菌盖下延形成，与菌盖同色。孢子卵圆形或近椭圆形，顶端圆钝或稍平截，双层壁，外壁无色透明，平滑，内壁淡褐色，有小刺或小刺不清楚，8 ~ 10 × 5 ~ 6.5 μm。

生境： 生于阔叶林中倒腐木上。

分布： 广西。

255 多分枝灵芝

Ganoderma ramosissimum J.D.Zhao, Acta Mycol. Sinica 8(1): 29, 1989.

担子果木栓质；菌盖近扇形、半圆形或不规则形，有时几个菌盖相连，3 ~ 5 × 2 ~ 5 cm，厚0.6 ~ 1 cm，表面红褐色、褐色或紫褐色，光滑，有似漆样光泽，有同心环带或环带不明显，边缘色稍淡，钝，下边不孕；菌肉淡白色、木材色或淡褐色；菌管长0.2 ~ 0.4 cm；孔面淡黄褐色、淡褐色至污褐色；管口近圆形，每毫米4 ~ 5个；菌柄平侧生，长9 ~ 28 cm，粗0.5 ~ 1.5 cm，近圆柱形，趋向上部稍扁平，二叉、三叉或不规则分枝，宽度不均匀，有时粗3 cm，时常有不发育的分枝，分枝顶端有菌盖或否；与菌盖同色。孢子椭圆形或宽椭圆形，有时顶端平截，双层壁，外壁无色透明，平滑，内壁淡褐色，有小刺或小刺不清楚，8.5 ~ 10.5 × 5 ~ 6.5 μm。

生境： 生于阔叶林中腐木上。

分布： 湖南、广西、海南、云南、贵州。

253 亮黑灵芝

Ganoderma nigrolucidum (Lloyd) D.A. Reid

摄影：吴兴亮

254 光亮灵芝

Ganoderma nitidum Murrill

摄影：吴兴亮

255 多分枝灵芝

Ganoderma ramosissimum J.D.Zhao

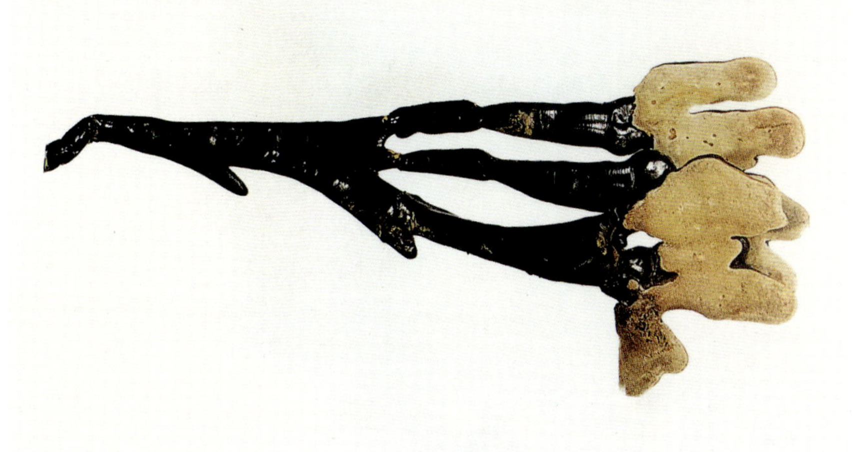

摄影：吴兴亮

256 大圆灵芝

Ganoderma rotundatum J.D.Zhao, L. W. Hsu et X. Q. Zhang, Acta Microbiol. Sinica 19(3): 267, 1979.

担子果无柄，木栓质，覆互状，基部连接，围绕基物形成圆形，疏松地附着在基物上；菌盖近扇形、半圆形或近肾形，8 ~ 25 × 12 ~ 25 cm， 厚2 ~ 6 cm，小菌盖4 × 8 cm，表面污红褐色或暗紫褐色，有似漆样光泽或较弱，有显著的同心环沟和环纹，平坦或不平坦，边缘钝，完整或呈波浪状；菌肉厚0.5 ~ 2.5 cm，分层不明显，上层淡黄白色到木材色，下层淡褐色到褐色；菌管长0.5 ~ 2 cm，不分层；孔面淡黄白色到淡褐色，后变褐色；管口近圆形，每毫米4 ~ 5个。孢子卵圆形，有时顶端平截，双层壁，外壁无色透明，平滑，内壁淡褐色，有小刺或小刺不清楚，7 ~ 10.5 × 5.2 ~ 6.8 μm。

生境：生于阔叶树的腐桩上。

分布：广西、海南。

---

257 上思灵芝

Ganoderma shangsiense J.D. Zhao, Acta Mycol. Sinica 7(1): 17, 1988.

担子果无柄，木栓质到木质；菌盖半圆形或近扇形，5 ~ 11.5 × 6.5 ~ 8 cm，厚1.5 ~ 3 cm，表面褐色、锈褐色、暗褐色到黑褐色，有同心环棱或环沟，有时被有锈褐色孢子；边缘淡黄白色，圆钝，完整或辩裂下面往往有不孕常2 ~ 3 mm；菌肉厚0.5 ~ 0.8 cm，分层，上层淡黄白色，下层褐色，有黑色壳质层；菌管长0.8 ~ 1.2 cm，有白色菌丝填充；孔面初期污灰白色，淡黄白色，带有柠檬黄色，老后淡褐色到褐色；管口近圆形，壁厚，每毫米4 ~ 5个。孢子宽椭圆形，双层壁，外壁透明，平滑，内壁淡褐色，有明显的小刺，7 ~ 9 × 5.5 ~ 7 μm。

生境：生于阔叶树腐木桩上或活立木树干基部。

分布：海南、广西。

---

258 灵芝

Ganoderma sichuanense J.D. Zhao & X.Q. Zhang, in Zhao, Xu& Zhang, Acta Mycol. Sin.2(3): 159, 1983.
Ganoderma lingzhi Sheng H. Wu, Y. Cao & Y.C. Dai, in Cao, Wu & Dai, Fungal Diversity56(1): 54, 2012.

担子果木栓质；菌盖近肾形、半圆形或近圆形，5 ~ 13 × 8 ~ 15 cm， 厚0.5 ~ 1.8 cm，表面红褐色或暗红褐色，幼时边缘黄褐色，有似漆样光泽，有同心环沟或环沟不明显著，边缘锐或稍钝；菌肉厚0.5 ~ 1 cm，分层不明显，上层淡白色或木材色，接近菌管处呈淡褐色；菌管长0.5 ~ 1 cm；孔面淡白色、淡黄色至淡褐色；管口近圆形，每毫米4 ~ 6个；菌柄侧生、偏生或中生，长5 ~ 15 cm，粗0.8 ~ 2.5 cm，近圆柱形，有时粗细不等或近似念珠状，与菌盖同色或稍深，有光泽。孢子卵圆形或顶端平截，外壁无色透明，平滑，内壁淡褐色，有小刺，7.5 ~ 10.5 × 5.5 ~ 6.8 μm。

生境：生于阔叶林中地下腐木上或腐木桩周围地上。

分布：浙江、陕西、福建、台湾、江西、河南、湖南、广东、广西、海南、四川、贵州、云南。

用途：药用。

---

256 大圆灵芝

Ganoderma rotundatum
J.D.Zhao, L. W. Hsu et X. Q. Zhang

摄影：吴兴亮

257 上思灵芝

Ganoderma shangsiense
J.D. Zhao

摄影：吴兴亮

258 灵芝

Ganoderma sichuanense
J.D. Zhao & X.Q. Zhang

摄影：吴兴亮

259 紫芝

Ganoderma sinense J.D. Zhao, L.W. Hsu & X.Q. Zhang, Acta microbiol. sin. 19: 272, 1979.
Ganoderma lucidum var. *japonicum* sensu Teng, Sincnsia 5:199, 1934.
Ganoderma japonicum sensu Teng, Chiinese Fungi, P.447, 1963.

担子果木栓质；菌盖近匙形、半圆形或近圆形，4 ~ 20 × 5 ~ 25 cm，厚0.8 ~ 2.8 cm，表面紫红褐色、紫黑褐色到黑色，有似漆样光泽，有明显或不明显的同心环沟和纵皱，边缘薄或钝；菌肉呈均匀褐色到深色，厚0.2 ~ 0.6 cm，有环纹；菌管长0.3 ~ 1 cm，褐色、深褐色；孔面初期灰白色，后为淡褐色、褐色到深褐色；管口近圆形，每毫米5 ~ 6个；菌柄侧生或偏生，长5 ~ 15 cm，粗0.8 ~ 2 cm，有光泽。孢子卵圆形，顶端脐突或稍平截，双层壁，外壁无色透明、平滑、内壁淡褐色，有显著小刺，9 ~ 12.5 × 7.8 ~ 8.8 μm。

生境：生于阔叶树倒木上。

分布： 河北、山东、浙江、江西、福建、广东、广西、海南、四川、贵州。

用途： 药用。

---

260 具柄灵芝

Ganoderma stipitatum Murrill, Bull. Torrey Bot. Club 30：229, 1903.

担子果木栓质；菌盖近肾形、半圆形或不规则形，4 ~ 10 × 4 ~ 7 cm， 厚0.8 ~ 1.5 cm，表面红褐色或紫褐色，有似漆样光泽或较弱，有稀疏的同心环纹或环纹不明显，边缘完整，圆钝；菌肉厚0.5 ~ 1 cm，分层不明显，上层木材色，下层淡褐色，菌肉中有黑色壳质层；菌管长0.5 ~ 0.8 cm；孔面污黄色至黄褐色；管口近圆形，每毫米4 ~ 5个；菌柄侧生，长4 ~ 8 cm，粗0.8 ~ 1.5 cm，近圆柱形，紫褐色至黑褐色，有较强的漆样光泽。孢子卵圆形至宽卵圆形，有时顶端平截，双层壁，外壁无色透明，平滑，内壁淡黄褐色，有显著小刺，7.8 ~ 11 × 6 ~ 7 μm。

生境： 生于阔叶林中腐木上。

分布： 广西、云南。

---

261 茶病灵芝

Ganoderma theaecolum J.D. Zhao, Acta Mycol. Sinica 3(1): 16, 1984.

担子果木栓质到木质；菌盖半圆形或近扇形，8 ~ 15 × 6 ~ 8.5 cm， 厚1 ~ 1.5 cm，表面红褐色到紫褐色，靠近基部黑褐色，有很强的似漆样光泽，有同心环沟或环沟不显著，平滑或钝，下边不孕，边缘色渐渐变浅呈黄红褐色；菌肉厚0.4 ~ 0.8 cm，上层木材色或淡黄褐色，下层淡褐色到褐色；菌管长0.4 ~ 0.7 cm；孔面污白色、污黄白色至淡黄色；管口近圆形或多角形，每毫米4 ~ 5个。无柄或具短柄，若有短柄，长4 ~ 5 cm，与菌盖同色。孢子卵圆形，有时顶端平截，双层壁，外壁无色透明，平滑，内壁淡褐色，有小刺或小刺不清楚，6 ~ 9 × 5.5 ~ 6.5 μm。

生境： 生于茶树或其他阔叶树腐木上。

分布： 海南、广西。

---

259 紫芝

Ganoderma sinense J. D. Zhao

摄影：吴兴亮

260 具柄灵芝

Ganoderma stipitatum Murrill

摄影：吴兴亮

261 茶病灵芝

Ganoderma theaecolum J. D. Zhao

摄影：吴兴亮

262 热带灵芝

Ganoderma tropicum (Jungh.) Bres., Ann. Myool. Ⅷ: 586, 1910.
Poilyporus tropicus Jungh., Verh. Bataviaasch Genootsch 17(11): 63, 1838.

担子果木栓质到木质；菌盖半圆形、圆形、肾形、扇形、近漏斗形或不规则形，往往在菌盖上面生有小菌盖，3 ~ 12 × 4 ~ 16 cm，厚0.5 ~ 3.5 cm，表面黄褐色、红褐色、紫红色到紫褐色，有似漆样光泽或较弱，同心环纹不明显，边缘较薄，颜色变浅至黄白色或淡黄褐色；菌肉均匀褐色，厚0.5 ~ 2 cm，无黑色壳质层；菌管长0.1 ~ 0.4 cm；孔面污白色或淡褐色至褐色；管口近圆形或不规则形，每毫米4 ~ 5个；菌柄中生、侧生、偏生或近无柄，长1.5 ~ 7 cm，粗1 ~ 3 cm，近圆柱形或粗细不等，与菌盖同色或较深，有较强的似漆样光泽。孢子卵圆形、近椭圆形或顶端平截，双层壁，外壁无色透明，平滑，内壁淡褐色，有小刺，7.8 ~ 11.5 × 5 ~ 7 μm。

生境：生于相思树根部或其他阔叶林中腐木上。

分布：广东、广西、海南、贵州。

---

263 细条盔孢菌

Galerina filiformis A.H. Sm. & Singer, Mycologia 50(4): 474, 1958.

菌盖直径0.2 ~ 0.5 cm，钟形或凸镜形，淡黄色至黄褐色，表面湿，水浸状，边缘有明显的条纹；菌肉薄，黄白色；菌褶较疏，直生至延生，黄褐色至赭黄色；菌柄中生，长2 ~ 3.5 cm，圆柱形，浅黄褐色至赭黄色，基部根状。孢子卵圆形至杏仁形，表面有小疣，7.5 ~ 9.5 × 6 ~ 7 μm。

生境：生于苔藓层上。

分布：内蒙古、吉林、四川、广西、贵州。

---

264 苔藓盔孢菌

Galerina hypnorum (Schrank) Kühner, Encyclop. Mycol. Genre Galera 7: 194, 1935.
Agaricus hypnorum Schrank, Baier. Fl. 2: 605, 1789.
Galera hypnorum (Schrank) P. Kumm., Führ. Pilzk. (Zwickau): 75, 1871.
Galerina calyptrospora Kühner, Botaniste 17: 172, 1926.

菌盖直径0.2 ~ 0.5 cm，钟形或圆锥形，污黄褐色至淡赭色，表面光滑，水浸状；菌肉薄，黄白色；菌褶较疏，直生，黄色至赭色；菌柄圆柱形，中生，长2 ~ 3 cm，粗0.2 ~ 0.3 cm，黄褐色。孢子椭圆形至卵圆形，不等边，表面有褶皱，8.5 ~ 11 × 5 ~ 6.5 μm。

生境：生于苔藓层上。

分布：内蒙古、吉林、四川、广西、贵州。

---

262 热带灵芝

Ganoderma tropicum (Jungh.) Bres.

摄影：吴兴亮

263 细条盔孢菌

Galerina filiformis A. H. Sm. & Singer

摄影：吴兴亮

264 苔藓盔孢菌

Galerina hypnorum (Schrank) Kühner

摄影：吴兴亮

265 纹缘盔孢菌

Galerina marginata (Batsch) Kühner, Encyclop. Mycol. 7: 225, 1935.
Agaricus marginatus Batsch, Elench. fung., cont. sec. (Halle): 207, 1789.
Agaricus unicolor Vahl, Fl. Danic. 6: 7, 1792.
Galera marginata (Batsch) P. Kumm., Führ. Pilzk. (Zerbst): 74, 1871.
Galerula marginata (Batsch) Kühner, Bull. trimest. Soc. mycol. Fr. 50: 78, 1934.
Galerula unicolor (Vahl) Kühner, Bull. trimest. Soc. mycol. Fr. 50: 78, 1934.

菌盖直径2 ~ 3.5 cm，初期圆锥形，后平展，中央稍有乳头凸起，菌盖表面淡黄褐色至黄褐色，边缘具明显条纹；菌肉薄，浅黄色；菌褶黄色，直生，较稀，不等长；菌柄长3 ~ 5 cm，直径0.3 ~ 0.5 cm，黄褐色，基部稍膨大；菌环膜质，上位，易脱落。孢子椭圆形，表面有小疣，棕褐色，8 ~ 10.5 × 5 ~ 6 μm。

生境： 生于腐木或倒木上。

分布： 湖南、贵州、广西。

用途： 剧毒，含鹅膏肽类毒素，急性肝损害型。

---

266 木生地星

Geastrum mirabile Mont., Crypt. Guyan.: no. 595, 1855.
Geastrum mirabile f. *chichishimae* S. Ito & S. Imai, Trans. Sapporo nat. Hist. Soc. 15: 5, 1937.
Geastrum mirabile f. *papyraceum* (Berk. & M.A. Curtis) S. Imai, Bot. Mag., Tokyo 50: 221, 1936.
Geastrum mirabile var. *substipitatum* Henn. [as '*Geaster mirabile* var. *substipitatus*'], Monsunia 1: 24, 1900.
Geastrum mirabile var. *trichiferum* (Rick) Sacc. & Trotter, in Lloyd, Syll. fung. (Abellini) 21: 477, 1912.
Geastrum papyraceum Berk. & M.A. Curtis, Proc. Amer. Acad. Arts & Sci. 4: 124, 1860.
Geastrum trichiferum Rick [as 'Geaster trichifer'], in Lloyd, Mycol. Notes (Cincinnati) 2(25): 315, 1907.

菌蕾宽3 ~ 5 mm，球形至倒卵形；外包被基部袋形，上半部开裂，外侧乳白色至米黄色，内侧灰褐色；内包被无柄，薄，膜质，灰褐色至近暗灰色；嘴部平滑、圆锥形，有一明显环带，其颜色较内包被的其他部分浅。孢子球形，具微细小疣，褐色，3 ~ 4 μm。

生境： 生于倒腐木上或腐根处。

分布： 内蒙古、吉林、四川、广西、贵州、海南。

---

267 绒皮地星

Geastrum velutinum Morg. J. Cinc. Soc. Nat. Hist. 18: 38, 1895.

子实体近球形，直径1.8 ~ 3 cm，由菌丝束固定于基物上；外包被基部呈袋形，成熟时上半部分裂为5 ~ 7瓣，宽2 ~ 3 cm，裂片反卷，表面土黄色、土褐色至红褐色，粗糙，具暗褐色密集长绒毛，内侧干后变为栗褐色，易脱落；内包被膜质，灰粉红色；嘴部圆锥形，不明显。孢子近球形，具微细疣突，褐色，3.5 ~ 4.5 μm。

生境： 生于混交林中地上。

分布： 浙江、安徽、湖南、四川、贵州、云南、广西。

---

265 纹缘盔孢菌

Galerina marginata (Batsch) Kühner

摄影：吴兴亮

266 木生地星

Geastrum mirabile Mont.

摄影：吴兴亮

267 绒皮地星

Geastrum velutinum Morgan

摄影：吴兴亮

268 袋形地星

Geastrum saccatum Fr., Syst. Mycol. (Lundae) 3(1): 16, 1829.

担子果初期近球形；外包被深袋形，上半部分裂为5～8瓣，裂片反卷，外表光滑，蛋壳色、污褐色至污栗褐色；内层肉质，干后变薄，棕黄色、污棕黄色至浅灰肉桂色；内包被无柄，球形，浅棕灰色、棕黄色至污棕黄色，直径0.7～1.5 cm，嘴部圆锥形。孢子球形，棕色到栗褐色，有小疣，直径3～5 μm。

生境：生于林地上。

分布：黑龙江、辽宁、内蒙古、河北、山西、山东、宁夏、甘肃、青海、新疆、湖南、四川、贵州、云南、西藏、福建、台湾、海南、广西。

用途：药用。

269 尖顶地星

Geastrum triplex Jungh., Tijdschr. Nat. Gesch. Physiol. 7: 287, 1840.
Geastrum saccatum Fr., Syst. Mycol. (Lundae) 3(1): 16, 1829.
Geastrum michelianum W.G. Sm., Gard. Chron. 18: 608, 1873.

菌蕾近球形，成熟时外包被开裂成5～7瓣，裂片向外反卷，外表光滑，蛋壳色；内层肉质干后变薄，栗褐色，中部易分离并脱落，仅残留基部；内包被高1.2～3 cm，直径1～3 cm，近球形、洋葱状，嘴部圆锥形，淡褐色、烟灰色至污褐色；无柄。孢子近球形，具小疣，直径3～4 μm。

生境：生于林地上。

分布：吉林、河北、山西、甘肃、青海、新疆、四川、贵州、云南、西藏、广西、海南。

用途：药用。

270 深褐褶孔菌

Gloeophyllum sepiarium (Wulfen) P. Karst. , Bidr. Känn. Finl. Nat. Folk 37: 79, 1882.
Agaricus asserculorum Batsch, Elench. fung. (Halle): 95, 1783.
Agaricus boletiformis Sowerby, Col. fig. Engl. Fung. Mushr. (London) 3:pl. 418, 1809.
Agaricus sepiarius Wulfen, in Jacquin, Collnea bot. 1: 339, 1786.

担子果无柄，菌盖半球形、扇形，平伏而反卷，韧，干后硬革质，直径2～10 cm，厚0.3～0.6 cm，表面深肉桂色至深褐色，老后近黑色，有粗绒毛及宽环带，边缘薄而锐，波浪状；菌肉棕褐色；菌褶锈褐色到深咖啡色，相互连接，初期厚，渐变薄，波浪状。孢子圆柱形，无色，光滑，7～9 × 3～4 μm。

生境：生于倒木上。

分布：黑龙江、吉林、内蒙古、河北、山西、河南、陕西、甘肃、青海、新疆、安徽、江苏、浙江、江西、湖南、湖北、四川、贵州、云南、西藏、福建、广东、广西、海南。

268 袋形地星

Geastrum saccatum Fr.

摄影：吴兴亮

269 尖顶地星

Geastrum triplex Jungh.

摄影：吴兴亮

270 深褐褶孔菌

Gloeophyllum sepiarium (Wulfen) P. Karst.

摄影：吴兴亮

271 粉红铆钉菇

Gomphidius roseus (Fr.) Gill., Champ. Fr. 623, 1874.
Agaricus glutinosus var. *roseus* Fr., Epicr. Myc. 319, 1838.

菌盖直径2.5 ~ 4.5 cm，粉红色或粉肉色，半球形至平展，中央稍凹，黏，光滑；菌肉灰白色，干后变黑灰色；菌褶延生，稀，窄，近菌柄处分叉，淡色，后变为黑灰色；菌柄圆柱形，长3 ~ 6 cm，粗0.5 ~ 1.5 cm，向下渐细，上部近白色，中下部粉红色；菌环上位，白色，绵毛状，易消失。孢子光滑，近菱形或近纺缍形，15 ~ 17 × 4.5 ~ 6 μm。

生境： 生于松林中地上。

分布： 吉林、辽宁、贵州、广西。

272 灰树花菌

Grifola frondosa (Dicks.) Gray, Nat. Arr. Brit. Pl. (London)1: 643, 1821.
Boletus frondosus Dicks., Pl. Crypt. Brit. Fasc. 1: 18, 1785.
Boletus elegans Bolton, Hist. fung. Halifax (Huddersfield) 2: 76, 1788.
Polyporus albicans (Imazeki) Teng, Chung-kuo Ti Chen-chun, [Fungi of China]: 762, 1963.
Polyporus intybaceus Fr., Epicr. Syst. Mycol. (Uppsala): 446, 1838.
Grifola frondosa f. *intybacea* (Fr.) Pilát, Atlas des Champignons de l'Europe 3(1): 35, 1936.

担子果肉质或半肉质，有柄或近有柄，菌柄多次分枝，形成一丛覆瓦状的菌盖，直径30 ~ 50 cm，重2 ~ 4 kg以上；菌盖扇形、匙形至花瓣状，幼时表面灰色，后渐变褐色至灰褐色；菌肉白色至奶油色；菌管淡白色，与菌柄垂生；菌管管口多角形；菌柄基部粗大，表面淡褐色。孢子卵形至椭圆形，无色，光滑，薄壁，5 ~ 7 × 3.8 ~ 4.5 μm。

生境： 生于阔叶树上或栎树周围地上。

分布： 吉林、河北、浙江、四川、贵州、云南、福建、广西、海南。

用途： 食用、药用。

273 紫褐裸伞

Gymnopilus dilepis (Berk. & Broome) Singer, Lilloa 22: 560, 1951.
Agaricus dilepis Berk. & Broome, J. Linn. Soc., Bot. 11(no. 56): 542, 1871.
Flammula dilepis (Berk. & Broome) Sacc., Syll. fung. (Abellini) 5: 812, 1887.
Naucoria dilepis (Berk. & Broome) Cout., Anais Inst. sup. Agron. Univ. Téc. Lisboa 2: 21, 1925.

菌盖直径3 ~ 6 cm，扁半球形至平展形，紫褐色，被褐色鳞片；菌肉淡黄色至肉黄色；菌褶初期淡黄褐色至淡锈褐色，不等长，直生至弯生；菌柄4 ~ 6 × 0.5 ~ 1 cm，圆柱形，褐色至紫褐色，有丝状小鳞片，初实心，后空心，上部有膜质菌环，易消失。孢子卵圆形至椭圆形，有小疣，锈褐色，6.5 ~ 8.5 × 4.5 ~ 6 μm。

生境： 生于腐木或腐竹根上。

分布： 湖南、贵州、广西、海南。

用途： 有毒。

271 粉红铆钉菇

Gomphidius roseus (Fr.) Gill.

摄影：吴兴亮

272 灰树花菌

Grifola frondosa (Dicks.) Gray

摄影：吴兴亮

273 紫褐裸伞

Gymnopilus dilepis
(Berk. & Broome) Singer

摄影：吴兴亮

274 橘黄裸伞

Gymnopilus spectabilis (Fr.) Singer, Agaricales 561, 1949.
Agaricus spectabiles Fr., Elench Fung. 1:28, 1828.

担子果丛生；菌盖初呈半球形，中部凸出，后期平展，橙黄色、金黄色，直径4 ~ 10 cm，幼嫩时湿黏，成熟后干燥；菌肉淡黄色，有苦味；菌褶直生或弯生，黄色至黄褐色，后期呈锈褐色；菌柄圆柱状，长5 ~ 15，粗6 ~ 25 mm，上部有环状菌环，柄表淡黄色、黄色至黄褐色，密被秕糠状粉质或纤毛鳞片，黄色至黄褐色，内实。孢子椭圆形，褐色，7.5 ~ 9.5 × 5 ~ 6 μm。

生境： 生于阔叶树的树干上。

分布： 广西、贵州及东北和西北地区。

用途： 药用。

275 金黄裸脚伞

Gymnopus aquosus (Bull.) Antonín & Noordel., in Antonín, Halling & Noordeloos, Mycotaxon 63: 363, 1997.
Agaricus aquosus Bull., Herb. Fr. (Paris) 1: tab. 17, 1781.
Collybia aquosa (Bull.) P. Kumm., Führ. Pilzk. (Zerbst): 114, 1871.
Collybia dryophila var. *aquosa* Raithelh., Hong. Arg. (Buenos Aires) 1: 48, 1974.
Collybia dryophila var. *aquosa* (Bull.) Quél., Enchir. fung. (Paris): 31, 1886.
Collybia dryophila var. *oedipus* Quél., Fl. mycol. France (Paris): 226, 1888.
Marasmius dryophilus var. *aquosus* (Bull.) Rea, Brit. basidiomyc. (Cambridge): 337, 1922.
Marasmius dryophilus var. *oedipus* (Quél.) Rea, Brit. basidiomyc. (Cambridge): 525, 1922.

菌盖直径2 ~ 4 cm，半球形至平展，光滑，金黄色，中部色较深；菌肉浅黄白色；菌褶直生，浅黄色，稍密，不等长，褶缘平滑；菌柄圆柱形，长5 ~ 8 cm，直径 0.3 ~ 0.4 cm，与盖同色。孢子椭圆形，无色，光滑，5 ~ 6.5 × 3 ~ 4 μm。

生境： 生于针叶林中地上。

分布： 广西、贵州等地。

用途： 药用。

274 **橘黄裸伞** *Gymnopilus spectabilis* (Fr.) Singer 摄影：王绍能

275 **金黄裸脚伞** *Gymnopus aquosus* (Bull.) Antonín & Noordel. 摄影：吴兴亮

276 绒柄裸脚伞

Gymnopus confluens (Pers.) Antonín, Halling & Noordel., Mycotaxon 63: 364, 1997.
Agaricus archyropus Pers., Mycol. eur. (Erlanga) 3: 135, 1828.
Agaricus confluens Pers., Observ. Mycol. (Lipsiae) 1: 8, 1796.
Chamaeceras archyropus (Pers.) Kuntze, Revis. gen. pl. (Leipzig) 3(3): 455, 1898.
Collybia confluens (Pers.) P. Kumm., Führ. Pilzk. (Zerbst): 117, 1871.
Collybia confluens var. *campanulata* Peck, Ann. Rep. Reg. N.Y. St. Mus. 54: 963, 1902.
Gymnopus confluens subsp. *campanulatus* (Peck) R.H. Petersen, in Hughes & Petersen, MycoKeys 9: 58, 2015.
Gymnopus confluens var. *campanulatus* (Peck) Blanco-Dios, Tarrelos 20: 29, 2018.
Marasmius archyropus (Pers.) Fr., Epicr. syst. Mycol. (Upsaliae): 378, 1838.

菌盖直径2 ~ 4 cm，半球形至扁平，后渐平展中部微突起，光滑，具放射状条纹，淡褐色至淡红褐色，干后土黄色；菌肉较薄，淡褐色；菌褶弯生至离生，稠密，窄，不等长，浅灰褐色至米黄色；菌柄长4 ~ 8 cm，直径3 ~ 6 mm，圆柱形，中生，淡红褐色，表面具白色绒毛。孢子椭圆形，光滑，无色，7 ~ 8 × 3 ~ 4 μm。

生境：生于针叶树和阔叶树的树干或腐枝上。

分布：分布于中国大部分地区。

用途：可食。

277 栎裸脚伞

Gymnopus dryophilus (Bull.) Murrill, N. Amer. Fl. (New York) 9(5): 362, 1916.
Agaricus dryophilus Bull., Herb. Fr. 10: tab. 434, 1790.
Collybia dryophila (Bull.) P. Kumm., Führ. Pilzk. (Zwickau): 115, 1871.
Marasmius dryophilus (Bull.) P. Karst., Bidr. Känn. Finl. Nat. Folk 48: 103, 1889.
Marasmius dryophilus var. *alvearis* (Cooke) Rea, Brit. basidiomyc. (Cambridge): 525, 1922.
Marasmius dryophilus var. *auratus* (Quél.) Rea, Brit. basidiomyc. (Cambridge): 524, 1922.
Omphalia dryophila (Bull.) Gray, Nat. Arr. Brit. Pl. (London) 1: 612, 1821.

菌盖半球形至平展，直径2 ~ 4 cm，光滑，黏，淡黄白色或淡土黄色，中部带黄褐色，周围色淡或白色；菌肉近白色或浅黄白色，薄；菌褶直生至近离生，浅乳黄色，密集，不等长，褶缘平滑或有小锯齿；菌柄圆柱形，长2.5 ~ 6 × 0.3 ~ 0.5 cm，淡黄白色或淡土黄色，基部褐色。孢子椭圆形，无色，光滑，5 ~ 7 × 3 ~ 3.5 μm。

生境：生于阔叶林或针宽混交林中地上。

分布：黑龙江、辽宁、河南、贵州、云南、西藏、福建、广西、海南。

用途：药用。

276 **绒柄裸脚伞** *Gymnopus confluens* (Pers.) Antonín 摄影：吴兴亮

277 **栎裸脚伞** *Gymnopus dryophilus* (Bull.) Murrill 摄影：吴兴亮

278 靴状裸脚伞

Gymnopus peronatus (Bolton) Gray, Nat. Arr. Brit. Pl. (London) 1: 606, 1821.
Agaricus peronatus Bolton, Hist. fung. Halifax (Huddersfield) 2: 58, 1788.
Agaricus tomentellus Schumach., Enum. pl. (Kjbenhavn) 2: 314, 1803.
Agaricus urens Bull., Herb. Fr. 11: tab. 528, fig. 1, 1791.
Chamaeceras urens (Bull.) Kuntze, Revis. gen. pl. (Leipzig) 3(2): 457, 1898.
Collybia peronata (Bolton) P. Kumm., Führ. Pilzk. (Zerbst): 116, 1871.
Collybia rugulosa Schulzer & Bres., Verh. zool.-bot. Ges. Wien 29: 502, 1879.
Gymnopus peronatus (Bolton) Antonín, Halling & Noordel., Mycotaxon 63: 365, 1997.
Marasmius peronatus (Bolton) Fr., Anteckn. Sver. Ätl. Svamp.: 52, 1836.
Marasmius urens (Bull.) Fr., Anteckn. Sver. Ätl. Svamp.: 52, 1836.

菌盖直径2 ~ 5 cm，初期扁半球形，后平展，浅土黄色或浅褐色，有时色极淡，较韧，边缘有条纹；菌肉革质，浅肉色；菌褶与菌盖同色或稍浅，稀疏，不等长，与菌柄直生或弯生，不等长；菌柄长3 ~ 6 cm，粗0.3 ~ 0.5 cm，圆柱形，与菌盖同色，内实。孢子椭圆形，光滑，无色，7.5 ~ 10 × 3.5 ~ 5 μm。

生境： 生于林中地上。

分布： 黑龙江、甘肃、陕西、广西、云南、贵州、西藏。

279 铅色短孢牛肝菌

Gyrodon lividus (Bull.) Sacc., Syll. fung. (Abellini) 6: 52, 1888.
Boletus lividus Bull., Hist. Champ. France (Paris): pl. 490, 1791.
Boletus sistotremoides Fr., Observ. Mycol. (Leipzig) 1: 120, 1815.
Boletus sistotrema Fr., Syst. Mycol. (Lundae) 1: 389, 1821.
Boletus brachyporus Pers., Mycol. eur. (Erlanga) 2: 128, 1825.
Gyrodon sistotremoides (Fr.) Opat., Arch. Naturgesch. 2(1): 5, 1836.
Uloporus lividus (Bull.) Quél., Enchir. fung. (Paris): 162, 1886.
Gyrodon sistotrema (Fr.) Sacc., Syll. fung. (Abellini) 6: 53, 1888.
Gyrodon sistotrema var. *brachyporus* (Pers.) Rea, Brit. Basidiom.: 557, 1922.

菌盖直径3 ~ 8 cm，半圆形，后近平展，盖表干燥，微具毛绒，幼时尤甚，成熟后渐变光滑，灰褐色、茶褐色，边缘内卷；菌肉近黄白色，伤后变蓝色至蓝黑色；菌管延生，幼时灰白色、淡黄灰色，老后呈青褐色；管口大小不等；菌柄较短，圆柱状，近等粗，微弯曲，长3 ~ 5 cm，粗1 ~ 1.8 cm，内实，与菌盖同色或稍浅。孢子近球形至卵圆形，带黄色，5 ~ 6 × 3 ~ 3.5 μm。

生境： 生于阔叶林下地上。

分布： 广西、云南、贵州。

用途： 食用，外生菌根菌。

278 **靴状裸脚伞** *Gymnopus peronatus* (Bolton) Gray　　摄影：吴兴亮

279 **铅色短孢牛肝菌** *Gyrodon lividus* (Bull.) Sacc.　　摄影：吴兴亮

280 日本网孢牛肝菌

Heimioporus japonicus (Hongo) E. Horak, Sydowia 56(2): 238, 2004.
Boletellus japonicus (Hongo) L.D. Gómez, Revta Biol. trop. 44(Suppl. 4): 71, 1997.
Heimiella japonica Hongo, J. Jap. Bot. 44: 237, 1969.

菌盖半球形至平展，直径4 ~ 9 cm，紫红色至暗红褐色，具有微细绒毛；菌肉黄白色至淡黄色，伤不变色或微变蓝色；菌管在菌柄周围稍下陷，黄色至黄绿色，伤不变色或微变蓝色；孔口多角形；菌柄圆柱形，长6 ~ 13 cm，直径1 ~ 1.5 cm，与菌盖同色，顶端与菌管颜色相同，有明显的网纹状疣突，基部有白色菌丝体。孢子椭圆形，有明显的网格状纹，淡黄色，11 ~ 13 × 6.5 ~ 7.5 μm。

生境：生于阔叶林或针阔混交林中地上。

分布：海南、广西、贵州。

用途：有毒，误食常导致呕吐、腹泻等症状。

281 网孢牛肝菌

Heimioporus retisporus (Pat. & C.F. Baker) E. Horak, Sydowia 56(2): 239, 2004.
Boletellus retisporus (Pat. & C.F. Baker) E.-J. Gilbert, Les Livres du Mycologue Tome I-IV, Tom. III: Les Bolets: 108, 1931.
Boletus retisporus Pat. & C.F. Baker, J. Straits Brch R. Asiat. Soc. 78: 72, 1918.

菌盖半球形至平展，直径3 ~ 6 cm，暗肉红色至暗粉红色，具有细绒毛；菌肉淡黄色，伤变色不明显；菌管在菌柄周围稍下陷，黄色至黄绿色，伤变淡蓝色；孔口多角形；菌柄长6 ~ 10 cm，直径1 ~ 1.5 cm，圆柱形，顶端靠近菌管处与菌管颜色相同，中下部浅红褐色，中下部浅和褐色，有明显的网纹，被细小的糠麸状物，基部有白色菌丝体。孢子椭圆形，壁上具有明显的网格状纹，淡黄色，12 ~ 18 × 10 ~ 12 μm。

生境：生于阔叶林下地上。

分布：广东、广西、云南、海南、福建。

用途：食用，但也有报道认为有毒，宜慎食。

282 红网孢牛肝菌

Heimioporus sinensis Ming Zhang, T.H. Li & X.N. Chen, in Chen XN et al., Phytotaxa, 415(4):182, 2019.

菌盖直径5 ~ 10 cm，初半球形，后展开宽凸形至近扁平形，幼时红色至紫红色，后渐变品红色至深品红色，具细绒毛；菌肉黄白色，伤后呈粉黄色；菌管浅黄色到浅绿黄色；孔口多角形，与菌管同色，伤不变色；菌柄中生，长60 ~ 100 cm，宽10 ~ 15 cm，直生至弯生，近棍棒状，基部稍膨大，与菌肉同色，或顶端淡黄色至浅紫红色，被深红色网纹，伤时几乎不变色至部分微变粉灰红色。基部有白色菌丝体。孢子卵圆形，11 ~ 13.5 × 7 ~ 10.5 μm。

生境：生于阔叶林中地上。

分布：广东、湖南、广西。

280 日本网孢牛肝菌

Heimioporus japonicus
(Hongo) E. Horak

摄影：吴兴亮

281 网孢牛肝菌

Heimioporus retisporus
(Pat. & C.F. Baker) E. Horak

摄影：谭周荣

282 红网孢牛肝菌

Heimioporus sinensis
Ming Zhang

摄影：王绍能

283 猴头菌

Hericium erinaceus (Bull.) Pers. Myc., Myc. Eur. 2:153, 1825.
Hydnum erinaceum Fr., Syst. Myc. 1:407, 1821.

担子果外形似猴头状，侧生或垂生，鲜时白色，肉质，稍柔软，横径6 ~ 12 cm，纵径5 ~ 18 cm；干时收缩，变为淡黄褐色，性脆；子实层托发达，篦齿状或长针状，针长2 ~ 3 cm，刚直，柔韧性，基部愈合，末端尖锐；子实层生于刺针之表面；子实层中有黏囊体。孢子近球形，无色透明，平滑，5 ~ 6.5 × 4.5 ~ 6 μm。

生境：生于栎属的立木或弱立木上，倒腐木上也常见。

分布：河北、山西、辽宁、吉林、浙江、安徽、河南、广西、陕西、四川、贵州、云南、西藏、青海和新疆。

用途：食用、药用。

284 小孔异担子

Heterobasidion parviporum Niemelä & Korhonen, Heterobasidion annosum, Biology, Ecology, Impact and Control (Wallingford): 31, 1998.

担子果无柄，覆瓦状叠生，革质，干后硬革质；菌盖半圆形、扇形或不规则形，外伸2 ~ 6 cm，宽5 ~ 10 cm，中部厚12 ~ 20 mm；黄褐色、红褐色至暗红褐色，边缘锐；孔口乳白色至浅乳黄色，多角形或近圆形，每毫米4 ~ 5个，边缘薄，全缘；菌肉奶油色至浅乳黄色，革质；菌管与孔口同色。孢子近球形，无色，具细微疣刺，5 ~ 6 × 4 ~ 5 μm。

生境：生于针叶树的根部或树桩上。

分布：贵州、广西。

用途：药用。

285 帽形蜂窝菌

Hexagonia cucullata (Mont.) Murrill, Bull. Torrey bot. Club 31(6): 332, 1904.
Favolus cucullatus Mont., Annls Sci. Nat., Bot., sér. 2 17: 125, 1842.
Polyporus miquelii var. *cucullatus* (Mont.) Corner, Beih. Nova Hedwigia 78: 90, 1984.
Pseudofavolus cucullatus (Mont.) Pat., Essai Tax. Hyménomyc. (Lons-le-Saunier): 81, 1900.

子实体无柄或具侧生短柄，革质；菌盖半圆形或贝壳形，外伸2 ~ 3 cm，宽3.5 ~ 5 cm，表面新鲜时浅土黄色至浅肉黄色，具辐射状条纹，干后浅黄褐色，边缘锐，波状，干后内卷，往往背面呈网格状；孔口表面奶油色，干后淡黄褐色，多角形；菌肉奶油色至浅黄褐色；菌管与孔口表面同色；菌柄与菌盖同色，光滑。孢子圆柱形，无色，薄壁，光滑，13 ~ 15 × 6 ~ 7 μm。

生境：生于阔叶树上。

分布：海南、广西。

283 猴头菌

Hericium erinaceus
(Bull.) Pers.

摄影：王绍能

284 小孔异担子

Heterobasidion parviporum
Niemelä & Korhonen

摄影：吴兴亮

285 帽形蜂窝菌

Hexagonia cucullata
(Mont.) Murrill

摄影：吴兴亮

286 毛蜂窝菌

Hexagonia apiaria (Pers.) Fr., Epicr. syst. Mycol. (Upsaliae): 497, 1838.

担子果无柄，革质至木栓质；菌盖半圆形、肾形或扇形，外伸4 ~ 6 cm，宽5 ~ 10 cm，基部厚0.6 ~ 1 cm；表面灰褐色、黄褐色、褐色至暗褐色，靠近基部黑褐色，被粗硬绒毛，具明显的同心环纹，边缘锐；孔口表面浅灰褐色至褐色，多角形，边缘薄，全缘；菌肉黑褐色；菌管灰褐色。孢子圆柱形，无色，薄壁，光滑、11 ~ 13 × 5 ~ 6 μm。

生境：生于阔叶树的枯枝、倒木上。

分布：广东、广西、贵州。

用途：药用。

287 蜂窝菌

Hexagonia tenuis (Hook) Fr., Epicrisis Systematis Mycologici, p. 498, 1838.
Boletus tenuis Hook. in Kunth, Syn. Pl. 1: 10, 1822.
Daedaleopsis tenuis (Hook.) Imazeki, Bull. Tokyo Sci. Mus. 6: 78, 1943.

担子果无柄盖形，单生或聚生，有时覆瓦状叠生，韧革质，干后硬革质；菌盖半圆形、圆形、贝壳形，长3 ~ 5 cm，直径4 ~ 8 cm，菌盖表面灰褐色、赭色、褐色，有褐色同心环纹，边缘锐，波状；孔口表面浅灰色，后变为烟灰色至灰褐色，不育边缘不明显，黄褐色；孔口蜂窝状，每毫米约2 ~ 3个；管口边缘薄，全缘；菌肉黄褐色，韧革质，无环区；菌管灰褐色，韧革质；孢子圆柱形，无色，光滑，10 ~ 13 × 4.5 ~ 5 μm。

生境：生于阔叶树上。

分布：江苏、贵州、广西、海南、陕西。

288 勺状亚侧耳

Hohenbuchelia petaloides (Bull.: Fr.) Schulz, Verh. Zool. Bot. Ges. Wein. 16:45, 1866.

担子果勺形、扇形或舌形，有时叠生；菌盖直径2 ~ 5 cm，向菌柄处呈肾状一侧深陷，无后沿；菌盖表面光滑，白色至灰白色，后呈淡粉灰色至赭褐色；菌肉薄，白色，柔软；菌褶白色，延生至柄部，稠密，褶片间有明显的横脉络；菌柄侧生，短柱形，长10 ~ 18 mm，粗5 ~ 8 mm，白色，柄表有短而细的绒毛。孢子椭圆形，壁光滑，无色，透明，6.5 ~ 7.5 × 4 ~ 4.5 μm。

生境：多生于宽叶落叶树的枯干上。

分布：河北、吉林、甘肃、广西、海南、贵州、云南。

用途：食用、药用。

286 毛蜂窝菌

Hexagonia apiaria (Pers.) Fr.

摄影：吴兴亮

287 蜂窝菌

Hexagonia tenuis (Hook) Fr.

摄影：吴兴亮

288 勺状亚侧耳

Hohenbuchelia petaloides
(Bull.: Fr.) Schulz

摄影：吴兴亮

289 咖啡网孢芝

Humphreya coffeata (Berk.) Steyaert Persoonia 7(1): 102, 1972.
Amauroderma coffeatum (Berk.) Murrill, Bull. Torrey bot. Club 32(7): 367, 1905.
Amauroderma flaviporum Murrill, N. Amer. Fl. (New York) 9(2): 116, 1908.
Fomes augustus (Berk.) Cooke, Grevillea 13(no. 68): 117, 1885.
Fomes coffeatus (Berk.) Sacc., Syll. fung. (Abellini) 6: 163, 1888.
Fomes hemibaphus (Berk.) Cooke, Grevillea 13(no. 68): 118, 1885.
Ganoderma coffeatum (Berk.) J.S. Furtado, Persoonia 4(4): 383, 1967.
Ganoderma flaviporum (Murrill) Sacc. & Trotter, Syll. fung. (Abellini) 21: 304, 1912.
Polyporus augustus Berk., Hooker's J. Bot. Kew Gard. Misc. 8: 143, 1856.
Polyporus coffeatus Berk., Ann. nat. Hist., Mag. Zool. Bot. Geol. 3: 385, 1839.
Polyporus hemibaphus Berk., Hooker's J. Bot. Kew Gard. Misc. 8: 194, 1856.
Scindalma coffeatum (Berk.) Kuntze, Revis. gen. pl. (Leipzig) 3(3): 518, 1898.
Scindalma hemibaphum (Berk.) Kuntze, Revis. gen. pl. (Leipzig) 3(3): 518, 1898.

担子果有柄，木栓质，菌盖半圆形或近扇形，3.5 ~ 6 × 3 ~ 6.5 cm，厚0.9 ~ 1.5 cm，表面紫褐色、紫红色或紫黑色，似漆样光泽弱，具同心环棱有或无，边缘有时呈波浪状；菌肉分两层，上层木材色，下层浅褐色，厚0.2 ~ 0.5 cm；菌管褐色，长0.4 ~ 0.9 cm；孔面污白色、污褐色至黄褐色；管口初期近圆形，后为不规则形，每毫米2 ~ 4个；菌柄背侧生或侧生，长9 ~ 20 cm，粗0.5 ~ 1.4 cm，紫黑色或黑色，有似漆样光泽，柄下部往往具有地下假根，长8 ~ 12 cm，与柄上部同粗，污黄褐色至红褐色。孢子卵圆形或宽卵圆形，有时近椭圆形，具不规则的网状脊的纹饰，11 ~ 13 × 7.5 ~ 9 μm。

生境：生于阔叶树根部腐朽处或地下腐木上。

分布：广西、海南、贵州、云南。

290 白齿菌

Hydnum albidum Peck, Bull. N.Y. St. Mus. nat. Hist. 1(no. 2): 10, 1887.
Dentinum albidum (Peck) Snell, Mycologia 37(1): 51, 1945.
Hydnum repandum f. *albidum* (Peck) Nikol., Flora Plantarum Cryptogamarum URSS 6, Fungi 2: 306, 1961.
Hydnum repandum var. *albidum* (Peck) Bres., Iconogr. Mycol. 21: tab. 1045, 1932.

担子果肉质，菌盖扁半球形至扁平，往往不规则，直径3 ~ 8 cm，表面平滑，白色至乳白色，边缘初期向内卷，后向上翘；菌肉白色；菌刺锥形，白色；菌柄圆柱形，白色，长2 ~ 6 cm，粗0.8 ~ 1.6 cm，外部纤维质，内部海锦质，后中空。孢子近球形，无色，光滑，4 ~ 5 × 5 ~ 6 μm。

生境：生于针阔混交林中地上。

分布：湖北、四川、贵州、云南、江西、广东、广西。

用途：食用。

289 **咖啡网孢芝** *Humphreya coffeata* (Berk.) Steyaert　　摄影：吴兴亮

290 **白齿菌** *Hydnum albidum* Peck　　摄影：吴兴亮

291 卷缘齿菌

Hydnum repandum L.: Fr., Syst. Mycol. 1:400, 1821.
Detinum repandum (L.:Fr.) S.F.Gray. Nat. Arr. Brit. Pl. 1:650, 1821.
Sarcodon repandus (L.:Fr) Quel., Ench. Fung. 189, 1886.

菌盖扁半球形至圆形，肉质，直径5 ~ 10 cm，表面平滑，浅肉色、浅黄色至肉桂色，边缘初期向内卷，后向上翘；菌肉近白色至浅肉色；菌刺锥形，近白色或与浅肉色；菌柄柱形，与盖同色，长2 ~ 8 cm，粗0.5 ~ 2 cm，外部纤维质，内部海锦质。孢子近球形，无色，光滑，7 ~ 9 × 6.5 ~ 7.5 μm。

生境：生于针阔叶混交林中地上。

分布：河北、山西、吉林、黑龙江、江苏、陕西、青海、四川、贵州、云南、广西、台湾。

用途：药用。

---

292 舟湿伞（近似种）

Hygrocybe cantharellus (Schwein.) Murrill, Mycologia 3: 196, 1911.
Hygrophorus cantharellus (Schwein.) Fr., Epicr. syst. Mycol. (Uppsala): 329, 1838.
Hygrophorus turundus var. *lepidus* Boud., Bull. Soc. Mycol. Fr. 13: 12, 1897.
Hygrocybe lepida Arnolds, Persoonia 13(2): 139, 1986.

菌盖幼时钝圆锥形至半圆形，后中部下凹呈漏斗形，直径2 ~ 3 cm，橘黄色、橙红色至红色，老后变淡，菌盖表面初期具小鳞片；菌肉薄，污白色至橙黄色；菌褶延生，稍稀，浅黄色至橙黄色，褶缘平滑；菌柄长4 ~ 8 cm，粗3 ~ 6 mm，圆柱形，质地脆，光滑，浅黄色、橙红色至红色，初实心，后空心。孢子椭圆形，光滑，无色，7 ~ 10 × 5 ~ 6 μm。

生境：生于针阔叶混交林中地上。

分布：吉林、江苏、四川、贵州、云南、广西。

用途：食用。

---

293 锥形蜡伞（近似种）

Hygrocybe conica (Schaeff.) P. Kumm., Führ. Pilzk. (Zerbst): 111, 1871.
Agaricus conicus Schaeff., Fung. bavar. palat. nasc. (Ratisbonae) 4: 2, 1774.
Hygrophorus conicus (Schaeff.) Fr., Epicr. syst. mycol. (Upsaliae): 331, 1838.

菌盖圆锥形，顶端尖，直径2.5 ~ 4 cm，橙黄色至橙红色，伤或老后渐变黑色；菌肉薄，脆，淡黄色渐变灰黑色；菌褶淡黄色至橙黄色，后变灰黑色，离生，不等长，边缘波状至锯齿状；菌柄长3.5 ~ 8 cm，粗0.6 ~ 1 cm，蜡质，常扭曲，有纵条纹，橙黄色或橙红色，后为灰黑色，幼时内实，后变中空。孢子宽椭圆形，平滑，无色，10 ~ 12 × 6 ~ 8 μm。

生境：生于针叶林或阔叶林中地上。

分布：河北、吉林、四川、贵州、云南、广西、台湾、西藏。

用途：有毒。

---

291 **卷缘齿菌**

Hydnum repandum L.: Fr.

摄影：吴兴亮

292 **舟湿伞（近似种）**

Hygrocybe cantharellus (Schwein.) Murrill

摄影：吴兴亮

293 **锥形蜡伞（近似种）**

Hygrocybe conica (Schaeff.) P. Kumm.

摄影：吴兴亮

294 绯红湿伞

Hygrocybe coccinea (Schaeff.) P. Kumm., Führ. Pilzk. (Zwickau): 112, 1871.
Agaricus coccineus Schaeff., Fung. Bavar. Palat. 1: 70, 1762.
Hygrophorus coccineus (Schaeff.) Fr., Sverig Ätl. Svamp. (Uppsala): 45, 1836.

菌盖初期近半球形至钟形，边缘内卷，后期近扁平，中部钝凸，直径2 ~ 5 cm，湿时表面黏，橙红色、红色至绯红色，光滑；菌肉淡黄色至淡红色，脆而薄；菌褶近直生至弯生，稍稀，厚，浅黄色或橙黄色，不等长，边沿平滑；菌柄圆柱形，光滑或有纤毛状条纹，脆，同盖色或下部色浅至黄色，基部色浅，长3 ~ 8 cm，粗0.8 ~ 1.5 cm，实心至空心。孢子椭圆形，无色，光滑，7 ~ 10 × 4 ~ 5 μm。

生境：生于林中地上。

分布：贵州、四川、湖南、广西、台湾、西藏。

295 小红湿伞

Hygrocybe miniata (Fr.) P. Kumm., Führ. Pilzk. (Zwickau): 112, 1871.
Agaricus miniatus Fr., Syst. Mycol. (Lundae) 1: 105, 1821.
Hygrocybe strangulata (P.D. Orton) Svrček, Česká Mykol. 16: 167, 1962.
Agaricus miniatus Fr., Syst. Mycol. (Lundae) 1: 105, 1821.
Hygrophorus miniatus (Fr.) Fr., Epicr. Syst. Mycol. (Upsaliae): 330, 1838.

菌盖初期为扁半球形，后平展，中部下凹或脐状，直径2 ~ 4 cm，初期担子果全体红色、橘红色、朱红色、大红色，盖缘湿时微见透明条纹或不明显，有时盖面有微细纤毛鳞片，老后近光滑；菌肉薄，脆，蜡质，淡黄色；菌褶蜡质，初期黄色，后为橙色或橙黄色，直生或近延生，厚，稍稀；菌柄圆柱形，向下稍细，长2.8 ~ 6 cm，粗0.3 ~ 0.5 cm，与菌盖同色，后褪色为橙色或橙黄色，光滑，初内实，后中空，无毛或有微细纤毛。孢子椭圆形，无色，光滑，7 ~ 10 × 5 ~ 6 μm。

生境：生于阔叶林中地上。

分布：浙江、江苏、安徽、江西、广东、广西、海南、贵州、台湾。

用途：食用。

296 锗边刺孔菌

Hymenochaete ochromarginata P.H.B. Talbot, Bothalia 4(4): 944, 1948.

担子果无柄，覆瓦状叠生，菌盖左右相连，半圆形、贝壳状、扇形或不规则形，革质，外伸2 ~ 3 cm，宽3 ~ 5 cm，基部厚可达0.3 mm，表面暗褐色至黑褐色，被绒毛，环带不明显，皱褶有或无，边缘锐，波状，新鲜时金黄色、黄褐色至红褐色；子实层体灰褐色至褐色具小突起。孢子椭圆形，无色，光滑，3 ~ 4 × 2 ~ 3 μm。

生境：生于阔叶树腐木上。

分布：广西、海南。

用途：造成木材白色腐朽。

294 绯红湿伞

Hygrocybe coccinea (Schaeff.) P. Kumm.

摄影：谭周荣

295 小红湿伞

Hygrocybe miniata (Fr.) P. Kumm.

摄影：刘宏

296 锗边刺孔菌

Hymenochaete ochromarginata P.H.B. Talbot

摄影：吴兴亮

297 大黄锈革菌

Hymenochaete rheicolor (Mont.) Lév., Annls Sci. Nat., Bot., sér. 3 5: 151, 1846.
Hymenochaete sallei Berk. & M.A. Curtis, J. Linn. Soc., Bot. 10(no. 46): 333, 1868.
Stereum rheicolor Mont., Annls Sci. Nat., Bot., sér. 2 18: 23, 1842.
Stereum tenuissimum Berk., London J. Bot. 6: 510, 1847.

担子果平伏至反卷，革质；菌盖半圆形、扇形或不规则形，外伸0.6 ~ 1.2 cm，宽2 ~ 3.5 cm，厚可达0.4 mm；表面黄褐色，被绒毛；边缘锐，波状，黄褐色；子实层体污橙黄色至黄褐色，光滑。孢子椭圆形，无色，薄壁，光滑，3 ~ 6 × 1.7 ~ 3 μm。

生境： 生于阔叶树腐木上。

分布： 广西、海南、贵州。

用途： 造成木材白色腐朽。

298 辐锈革菌

Hymenochaetopsis tabacina (Sowerby) S.H. He & Jiao Yang, in Yang, Dai & He, Mycol. Progr. 15(2/13): 13, 2016.
Auricularia tabacina Sowerby, Col. fig. Engl. Fung. Mushr. (London) 1(no. 5): tab. 25, 1796.
Hymenochaete tabacina (Sowerby) Lév., Annls Sci. Nat., Bot., sér. 3 5: 145, 1846.
Phlebia lirellosa (Pers.) Berk. & *Broome,* Ann. Mag. nat. Hist., Ser. 5 9: 182, 1882.
Pseudochaete tabacina (Sowerby) T. Wagner & M. Fisch., Mycol. Progr. 1(1): 100, 2002.
Stereum avellanum (Fr.) Fr., Epicr. syst. Mycol. (Upsaliae): 551, 1838.
Stereum badioferrugineum Mont., Annls Sci. Nat., Bot., sér. 2 20: 367, 1843.
Stereum crocatum (Fr.) Fr., Epicr. syst. Mycol. (Upsaliae): 550, 1838.
Stereum nicotianum (Bolton) Wettst., Oesterr. bot. Z. 38: 177, 1888.
Stereum tabacinum (Sowerby) Fr., Epicr. syst. Mycol. (Upsaliae): 550, 1838.

担子果平伏至反卷，覆瓦状叠生，软革质；菌盖左右相连，半圆形到不规则形，外伸1 ~ 1.6 cm，宽2 ~ 3 cm，基部厚可达1 mm，表面褐色至黑褐色，具同心环沟或环带，具瘤状突起，边缘波状，奶油色或浅棕黄色，干后内卷；子实层体表面浅褐色至紫褐色，光滑，具瘤状物，不育边缘明显，奶油色至浅黄褐色。孢子圆柱形或近腊肠形，无色，薄壁，光滑，4.8 ~ 5.5 × 1.5 ~ 2 μm。

生境： 生于阔叶树腐木上。

分布： 分布于海南、广西、贵州等地区。

用途： 造成木材白色腐朽。

297 **大黄锈革菌** *Hymenochaete rheicolor* (Mont.) Lév. 摄影：吴兴亮

298 **辐锈革菌** *Hymenochaetopsis tabacina* (Sowerby) S.H. He & Jiao Yang 摄影：吴兴亮

299 拟烟黄色锈齿革菌

Hymenochaetopsis tabacinoides (Yasuda) S.H. He & Jiao Yang, in Yang, Dai & He, Mycol. Progr. 15(2/13): 7, 2016.
Hydnochaete tabacinoides (Yasuda) Imazeki, Bull. Tokyo Sci. Mus. 6: 103, 1943.
Irpex tabacinoides Yasuda, Bot. Mag., Tokyo 33: [189], 1919.
Pseudochaete tabacinoides (Yasuda) S.H. He & Y.C. Dai, Fungal Diversity 56(1): 89, 2012.

担子果平伏至反卷或盖形，覆瓦状叠生，革质；菌盖外伸0.5 ~ 1 cm，宽1 ~ 4 cm，表面黄褐色、红褐色至黑红褐色，被厚绒毛，具同心环区，边缘锐，锈黄色，波状，有时撕裂状，干后内卷；子实层体褐色至暗褐色，齿状或半褶状；菌肉褐色至锈褐色。孢子圆柱形，无色，薄壁，光滑，4.5 ~ 5.5 × 1.5 ~ 2 μm。

生境：生于阔叶树腐木上。

分布：广西、海南。

用途：造成木材白色腐朽。

300 柔毛锈革菌

Hymenochaete villosa (Lév.) Bres., Annls Mycol. 8(6): 588, 1910.
Hymenochaete phaea (Berk.) Cooke, Grevillea 8(no. 48): 146, 1880.
Hymenochaete spadicea Berk. & Broome, J. Linn. Soc., Bot. 14(no. 74): 68, 1873.
Hymenochaete strigosa Berk. & Broome, J. Linn. Soc., Bot. 14(no. 74): 68, 1873.
Stereum phaeum Berk., in Hooker, Bot. Antarct. Voy. Erebus Terror 1839-1843, II, Fl. Nov.-Zeal.: 183, 1855.

担子果平伏至反卷或无柄，覆瓦状叠生，软革质；菌盖半圆形至不规则形，外伸1 ~ 2.5 cm，宽1 ~ 3 cm，基部厚可达1 mm；表面褐色至黑褐色，被绒毛，具圆心环，边缘波状，黄色黄褐色；子实层体黄褐色至黑褐色，光滑，不育边缘明显，浅黄色。孢子圆柱形，无色，薄壁，光滑，3.5 ~ 4.5 × 2 ~ 3 μm。

生境：生于阔叶树腐木上。

分布：广西、海南。

用途：造成木材白色腐朽。

301 红垂幕菇

Hypholoma cinnabarinum Teng, Contrib. Biol. Lab. Sci. Soc. China, Bot. Ser. 7: 117, 1932.

菌盖幼时半球形至钟形，后平展至扁半球形，中间突起，直径2 ~ 6 cm，橙黄色至橙红色，表面密被有绒毛或丛毛状鳞片，盖缘表皮延伸有菌幕；菌肉近白色、污白色至淡黄褐色，较薄；菌褶近离生，初期灰白色至暗灰褐色，后期近黑色，稍密，长短不一；菌柄长3 ~ 8 cm，粗0.5 ~ 0.9 cm，橙黄色至橙红色，被有绒毛状鳞片。孢子卵圆形至近椭圆形，淡灰褐色，光滑，5 ~ 7 × 3.5 ~ 4.5 μm。

生境：生于阔叶林地上。

分布：江苏、广东、广西、海南、云南、贵州、西藏。

299 拟烟黄色锈齿革菌

Hymenochaetopsis tabacinoides (Yasuda) S.H. He & Jiao Yang

摄影：吴兴亮

300 柔毛锈革菌

Hymenochaete villosa (Lév.) Bres.

摄影：吴兴亮

301 红垂幕菇

Hypholoma cinnabarinum Teng

摄影：吴兴亮

302 烟色垂幕菇

Hypholoma capnoides (Fr.) P. Kumm., Führ. Pilzk. (Zerbst): 72, 1871.
Agaricus capnoides Fr., Observ. Mycol. (Havniae) 2: 27, 1818.
Dryophila capnoides (Fr.) Quél., Fl. Mycol. France (Paris): 154, 1888.
Dryophila fascicularis var. *capnoides* (Fr.) Quél., Fl. Mycol. France (Paris): 47, 1888.
Geophila capnoides (Fr.) Quél., Enchir. fung. (Paris): 113, 1886.
Naematoloma capnoides (Fr.) P. Karst., Bidr. Känn. Finl. Nat. Folk 32: 495, 1879.
Psilocybe capnoides (Fr.) Noordel., Persoonia 16(1): 128, 1995.

菌盖直径2 ~ 5 cm，圆头形、半球形、凸镜形至平展，边缘初期内卷，后稍展开，潮湿时近水渍状，红褐色至黄褐色或浅橙褐色，边缘色变浅，具有菌幕残片，成熟后易消失；菌肉白色至灰黄色；菌褶直生至弯生，近黄白色至烟褐色；菌柄长3 ~ 6 cm，直径5 ~ 8 mm，圆柱形，黄白色、棕褐色至锈褐色，具有菌环，易消失。孢子椭圆形，光滑，紫灰色，7 ~ 9 × 5 ~ 6 μm。

生境： 生于腐木上。

分布： 吉林、内蒙古、江西、江苏、贵州、广西、西藏。

303 簇生垂幕菇

Hypholoma fasciculare (Huds.) P. Kumm., Führ. Pilzk. (Zwickau): 72, 1871.
Hypholoma fasciculare var. *fasciculare* (Huds.) P. Kumm., Führ. Pilzk. (Zwickau): 72, 1871.
Agaricus fascicularis Huds., Fl. Angl. Edn 2 2: 615, 1788.
Pratella fascicularis (Huds.) Gray, Nat. Arr. Brit. Pl. (London) 1: 627, 1821.
Naematoloma fasciculare (Huds.) P. Karst., Bidr. Känn. Finl. Nat. Folk 32: 496, 1879.
Agaricus sadleri Berk. & Broome, Ann. Mag. nat. Hist. Ser. 5 3: 203, 1879.
Clitocybe sadleri (Berk. & Broome) Sacc., Syll. fung. (Abellini) 5: 163, 1887.

菌盖幼时半球形，后平展，直径2 ~ 5 cm，淡黄色至硫黄色，中间锈褐色至红褐色；菌肉黄色；菌褶与菌柄直生或弯生，黄色，后为青黄色至青褐色，稠密，长短不一；菌柄长3 ~ 6 cm，粗0.4 ~ 1 cm，黄色，下部黄褐色，纤维质，表面有纤毛；菌环常呈蛛网状，易消失。孢子椭圆形或卵圆形，淡紫褐色，光滑，6 ~ 8 × 4 ~ 5 μm。

生境： 生于阔叶树枯木基部或木桩上。

分布： 河北、黑龙江、江苏、安徽、湖南、广西、陕西、甘肃、四川、西藏、云南、贵州。

用途： 有毒，药用。

302 烟色垂幕菇 *Hypholoma capnoides* (Fr.) P. Kumm. 摄影：刘宏

303 簇生垂幕菇 *Hypholoma fasciculare* (Huds.) P. Kumm. 摄影：王绍能

304 黄褶菇

Inocephalus murrayi (Berk. & M.A. Curtis) Rutter & Watling, Malay. Nat. J. 50: 231, 1997.
Agaricus murrayi Berk. & M.A. Curtis, Ann. Mag. nat. Hist., Ser. 3 4: 289, 1859.
Entoloma murrayi (Berk. & M.A. Curtis) Sacc., Syll. fung. (Abellini) 14(1): 127, 1899.
Nolanea murrayi (Berk. & M.A. Curtis) Dennis, Kew Bull., Addit. Ser. 3: 76, 1970.

子实体初期圆锥形至斗笠形，中部具有一明显尖状突起，直径1.5 ~ 3.5 cm，菌盖黄色，稍黏，湿时表面有细条纹；菌肉白色至淡黄色，薄；菌褶淡粉红色，直生；菌柄中生，长3 ~ 7 cm，粗0.2 ~ 0.5 cm，黄色，圆柱形，中空。孢子方形，光滑，透明，8 ~ 10.5 μm。

生境： 生于针阔混交叶林或竹林地上。

分布： 福建、广东、海南、广西、四川、贵州、云南。

用途： 药用。

305 白囊耙齿菌

Irpex lacteus (Fr.) Fr., Elench. Fung. 1: 142, 1828.
Sistotrema lacteum Fr., Obs. Mycol. 2: 226, 1818.

担子果平伏、平伏反卷或无柄盖形，覆瓦状叠生，新鲜时软革质，较韧，干后硬革质，平伏时长1 ~ 12 cm，直径2 ~ 6 cm，厚0.5 cm，菌盖上表面乳白色至浅黄色，覆细密绒毛，同心环带不明显，边缘与菌盖同色，干后内卷；子实层体表面奶油色至淡黄色，幼时孔状，老后撕裂成耙齿状，不育边缘明显或不明显，奶油色；菌齿紧密相连；管口壁薄，撕裂状；菌肉白色至奶油色，软木栓质；菌齿或菌管与菌肉同色。孢子圆柱形，稍弯曲，无色，光滑， 4 ~ 5 × 2 ~ 3 μm。

生境： 生在多种阔叶树腐木上。

分布： 浙江、福建、湖北、湖南、广西、广东、海南、四川、贵州、云南、西藏、陕西、甘肃、新疆。

用途： 药用。

306 疣盖鬼笔

Jansia elegans Penz., Ann. Jard. Bot. Buitenzorg 16: 14, 1899.

担子果全体白色，幼时菌蕾近长椭圆形，高2.1 ~ 3.8 cm，直径0.25 ~ 0.4 cm，成熟时孢托从包被内伸出，孢托由菌盖和菌柄所组成；菌柄圆柱形，向上渐尖削，高0.8 ~ 2 cm ，宽0.15 ~ 0.25 cm，中空；菌盖圆锥形，长0.6 ~ 0.8 cm，表面有许多扁半球圆形的粒状突起，其上覆盖有黏稠、暗青灰色的孢体，顶端稍平截，穿孔不明显或基本不开口；菌托0.7 ~ 1 × 0.3 ~ 0.45 cm，孢子椭圆形，无色，平滑，2.5 ~ 3.7 × 0.8 ~ 1.7 μm。

生境： 生于阔叶林中树干的树皮上。

分布： 广西。

304 黄褶菇

Inocephalus murrayi (Berk. & M.A. Curtis)

摄影：吴兴亮

305 白囊耙齿菌

Irpex lacteus (Fr.) Fr.

摄影：吴兴亮

306 疣盖鬼笔

Jansia elegans Penz.

摄影：吴兴亮

307 毛腿库恩菇

Kuehneromyces mutabilis (Schaeff.) Singer & A.H. Sm., Mycologia 38: 505, 1946.
Agaricus mutabilis Schaeff., Fung. bavar. palat. nasc. (Ratisbonae) 4: 6, 1774.
Lepiota caudicina Gray, Nat. Arr. Brit. Pl. (London) 1: 603, 1821.
Pholiota mutabilis (Schaeff.) P. Kumm., Führ. Pilzk. (Zwickau): 83, 1871.

菌盖半球形、伞形至平展，直径3 ~ 6 cm，光滑，湿时呈半透明状，黏，具不明显的白色纤丝，黄褐色至茶褐色，边缘湿时具透明条纹；菌肉白色至淡黄褐色；菌褶直生或稍下延，稍密，浅黄白色、肉桂色至褐色；菌柄长5 ~ 8 cm，直径0.5 ~ 0.8 cm，圆柱形；与菌盖同色，上部较浅，下部较深，菌环以下具反卷浅色的鳞片；菌环上位，膜质。孢子椭圆形，光滑，淡锈色，6 ~ 8. × 4 ~ 5 μm。

生境： 生于阔叶林中树干的树皮上。

分布： 吉林、黑龙江、青海、广西、贵州、云南。

用途： 食用。

308 白蜡蘑

Laccaria alba Zhu L. Yang & Lan Wang, in Wang, Yang & Liu, Nova Hedwigia 79(3-4): 512, 2004.

菌盖半球形至平展直径1.5 ~ 3.5 cm，似蜡质，白色至近白色，有时带粉红色；菌肉薄，自色；菌褶淡粉色至淡粉红色，直生，稀，不等长；菌柄近圆柱形，长4 ~ 6 cm，直径4 ~ 7 mm，与菌盖同色，光滑至有细小纤丝状鳞片，基部有白色菌丝体。孢子近球形，具小刺，无色，8 ~ 10 × 7.5 ~ 9.5 μm。

生境： 生于林中地上。

分布： 云南、贵州、广西。

用途： 可食。

309 墨水蜡蘑

Laccaria moshuijun Popa & Zhu Liang. Yong, in Vinceot, Popa, Laso, Donges, Reher, Kost Yang, Nara & Selosse, Fungal Bioloy 121 (11) :946, 2017.

菌盖扁半球形，后渐平展并上翘，直径2.5 ~ 4.5 cm，灰蓝紫色，老干后呈藕粉紫色或浅紫色，光滑或近光滑，中部脐状，边缘波状或瓣状，有条纹；菌肉与菌盖同色，薄；菌褶蓝紫色，稀，不等长，直生或近弯生；菌柄长3.5 ~ 6.5 cm，粗0.3 ~ 0.6 cm，近圆柱状，内实，纤维质，较韧，与菌盖同色，往往弯曲。孢子近球形，有小刺，无色，7.5 ~ 9.5 × 8.5 ~ 10 μm。

生境： 生于针叶林或阔叶林中地上。

分布： 江苏、浙江、安徽、福建、湖南、广西、海南、四川、贵州、云南。

用途： 食用。

307 毛腿库恩菇

Kuehneromyces mutabilis (Schaeff.) Singer & A.H. Sm.

摄影：李常春

308 白蜡蘑

Laccaria alba Zhu L. Yang

摄影：吴兴亮

309 墨水蜡蘑

Laccaria moshuijun Popa & Zhu Liang. Yong

摄影：吴兴亮

310　红蜡蘑

Laccaria laccata (Scop.) Cooke, Grevillea 12(no. 63): 70, 1884.
Agaricus laccatus Scop., Fl.Carniol. Edn 2 (Vienna) 2: 444, 1772.
Agaricus farinaceus Huds., Fl. Angl. Edn 2 2: 616, 1778.
Agaricus amethysteus Bull., Herb. France (Paris) 5: pl. 198, 1785.
Omphalia amethystea (Bull.) Gray, Nat. Arr. Brit. Pl. (London) 1: 614, 1821.
Clitocybe laccata (Scop.) P. Kumm., Führ. Pilzk. (Zwickau): 122, 1871.
Laccaria laccata var. *amethystea* (Bull.) Berk. & Broome, J. Linn. Soc. Bot. 11: 518, 1871.
Laccaria laccata var. *pallidifolia* (Peck) Peck, Bull. N.Y. St. Mus. 157: 92, 1912.
Laccaria amethystea (Bull.) Murrill, N. Amer. Fl. (New York) 10(1): 1, 1914.
Laccaria affinis (Singer) Bon, Doc. Mycol. 13(no. 51): 49, 1983.
Laccaria scotica (Singer) Contu, Micol. ven. 1(2): 7, 1985.

菌盖扁半球形，后渐平展，直径2 ~ 5 cm，肉红色或淡红褐色，光滑或近光滑，中部脐边，边缘波状或瓣状，有条纹；菌肉与菌盖同色，薄；同色，菌褶稀，不等长，直生或近延生，与菌盖同色；菌柄长5 ~ 7.5 cm，粗0.25 ~ 0.6 cm，近圆柱状，内实，纤维质，较韧，与菌盖同色，多弯曲。孢子近球形，有小刺，无色，7.5 ~ 10 × 7 ~ 9 μm。

生境：生于针叶林或阔叶林中地上。

分布：河北、江苏、浙江、福建、湖南、广东、海南、广西、四川、贵州、云南、新疆。

用途：食用、药用。

311　酒红蜡蘑

Laccaria vinaceoavellanea Hongo, Memoirs of Shiga University 21: 62, 1971.

菌盖扁半球形至平展，中部下凹，直径3 ~ 6 cm，肉粉色至深肉桂色，干时色浅，不黏，边缘有辐射状沟纹直达菌盖中部；菌肉与菌盖同色，薄；菌褶直生至稍下延，与菌盖同色或色稍深；菌柄长5 ~ 8 cm，直径5 ~ 6 mm，近圆柱形，有纵条纹，与菌盖同色。孢子近球形，具小刺，近无色，7.5 ~ 9 × 7 ~ 9 μm。

生境：生于阔叶林中地上。

分布：山西、陕西、海南、广西、四川，贵州。

用途：食用。

310 **红蜡蘑** *Laccaria laccata* (Scop.) Cooke　　摄影：吴兴亮

311 **酒红蜡蘑** *Laccaria vinaceoavellanea* Hongo　　摄影：吴兴亮

312　毡绒垂幕菇

Lacrymaria lacrymabunda (Bull.) Pat., Hyménomyc. Eur. (Paris): 123, 1887.
Agaricus lacrymabundus Bull.,Herb. France (Paris) 5: pl. 194, 1785.
Hypholoma lacrymabundum (Bull.) Sacc., Syll. Fung. (Abellini) 5: 1033, 1887.
Psilocybe areolata (Klotzsch) Sacc., Syll. Fung. (Abellini) 5: 1043, 1887.
Lacrymaria velutina (Pers.)Konrad & Maubl., Rév. Hyménomyc. France: 90, 1925.
Lacrymaria lacrymabunda f. *gracillima* J. E. Lange, Fl.Agaric. Danic. 4: 72, 1939.

菌盖初期钟形，后近半球形至扁半球形，褐色，中部朽叶色到黄褐色，直径3 ~ 5 cm，密被平伏的毛状鳞片，渐变光滑，具辐射状皱纹，常有白色菌幕残片；菌肉近白色；菌褶直生到离生，污黄色至浅灰褐色，密，窄，不等长；菌柄圆柱形，长3 ~ 7 cm，粗0.4 ~ 0.6 cm，与菌盖同色，有毛状鳞片，上部色较浅，质脆，中空，基部有时稍膨大。孢子浅黑褐色，近卵圆形至椭圆形，具小疣，9 ~ 11.5 × 6 ~ 7 μm。
生境：生于粪堆或草地上。
分布：河北、河南、四川、贵州、云南、西藏、台湾、广东、广西、海南、香港。
用途：药用。

313　喙囊乳菇

Lactarius austrorostratus Wisitr. & Verbeken, in Wisitrassameewong, Nuytinck, Le, De Crop, Hampe, Hyde & Verbeken, Phytotaxa 207(3): 222, 2015.

菌盖半球形至扁半球形，成熟后平展，中央常下凹，4 ~ 6 cm，肉桂色至红褐色，边缘色浅，光滑，湿时黏；菌肉浅红褐色至褐色；菌褶浅肉桂色，直生或延生，稍密；菌柄近圆柱形，长4 ~ 6 cm，直径0.6 ~ 1.3 cm，与菌盖同色。孢子近球形，有小刺，5 ~ 7 × 5 ~ 7 μm。
生境：生于混交林中地上。
分布：湖南、广西、贵州。

314　香乳菇

Lactarius camphoratus (Bull.) Fr., Epicr. Syst. Mycol. (Upsaliae): 346, 1838.
Agaricus camphoratus Bull., Herb.Fr. Champ., Histoire des Champignons (Paris) 1(1): 493, tab. 567, 1793.
Lactarius camphoratus var. *terryi* (Berk. & Broome) Cooke, Handb. Brit.Fungi, 2nd Edn: 317, 1883.
Lactarius terryi Berk. & Broome , Ann. Mag. nat. Hist., Ser. 5 1: 22, 1878.
Lactifluus camphoratus (Bull.) Kuntze, Revis. gen. pl. (Leipzig) 2: 856, 1891.
Lactifluus terryi (Berk. & Broome) Kuntze,Revis. gen. pl. (Leipzig) 3: 857, 1891.

菌盖扁半球形，后平展，中央微凹，往往有小凸起，直径3 ~ 5 cm，深肉桂色至深红褐色，湿时黏，无环纹；菌肉近白色或微带浅肉桂色；菌褶近白色至微带浅肉桂色、肉桂色，近直生；菌柄近圆柱形，长3 ~ 5 cm，粗0.5 ~ 0.8 cm，肉桂色至深肉桂色，内部松软，后中空。孢子近球形，有疣和网纹，无色，7 ~ 9 × 6 ~ 8 μm。
生境：生于阔叶林中地上。
分布：吉林、河北、甘肃、江苏、四川、贵州、云南、广东、广西、海南。
用途：药用。

312 毡绒垂幕菇

Lacrymaria lacrymabunda (Bull.) Pat.

摄影：吴兴亮

313 喙囊乳菇

Lactarius austrorostratus Wisitr. & Verbeken

314 香乳菇

Lactarius camphoratus (Bull.) Fr.

摄影：吴兴亮

315 黄汁乳菇

Lactarius chrysorrheus Fr., Epicr. Syst. Mycol. (Upsaliae): 342, 1838.
Lactarius theiogalus var. *chrysorrheus* Quél., Enchir. fung. (Paris): 129, 1886.

菌盖平展至中凹形，直径5 ~ 8 cm，肉黄色至橙黄色，黏，表面光滑，同心环纹明显，边缘稍内卷；菌肉白色，伤后变为淡黄色，薄，味道辣；乳汁淡黄色；菌褶黄白色至淡橙黄色，不等长，直生，褶缘平滑；菌柄中生，圆柱形，长3 ~ 6 cm，粗8 ~ 11 mm，淡黄褐色，不黏，空心。孢子宽卵圆形，具弱网纹及小疣，淡黄色，6.5 ~ 8 × 5 ~ 6.5 μm。

生境：生于混交林地上。

分布：贵州、广东、广西。

316 肉桂色乳菇

Lactarius cinnamomeus W.F. Chiu, Lloydia 8(1): 38, 1945.

菌盖扁半球形至平展，中央常下凹，直径4 ~ 7 cm，表面肉桂褐色至灰黄褐色，湿时胶黏；菌肉污白色至浅肉色；菌褶直生至延生，密，不等长，肉桂褐色；菌柄长3.5 ~ 5 cm，直径0.6 ~ 1 cm，圆柱形，与菌盖同色。孢子宽椭圆形，近无色，具小刺和棱状网纹，7 ~ 8.5 × 5 ~ 6 μm。

生境：生于混交林地上。

分布：贵州、广东、广西、云南。

用途：食用。

317 松乳菇

Lactarius deliciosus (L.) Gray, Nat. Arr. Brit. Pl. (London) 1: 624, 1821.
Agaricus deliciosus L., Sp. pl. 2: 1172 ,1753.
Galorrheus deliciosus (L.) P. Kumm., Führ. Pilzk. (Zwickau): 126, 1871.
Lactifluus deliciosus (L.) Kuntze, Revis. gen. pl. (Leipzig) 2: 856, 1891.

菌盖初期半球形或近球形，后平展呈中部凹陷，直径3 ~ 11 cm，表面黄褐色、肉红褐色或橙黄色，有明显而色较鲜艳的环带，光滑，无毛，黏，边缘初期内卷，后伸展上翘；菌肉初期近白色，后渐变肉色至橙黄色，脆，伤后变为绿色；乳汁橘色；菌褶直生或稍延生，较密，近柄处分叉，长短不一，盖缘有短褶，褶间有横脉相连，与菌盖同色或稍淡一些，受伤处变成蓝绿色；菌柄长2 ~ 5.5 cm，粗1 ~ 2.2 cm，近圆柱形，与盖同色，内部松软，后中空。孢子近球形或广椭圆形，无色，有明显的小刺和不明显的网纹，8 ~ 10 × 6 ~ 8 μm。

生境：生于针叶林或针阔叶混交林中地上。

分布：台湾、湖南、广东、广西、四川、贵州、云南。

用途：食用。

315 黄汁乳菇

Lactarius chrysorrheus Fr.

摄影：吴兴亮

316 肉桂色乳菇

Lactarius cinnamomeus W.F. Chiu

摄影：吴兴亮

317 松乳菇

Lactarius deliciosus (L.) Gray

摄影：吴兴亮

318 詹氏乳菇

Lactarius gerardii Peck, Bull.Buffalo Soc.Nat.1:57, 1873.

菌盖直径5 ~ 8 cm，中凹，微呈脐状，后平展；褐色至污黑褐色，盖表绒质，有放射状皱缩；菌肉脆，白色，伤后不变色；乳汁白色，肉微有辣味；菌褶稀，直生或微下延，白色，后变微褐，褶片较厚，伤后不具斑点；菌柄中生，长3.5 ~ 8 cm，粗8 ~ 15 mm，黑褐色，中空，外表有白色粉霜状物。孢子近圆形至宽卵圆形，壁有脊突纹饰，中部微结成网眼状，8 ~ 10 × 7.5 ~ 9 μm。

生境：生于针宽叶混交林下。

分布：四川、贵州、云南、福建、广西、西藏。

319 红汁乳菇

Lactarius hatsudake Nobuj. Tanaka, Bot. Mag., Tokyo, 4: 393, 1890.

菌盖扁半球形，后伸展，扁平，下凹或中央脐状，最后呈浅漏斗形，直径4 ~ 10 cm，表面光滑，稍黏，褐色或紫红褐色，受伤时渐变为蓝绿色，有色较深的同心环带，菌盖边缘初期内卷，后平展上翘；菌肉粉肉红色，脆，伤后渐变为蓝绿色；乳汁血红色，渐变为蓝绿色；菌褶近延生，稍密，分叉，肉桂色，伤后变为蓝绿色；菌柄长4 ~ 6 cm，粗1 ~ 2 cm，与菌盖同色，圆柱形，往往向下渐细，中空。孢子广椭圆形，近无色，有疣和不完整网纹，7.8 ~ 9.5 × 7 ~ 8 μm。

生境：生于阔叶林中地上。

分布：江苏、浙江、安徽、广东、广西、海南、贵州、云南。

用途：食用、药用。

320 黑褐乳菇

Lactarius lignyotus Fr., Monogr. Lact. Suec.: 25, 1857.
Lactariella lignyota (Fr.) J. Schröt., in Cohn, Krypt.-Fl. Schlesien (Breslau) 3.1(33–40): 544, 1889.
Lactarius lignyotus f. *gracilis* Bres., Iconogr. Mycol. 8: tab. 386, 1929.
Lactifluus lignyotus (Fr.) Kuntze, Revis. gen. pl. (Leipzig) 2: 857, 1891.

菌盖直径4 ~ 8 cm，初期扁半球形，后渐平展，褐色至黑褐色，中部稍下凹呈很浅的漏斗状；菌肉白色，较厚，伤后略变粉红色；菌褶宽，稀，直生或延生，不等长，白色；乳汁白色至乳白色，渐变淡粉红色；菌柄长5 ~ 10 cm，直径0.6 ~ 1.2 cm，近圆柱形，与菌盖表面同色。孢子近球形，具小刺和棱状网纹，无色，8 ~ 10 × 8.5 ~ 10 μm。

生境：生于针阔混交林中地上。

分布：吉林、江苏、安徽、湖南、广东、广西、贵州、云南。

用途：食用、药用。

318 詹氏乳菇

Lactarius gerardii Peck

摄影：吴兴亮

319 红汁乳菇

Lactarius hatsudake Nobuj. Tanaka

摄影：吴兴亮

320 黑褐乳菇

Lactarius lignyotus Fr.

摄影：吴兴亮

321 白乳菇

Lactarius piperatus (L.) Pers., Tent. Disp. Meth. Fung.: 64, 1797.
Agaricus lactifluus var. *piperatus* (L.) Pers., Syn. Meth. Fung. (Göttingen) 2: 429, 1801.
Agaricus piperatus L., Sp. pl.: 1173, 1753.
Lactifluus piperatus (L.) Kuntze, Revis. Gen. pl. (Leipzig) 2: 857, 1891.

菌盖扁半球形，中央脐状，后下凹呈漏斗状，直径5 ~ 10 cm，白色或污白色，光滑，脆，无环带，不黏或稍黏，边缘初期内卷，后平展或稍上翘，有时呈波状；菌肉白色，受伤后不变色或微变土黄色，有辣味；乳汁白色；菌褶极密，不等长，分叉，狭窄，近延生，白色，后变为浅土黄色；菌柄长5 ~ 7 cm，粗1.5 ~ 2 cm，白色，圆柱形或向下渐细，内实，无毛。孢子近球形或广椭圆形，有小疣或稍粗糙，无色，6.5 ~ 8 × 5.5 ~ 7 µm。

生境： 生于针叶林或针阔混交林中地上。

分布： 江苏、浙江、安徽、广东、广西、海南、贵州、云南。

用途： 食用、药用。

---

322 亚香环纹乳菇

Lactarius subzonarius Hongo, J. Jap. Bot. 32: 213, 1957.

菌盖半球形至平展，中部下凹呈脐状或漏斗形，直径2 ~ 4 cm，不黏，肉红色至红褐色，有肉桂褐色同心环纹；菌肉淡肉褐色，较薄，乳汁白色；菌褶直生或延生，密，有时分叉，浅肉色，接触后稍变褐色；菌柄圆柱形，2 ~ 3.5 × 0.5 ~ 1 cm，肉红色至红褐色。孢子近球形，无色，有刺或疣，具不完整网纹，7 ~ 9 × 6 ~ 8 µm。

生境： 生于混交林地上。

分布： 江苏、贵州、云南、广西。

用途： 药用。

---

323 绒白乳菇

Lactarius vellereus (Fr.) Fr., Epicr. Syst. Mycol. (Uppsala): 340, 1838.
Agaricus vellereus Fr., Syst. Mycol. (Lundae) 1: 76, 1821.
Lactarius vellereus var. *velutinus* (Bertill.) Bataille, Fl. Mon. des Ast., Lact., et Russules: 35, 1908.
Lactarius albivellus Romagn., Bull. Trimest. Soc. Mycol. Fr. 96(1): 92, 1980.

菌盖白色，直径5 ~ 15 cm，有细绒毛，不黏，中央脐状，后下凹成漏斗状，无环纹，边缘往往内卷，后平展并上翘；菌肉白色或稍带浅黄褐色，较厚；乳汁白色，不变色；菌褶白色，老后浅土黄色，厚，极稀，不等长，有时分叉，稍延生；菌柄长3 ~ 5 cm，粗2 ~ 3 cm，白色，有绒毛，短圆柱形，实心，稍偏生。孢子近球形或卵圆状球形，具微小疣和连线，7 ~ 9 × 6.5 ~ 7 µm。

生境： 生于针叶林或阔叶林中地上。

分布： 江苏、浙江、安徽、广东、广西、海南、贵州、云南。

用途： 药用。

---

321 白乳菇

Lactarius piperatus (L.) Pers.

摄影：吴兴亮

322 亚香环纹乳菇

Lactarius subzonarius Hongo

323 绒白乳菇

Lactarius vellereus (Fr.) Fr.

摄影：吴兴亮

324 多汁乳菇

Lactarius volemus (Fr.) Fr., Epicr. Syst. Mycol. (Uppsala): 344, 1838.
Agaricus lactifluus L., Sp. pl. 2: 1641, 1753.
Agaricus oedematopus Scop., Fl. Carniol. Edn 2 (Vienna) 2: 453, 1772.
Lactarius volemus var. *oedematopus* (Scop.) Fr., Epicr. Syst. Mycol. (Uppsala): 345, 1838.
Lactarius ichoratus (Batsch) Fr., Epicr. Syst. Mycol. (Uppsala): 345, 1838.
Lactarius volemus var. *subrugatus* Neuhoff, Pilze Mitteleuropas Die Milchlinge (Lactarii) (Stuttgart): 188, 1956.

菌盖初期扁半球形，后渐平展至中凹呈漏斗状，表面黄褐色至红褐色，多覆盖有白粉状附属物，不黏，无环带，稍带细绒毡状，边缘初期内卷，后伸展，直径4 ~ 11 cm；菌肉乳白色，伤后变淡褐色，硬脆，肥厚致密；乳汁白色，不变色；菌褶近延生，近柄处分叉，密，不等长，乳白色或淡黄色，伤后变为浅褐色；菌柄长5 ~ 8 cm，粗1 ~ 2.5 cm，近圆柱形或向下稍变细，与菌盖同色或稍淡，内实，光滑或呈细绒毡状。孢子近球形或球形，无色至淡黄色，表面有网纹和微细疣，8 ~ 10 × 8 ~ 9 μm。

生境： 生于林中地上。

分布： 辽宁、浙江、吉林、黑龙江、江苏、安徽、福建、湖南、广东、广西、四川、云南、西藏、海南、贵州。

用途： 食用、药用。

325 朱红绚孔菌

Laetiporus miniatus (P. Karst.) Overeem, Icon. Fung. Malay. 12: 1 ,1925.
Polyporellus miniatus P. Karst., Meddn Soc. Fauna Flora fenn. 5: 38, 1879.
Polyporus miniatus Jungh., Verh. Batav. Genootsch. Kunst. Wet. 17(2): 68, 1838.
Trametes miniatus (P. Karst.) Teng, Chung-kuo Ti Chen-chun, [Fungi of China]: 763, 1963.
Tyromyces miniatus (P. Karst.) Teng, Chung-kuo Ti Chen-chun, [Fungi of China]: 763, 1963.

担子果初期瘤状或脑状，后菌盖呈半圆形或扇形，通常覆瓦状叠生，有时单生，直径10 ~ 20 cm，厚1 ~ 2 cm，新鲜表面朱红色，后期褪色变为浅朱红色至黄红色，幼时肉质，老后干酪质，干后变浅肉色且酥脆，边缘与菌盖表面基本同色，钝或略锐，波浪状至瓣裂；孔口表面幼期肉色至肉红色，干后褪色，孔口圆形至多角形；菌肉淡朱红色至肉色；菌管与孔口表面同色。孢子椭圆形，无色，薄壁，光滑，5 ~ 7.5 × 4 ~ 5 μm

生境： 生于阔叶树腐木上。

分布： 黑龙江、河北、新疆、贵州、西藏、海南、广西。

用途： 药用。

324 **多汁乳菇** *Lactarius volemus* (Fr.) Fr. 摄影：吴兴亮

325 **朱红绚孔菌** *Laetiporus miniatus* (P. Karst.) Overeem 摄影：吴兴亮

326 哀牢山绚孔菌

Laetiporus ailaoshanensis B.K. Cui & J. Song, in Song, Chen, Cui, Liu & Wang, Mycologia 106(5): 1042, 2014.

子实体无柄或具短柄，覆瓦状叠生，肉质至干酪质；菌盖扁平，表面新鲜时橘黄色至橘红色，外伸6 ~ 8 cm，宽7 ~ 9 cm，中部厚1 ~ 3 cm，边缘钝；孔口表面新鲜时奶油色至浅黄色，多角形，每毫米3 ~ 5个，边缘薄，全缘至撕裂状，不育边缘浅黄色至土黄色；菌肉乳白色至浅黄色；菌管与孔口表面同色。孢子卵圆形至椭圆形，无色，薄壁，光滑，5 ~ 6 × 4 ~ 5 μm。

生境：生于倒木上。

分布：云南、贵州、广西。

327 环区绚孔菌

Laetiporus zonatus B. K.Cui & J. Song, in Song, in Song, Chen, Chi, Liu & Wang, Mycologia 106 (5): 1042, 2014.

担子果无柄盖形或有短柄，覆瓦状叠生，新鲜时肉质，干后脆干酪质；菌盖半圆形或扇形，长8 ~ 18 cm，直径8 ~ 15 cm，中部厚可达3 cm；菌盖橘黄色，后期退色变为浅黄褐色，有微细绒毛，后期变光滑，有不明显的同心环沟或环带，边缘钝或略锐，波状；孔口表面乳白色至浅土黄色；孔口多角形，每毫米3 ~ 4个；管口边缘薄, 略锯齿状；菌肉乳白色，干后干酪质；菌管与孔口表面同色。孢子椭圆形，无色，薄壁，光滑， 5 ~ 6 × 4 ~ 5 μm。

生境：生于阔叶树的倒木上。

分布：江苏、浙江、福建、河南、湖北、湖南、广西、海南、贵州、云南、西藏、陕西、甘肃、新疆。

328 双柱林德氏鬼笔

Laternea columnata Nees, in Nees von Esenbeck, Henry & Bail, Das System der Pilze, Bonnae 2: 96, 1858.
Clathrus bicolumnatus (Lloyd) Sacc. & Trotter, Syll. fung. (Abellini) 21: 462, 1912.
Laternea bicolumnata Lloyd, Mycol. Writ. 2(Letter 31): 405, 908.
Linderia bicolumnata (Lloyd) G. Cunn., Proc. R. Soc. N.S.W. 56: 193 , 1931.
Linderiella bicolumnata (Lloyd) G. Cunn., Gast. Austr. N.Z. (Dunedin): 100, 1942.

担子果（菌蕾）未展开时卵圆形或近球形，白色，包被薄，基部有白色菌索相系与基质固着，直径1.5 ~ 2.5 cm，高2.5 ~ 3.5 cm；菌蕾展开后，包被破裂，基部为托部，由菌托内分为2个柱状体向上托起，在中上部外弯成弧形，上部渐变细内弯曲并在顶部结合；每个柱状体直径0.8 ~ 1.5 cm，高5 ~ 7 cm，海绵质，中空，下部淡白色，向上渐变柠檬黄色至橙黄色；顶部结合部外围均呈横皱突起，内侧为黑褐色黏液层覆盖，孢子堆新鲜时有恶臭。孢子长椭圆形，3.5 ~ 4.5 × 1.5 ~ 1.8 μm，淡黄绿色，光滑。

生境：生于阔叶林或竹林中地上。

分布：江苏、广东、广西、贵州。

326 哀牢山绚孔菌

Laetiporus ailaoshanensis B.K. Cui & J. Song

摄影：吴兴亮

327 环区绚孔菌

Laetiporus zonatus B. K.Cui & J. Song

摄影：刘宏

328 双柱林德氏鬼笔

Laternea columnata Nees

摄影：李常春

329 褐疣柄牛肝菌

Leccinum scabrum (Bull.) Gray, Nat. Arr. Brit. Pl. (London) 1: 646, 1821.
Boletus scaber Bull., Herb. France (Paris) 3: pl. 132, 1783.

菌盖直径4 ~ 8 cm，中凸呈半球形，灰褐色、深棕褐色，光滑，湿润时稍黏，有时被有细绒毛；菌肉白色；菌管长8 ~ 15 mm，孔径细小，圆形，离生；管面幼时近白色，伤后渐变为浅灰褐色；菌柄长5 ~ 10 cm，粗1 ~ 2 cm，圆柱形，灰色，有许多细小的黑褐色疣突和鳞片，内实。孢子近梭形，光滑，10 ~ 13 × 5 ~ 6.5 μm。

生境： 生于混交林地上。

分布： 河北、吉林、黑龙江、江苏、浙江、安徽、四川、云南、广西、海南、贵州、西藏、陕西、青海。

用途： 食用、药用。

330 漏斗香菇

Lentinus arcularius (Batsch) Zmitr., International Journal of Medicinal Mushrooms (Redding) 12(1): 88, 2010.
Boletus arcularius Batsch, Elench. fung. (Halle): 97, 1783.
Favolus arcularius (Batsch) Fr., Annls mycol. 11(3): 241, 1913.
Polyporus arcularius (Batsch) Fr., Syst. Mycol. (Lundae) 1: 342, 1821.

菌盖扁平中部脐状，似漏斗状，直径3 ~ 5 cm，浅黄褐色、浅褐色至黄褐色，有深色鳞片，无环带，边缘有长毛，韧肉质；菌肉白色或污白色；菌管下延，白色，干时淡黄褐色；管口淡褐色，多角形，辐射状排列；菌柄圆柱形，同菌盖色，长3 ~ 5 cm，粗2 ~ 5 mm，基部有粗绒毛。孢子圆柱形或长椭圆形，平滑，无色，7 ~ 9 × 2.5 ~ 3 μm。

生境： 生于倒木及枯树上。

分布： 黑龙江、吉林、辽宁、内蒙古、河北、河南、陕西、甘肃、青海、安徽、江苏、浙江、江西、湖南、四川、贵州、云南、西藏、福建、广东、广西、海南、香港。

用途： 药用。

329 **褐疣柄牛肝菌** *Leccinum scabrum* (Bull.) Gray　　摄影：吴兴亮

330 **漏斗香菇** *Lentinus arcularius* (Batsch) Zmitr.　　摄影：吴兴亮

331 香菇

Lentinula edodes (Berk.) Pegler, Kavaka 3: 20, 1975.
Agaricus edodes Berk., J. Linn. Soc., Bot. 16: 50, 1878.
Armillaria edodes (Berk.) Sacc., Syll. Fung. (Abellini) 5: 79, 1887.
Cortinellus shiitake (J. Schröt.) Henn., Notizblatt des Königl. Bot. Gartens u. Museum zu Berlin 2: 385, 1899.
Lentinus edodes (Berk.) Singer, Mycologia 33(4): 451, 1941.
Lentinus shiitake (J. Schroeter) Singer, Annls Mycol. 34(4/5): 332, 1936.
Lentinus tonkinensis Pat., J. Bot. Morot 4: 14, 1890
Lepiota shiitake (J. Schröt.) Nobuj. Tanaka, Bot. Mag., Tokyo 3: 159, 1889.
Mastoleucomyces edodes (Berk.) Kuntze, Revis. Gen. pl. (Leipzig) 2: 861, 1891.
Tricholoma shiitake (J. Schröt.) Lloyd, Mycol. Writ. 5 (Letter 67): 11, 1918.

菌盖直径4 ~ 10 cm，扁半球形，后渐平展，红褐色、菱色至深肉桂色，有鳞片；菌肉白色，柔软而有韧性，厚；菌褶白色，稠密，弯生；菌柄中生或偏生，近圆柱形或稍扁，长3 ~ 5 cm，粗0.8 ~ 1.5 cm，上部近白色或浅褐色，下部褐色，内实，坚韧，常弯曲，菌环以下覆有鳞片；菌环丝膜状，易消失。孢子椭圆形，无色，光滑，4.5 ~ 6 × 3 ~ 4 μm。

生境：生于阔叶树的倒木上。

分布：江苏、浙江、安徽、广东、广西、海南、贵州、云南。

用途：食用、药用。

332 环柄香菇

Lentinus sajor-caju (Fr.) Fr., Epicr. Syst. Mycol. (Upsaliae): 393, 1838.
Agaricus sajor-caju Fr., Syst. Mycol.(Lundae) 1: 175, 1821.
Lentinus annulifer De Seynes, Recherches Fl. Champ. Congo franç. 1: 25, 1897.
Lentinusbonii Pat., Bull. Soc. Mycol. Fr. 8(2): 48, 1892.
Lentinussajor-caju var. *densifolius* Pilát, Annls Mycol. 34(1/2): 128, 1936.
Lentinus stenophyllus Reichardt, Verh. zool.-bot. Ges. Wien 16: 375, 1866.
Pocillaria tanghiniae (Lév.) Kuntze, Revis. gen. pl. (Leipzig) 2: 866, 1891.
Pocillaria woodii (Kalchbr.) Kuntze, Revis. gen. pl. (Leipzig) 2: 866, 1891.

菌盖肾形、扇形、半圆形、圆形，成熟时呈漏斗状，菌盖边缘薄，初内卷，后反卷，近革质，直径5 ~ 12 cm，灰褐色、灰黄色至淡褐色，表面光滑；菌肉厚，白色；菌褶延生，白色，狭窄，密集，不等长；菌柄白色，侧生或中生，上粗下细，长1 ~ 3 cm，粗0.5 ~ 1.5 cm，有膜质菌环，后期脱落呈环痕状。孢子长椭圆形，无色，透明，6 ~ 10 × 2 ~ 3 μm。

生境：生于阔叶树腐木上。

分布：黑龙江、河北、河南、陕西、湖南、云南、贵州、西藏、福建、台湾、广东、广西、海南。

用途：具有较强的抗菌活性和抗肿瘤活性；提高免疫功能和抗衰老作用。有抗细菌、抗真菌、抗肿瘤活性，起到保护肾的作用。

331 **香菇** *Lentinula edodes* (Berk.) Pegler　　摄影：刘宏

332 **环柄香菇** *Lentinus sajor-caju* (Fr.) Fr.　　摄影：吴兴亮

333 翘鳞韧伞

Lentinus squarrosulus Mont., Ann. Sci. Nat. Bot. Ser. 2, 18:21, 1842.
Lentinus subnudus B., Lond. J. Bot. 6: 492, 1847.
Lentinus ramosii Lloyd, Myc. Writ. 7:1197, 1923.
Pleurotus squarrosulus (Mont.) Sing., Sydowia 15:45, 1961.

菌盖直径4 ~ 9 cm，中凹至漏斗形，韧肉质至革质，灰白色而带微褐色，干，幼时被灰褐色丛毛状鳞片，后由边缘向中央渐变稀少，后光滑，边缘延伸；菌肉白色，伤不变色；菌褶白色至黄白色，分叉，延生，褶缘近平滑至微锯齿状；菌柄侧生，长2 ~ 5 cm，粗4 ~ 12 mm，弯曲，圆柱形，粗细均匀，白色或有时带红褐色，上有丛毛状鳞片，纤维质至革质；孢子椭圆形至近圆柱形，无色，光滑，6 ~ 7.5 × 1.5 ~ 2.5 μm。

生境：生于腐树桩或腐木上。

分布：福建、广东、海南、广西、贵州、云南、西藏、台湾。

用途：药用。

334 虎皮韧伞

Lentinus tigrinus (Bull.) Fr., Syst. orb. veg. (Lundae) 1: 78, 1825.
Agaricus tigrinus Bull., Herb. France (Paris) 2: pl. 70, 1782.
Omphalia tigrina (Bull.) Gray, Nat. Arr. Brit. Pl. (London) 1: 613, 1821.
Lentinus dunalii (DC.) Fr., Syst. orb. veg. (Lundae) 1: 78, 1825.
Lentinus fimbriatus Curr., Trans. Linn. Soc. London 24: 151, 1863.
Lentinus tigrinus var. *dunalii* (DC.) Rea, Brit. Basidiom.: 537, 1922.
Panus tigrinus (Bull.) Singer, Lilloa 22: 275, 1951.

菌盖半肉质至韧肉质，边缘易开裂，直径3.5 ~ 8 cm，圆形，中部脐状至近漏斗形，白色，覆有浅褐色翘起的鳞片，中部较多，边缘少；菌肉白色，薄，具香味；柄中生或偏生，有时基部相联，内实，白色，近革质，有细鳞片，长2 ~ 5 cm，粗0.5 ~ 1.5 cm。孢子近圆柱形至长椭圆形，无色，光滑，6 ~ 8 × 2 ~ 4 μm。

生境：生于阔叶树腐木上 。

分布：江苏、浙江、福建、湖南、广东、广西、海南、新疆、四川、贵州、云南。

用途：药用。

333 **翘鳞韧伞** *Lentinus squarrosulus* Mont. 摄影：刘宏

334 **虎皮韧伞** *Lentinus tigrinus* (Bull.) Fr. 摄影：谭周荣

335 桦革裥菌

Lenzites betulina (L.) Fr., Epicr. Syst. Mycol. (Upsaliae): 405, 1838.
Gloeophyllum hirsutum (Schaeff.) Murrill, J. Mycol. 9(2): 94, 1903.
Lenzites berkeleyi Lév., Annls Sci. Nat., Bot., sér. 3 5: 122, 1846.
Lenzites betulina subsp. *variegata* (Fr.) Bourdot & Galzin, Bull. Trimest. Soc. Mycol. Fr. 41: 156, 1925.
Lenzites subbetulina Murrill, Bulletin of the New York Botanical Garden 8: 153, 1912.
Lenzites µmbrina Fr., Epicr.Syst. Mycol. (Upsaliae): 405, 1838.
Merulius betulinus (L.) Wulfen, in Jacquin, Collnea bot. 1: 338, 1786.

担子果无柄，菌盖1.5 ~ 3.5 × 1.5 ~ 2 × 0.5 ~ 1 cm，半圆形至扇形，黄褐色至灰褐色，密被绒毛，具狭而密环纹和辐射状皱纹，革质；假菌褶辐射状，分叉、奶油色至土黄褐色；菌肉白色，厚1 ~ 3 mm。孢子圆柱形至腊肠形，光滑，无色，5 ~ 6 × 2 ~ 3 μm。

生境：生于阔叶树的腐木上。

分布：河北、山西、内蒙古、辽宁、吉林、黑龙江、江苏、浙江、安徽、福建、江西、河南、湖南、广东、海南、广西、四川、贵州、云南、西藏、陕西、甘肃、青海、台湾。

用途：药用。

336 大革裥菌

Lenzites vespacea (Pers.) Pat., Essai taxonomique, p. 91, 1900.
Polyporus vespaceus Pers., Voy. Uranie. Bot. 5: 170, 1827.
Elmeria vespacea (Pers.) Bres., Hedwigia 51: 319, 1912.
Pseudofavolus vespaceus (Pers.) G. Cunn., Bull. N.Z. Dept. Sci. Industr. Res., Pl. Dis. Div. 164: 183, 1965.

担子果无柄，菌盖扇形、半圆形至圆形，直径5 ~ 7 cm，单生或数个叠生，革质，新鲜时浅黄褐色至褐色，被灰褐色或褐色绒毛，具同心环纹和环沟，干后菌盖表面灰褐色，边缘锐，干后稍撕裂；子实层体呈假褶状，放射状排列，分叉，革质，新鲜时白色至奶油色，干后灰褐色至浅黄褐色，平直或弯曲呈波浪状，边缘常撕裂呈齿状；菌肉新鲜时白色，干后奶油色，木栓质；孢子宽椭圆形，无色，光滑，5 ~ 6 × 2.5 ~ 3 μm。

生境：生于多种阔叶树腐木上。

分布：浙江、福建、广东、广西、海南、四川、云南、贵州。

用途：引起木材白色腐朽。

335 **桦革裥菌** *Lenzites betulina* (L.) Fr. 摄影：吴兴亮

336 **大革裥菌** *Lenzites vespacea* (Pers.) Pat. 摄影：吴兴亮

337 栗色环柄菇

Lepiota castanea Quél., C. r. Assoc. Franç. Avancem. Sci. 9: 661, 1881.
Lepiota ignicolor Bres., Fung. trident. 2(8-10): 3, 1892.
Lepiota ignipes Locq., Bull. trimest. Soc. mycol. Fr. 68: 275, 1952.
Lepiota rufidula Bres., Atti Imp. Regia Accad. Rovereto, ser. 3 8: 129, 1902.

菌盖直径1 ~ 2.5 cm，初期钟形至钝圆锥形，后伸展至平展，白色、米色至浅黄色，被橙色、橙褐色、黄褐色或红褐色的细小鳞片，中央具较钝的凸起；菌褶离生，白色至米色，较密，不等长；菌柄近圆柱形，向基部渐粗，长3 ~ 6 cm，直径0.3 ~ 0.4 cm，中空，浅黄色至黄褐色，被黄褐色至红褐色小鳞片；未见明显菌环。孢子近圆柱形或近纺锤形，无色透明，光滑，8 ~ 12 × 3.5 ~ 5 μm。

生境：生于林地上。

分布：广西、贵州。

338 冠状环柄菇

Lepiota cristata (Bolton) P. Kumm., Führ. Pilzk. (Zwickau): 137, 1871.
Agaricus clypeolarius sensu Sowerby [Col. Fig. Engl. Fung. 1: pl. 14, 1796.
Agaricus cristatus Bolton, Hist. fung. Halifax (Huddersfield) 1: 7, 1788.
Lepiota felinoides (Bon) P.D. Orton, Notes R. bot. Gdn Edinb. 41: 591, 1984.
Lepiota subfelinoides Bon & P.D. Orton, in Orton, Docμms Mycol. 14(no. 56): 56, 1985.

菌盖直径1.5 ~ 3 cm，初期卵形，后钟形至凸起或扁平，近白色、米色至淡褐色，中央近褐色；菌肉白色；菌褶离生，密，白色；菌柄长2 ~ 4 cm，粗0.2 ~ 0.4 cm，圆柱形，白色、米色至淡褐色；菌环上位，膜质，窄，近白色，易消失。孢子宽椭圆形至椭圆形，平滑，无色，3 ~ 4.5 × 2.5 ~ 3 μm。

生境：生于林中地上。

分布：广西、贵州。

339 粒鳞环柄蘑

Lepiota pseudogranulosa Velen., Novitates Mycologicae Novissimae: 20, 1947.

菌盖初半球形，后钟形至扁半球形，直径1.8 ~ 2.5 cm，白色，具淡粉白色粒状鳞片，易脱落，边缘具絮状残片；菌肉白色；菌褶离生，稍密，白色；菌柄近圆柱形，长3 ~ 7 cm，直径1.5 ~ 2.5 mm，具粉粒状鳞片；菌环上位，易脱落。孢子椭圆形，光滑，无色，4.5 ~ 5.5 × 2 ~ 3 μm。

生境：生于林中地上。

分布：广西、贵州等地。

用途：食用。

337 栗色环柄菇

Lepiota castanea Quél.

摄影：吴兴亮

338 冠状环柄菇

Lepiota cristata (Bolton) P. Kumm.

摄影：吴兴亮

339 粒鳞环柄蘑

Lepiota pseudogranulosa Velen.

摄影：吴兴亮

340 花脸香蘑

Lepista sordida (Fr.) Singer, Lilloa 22: 193, 1951.
Agaricus sordidus Fr., Syst. Mycol. (Lundae) 1: 51, 1821.
Tricholoma sordidum (Fr.) P. Kumm., Führ. Pilzk. (Zwickau): 134, 1871.
Gyrophila nuda var. *lilacea* Quél., Fl. Mycol. France (Paris): 271, 1888.
Rhodopaxillus sordidus (Fr.) Maire, Annls Mycol. 11: 338, 1913.

菌盖初期扁球形或不规则形，后渐平展，中央稍下凹，直径3 ~ 8 cm，淡紫色至紫罗兰色，表面湿时水浸状，光滑，边缘波状，向下卷曲；菌肉较薄，淡紫色；菌褶淡紫色，近直生至弯生，不等长；菌柄中生，圆柱形，内实，纤维质，淡紫色，长3 ~ 6 cm，直径0.5 ~ 1.5 mm。孢子椭圆形，无色，7~9 × 4~5 μm。

生境： 生于林中地上。

分布： 广西、海南、四川、贵州、云南。

用途： 食用、药用。

---

341 鳞状勒氏菌

Leratiomyces squamosus (Pers.) Bridge & Spooner, Mycotaxon 103: 117, 2008.
Agaricus squamosus Pers., Syn. meth. fung. (Göttingen) 2: 409, 1801.
Geophila squamosa (Pers.) Quél., Enchir. fung. (Paris): 111, 1886.
Hypholoma squamosum (Pers.) Urbonas, Liet. TSR Mokslu Akad. Darb., Ser. C 4(no. 72): 12, 1975.
Hypholoma squamosum (Pers.) Urbonas, Lietuvos Grybai (Vilnius) 8(3): 128, 1999.
Naematoloma squamosum (Pers.) Singer, Sydowia 2(1-6): 36, 1948.
Stropharia squamosa (Pers.) Quél., Mém. Soc. Émul. Montbéliard, Sér. 2 5: 348, 1873.

菌盖直径2 ~ 4 cm，半球形，中央稍微突起，黄褐色至红褐色，边缘色稍淡；菌盖上有白色鳞片，边缘白色鳞片大而不易脱落；菌肉白色，渐变为灰白色至浅灰黄褐色；菌褶直生，起初为白色，渐变为灰白色、浅黄色至紫褐色，边缘具细小的白色絮状物；菌柄长6 ~ 10 cm，粗0.4 ~ 0.6 cm，圆柱形，菌环以上有白色小鳞片，菌环以下有浅黄褐色小鳞片；菌环浅黄色，膜质。孢子椭圆形，平滑，无色，11 ~ 15 × 6 ~ 8 μm。

生境： 生于林地上。

分布： 陕西、四川、云南、贵州、西藏、广西。

用途： 药用。记载有毒，不过也有记载可食，最好不要采食。

---

342 黑鳞白环蘑

Leucoagaricus atrosquamulosus (Hongo) Z.W. Ge & Zhu L. Yang, in Yang & Ge, Mycosystema 36(5): 546, 2017.
Lepiota atrosquamulosa Hongo, J. Jap. Bot. 34: 239, 1959.

菌盖半球形至近平展，中央凸起，直径1.2 ~ 2.5 cm，污白色、灰白色，密被暗褐灰色至煤灰色的毡状鳞片，边缘有辐射状浅沟纹；菌肉白色；菌褶离生，白色至米色，较密，不等长；菌柄近圆柱形至棒状，向上变细，长4 ~ 6 cm，直径0.3 ~ 0.4 cm，污白色至浅灰色，中空；菌环上位至中位，膜质，白色，易消失。孢子卵形至椭圆形，无色，光滑，5.5 ~ 7.5 × 3.5 ~ 4.5 μm。

生境： 生于阔叶林或针阔混交林中地上。

分布： 北京、广西、贵州、云南。

---

340 花脸香蘑

Lepista sordida (Fr.) Singer

摄影：李常春

341 鳞状勒氏菌

Leratiomyces squamosus (Pers.) Bridge & Spooner

摄影：吴兴亮

342 黑鳞白环蘑

Leucoagaricus atrosquamulosus (Hongo) Z.W. Ge & Zhu L. Yang

摄影：吴兴亮

343 中华白环蘑

Leucoagaricus sinicus (J.Z. Ying) Zhu L. Yang, Mycotaxon 100: 283, 2007.
Chamaeota sinica J.Z. Ying, Mycotaxon 54: 303, 1995.

菌盖圆椎形至平凸形，直径3.5 ~ 6 cm，幼时淡红褐色至肉红色，成熟后色变浅呈白色，中央红褐色，菌盖表面密被褐色鳞片，菌盖边缘少具条纹；菌肉白色至浅肉色；菌褶离生，密，白色至淡粉色，干后呈污白色至淡褐色，不等长；菌柄长4 ~ 10 cm，直径0.4 ~ 0.6 cm，近圆柱形或由基部向上稍变细中空，肉桂褐色，上被黄色鳞片；菌环上位，膜质，宿存。孢子椭圆形，光滑，无色，8.5 ~ 11 × 7 ~ 8 μm。

生境： 生于林地上。

分布： 浙江、广西、贵州。

---

344 橘黄白环蘑

Leucoagaricus tangerinus Y. Yuan & J.F. Liang, in Yuan, Li & Liang, Mycol. Progr. 13(3): 895, 2014.

菌盖直径3 ~ 5 cm，钝锥形至扁平，中央稍凸起，橘黄色，中部深红褐色，边缘变浅，被纤丝状鳞片，边缘成熟后撕裂；菌肉白色，薄；菌褶离生，乳白色，不等长；菌柄近圆柱形，向基部渐粗，长5 ~ 7 cm，直径0.3 ~ 0.4 cm，中空，基部稍膨大，污白色；菌环上位，膜质，白色。孢子椭圆形，光滑，无色，6.5 ~ 7 × 4 ~ 4.5 μm。

生境： 生于林地上。

分布： 福建、浙江、广东、广西、贵州、云南。

---

345 粗柄白鬼伞

Leucocoprinus cepistipes (Sowerby) Pat., J. Bot. Paris 3: 336, 1889.
Agaricus cepistipes Sowerby, Col. fig. Engl. Fung. Mushr. (London) 1: tab. 2, 1797.
Coprinus cepistipes (Sowerby) Gray, Nat. Arr. Brit. Pl. 1: 633, 1821.
Sclerotium mycetospora Nees, in Fries, Syst. Mycol. (Lundae) 2(1): 253. 1822.
Agaricus rorulentus Panizzi, Comm. Soc. crittog. Ital. 1: 172, 1862.
Agaricus cheimonoceps Berk. & M.A. Curtis, J. Linn. Soc. Bot. 10: 283, 1868.
Lepiota cepistipes (Sowerby) P. Kumm., Führ. Pilzk. (Zwickau): 136, 1871.
Lepiota cheimonoceps (Berk. & M.A. Curtis) Sacc., Syll. fung. (Abellini) 5: 66, 1887.
Leucocoprinus cepistipes var. *rorulentus* (Panizzi) Babos, Annls hist.-nat. Mus. natn. hung. 72: 87, 1980.

菌盖半球形，伸展后中央略呈脐凸形，直径2 ~ 5 cm，白色，密被易脱落污白色小鳞片，中部浅褐色，边缘有明显条纹，易撕裂；菌肉白色；菌褶白色，不等长，离生；菌柄长3 ~ 6 cm，粗5 ~ 8 mm，白色，棒形，柄基部呈近球形；菌环生菌柄中部。孢子卵圆形至椭圆形，光滑，无色，9 ~ 10 × 6 ~ 7 μm。

生境： 生于树桩腐朽处或地上。

分布： 河北、贵州、湖南、广东、广西、海南。

用途： 有毒。

---

343 中华白环蘑

Leucoagaricus sinicus
(J.Z. Ying) Zhu L. Yang

摄影：吴兴亮

344 橘黄白环蘑

Leucoagaricus tangerinus
Y. Yuan & J.F. Liang

摄影：吴兴亮

345 粗柄白鬼伞

Leucocoprinus cepistipes
(Sowerby) Pat.

摄影：吴兴亮

346 纯黄白鬼伞

Leucocoprinus birnbaumii (Corda) Singer, Sydowia 15(1-6): 67, 1962.
Agaricus luteus Bolton, Hist. fung. Halifax (Huddersfield) 2: 50, tab. 50, 1788.
Lepiota lutea (Bolton) Godfrin, Bull. Soc. Mycol. Fr. 13: 33, 1897.
Lepiota aurea Massee, Bulletin of Miscellaneous Information, Royal botanic Gardens, Kew: 189, 1912.
Lepiota pseudolicmophora Rea, Brit. basidiomyc. (Cambridge): 74, 1922.
Leucocoprinus luteus (Bolton) Locq., Bull. mens. Soc. linn. Soc. Bot. Lyon 14: 93. 1945.

菌盖宽2 ~ 5 cm，卵圆形至钟形，后平展，中央脐凸形，肉质，浅黄色，中部浅橘黄色至黄色，菌盖上覆灰黄色块状鳞片和绒毛，边缘有条纹，波状；菌肉乳白色；菌褶淡黄色或乳黄色，不等长，离生或直生；菌柄中生，长4 ~ 8 cm，粗3 ~ 6 mm，圆柱形，基部略膨大，淡黄色至乳黄色，上有绒毛，空心；菌环位于中上部，单环，黄色，易脱落。孢子卵圆形至广椭圆形，光滑，8.5 ~ 10 × 6 ~ 7.5 μm。

生境：生于阔叶林地上。

分布：四川、贵州、云南、福建、广东、广西、海南、台湾。

用途：有毒。

347 脆黄白鬼伞

Leucocoprinus fragilissimus (Berk. & M.A. Curtis) Pat., Essai Tax. Hyménomyc. (Lons-le-Saunier): 171, 1900.
Agaricus flammula Alb. & Schwein., Consp. fung. (Leipzig): 149, 1805.
Agaricus licmophorus Berk. & Broome, Ann. Mag. nat. Hist., Ser. 5 12: 370, 1883.
Hiatula fragilissima Ravenel & Berk., Ann. Mag. nat. Hist., Ser. 2 12: 422, 1853.
Lepiota flammula (Alb. & Schwein.) Gillet, Hyménomycètes (Alençon): 63, 1874.
Lepiota licmophora (Berk. & Broome) Sacc., Syll. fung. (Abellini) 5: 44, 1887
Leucocoprinus licmophorus (Berk. & Broome) Pat., Bull. Soc. Mycol. Fr. 29: 215, 1913.

菌盖宽2 ~ 3 cm，卵形至平展，膜质，易碎，白色至淡柠檬黄色，中部较深，覆有易脱落的柠檬黄色粉粒，具显著的辐射状褶纹；菌褶近白色，与菌盖同色；菌柄长5 ~ 8 cm，粗2 ~ 3 mm，纤细，中空，易碎，覆有一层黄色粉粒，与菌盖同色；菌环生于菌柄上部，膜质，易脱落，与菌盖同色。孢子卵圆形，无色，光滑，9 ~ 12 × 7 ~ 8.5 μm。

生境：生于阔叶林中地上。

分布：江苏、福建、广东、广西、海南、四川、云南、贵州。

346 **纯黄白鬼伞** *Leucocoprinus birnbaumii* (Corda) Singer　　摄影：吴兴亮

347 **脆黄白鬼伞** *Leucocoprinus fragilissimus* (Berk. & M.A. Curtis) Pat.　　摄影：吴兴亮

348 网纹马勃

Lycoperdon perlatum Pers., Observ. Mycol. (Lipsiae) 1: 145, 1796.
Lycoperdon gemmatum Batsch, Elench. fung.(Halle): 147, 1783.
Lycoperdon gemmatum var. *perlatum* (Pers.) Fr., Syst. Mycol. (Lundae) 3(1): 37, 1829.
Lycoperdonbonordenii Massee, J. Roy. Microscop. Soc. : 713, 1887.

担子果倒卵形至陀螺形，高3 ~ 5 cm，直径2 ~ 4 cm，初期近白色，后变灰黄色至黄褐色，不孕基部发达或伸长如柄；外包被由无数小疣组成，间有较大易脱落的刺，刺脱落后显出淡色而光滑的斑点；孢体青黄色，后变为褐色，有时稍带紫色。孢子球形，淡黄色，具微细小疣，3.5 ~ 5 μm。

生境： 生于林中地上。

分布： 黑龙江、吉林、辽宁、河北、山西、河南、陕西、甘肃、青海、新疆、安徽、江苏、浙江、江西、四川、贵州、云南、西藏、福建、台湾、广东、广西、海南、香港。

用途： 药用。

349 梨形马勃

Lycoperdon pyriforme Schaeff., Fung. bavar. palat. nasc. (Ratisbonae) 4: 128, 1774.

担子果梨形至陀螺形，直径3 ~ 4.5 cm，高2 ~ 4 cm，初期白色，渐变为淡黄褐色，后变褐色，分头部和柄部；顶部裂成碎片，露出青色的产孢体，不育基部发达；产孢体青黄色。孢子球形，光滑、青黄色，淡黄褐色，平滑，薄壁，3.5 ~ 4.5 μm。

生境： 生于林缘地上。

分布： 河北、陕西、甘肃、新疆、西藏、内蒙古、山西、香港、广西、贵州、湖北。

用途： 药用。

350 棱柱散尾菌

Lysurus mokusin (L.) Fr., Syst. Mycol. (Lundae) 2(2): 288, 1823.
Lysurus mokusin f. *mokusin* (L.) Fr., Syst.Mycol. (Lundae) 2(2): 288, 1823.
Lysurus mokusin var. *mokusin* (L.) Fr., Syst. Mycol. (Lundae) 2(2): 288, 1823.
Phallus mokusin L., Suppl. Pl.: 514, 1782.

担子果高5 ~ 8 cm，顶端分裂4 ~ 5片，裂片尖，长1.5 ~ 2.5 cm，初期连接在一起，后期分离，红色，其上有凹槽；柄棱柱状，淡肉色至肉红色，下部渐淡，中空，具明显纵行的凹槽，成4 ~ 5棱，壁海绵状；菌托白色，高2 ~ 3.5 cm，孢体着生于裂片上的凹槽内，暗褐色，有臭味。孢子椭圆形，半透明，3.5 ~ 5 × 1.5 μm。

生境： 生于竹林或针阔混交林中地上。

分布： 黑龙江、辽宁、河北、北京、山西、山东、河南、甘肃、安徽、江苏、浙江、江西、湖南、四川、贵州、云南、西藏、福建、台湾、广东、广西、海南。

用途： 药用。

348 网纹马勃

Lycoperdon perlatum Pers.

摄影：吴兴亮

349 梨形马勃

Lycoperdon pyriforme Schaeff.

摄影：吴兴亮

350 棱柱散尾菌

Lysurus mokusin (L.) Fr.

摄影：吴兴亮

351　脱皮大环柄菇

Macrolepiota detersa Z.W. Ge, Zhu L. Yang & Vellinga, Fungal Diversity 45: 83, 2010.

菌盖近球形，直径8 ~ 13 cm，白色至污白色，被黄褐色、红褐色至褐色、易脱落的块状鳞片；菌肉白色、海绵质；菌褶离生，白色至米色；菌柄长10 ~ 20 cm，直径1.5 ~ 3 cm，圆柱形，近白色，被同色细小褐色鳞片；菌环上位，白色，大，膜质，可滑动，易破碎。孢子椭圆形，天色，光滑，13 ~ 15 × 9 ~ 10 μm。

生境：生于林地上。

分布：安徽、广西、贵州。

用途：食用。

352　高大环柄菇

Macrolepiota procera (Scop.) Singer, Pap. Mich. Acad. Sci. 32: 141, 1948.
Agaricus procerus Scop., Fl.carniol., Edn 2 (Wien) 2: 418, 1772.
Amanita procera (Scop.) Fr., Anteckn. Sver. Ätl. Svamp. : 33, 1836.
Lepiota procera (Scop.) Gray, Nat. Arr. Brit. Pl. (London) 1: 601, 1821.

菌盖初期卵形，后平展而中凸，直径8 ~ 20 cm，中部褐色或红褐色，有锈褐色或红褐色棉絮状大鳞片，边缘污白色，不黏；菌肉白色，较厚；菌褶白色，稠密，直径，离生，不等长；菌柄长15 ~ 30 cm，粗0.8 ~ 1.8 cm，圆柱形，被有褐色到暗褐色的细小鳞片，内部松软变中空，基部膨大呈球状；菌环厚，位于柄上部，双层，上面白色，下面具褐色小鳞片，老后多与菌柄分离，能上下活动。孢子椭圆形至卵圆形，无色，光滑，14 ~ 16 × 10 ~ 12 μm。

生境：生于林中地上。

分布：黑龙江、吉林、辽宁、河南、安徽、江苏、浙江、湖南、四川、贵州、云南、福建、广东、广西、海南。

用途：药用。

353　白微皮伞

Marasmiellus candidus (Bolton) Singer, Pap. Mich. Acad. Sci. 32: 129, 1946.
Agaricus candidus Bolton, Hist. fung. Halifax (Huddersfield) 1: 39, 1788.
Marasmius candidus (Bolton) Fr., Epicr.Syst. Mycol. (Uppsala): 381, 1838.
Marasmius albus-corticis Singer, Lilloa 22: 300, 1951.

菌盖初钟形后平展，直径10 ~ 25 mm，膜质，白色，边缘有明显或不明显的条纹；菌肉白色，薄，无味道和气味；菌褶直生，稀疏，不等长，稍有分叉和横脉，白色；菌柄10 ~ 20 × 1 ~ 3 mm，中生，圆柱形。孢子椭圆形，无色，透明，薄壁，8 ~ 10 × 3 ~ 3.5 μm。

生境：生于林中枯枝落叶上。

分布：吉林、湖南、云南、福建、广东、广西、四川、贵州、海南、内蒙古、湖南、香港。

用途：药用。

351 脱皮大环柄菇

Macrolepiota detersa Z.W. Ge, Zhu L. Yang & Vellinga

摄影：吴兴亮

352 高大环柄菇

Macrolepiota procera (Scop.) Singer

摄影：刘宏

353 白微皮伞

Marasmiellus candidus (Bolton) Singer

摄影：吴兴亮

354 皮微皮伞

Marasmiellus corticum Singer, Beih. Nova Hedwigia 44: 325, 1973.

菌盖凸镜形，平展，凸镜形至扇形，中央下凹，膜质，直径1 ~ 3 cm，白色，半透明，被白色细绒毛，具辐射沟纹；菌肉白色，极薄；菌褶直生，白色不等长；菌柄偏生，长5 ~ 10 mm，圆柱形，白色，被微细绒毛。孢子椭圆形，光滑，无色，7 ~ 10 × 4 ~ 5.3 μm。

生境：生于混交林中腐木上或竹枝上。

分布：广东、广西、海南，贵州。

355 树生微皮伞

Marasmiellus dendroegrus Singer, Beih. Nova Hedwigia 44: 326, 1973.

菌盖凸镜形、平展形，有或没有脐凹，直径12 ~ 22 mm，膜质，淡黄褐色，有辐射状沟纹；菌肉微黄褐色，薄，无味道和气味；菌褶直生，稀疏，不等长，与菌盖同色；菌柄圆柱形，10 ~ 25 × 1 ~ 2 mm，中生，有很多黄色的菌索。孢子椭圆形，无色，透明，薄壁，5 ~ 7 × 3 ~ 4 μm。

生境：生于阔叶林朽木或腐枝上。

分布：海南、广西、贵州。

356 多纹微皮伞

Marasmiellus polygrammus (Mont.) J.S. Oliveira, in Oliveira, Vargas-Isla, Cabral, Rodrigues & Ishikawa, Mycol. Progr. 18(5): 735, 2019.
Chamaeceras polygrammus (Mont.) Kuntze, Revis. gen. pl. (Leipzig) 3(3): 456, 1898.
Collybia polygramma (Mont.) Dennis, Trans. Br. mycol. Soc. 34(4): 447, 1951.
Gymnopus polygrammus (Mont.) J.L. Mata, in Mata & Petersen, Mycotaxon 86: 313, 2003.
Marasmius polygrammus Mont., Annls Sci. Nat., Bot., sér. 4 1: 118, 1854.

菌盖幼时半球形，成熟后凸镜形至平展，中央具脐突，直径3 ~ 4 cm，菌盖表面灰桂肉色、浅灰褐色至浅黄褐色，有明显放射状沟纹或条纹；菌肉灰白色，薄；菌褶直生至离生，较密，灰桂肉色、灰褐色，不等长；菌柄圆柱形，长4 ~ 6.5 cm，直径0.4 ~ 0.6 cm，纤维状，具纵条纹，有白色绒毛状，黄褐色至浅褐色。孢子椭圆形，无色，光滑，5 ~ 7 × 3 ~ 4.2 μm。

生境：生于针阔叶混交林中腐木上或地上。

分布：贵州、湖南。

354 皮微皮伞

Marasmiellus corticum Singer

摄影：吴兴亮

355 树生微皮伞

Marasmiellus dendroegrus Singer

摄影：吴兴亮

356 多纹微皮伞

Marasmiellus polygrammus (Mont.) J.S. Oliveira

摄影：吴兴亮

357 贝科拉小皮伞

Marasmius bekolacongoli Beeli, Bull. Soc. R. Bot. Belg. 60(2): 157, 1928.

菌盖钟形至伞形，后变扁半球形，直径1.8 ~ 3 cm，奶酪色、淡黄白色、淡黄色至浅土黄色，中央脐部较深，由菌盖顶部向四面形成明显的放射状紫褐色沟条，菌肉近白色，薄；菌褶近白色，近直生，不等长，稀，较宽，有横脉；菌柄圆柱形，6 ~ 10 cm，宽2 ~ 4 mm，上部淡褐色至黄褐色，下部紫褐色，被白色微细绒毛。孢子近长棒形，光滑，无色，17 ~ 25 × 3.8 ~ 4.8 μm。

生境：生于阔叶林中枯枝落叶层上。

分布：云南、广东、广西、海南、四川、贵州。

---

358 伯特路小皮伞

Marasmius berteroi (Lev.) Murrill, N.Amer.. Fl. (New York) 9(4): 267, 1915.
Heliomyces berteroi Lev., Annls Sci. Nat., Bot., sér. 3, 2: 177, 1844.

菌盖斗笠状，钟形至凸镜形，直径10 ~ 20 mm，橙黄色、橙红色、橙褐色至金黄褐色，干，被短绒毛，具较长的沟纹，中微脐凹状；菌肉近白色；菌褶不等长，白色至浅肉色，直生至弯生，无项圈；菌柄长25 ~ 40 mm，粗1 ~ 1.5 mm，上部色较淡，下部暗红褐色，有光泽，基部不插入基物内，具菌丝垫。孢子长椭圆形至梭形，光滑，无色，10 ~ 15 × 3.5 ~ 4.5 μm。

生境：生于阔叶林中枯枝落叶上。

分布：广东、广西、海南、贵州。

---

359 融合小皮伞

Marasmius confertus Berk. & Broome, J. Linn. Soc., Bot. 14(no. 73): 34, 1873.
Chamaeceras confertus (Berk. & Broome) Kuntze, Revis. gen. pl. (Leipzig) 3(3): 455, 1898.
Marasmius confertus var. *parvisporus* Antonín, Mycotaxon 89(2): 401, 2004.
Marasmius confertus var. *tenuicystidiatus* Antonín, Mycotaxon 89(2): 399, 2004.

菌盖钟形至凸镜形，后平展形，直径1.8 ~ 2.5 cm，橙色、黄红色至红褐色，边缘颜色较浅，表面光滑，边缘无明显条纹或有弱的短条纹；菌褶直生，白色；菌肉薄，白色；菌柄长4 ~ 6 cm，粗0.2 ~ 0.4 cm，圆柱形，靠近菌盖部分淡黄色，逐渐变为橙色，褐色，红褐色。孢子椭圆形，薄壁，8 ~ 10 × 3 ~ 4 μm。

生境：生于针阔混交林地的枯枝落叶层上。

分布：湖北、广西、贵州。

---

357 贝科拉小皮伞

Marasmius bekolacongoli Beeli

摄影：吴兴亮

358 伯特路小皮伞

Marasmius berteroi (Lev.) Murrill

摄影：吴兴亮

359 融合小皮伞

Marasmius confertus Berk. & Broome

摄影：吴兴亮

360 花盖小皮伞

Marasmius floriceps Berk. & M.A. Curtis, J. Linn. Soc., Bot. 10(no. 45): 298, 1868.

菌盖扁半球形至平展，有沟纹，直径1.5 ~ 2.5 cm，橙色、橙红色至橙褐色，中部颜色较深；菌肉薄；菌褶近弯生，不等长，白色至黄白色；菌柄长3 ~ 5 cm，直径3 ~ 3.5 mm，圆柱形，空心，顶端近白色、黄白色至浅橙黄色，向下渐变橙褐色。孢子椭圆形，薄壁，透明，无色，6.8 ~ 9.2 × 3 ~ 3.4 μm。单生或群生于双子叶植物腐叶或腐枝上。

生境： 生于树枝落叶层上。

分布: 广东、广西、海南。

361 红盖小皮伞

Marasmius haematocephalus (Mont.) Fr., Epicr. Syst. Mycol.(Upsaliae):382, 1838.

菌盖初钟形，后平展脐凸形，直径1 ~ 2.5 cm，紫红褐色，干，上密生微细绒毛；菌肉白色；菌褶初白色，后转淡黄白色，不等长，弯生至离生，无项圈；菌柄中生，棒形，深褐色，近顶部黄褐色，实心后空心，基部稍膨大呈吸盘状。孢子近长梭形，狭长，光滑，无色，14 ~ 18 × 3 ~ 4 μm。

生境： 生于阔叶林中枯枝腐叶上。

分布： 江苏、浙江、广东、广西、贵州、云南。

362 大盖小皮伞

Marasmius maximus Hongo, Memoirs of the Faculty of Education, Shiga University 12:39, 1962.

菌盖初钟形，后展开至半圆形或近平展，中部下凹而中央微呈脐突状，直径3 ~ 16 cm，淡土黄色、乳黄色至淡乳黄色，中央色较深，渐向盖缘过渡到淡乳黄色，有明显的放射状沟纹，稀疏；菌肉白色，薄；菌褶初期白色，后变淡土黄色、乳黄色至淡乳黄色，褶片大而稀疏，弯生或近离生；菌柄柱形，长5 ~ 10 cm，粗2 ~ 4 mm，质韧，淡褐色，表面有纵条纹，近光滑或近粉绒状，基部近白色菌丝。孢子椭圆形，7.5 ~ 9 × 3 ~ 4 μm。

生境： 生于林中枯枝落叶层上。

分布： 广西、海南、云南、贵州。

用途： 药用。

360 花盖小皮伞

Marasmius floriceps Berk. & M.A. Curtis

摄影：吴兴亮

361 红盖小皮伞

Marasmius haematocephalus (Mont.) Fr.

摄影：吴兴亮

362 大盖小皮伞

Marasmius maximus Hongo

摄影：吴兴亮

363 小羊羔小皮伞

Marasmius microhaedinus Singer, Sydowia 18(1-6): 260, 338, 1965.

菌盖半球形至平展形，直径6 ~ 12 mm，白色、浅黄白色至奶油色，有条纹，光滑；菌肉薄，白色；菌褶直生，不等长，白色；菌柄长10 ~ 30 mm，粗1 ~ 1.5 mm，中生，圆柱形，纤维质，浅褐色至深褐色。孢子长椭圆形，无色，透明，薄壁，8 ~ 10 × 3 ~ 3.5 μm。

生境：生于林中枯枝落叶层上。

分布：广西、贵州。

364 淡赭色色小皮伞

Marasmius ochroleucus Desjardin & E. Horak, Biblthca Mycol. 168: 35, 1997.

菌盖半球形，凸镜形至平展，直径1.2 ~ 1.5 cm，浅黄色、奶油色至浅赭色，边缘颜色较浅，中央有尖突，水凌状，有条纹；菌肉薄近白色；菌褶直生，白色，较窄；菌柄长4 ~ 5 cm，直径1.5 ~ 2 mm，顶端黄白色，透明，逐渐变为黄褐色，基部菌丝体白色至黄白色。孢子长椭圆形，弯曲，光滑，9 ~ 11 × 3.6 ~ 4.5 μm。

生境：生于枯叶和腐枝上。

分布：广西、海南。

365 苍白小皮伞

Marasmius pellucidus Berk. & Broome, J. Linn. Soc., Bot. 14(no. 73): 35, 1873.

菌盖幼时圆锥形或钟形，成熟时平展，中央常凹陷，直径30 ~ 40 mm，边缘有条纹至沟纹，水渍状，无毛，白色，中央近黄白色至奶油色；菌肉薄，白色；菌褶直生至弯生，近白色，密至较密；菌柄10 ~ 90 × 1 ~ 2 mm，圆柱形，顶端浅褐色，基部褐色，深褐色，纤维质，空心，菌柄基本有白色线毛。孢子，光滑，无色，椭圆形，6 ~ 7 × 3 ~ 3.5 μm。

生境：生于林中枯枝落叶层上。

分布：广西、海南、贵州。

363 小羊羔小皮伞

Marasmius microhaedinus Singer

摄影：吴兴亮

364 淡赭色色小皮伞

Marasmius ochroleucus Desjardin & E. Horak

摄影：吴兴亮

365 苍白小皮伞

Marasmius pellucidus Berk. & Broome

摄影：吴兴亮

366 紫红小皮伞

Marasmius pulcherripes Peck, Rep. P.77, t.4, 1871; Saccardo, Sylloge Fungorum 5: 555, 1887.
Chamaeceras pulcherripes (Peck) Kuntze, Revis. Gen. Pl. (Leipzig) 3: 456 ,1898.

菌盖圆锥形、半球形，渐为凸镜形或中央下凹呈脐突状，直径0.8 ~ 1.8 cm，紫红色，表面平滑，有明显沟状条纹；菌肉极薄；菌褶初粉色后为白色，直生近离生，菌褶稀疏；菌柄4 ~ 8 × 0.1 ~ 0.15 cm，较硬韧，黑褐色，上部色浅。孢子长椭圆形，光滑，无色，透明，薄壁，11 ~ 15 × 3 ~ 4 μm 。

生境： 生于林中落枝叶上。

分布： 广东、广西、香港、云南、贵州。

367 紫条沟小皮伞

Marasmius purpureostriatus Hongo, J. Jap. Bot. 33: 344, 1958.

菌盖钟形、半球形平展，中部下凹呈脐形，顶端有一小突起，直径1.5 ~ 2.5 cm，由盖顶部放射状形成紫褐色或浅紫褐色沟条，后期盖面色变浅；菌肉薄，污白色；菌褶弯生至近离生，污白色至乳白色，稀疏，不等长；菌柄长6 ~ 10 cm，直径2 ~ 3 mm，圆柱形，上部污褐色，向基部渐呈褐色，基部常有白色粗毛，空心。孢子长棒状，光滑，无色，20 ~ 26 × 5 ~ 6 μm 。

生境： 生于阔叶林中枯枝落叶上。

分布： 广东、广西、海南。

368 干小皮伞

Marasmius siccus (Schwein.) Fr., Schr. Naturf. Ges. Leipzig 1: no. 677, 1822.
Agaricus siccus Schwein., Schr. Naturf. Ges. Leipzig 1: 84, 1822.

菌盖钟形至凸镜形，中央有乳状突起，直径1 ~ 2 cm，表面黄红色或红褐色，有辐射状沟纹；菌肉极薄，白色；菌褶白色，直生或离生；菌柄长5 ~ 7 cm，粗1 ~ 1.5 mm，暗红褐色，上部色浅，基部有白色菌丝体。孢子倒披针形，光滑，18 ~ 22 × 4 ~ 5 μm。

生境： 生于林中落枝叶上。

分布： 山西、陕西、甘肃、甘肃、江苏、江西、贵州、四川、青海、广西、西藏。

366 紫红小皮伞

Marasmius pulcherripes Peck

摄影：吴兴亮

367 紫条沟小皮伞

Marasmius purpureostriatus Hongo

摄影：吴兴亮

368 干小皮伞

Marasmius siccus (Schwein.) Fr.

摄影：吴兴亮

369 杯盖状大金钱菌

Megacollybia clitocyboidea R. H. Petersen, Takehashi & Nagas., in Hughes et al. , Rep. Tottori Mycol. Inst. 45: 17, 2007.

菌盖初为凸镜形，后平展至中部凹陷，直径5 ~ 10 cm，灰褐色、黄褐色至暗褐色；盖表通常具有辐射状条纹；菌肉白色，薄；菌褶白色，稀疏，直生至近弯生；菌柄中生，圆柱状，浅黄褐色、浅褐色至褐色，长5 ~ 12 cm，粗1 ~ 2 cm；基部菌丝白色。孢子宽椭圆形至卵圆形，无色，光滑，7 ~ 9.5 × 5 ~ 7.5 μm。

生境：生于腐木上或土中腐木上。

分布：黑龙江、吉林、青海、江苏、浙江、山西、四川、贵州、云南、西藏、广西、福建、海南。

用途：食用、药用。

---

370 胶质干朽菌

Merulius tremellosus Schrad., Spicil. Tl. Germ. 1: 139, 1794.
Merulius imbricatus Balf. Browne, Bull. Br. Mus.nat. Hist., Bot. 1(7): 192, 1955.
Phlebia tremellosa (Schrad.) Nakasone & Burds. [as 'tremellosus'], Mycotaxon 21:245, 1984.

担子果多数相互连接或近覆瓦状生长，边缘反卷；菌盖半圆形、贝壳状至扇形，污白色至奶油色，具绒毛，无环带，直径2 ~ 6 cm，厚达1.5 ~ 2.3 mm，边缘薄；菌肉白色，软，子实层胶质，干后角质，表面粉红、粉肉色至深肉桂色，半透明状，具放射状脊，干后似浅孔状或凹坑。孢子腊肠形，无色，光滑，4 ~ 5 × 1 ~ 1.5 μm。

生境：生于枯木或腐木上。

分布：黑龙江、吉林、内蒙古、河北、陕西、安徽、浙江、四川、贵州、云南、西藏、广东、广西。

---

371 近缘小孔菌

Microporus affinis (Blume & T. Nees) Kuntze, Revis. Gen. Pl. (Leipzig) 3(2): 494, 1898.
Polyporus affinis Blume & T. Nees, Nova Acta Phys.-Med. Acad. Caes. Leop.-Carol. Nat. Cur. 13(1): 18, 1826.

担子果具侧生柄，单生或群生，韧革质，干后硬革质至木栓质；菌盖扇形、匙形至半圆形，长3 ~ 5 cm，直径4 ~ 8 cm，基部厚3 ~ 6 mm，从基部向边缘渐变薄，菌盖表面淡黄褐色、棕褐色、红褐色、暗褐色至黑褐色，具明显环纹和环沟，干后菌盖表面颜色变化不大，菌盖边缘锐，完整；孔口表面白色至奶油色，干后淡黄色至赭石色；孔口近圆形；管口边缘薄，全缘；菌肉白色至奶油色，干后淡黄色；菌管与孔口表面同色，革质；菌柄侧生，暗褐色至褐色，光滑，长0.5 ~ 2 cm，直径4 ~ 6 mm。孢子短圆柱形至腊肠形，无色，薄壁，光滑，3.5 ~ 4.5 × 1.8 ~ 2 μm。

生境：生于阔叶树倒木上。

分布：浙江、福建、湖南、广西、广东、海南、四川、贵州、云南。

---

369 杯盖状大金钱菌

Megacollybia clitocyboidea R. H. Petersen

摄影：吴兴亮

370 胶质干朽菌

Merulius tremellosus Schrad.

摄影：吴兴亮

371 近缘小孔菌

Microporus affinis (Blume & T. Nees) Kuntze

摄影：刘宏

372 褐扇小孔菌

Microporus vernicipes (Berk.) Kuntze, Revis. Gen. pl. (Leipzig) 3(2): 497, 1898.
Coriolus langbianensis Har. & Pat., Bulletin du Muséum National d'Histoire Naturelle, Paris 20: 152, 1914.
Coriolus subvernicipes Murrill, Bull. Torrey Bot. Club 35: 397, 1908.
Coriolus vernicipes (Berk.) Murrill, Bull. Torrey Bot. Club 34: 468, 1907.
Leucoporus vernicipes (Berk.) Pat., Philipp. J. Sci., C, Bot. 10: 90, 1915.
Microporus makuensis (Cooke) Kuntze, Revis. gen. pl. (Leipzig) 3(2): 496, 1898.
Polyporus vernicipes Berk., J. Linn. Soc., Bot. 16: 50 ,1878.
Polystictus subvernicipes (Murrill) Sacc. & Trotter, Syll. Fung. (Abellini) 21: 320, 1912.

担子果是侧生柄，菌盖近圆扇形，革质；直径3 ~ 5 × 3 ~ 5 cm，菌盖厚0.3 ~ 0.5 cm，表面黄褐色、栗褐色至黑褐色，平滑，有半同心环纹，表面有漆状光泽，盖缘色泽较淡，黄白色；菌柄短，长3 ~ 5 mm，扁平，平滑；管孔面初期白色，后淡黄褐色；孔口微细，近圆形至多角形。孢子短圆柱形，平滑，无色，7 ~ 5 × 2 ~ 2.5 μm。

生境： 生于阔叶树倒木树干上。

分布： 福建、台湾、广东、广西、海南、四川、云南、贵州。

373 黄褐小孔菌

Microporus xanthopus (Fr.) Kuntze, Revis. Gen. pl. (Leipzig) 3(2): 494, 1898.
Coriolus xanthopus (Fr.) G. Cunn., Proc. Linn. Soc. N.S.W. 75(3-4): 247, 1950.
Microporus pterygodes (Fr.) Kuntze, Revis. Gen. pl. (Leipzig) 3(2): 497, 1898.
Polyporus saccatus Pers., Voy. Uranie. Bot. 5: 169, 1827.
Polyporus xanthopus Fr., Observ. Mycol. (Havniae) 2: 255, 1818.
Polystictus pterygodes (Fr.) Fr., Nova Acta R. Soc. Scient. Upsal., Ser. 3 1: 76, 1851.
Polystictus xanthopus (Fr.) Fr., Nov. Symb. Myc.: 58, 1851.
Trametes xanthopus (Fr.) Corner, Beih. Nova Hedwigia 97: 177, 1989.

担子果具中生至偏生菌柄，4 ~ 6 × 3 ~ 6 cm，菌盖厚0.2 ~ 0.3 cm，半圆形、近圆形，常呈漏斗形，黄棕色、黄褐色至近暗褐色，有光泽，光滑，有辐射状线条和皱纹，具狭窄的同心环纹，边缘波状或完整，色常较浅；菌柄圆柱形，长1.6 ~ 2.2 cm，近柄顶处粗4 ~ 5 mm，与菌盖同色，光滑，基部常成一圆形小盘状而附着于基物上；菌管表面黄褐色，干后带褐色；孔口微细，白色至奶油色，近圆形；菌管与表面同色，极短；菌肉淡黄褐色。孢子圆柱形至椭圆形，光滑，无色，5.5 ~ 7 × 2 ~ 2.5 μm。

生境： 生于阔叶树上。

分布： 福建、江西、湖南、广东、海南、广西、贵州、云南、台湾。

372 褐扇小孔菌 *Microporus vernicipes* (Berk.) Kuntze　摄影：吴兴亮

373 黄褐小孔菌 *Microporus xanthopus* (Fr.) Kuntze　摄影：吴兴亮

374　地衣珊瑚菌

Multiclavula clara (Berk. & M.A. Curtis) R.H. Petersen, Am. Midl. Nat. 77: 217,1967.
Clavaria clara Berk. & M.A. Curtis, J. Linn. Soc., Bot. 10(no. 46): 338, 1868.
Clavaria flavella Berk. & M.A. Curtis, J. Linn. Soc., Bot. 10(no. 46): 338, 1868.
Clavulinopsis flavella (Berk. & M.A. Curtis) Corner, Monograph of Clavaria and Allied Genera (Annals of Botany Memoirs No. 1): 365, 1950.

担子果不分枝，细长，高3 ~ 4 cm，粗0.1 ~ 0.2 cm，黄色至橙黄色，棒状，顶部和基部变尖，直立或弯曲；近有柄或柄不明显，基部稍膨大，与藻类相连；菌肉淡黄色，内实。孢子近椭圆形，6.5 ~ 8 × 3.3 ~ 4.5 μm，光滑，无色。

生境： 生于绿藻上。

分布： 湖南、福建、广西、海南、贵州、云南。

375　蛇头菌

Mutinus caninus (Huds. :Persl.) Fr., Summa Veg. Scand. 2:434, 1849.
Phallus caninus Hudson, F1. Angl. 630. 1778.

担子果高7 ~ 12 cm，菌托白色，卵形至椭圆形，2.5 ~ 3 × 2 cm；孢托圆柱形，高5 ~ 7 cm，粗1 ~ 1.5 cm，中空，壁海绵状，粉红色至浅紫红色；产孢组织圆锥形，长1.5 ~ 2 cm，表面近平滑，顶端穿孔，鲜红色，其上覆盖有生暗绿色的、恶臭的、黏液状的孢体。孢子长圆筒形至长椭圆形，无色，光滑，3.5 ~ 4.5 × 1.5 ~ 2 μm。

生境： 生于阔叶林或竹林中地上。

分布： 河北、广西、贵州。

376　盔盖小菇

Mycena galericulata (Scop.) Gray, Nat. Arr. Brit. Pl. (London) 1: 619, 1821.
Agaricus galericulatus Scop., Fl. carniol. Edn 2 (Vienna) 2: 455, 1772.
Agaricus rugosus Fr., Epicr. Syst. Mycol. (Uppsala): 106, 1838.
Mycena rugosa (Fr.) Quél., Mém. Soc. Émul. Montbéliard Sér. 2 5: 69, 1872.
Mycena galericulata var. *albida* Gillet, Hyménomycètes (Alençon): 276, 1876.
Agaricus radicatellus Peck, Ann. Rep. N.Y. St. Mus. nat. Hist. 31: 32, 1879.
Mycena radicatella (Peck) Sacc., Syll. fung. (Abellini) 5: 275, 1887.

担子果丛生；菌盖直径2 ~ 6 cm，圆锥形，钟形，成熟后平展，水浸状，褐色至灰褐色，边缘色较浅，条纹明显；菌肉白色，薄；菌褶直生，白色，带浅褐色；菌柄20 ~ 100 × 3 ~ 8 mm，圆柱形，与盖同色，空心，基部被白色毛状菌丝体。孢子椭圆形，9 ~ 12 × 6 ~ 8 μm。

生境： 生于阔叶林或竹林中地上。

分布： 广西、贵州。

用途： 药用。

---

374 地衣珊瑚菌

Multiclavula clara (Berk. & M.A. Curtis) R.H. Petersen

摄影：刘宏

375 蛇头菌

Mutinus caninus (Huds. :Persl.) Fr.

摄影：吴兴亮

376 盔盖小菇

Mycena galericulata (Scop.) Gray

摄影：吴兴亮

377 洁小菇

Mycena pura (Pers.) P. Kumm., Führ. Pilzk. (Zwickau): 110, 1871.
Agaricus purpureus Bolton, Hist. fung. Halifax(Huddersfield) 1: 41, 1788.
Agaricus purus Pers., Neues Mag. Bot. 1: 101, 1794.
Agaricus purus γ purpureus(Bolton) Pers., Syn. Meth. Fung. (Göttingen) 2: 339, 1801.
Gymnopus purus (Pers.) Gray, Nat. Arr. Brit. Pl. (London)1: 608, 1821.
Gymnopus purus β purpureus (Bolton) Gray, Nat. Arr. Brit. Pl. (London) 1: 609, 1821.
Mycena pura var. *alba* Gillet, Hyménomycètes (Alençon): 283, 1876.
Agaricus pseudopurus Cooke, Grevillea 10(no. 56): 147, 1882.
Mycena pseudopura (Cooke) Sacc., Syll. Fung. (Abellini) 5: 257, 1887.
Mycena pura var. *multicolor* Bres.,Fung. Trident. 2: 9, 1892.
Mycena pura var. *carnea* Rea, Brit. Basidiom. : 377, 1922.

菌盖扁半球形，后稍伸展，直径2 ~ 3.5 cm，淡紫色或淡紫红色至丁香紫色，边缘具条纹；菌肉淡紫色，薄；菌褶淡紫色，较密，直生或近弯生，往往褶间具横脉，不等长；菌柄5 ~ 7 × 0.3 ~ 0.5 cm，近圆柱形，与盖表同色或稍淡，光滑，空心，基部往往具绒毛。孢子椭圆形，无色，光滑，6 ~ 7.5 × 3.5 ~ 4.5 μm。

生境： 生于林中地上。

分布： 黑龙江、吉林、内蒙古、山西、陕西、青海、甘肃、新疆、四川、贵州、西藏、台湾、广东、广西、海南、香港。

用途： 药用。

378 红汁小菇

Mycena sanguinolenta (Alb. & Schwein.) P. Kumm., Führ. Pilzk. (Zwickau): 108, 1871.
Agaricus sanguinolentus Alb. & Schwein., Consp. fung. (Leipzig): 196, 1805.
Agaricus cruentus Fr., Syst. Mycol. (Lundae) 1: 149, 1821.
Mycena cruenta (Fr.) Quél., Mém. Soc. Émul. Montbéliard Sér. 2 5: 107, 1872.

菌盖钟形至斗笠形，直径1 ~ 2 cm，表面湿润水浸状，紫红褐色，边缘稍浅，具放射状长条纹，盖边缘裂成齿状；菌肉薄，近白色；菌褶直生，较稀，污白带粉，后变为粉红色；菌柄3 ~ 5 cm，粗2 ~ 3 mm，同盖色，基部有白毛，受伤后流血红色乳汁，脆骨质，空心。孢子椭圆形，无色，光滑，7.5 ~ 9 × 4 ~ 4.5 μm。

生境： 生于腐枝落叶层或枯木腐朽处。

分布： 吉林、河南、甘肃、广西、贵州、西藏。

用途： 药用。

377 **洁小菇** *Mycena pura* (Pers.) P. Kumm. 摄影：吴兴亮

378 **红汁小菇** *Mycena sanguinolenta* (Alb. & Schwein.) P. Kumm. 摄影：张定亨

379 三河新大孔菌

Neofavolus mikawai (Lloyd) Sotome & T. Hatt., Fungal Diversity 58(1): 251, 2013.
Favolus mikawai (Lloyd) Imazeki, Bull. Tokyo Sci. Mus. 6: 95, 1943.
Polyporus mikawai Lloyd, Mycol. Writ. 4(Letter 54): 5, 1915.

担子果菌盖扇形，近圆形至不规则形，直径3 ~ 5 cm，浅黄白色至土黄色，边缘有辐射状条纹，木栓质；孔口表面浅黄褐色至黄褐色，无不育边缘，孔口浅黄色、乳白色，圆形至椭圆形，每毫米约3 ~ 4个；菌肉白色；菌管浅黄色；菌柄中生或侧生，黄褐色，长4 ~ 6 mm。粗3 ~ 5 mm，孢子圆柱形，薄壁，光滑，无色，9 ~ 10 × 3 ~ 4 μm。

生境：生于腐木上。

分布：贵州、广西。

380 白绒红蛋巢菌

Nidula niuea-tomentosa (P. Henn.) Lolyd Myc. Writ. 3:455, 1910.
Cyathus nivea-tomentosa Henn. Hedwigia 37:274, 1898.

包被杯状，高4 ~ 6 mm，直径4 ~ 5 mm，白色或略带浅黄色，外侧被绒毛；内侧光滑，黄褐色至污黄色；小包扁圆形，直径约1 mm，红褐色，小包上无绳状体，有黏液。孢子广椭圆形或近卵形，光滑、6.5 ~ 8 × 4.5 ~ 6 μm。

生境：生于腐木或枯枝上。

分布：陕西、安徽、江西、贵州、云南、广东、广西、福建、海南。

381 褐褶缘小奥德蘑

Oudemansiella brunneomarginata Lj.N. Vassiljeva, Notul. Syst. Sect. cryptog. Inst. bot. Acad. Sci. U.S.S.R. 6: 197, 1950.

菌盖半球形，扁成熟后逐渐平展，直径5 ~ 7 cm，湿时胶黏；灰褐色至灰褐色，中部色较深；菌肉白色，肉质；菌褶近直生至弯生，稀，褶缘褐色、紫褐色至近黑褐色；菌柄长6 ~ 12 cm，直径5 ~ 10 mm，近圆柱形或向上逐渐变细，空心，表面被褐色、灰褐色、紫褐色至近黑色的鳞片；基部稍膨大。孢子杏仁形至椭圆形，13 ~ 17 × 9.5 ~ 12 μm。

生境：生于地下腐木上。

分布：广西、海南。

用途：可食。

379 三河新大孔菌

Neofavolus mikawai (Lloyd) Sotome & T. Hatt.

摄影：吴兴亮

380 白绒红蛋巢菌

Nidula niuea-tomentosa (P. Henn.) Lolyd Myc

摄影：吴兴亮

381 褐褶缘小奥德蘑

Oudemansiella brunneomarginata Lj.N. Vassiljeva

摄影：吴兴亮

382　卵孢小奥德蘑

Oudemansiella raphanipes (Perk.)Pegler & T.W.K.Yong, Trans, Br.Mycol, Soc. 87(4): 596, 1987.

菌盖扁半球形至扁平，直径3 ~ 8 cm，边缘稍内卷，平展后边缘上翘，中央微凸起呈脐状，有辐射状皱纹，光滑，湿时黏，浅褐色、茶褐色至褐色；菌肉白色；菌褶离生或弯生，白色，成熟后浅褐色，稍稀，不等长；菌柄长10 ~ 20 cm，粗0.5 ~ 1 cm，圆柱状，顶部近白色，淡褐色，近光滑，有花纹，常扭曲，向下渐粗，延伸地下部分形成很长的假根，长10 ~ 30 cm。孢子近球形至广椭圆形，无色，光滑，12 ~ 16 × 9 ~ 13 μm。

生境： 生于阔叶林或竹林中地下腐木上。

分布： 河南、安徽、浙江、湖南、四川、贵州、云南、西藏、福建、台湾、广东、广西、海南。

用途： 食用、药用。

383　拟黏小奥德蘑

Oudemansiella submucida Corner, Gdns' Bull., Singapore 46(1): 70, 1994.
Oudemansiella submucida var. *persicca* Corner, Gdns' Bull., Singapore 46(1): 71, 1994.

菌盖初期扁半球形，后渐平展，直径3 ~ 6 cm，极黏，白色，边缘透出不明显的稀疏条纹；菌肉白色，薄，软；菌褶白色，不等长，较稀，较厚，与菌柄直生至弯生，长短不等；菌柄长3 ~ 6 cm，粗0.5 ~ 1 cm，白色，圆柱形，纤维质，硬，往往基部膨大；具白色的菌环，膜质，中上位，下垂，易消失。孢子宽椭圆形至近球形，光滑，无色透明，15 ~ 20 × 15 ~ 18 μm。

生境： 生于阔叶树的枯立木或倒木上。

分布： 浙江、江西、湖南、四川、贵州、云南、福建、台湾、广东、广西、海南。

用途： 食用、药用。

382 **卵孢小奥德蘑** *Oudemansiella raphanipes* (Perk.) Pegler & T.W.K.Yong 摄影：吴兴亮

383 **拟黏小奥德蘑** *Oudemansiella submucida* Corner 摄影：李常春

384 粪生斑褶菇

Panaeolus fimicola (Pers.) Gillet, Hyménomycètes (Alençon): 621, 1874.
Agaricus varius Bolton, Hist. Fung. Halifax (Huddersfield) 2: 66, 1788.
Agaricus fimicola Pers., Syn. Meth. Fung. (Göttingen) 1: 412, 1801.
Prunulus varius (Bolton) Gray, Nat. Arr. Brit. Pl. (London) 1: 631, 1821.
Panaeolus obliquoporus Bon, Doc. Mycol. 13(no. 50): 28, 1983.
Panaeolus ater (J.E. Lange) Kühner & Romagn. ex Bon, Doc. Mycol. 16(no. 61): 46, 1985.

菌盖初期圆锥形至钟形，直径2 ~ 3.5 cm，表面平滑，灰褐色至褐色，中央常稍凸，湿时黏，光滑，边缘超越菌褶，并悬有菌幕的残片；菌肉灰白色；菌褶直生，稍密，不等长，深褐色，有灰黑色花斑，褶缘白色；菌柄长6 ~ 13 cm，粗0.2 ~ 0.4 cm，上下一样粗，直，深红褐色或深褐色，顶部有纵纹，空心。孢子柠檬形，黑褐色，光滑，10 ~ 14 × 7 ~ 8 μm。

生境： 生于肥土或草地上。

分布： 福建、广东、海南、广西、江西、四川、贵州、云南、台湾。

用途： 有毒。误食后出现精神错乱，表现为跳舞、唱歌、大笑等。

385 黄褐疣孢斑褶菇

Panaeolina foenisecii (Pers.) Maire, Treb. Mus. Ciènc. nat. Barcelona sér. bot. 15(no. 2): 109, 1933.
Agaricus foenisecii Pers., Icon. Desc. Fung. Min. Cognit. (Leipzig) 2: 42, 1800.
Prunulus foenisecii (Pers.) Gray, Nat. Arr. Brit. Pl. (London) 1: 631, 1821.
Psilocybe foenisecii (Pers.) Quél., Mém. Soc. Émul. Montbéliard Sér. 2 5: 147, 1872.
Psathyra foenisecii (Pers.) G. Bertrand, Bull. Soc. mycol. Fr. 17: 277, 1901.
Panaeolus foenisecii (Pers.) Kühner, Botaniste 17: 187, 1926.
Psathyrella foenisecii (Pers.) A.H. Sm., Mem. N. Y. bot. Gdn 24: 32, 1972.

菌盖直径2 ~ 3 cm，钟形至半球形，表面平滑，黄褐色至红褐色，菌盖边缘无菌幕残片；菌肉污白色至灰白褐色；菌褶直生至近弯生，稍密，不等长，初期淡灰白色至粉褐色，成熟后变黑褐色，褶缘白色；菌柄中生，圆柱形，长6 ~ 8 cm，粗0.1 ~ 0.3 cm，中空，上部浅黄褐色，下部灰黄褐色至淡褐色。孢子柠檬形，黑色，光滑，11 ~ 13 × 7 ~ 8 μm。

生境： 生于肥土或草地上。

分布： 广西、贵州、西藏。

用途： 有毒。

384 粪生斑褶菇 *Panaeolus fimicola* (Pers.) Gillet　　摄影：吴兴亮

385 黄褐疣孢斑褶菇 *Panaeolina foenisecii* (Pers.) Maire　　摄影：吴兴亮

386 斑褶菇

Panaeolus papilionaceus (Bull.) Quél., Mém. Soc. Émul. Montbéliard, Sér. 2 5: 152 [122 repr.], 1872.
Agaricus papilionaceus Bull., Herb. Fr. (Paris) 1: tab. 58, 561 ,1781.
Panaeolus campanulatus (L.) Quél., Mém. Soc. Émul. Montbéliard, Sér. 2 5: 151, 1872.
Panaeolus retirugus (Fr.) Gillet, Hyménomycètes (Alençon): 621, 1878.
Panaeolus sphinctrinus (Fr.) Quél., Mém. Soc. Émul. Montbéliard, Sér. 2 5: 151, 1872.
Psilocybe campanulata (L.) Kuntze, Revis. gen. pl. (Leipzig) 3(3): 478, 1898.

菌盖初期圆锥形至钟形，直径2 ~ 3.5 cm，浅蓝灰褐色、黄褐色至褐色，中部稍凸，湿时黏，光滑，边缘附有菌幕的残片；菌肉污白色；菌褶直生，稍密，不等长，深褐色，有灰黑色花斑；菌柄长6 ~ 16 cm，粗0.2 ~ 0.6 cm，圆柱形，上部淡褐色，下部褐色，顶部有纵纹，空心。孢子柠檬形，黑色，光滑，12 ~ 15 × 9 ~ 12 μm。

生境：生于肥土或草地上。

分布：河北、山西、吉林、福建、江西、广东、海南、广西、四川、贵州、云南、西藏。

用途：有毒。误食后出现精神错乱，表现为跳舞、唱歌、大笑等。

387 小网孔菌

Panellus pusillus (Pers. ex Lév.) Burds. & O.K. Mill., Beih. Nova Hedwigia 51: 85, 1975.
Dictyopanus copelandii Pat., Leafl. of Philipp. Bot. 6(no. 104): 2254, 1914.
Dictyopanus pusillus (Pers. ex Lév.) Singer, Lloydia 8(3): 224, 1945.
Dictyopanus rhipidium (Berk.) Pat., Essai Tax. Hyménomyc. (Lons-le-Saunier): 137, 1900.
Favolaschia guaranitica (Speg.) Kuntze, Revis. gen. pl. (Leipzig) 3(3): 476, 1898.

菌盖直径2 ~ 6 mm，厚0.5 ~ 1 mm，半圆形、肾形或稍凸镜形至平展形，淡黄肉色、淡褐色至肉褐色，干，近光滑，无毛至被微细柔毛；菌肉极薄，白色；菌孔近圆形至长圆形，射状排列，每毫米3 ~ 5个，与菌盖同色或稍浅；菌柄偏生至侧生，多为侧生，长1 ~ 2 mm，等粗，微带褐色或淡褐色。孢子卵圆形至椭圆形，6 ~ 7 × 4 ~ 5 μm。

生境：生于阔叶林中腐木上。

分布：安徽、福建、广东、海南、广西、四川、贵州、云南、台湾。

388 鳞皮扇菇

Panellus stipticus (Bull.) P. Karst., Bidr. Känn.Finl. Nat. Folk 1: 96, 1879.
Panus stipticus (Bull.) Fr., Epicr. Syst. Mycol. (Uppsala): 399, 1838.
Pleurotus stipticus (Bull.) P. Kumm., Führ. Pilzk. (Zwickau): 105, 1871.

菌盖扇形，肉质至革质直径1.5 ~ 2.5 cm，，浅土黄色或土黄色，有龟裂麸皮状小鳞片，边缘延伸，撕裂或波状；菌肉黄白色至微褐色；菌褶浅黄褐色，窄而密，不等长，延生，有分叉，有颗粒；菌柄侧生，极短，圆柱形，基部膨大成杵状，纤维质，有龟裂麸皮。孢子短圆柱形，光滑，无色，4 ~ 5.5 × 2 ~ 2.5 μm。

生境：生于阔叶林中的腐木上。

分布：黑龙江、吉林、内蒙古、河北、山西、陕西、甘肃、青海、湖南、四川、贵州、云南、福建、广西、海南。

用途：药用。有毒。

386 斑褶菇

Panaeolus papilionaceus (Bull.) Quél.

摄影：吴兴亮

387 小网孔菌

Panellus pusillus (Pers. ex Lév.) Burds. & O.K. Mill.

摄影：吴兴亮

388 鳞皮扇菇

Panellus stipticus (Bull.) P. Karst.

摄影：吴兴亮

389 椭孢拟干蘑

Paraxerula ellipsospora Zhu L. Yang & J. Qin, in Hao, Yang, Zhu & Li, Mycol. Progr. 13(3): 10.1007/s11557-013-0946-y, 639-647, 2014.

菌盖直径2 ~ 3.5 cm，淡灰色至灰褐色，被绒毛；菌肉极薄，白色；菌褶弯生，稀疏，白色至米色；菌柄长5 ~ 6 cm，直径3 ~ 5 mm，圆柱形至棒状，上部白色，下部淡灰色至淡褐色，被污白色绒毛。孢子椭圆形至长椭圆形，光滑，薄壁，10 ~ 12 × 5 ~ 6.5 μm。

生境：生于林地上。

分布：贵州、广西。

用途：可食。

390 新粗毛革耳

Panus neostrigosus Drechsler-Santos & Wartchow, J. Torrey bot. Soc. 139(4): 438, 2012.
Lentinus strigosus Fr., Syst. orb. veg. (Lundae) 1: 77, 1825.

菌盖漏斗形，近革质，直径2 ~ 8 cm，浅黄褐色、浅土黄色，后为深土黄色或茶色，边缘色浅，盖表密生绒毛状小鳞片，并有长刺状粗毛，边缘内卷；菌肉白色；菌褶黄白色到浅黄褐色，密，干后浅土黄色，不等长，延生；菌柄偏生或中生，较短，长0.4 ~ 2.5 cm，粗0.3 ~ 0.8 cm，内实，与菌盖同色，有粗毛，基部膨大。孢子椭圆形，光滑，无色，5 ~ 6.5 × 2.5 ~ 3.5 μm。

生境：生于倒腐木上。

分布：河北、辽宁、吉林、黑龙江、江苏、浙江、安徽、福建、江西、河南、湖南、广东、广西、海南、四川、云南、西藏、贵州、甘肃、台湾。

用途：食用、药用。

389 **椭孢拟干蘑** *Paraxerula ellipsospora* Zhu L. Yang & J. Qin　　摄影：吴兴亮

390 **新粗毛革耳** *Panus neostrigosus* Drechsler-Santos & Wartchow　　摄影：吴兴亮

391 白赭多年卧孔菌

Perenniporia ochroleuca (Berk.) Ryvarden, Norw. Jl Bot. 19: 233, 1972.
Polyporus ochroleucus Berk., Hooker's J. Bot. Kew Gard. Misc. 4: 53, 1845.

担子果无柄，覆瓦状叠生，革质至木栓质；菌盖近贝壳状或马蹄形，外伸1 ~ 1.5 cm，宽1 ~ 2 cm，厚5 ~ 10 mm；表面奶油黄色至浅黄褐色，具明显或不明显的同心环带，边缘钝；孔口乳白色至浅土黄色，近圆形，每毫米5 ~ 6 个，边缘厚，全缘；不育边缘较窄；菌肉土黄褐色，菌管与孔口表面同色。孢子椭圆形，顶部平截，无色，厚壁，光滑，9 ~ 11 × 5 ~ 7 μm。

生境： 生于阔叶树倒木上。

分布： 广西、海南。

用途： 造成木材白色腐朽。

392 黄脉鬼笔

Phallus flavocostatus Kreisel, Czech Mycol. 48(4): 278, 1996.
Ithyphallus costatus Penz., Ann. Jard. Bot. Buitenzorg 16: 147, 1899.
Phallus costatus (Penz.) Lloyd, Synopsis of the known phalloids(7): 10, 1909.
Phallus costatus var. *dailingensis* Y.L. Chou, Acta phytotax. sin. 3(1): 72, 1954.
Phallus costatus var. *epigaeus* Kobayasi, in Nakai & Hondo, Nov. fl. jap.: 76, 1938.
Phallus costatus var. *sphaerocephalus* T.H. Li, B. Song & B. Liu, Fungal Diversity 11: 123, 2002.

担子果高7 ~ 9 cm，幼时菌蕾近球形，包被成熟时顶端裂开；孢托从包被内伸出菌盖和菌柄，基部有白色菌托；菌盖钟形，顶端平，有穿孔，高1.8 ~ 2.5 cm，黄色，有不规则突起网纹，被有黏臭、青褐色的孢体；菌柄中空，圆筒形，海绵质，长5 ~ 10 cm，粗1 ~ 1.2 cm，淡黄色，向上渐尖削。孢子长椭圆形，光滑，无色，2.8 ~ 4.5 × 1.5 ~ 2.2 μm。

生境： 生于草地或林地上。

分布： 吉林、贵州、广西、海南。

391 **白赭多年卧孔菌** *Perenniporia ochroleuca* (Berk.) Ryvarden 摄影：吴兴亮

392 **黄脉鬼笔** *Phallus flavocostatus* Kreisel 摄影：吴兴亮

393 冬荪

Phallus dongsun T. H. Li, Chun Y. Deng, W. Q, Deng & Zhu L.Yang, in Li, LiDeng, Song, Deng & Yang Phytotaxa 443(1):29, 2020.

担子果幼时菌蕾近球形，直径2 ~ 2.5 cm，白色，包被成熟时顶端裂开；孢托从包被内伸出，高10 ~ 15 cm，菌盖和菌柄，基部有白色菌托；菌盖钟形，顶端平载，有穿孔，高2 ~ 3 cm，白色，表面有明显网格，上有黏臭、青褐色的孢体，菌柄圆柱状，中空，壁薄，海绵质，白色，向上渐尖削，长7 ~ 10 cm，粗1.8 ~ 2.5 cm。孢子长椭圆形至椭圆形，光滑，无色或近无色，3 ~ 4.5 × 1.6 ~ 2.3 μm。

生境： 生于地上。

分布： 吉林、辽宁、河北、山东、山西、陕西、安徽、四川、贵州、云南、西藏、广东、广西、海南。

用途： 食用、药用。

394 红鬼笔

Phallus rubicundus (Bosc) Fr., Syst. Mycol. (Lundae) 2(2): 284, 1823.
Ithyphallus rubicundus (Bosc) E. Fisch., Syll. fung. (Abellini) 5: 11, 1888.
Ithyphallus rubicundus var. *gracilis* E. Fisch., Jb. Königl. Bot. Gart. Berlin 4: 88, 1886.
Leiophallus rubicundus (Bosc) Mussat, in Saccardo, Syll. fung. (Abellini) 15: 187, 1900.
Phallus gracilis (E. Fisch.) Lloyd, Mycol. Writ.(7): 8, 1907.
Phallus rubicundus var. *gracillimus* Dring & R.W. Rayner, 1967.
Satyrus rubicundus Bosc, Mag. Gesell. naturf. Freunde, Berlin 5: 86, 1811.

担子果高8 ~ 20 cm，菌盖钟形，高2.5 ~ 4 cm，直径1.2 ~ 1.7 cm，红色，表面有细皱纹，上面覆盖一层青褐色的恶臭孢体，顶端平截，有穿孔；菌柄长5 ~ 16 cm，粗0.5 ~ 2 cm，近圆柱形，中空，上部橙黄色、橙红色或红色，向下色渐变淡，壁海绵状，向外开孔。孢子椭圆形，无色，4 ~ 5 × 2 ~ 3 μm。

生境： 生于竹林或荒地上。

分布： 河北、河南、江苏、浙江、湖南、四川、贵州、云南、广东、广西、海南、福建 。

用途： 药用。

393 **冬荪** *Phallus dongsun* T. H. Li, et al.　　摄影：吴兴亮

394 **红鬼笔** *Phallus rubicundus* (Bosc) Fr.　　摄影：吴兴亮

395 詹尼暗金钱菌

Phaeocollybia jennyae (P. Karst.) Romagn., Bull. trimest. Soc. Mycol. Fr. 58: 127, 1944. Naucoria jennyae P. Karst., Hedwigia 20: 178, 1881.
Phaeocollybia jennyae (P. Karst.) R. Heim, Encyclop. Mycol., 1 Le Genre Inocybe (Paris): 70, 1931.

菌盖圆锥形至平展，具乳突，直径2.5 ~ 4 cm，黄褐色或橙褐色，近光滑，稍黏，边缘稍内卷或波状；菌肉薄，污白色至淡褐色；菌褶密，初近白色至肉褐色，后变锈色，不等长；菌柄圆柱形，近柄基部稍膨大，有假根，长4 ~ 5 cm，直径3 ~ 5 mm，浅黄褐色、浅橙褐色至红褐色，后渐变深褐色，光滑，纤维质，空心。孢子卵圆形，有麻点，无芽孔，锈红褐色，4.5 ~ 6 × 3 ~ 4.5 μm。

生境：生于针阔混交林或阔叶林地上。

分布：广西、贵州。

396 黑壳木层孔菌

Phellinus rhabarbarinus (Berk.) G. Cunn., Bull. N.Z. Dept. Sci. Industr. Res., Pl. Dis. Div. 164: 229, 1965.

担子果覆瓦状叠生，木栓质；菌盖贝壳形，外伸4 ~ 6 cm，宽5 ~ 10 cm，基部厚1.8 ~ 3 cm；表面浅暗红褐色、深褐色或黑褐色，具明显同心环沟和环纹，边缘钝、红褐色；孔口污黄褐色至浅栗褐色至暗褐色，圆形，每毫米6 ~ 8个，边缘厚，全缘；菌肉栗褐色；菌管与菌肉同色。孢子宽椭圆形至椭圆形，无色，薄壁，光滑，3.3 ~ 4 × 2 ~ 2.5 μm。

生境：生于阔叶树活立木、倒木和树柱上。

分布：四川、贵州、云南、广东、广西、海南。

用途：造成木材白色腐朽。

395 **詹尼暗金钱菌** *Phaeocollybia jennyae* (P. Karst.) Romagn.　　摄影：吴兴亮

396 **黑壳木层孔菌** *Phellinus rhabarbarinus* (Berk.) G. Cunn.　　摄影：吴兴亮

397 淡黄木层孔菌

Phellinus gilvus (Schwein.) Pat., Essai Tax Hymen.: p. 97, 1900.
Boletus gilvus Schwein., Fungi Carol. Super. 2: 270, 1882.
Polyporus gilvus (Schwein.) Fr., Elench. Fung. 1: 104, 1828.

担子果无柄，覆瓦状叠生；菌盖半圆形或贝壳状，1.5 ~ 3.5 × 2 ~ 5 cm，厚3 ~ 15 mm，锈褐色、浅朽叶色至浅栗色，无环带或具不明显的环带，有粗硬毛或粗糙，边缘薄锐，浅黄褐色；菌肉浅锈黄色至锈褐色；菌管浅黄褐色；管口圆形，后撕裂至齿状，咖啡色至浅烟色，每毫米5 ~ 8个。孢子宽椭圆形至近球形，无色，光滑，3 ~ 4.5 × 2.5 ~ 3.5 μm。

生境：生于多种阔叶树活立木或倒木上。

分布：黑龙江、吉林、辽宁、北京、河南、陕西、江苏、浙江、江西、湖北、湖南、四川、贵州、云南、福建、广东、广西、海南。

用途：药用。

---

398 多脂鳞伞

Pholiota adiposa (Batsch) P. Kumm., Führ. Pilzk. (Zwickau): 83, 1871.
Agaricus adiposus Batsch, Elench. Fung. Cont. prima (Halle): 147& tab. 22, fig. 113, 1786.

菌盖扁半球形至平展，边缘内卷，直径3 ~ 8 cm，谷黄色、污黄色、黄褐色至红褐色，干后变硬呈深褐色，有平伏鳞片，中央较密；菌肉淡黄色；菌褶直生或近弯生，稍密，黄色至锈褐色；菌柄长3.5 ~ 9 cm，粗0.5 ~ 1.5 cm，圆柱形，下部稍弯曲，与菌盖同色，内实，有反卷纤毛状鳞片；菌环淡黄色，生于菌柄上部，易脱落。孢子椭圆形，光滑，淡褐色，7 ~ 9 × 4.5 ~ 5.5 μm。

生境：生于阔叶林中倒木或立木上。

分布：吉林、河北、河南、浙江、贵州、云南、广西、海南。

用途：食用、药用。

---

399 金毛鳞伞

Pholiota aurivella (Batsch) P. Kumm., Führ. Pilzk. (Zwickau): 83, 1871.
Agaricus aurivellus Batsch, Elench. fung. Cont. prima (Halle): 153, 1786.

菌盖初期半球形、凸镜形至平展，直径5 ~ 8 cm，湿润时黏，谷黄色、橙黄色、金黄色至黄褐色，具平伏鳞片，后期易脱落；边缘初期内卷，挂有纤毛状菌幕残片；菌肉厚，淡黄色至柠檬黄色；菌褶直生，密，黄色至黄锈色，后期褐色；菌柄长5 ~ 8 cm，直径0.6 ~ 1.5 cm，圆柱形，基部常为假根状，黏，上部黄色，下部锈褐色，菌环以下具反卷鳞片，后期消失，实心；菌环上位，丝膜状，易消失。孢子椭圆形，光滑，锈褐色，7 ~ 10 × 4.5 ~ 6.5 μm。

生境：生于林中腐木上。

分布：贵州、云南、广西、海南。

用途：食用。

397 **淡黄木层孔菌** *Phellinus gilvus* (Schwein.) Pat.　　摄影：吴兴亮

398 **多脂鳞伞** *Pholiota adiposa* (Batsch) P. Kumm.　　摄影：谭伟幅

399 金毛鳞伞 *Pholiota aurivella* (Batsch) P. Kumm.

摄影：石磊

400　黄鳞伞

Pholiota flammans (Batsch) P. Kumm., Führ. Pilzk. (Zwickau): 84, 1871.
Agaricus flammans Batsch, Elench. Fung. (Halle): 87, 1783.
Dryophila flammans (Batsch) Quél., Enchir. Fung. (Paris): 68, 1886.

菌盖半球形至平展，部稍凸起，直径3 ~ 5.5 cm，黄色、橙黄色，有纤毛状鳞片，盖缘有菌幕残片；菌肉黄色；菌褶直生，不等长，密，窄，初期与菌盖同色，后为黄褐色至锈色；菌柄长3.5 ~ 8 cm，粗0.5 ~ 1.2 cm，近圆柱形，常常稍弯曲，内实，后中空，与菌盖同色，有反卷纤毛状鳞片。孢子光滑，淡黄褐色，椭圆形，4 ~ 5 × 2.5 ~ 3 μm。

生境：生于阔叶林中倒木上。

分布：黑龙江、吉林、辽宁、四川、贵州、云南、西藏、广西、海南。

用途：食用、药用。

401　光滑鳞伞

Pholiota microspora (Berk.) Sacc., Syll. fung. (Abellini) 5: 742, 1887.

菌盖扁半球形至平展，中部稍凸起，直径3 ~ 6.5 cm，橙褐色至红黄褐色，表面光滑，有一层黏液，盖缘内卷，有黏的菌膜残片；菌肉黄色至近肉桂色，近表皮下带淡红褐色；菌褶直生至延生，密，窄，初期与菌盖同色，后为黄褐色至锈色，不等长；菌柄长3.5 ~ 6 cm，粗0.5 ~ 0.8 cm，近圆柱形，向下渐粗，内实，后中空，菌环以上近黄白色至浅黄褐色，菌环以下与菌盖同色，近光滑，黏；菌环膜质，生菌柄上部，黏性，易脱落。孢子宽椭圆形或卵圆形，平滑，5.5 ~ 6.5 × 3 ~ 4 μm。

生境：生于阔叶树的腐木上。

分布：广西、四川、贵州、西藏。

用途：食用、药用。香甜可口，食味鲜美，富含蛋白质，氨基酸和维生素等多种营养成分。该菌已进行人工栽培。

402　尖鳞伞

Pholiota squarrosoides (Peck) Sacc., Syll. fung. (Abellini) 5: 750, 1887.
Agaricus squarrosoides Peck, Ann. Rep. N.Y. St. Mus. nat. Hist. 31: 33, 1879.

菌盖扁半球形，中央微凸；直径3 ~ 6 cm，浅土黄色，盖表微黏，覆盖有浅褐色至褐色的角锥状鳞片，盖中央密集，渐趋盖缘渐稀疏；菌肉近白色，较厚；菌褶直生，近黄白色，老后呈淡褐色至黄褐色，盖缘后期微上卷；菌柄长4 ~ 8 cm，粗5 ~ 12 mm，圆柱形，内实，色泽与菌盖同色，菌柄上部近白色，鳞片少或无，柄基部多具浅褐色鳞片，有易碎的菌环，膜状，易脱落。孢子椭圆形或近球形，光滑，5 ~ 6 × 2.5 ~ 3.5 μm。

生境：生于阔叶林立木或倒腐木上。

分布：河北、黑龙江、吉林、辽宁、江苏、安徽、浙江、福建、广西、云南、四川、贵州。

用途：食用。

400 **黄鳞伞**

Pholiota flammans (Batsch) P. Kumm.

摄影：李常春

401 **光滑鳞伞**

Pholiota microspora (Berk.) Sacc.

摄影：吴兴亮

402 **尖鳞伞**

Pholiota squarrosoides (Peck) Sacc.

摄影：王绍能

403 美丽褶孔牛肝菌

Phylloporus bellus (Massee) Corner, Nova Hedwigia 20(3-4): 798, 1971.
Hygrocybe bella (Massee) Murrill [as 'Hydrocybe'], Mycologia 3(4): 196, 1911.
Hygrophorus bellus Massee, J. Bot., Lond. 30: 161 ,1892.

菌盖半球形至渐平展，中部稍下凹，黄褐色至栗褐色，直径2.5 ~ 5 cm，被红褐色的绒毛状鳞片；菌肉浅黄色，近菌盖处呈黄红色；菌褶黄色，较稀，延生，不等长，褶间有显著横脉，形成网格；菌柄长3 ~ 6 cm，粗0.5 ~ 1 cm，近圆柱形，被绒毛；基部有白色菌丝体。孢子长椭圆形或近梭形，淡青黄色，光滑，10 ~ 12 × 4 ~ 5 μm。

生境： 生于阔叶林、针叶林中地上。

分布： 广东、广西、海南、贵州。

用途： 食用。

404 黄褐微孔菌

Picipes badius (Pers.) Zmitr. & Kovalenko, International Journal of Medicinal Mushrooms (Redding) 18(1): 35, 2016.
Boletus badius Pers., Syn. meth. fung. (Göttingen) 2: 523, 1801.
Boletus badius var. *nummularius* Sw., K. Vetensk-Acad. Nya Handl. 31: 11, 1810.
Grifola badia (Pers.) Gray, Nat. Arr. Brit. Pl. (London) 1: 644, 1821.
Polyporellus badius (Pers.) Imazeki, Colored Illustrations of Mushrooms of Japan, Vol. 2 (Osaka): 136, 1989.
Polyporellus picipes f. *carpaticus* Pilát, Beih. Botan. Centralbl., Abt. B 56: 63, 1936.
Polyporus badius (Pers.) Schwein., Trans. Am. phil. Soc., New Series 4(2): 155, 1832.
Royoporus badius (Pers.) A.B. De, Mycotaxon 65: 471, 1997.

担子果肉质至革质，具侧生柄；菌盖圆形或扇形，直径2.5 ~ 5 cm，表面黄褐色、橙褐色至暗褐色，光滑，边缘锐，干后向卷；孔口表面白色，干后浅黄色至浅橘黄色，近圆形，每毫米6 ~ 8 个，边缘薄，全缘；菌肉白色，干后淡黄色；菌管与孔口表面同色；菌柄黑色，长2 ~ 3 cm，直径5 ~ 8 mm，被绒毛。孢子圆柱形，无色，薄壁，光滑，6.5 ~ 8 × 3 ~ 3.8 μm。

生境： 生于阔叶树倒木上。

分布： 广西、贵州等地区。

用途： 造成木材白色腐朽。

403 美丽褶孔牛肝菌 *Phylloporus bellus* (Massee) Corner　　摄影：吴兴亮

404 黄褐微孔菌 *Picipes badius* (Pers.) Zmitr. & Kovalenko　　摄影：吴兴亮

405　豆包马勃

Pisolithus arhizus (Scop.) Rauschert, Z. Pilzk. 25: 51, 1959.
Lycoperdon arrizon Scop., Delic. Fl. Faun. Insubr. 1: 40, tab. 18, 1786.
Lycoperdon capsuliferum Sowerby, Col. fig. Engl. Fung. Suppl. (London): pl. 425a & b, 1814.
Polysaccum olivaceum Fr., Syst. Mycol. (Lundae) 3(1): 54, 1829.
Polysaccum pisocarpium Fr., Syst. Mycol. (Lundae) 3(1): 54, 1829.
Pisolithus tinctorius (Pers.) Coker & Couch, Gasteromycetes E. U.S. Canada: 170, 1928.

担子果呈近球形或扁球形，直径3 ~ 6 cm，光滑，往往顶部凹凸不平，灰黄色或黄褐色，下部收缩柄状基部，柄状基部长1.8 ~ 3.5 cm，直径1 ~ 2 cm，由一团黄色的菌丝束固定于基物上；包被薄，内包被含小包，小包幼时黄白色、黄色，成熟时黄褐色，近扁圆形或不规则多角形，直径1 ~ 3.5 mm，厚0.2 ~ 0.5 mm，内充满褐色孢体。孢子球形，有小刺，褐色，直径7 ~ 12 μm。

生境：生于林地上。

分布：河南、安徽、江苏、浙江、江西、湖南、湖北、四川、贵州、云南、福建、广东、广西、海南。

用途：药用。

406　金顶侧耳

Pleurotus citrinopileatus Singer, Annls Mycol. 40: 149 ,1943.
Pleurotus cornucopiae subsp. *citrinopileatus* (Singer) O. Hilber, Mitteilungen der Versuchsanstalt für Pilzanbau der Landwirtschaftskammer Rheinland Krefeld-Grosshüttenhof ,16: 62 ,1993.
Pleurotus cornucopiae var. *citrinopileatus* (Singer) Ohira, in Imazeki & Hongo, [Colored illustrations of mushrooms of Japan] (Osaka): 28 ,1987.

菌盖漏斗形或近扇形，肉质，柔软易烂，柠檬黄色至鲜黄色，直径2.5 ~ 6 cm，表面光滑，边缘内卷；菌肉白色至浅黄白色；菌褶白色或稍带黄色，延生，向菌盖边缘呈放射状生出，不等长，不分叉；菌柄偏心生，基部相连并愈合，着生于基物上，淡黄色，长1.5 ~ 5 cm，粗0.5 ~ 1.5 cm，向上渐细。孢子近圆柱形或长椭圆形，无色，平滑，7 ~ 9 × 3 ~ 4 μm。

生境：生于阔叶树的腐木上。

分布：吉林、黑龙江、河北、广西、四川、贵州。

用途：食用、药用。

405 **豆包马勃** *Pisolithus arhizus* (Scop.) Rauschert 摄影：吴兴亮

406 **金顶侧耳** *Pleurotus citrinopileatus* Singer 摄影：杨选文

407 小白侧耳

Pleurotus limpidus (Fr.) P. Karst., Bidr. Känn. Finl. Nat. Folk 32: 90, 1879.
Agaricus limpidus Fr., Epicr. syst. Mycol. (Upsaliae): 135, 1838.

菌盖直径2 ~ 3.8 cm，白色至带淡黄白色，肉质，光滑，水浸后半透明，半圆形、倒卵形、肾形或扇形，盖面被细绒毛，菌盖边缘完整或微撕裂，反卷；菌肉肉质、纤维质，白色，薄；菌褶延生，密，白色，不等长，具有小菌褶；菌柄侧生或偏生，长0.5 ~ 2 cm，白色，中实，纤维质。孢子近圆柱形，无色，光滑，5.5 ~ 8 × 3.5 ~ 4 μm。

生境：生于阔叶树的腐木上。

分布：吉林、台湾、广西、云南、贵州。

408 糙皮侧耳

Pleurotus ostreatus (Jacq.) P. Kumm., Führ. Pilzk. (Zwickau): 24, 104, 1871.
Agaricus ostreatus Jacq., Fl. Austriac. 2: 3, 1774.
Agaricus revolutus J. Kickx f., Fl. Crypt. Flandres (Paris) 1: 158, 1867.

菌盖漏斗形或近扇形，肉质，灰白色至灰色，直径5 ~ 10 cm，表面光滑或有条纹，边缘内卷；菌肉白色至带浅灰白色；菌褶白色或稍带灰白色，延生，在菌柄上交织，稍密至稍稀，不等长；菌柄侧生，白色，长1.5 ~ 3 cm，粗1 ~ 2 cm，向上渐细，基部相连并愈合，着生于基物上。孢子近圆柱形，无色，光滑，7 ~ 10 × 2.5 ~ 3.5 μm。

生境：生于阔叶树的腐木上。

分布：黑龙江、吉林、辽宁、内蒙古、河北、山西、河南、陕西、新疆、江苏、四川、贵州、西藏、台湾、广西。

用途：食用、药用。

409 鼠灰光柄菇

Pluteus ephebeus (Fr.) Gillet, Hyménomycètes (Alençon): 392, 1876.
Pluteus plautus sensu Pearson TBMS 35: 108, 1952.
Agaricus villosus Bull., Herb. France (Paris) 5: pl. 214, 1785.
Agaricus ephebeus Fr., Observ. Mycol. (Leipzig) 2: 87, 1818.

菌盖扁半球形至平展，中部凸起，直径3 ~ 5.5 cm，灰褐色，似有鳞片，常开裂；菌肉白色，薄；菌褶粉红色，离生，密集；菌柄长3 ~ 6 cm，直径 0.3 ~ 0.4 cm，圆柱形，白色。孢子宽椭圆形，粉红色，光滑，6 ~ 8 × 5 ~ 7 μm。

生境：生于林中地下腐木上。

分布：河北、四川、青海、广西、贵州。

407 小白侧耳

Pleurotus limpidus (Fr.) P. Karst.

摄影：吴兴亮

408 糙皮侧耳

Pleurotus ostreatus (Jacq.) P. Kumm.

摄影：谭周荣

409 鼠灰光柄菇

Pluteus ephebeus (Fr.) Gillet

摄影：吴兴亮

410 狮黄光柄菇

Pluteus leoninus (Schaeff.) P. Kumm., Führ. Pilzk. (Zwickau): 98, 1871.
Agaricus leoninus Schaeff., Fung. Bavar. Palat. 1: 21, 1762.
Agaricus sororiatus P. Karst., Not. Sällsk. Faun. Fl. Fenn. Forhandl. 9: 339, 1868.
Pluteus sororiatus (P. Karst.) P. Karst., Ryssl., Finl. Skandin. Halföns. Hattsvamp. (Helsingfors) 32: 254,1879.

菌盖直径2 ~ 5 cm，初期扁半球形，后平展，肉质，鲜黄色，老后变浅黄色，湿时边缘有条纹；菌肉白色至淡黄色，薄；菌褶初期白色，后淡肉红色至粉红色，不等长，离生；菌柄中生，长3 ~ 6 cm，直径5 ~ 12 mm，圆柱形，淡黄色，上有深黄色长纤毛，基部常有小鳞片，空心。孢子近球形，5.5 ~ 6.5 × 4.5 ~ 5.5 μm。

生境： 生于阔叶林的腐木上。

分布： 福建、广西、贵州。

411 冬拟多孔菌

Polyporus brumalis (Pers.) Fr., Syst. Mycol. (Lundae) 1: 348, 1821.
Boletus brumalis Pers., Neues Mag. Bot. 1: 107, 1794.
Polyporus fuscidulus (Schrad.) Fr., Epicr. Syst. Mycol. (Uppsala): 431, 1838.

子实体具中生或侧生柄，革质；菌盖圆形或不规则形，边缘皮状，直径4 ~ 6 cm，灰褐色、红褐色或深褐色，边缘锐，黄褐色，干后内卷；孔口奶油色至浅黄色，圆形至多角形，每毫米3 ~ 4个，边缘薄，全缘；菌肉乳白色，下层硬革质，厚上层软木栓质，两层之间具一细的黑线；菌管浅黄色或浅黄褐色；菌柄灰褐色至褐色，被厚绒毛，长2 ~ 3 cm，直径4 ~ 5 mm。孢子圆柱形，有时稍弯曲，无色，薄壁，光滑，5 ~ 6 × 2 ~ 3 μm。

生境： 生于多种倒木上。

分布： 黑龙江、吉林、内蒙古、河北、河南、山西、陕西、甘肃、青海、安徽、江苏、浙江、江西、湖南、贵州、云南、西藏、广东、广西、海南。

用途： 造成木材白色腐朽。

410 **狮黄光柄菇** *Pluteus leoninus* (Schaeff.) P. Kumm.　　摄影：吴兴亮

411 **冬拟多孔菌** *Polyporus brumalis* (Pers.) Fr.　　摄影：刘宏

412 雅致多孔菌

Polyporus leptocephalus (Jacq.) Fr., Syst. Mycol. (Lundae) 1: 349, 1821.
Boletus leptocephalus Jacq., Miscell. austriac. 1: 142, 1778.
Coltricia nummularia (Bull.) Gray, Nat. Arr. Brit. Pl. (London) 1: 644, 1821.
Leucoporus leptocephalus (Jacq.) Quél., Enchir. fung. (Paris): 166, 1886.
Melanopus elegans (Bull.) Pat., Essai Tax. Hyménomyc. (Lons-le-Saunier): 80, 1900.
Polyporellus elegans (Bull.) P. Karst., Meddn Soc. Fauna Flora fenn. 5: 37, 1879.
Polyporellus leptocephalus (Jacq.) P. Karst., Meddn Soc. Fauna Flora fenn. 5: 38, 1879.
Polyporus elegans Bull.: Fr4., Epicr. p. 440, 1838.
Polyporus nummularius (Bull.) Fr., Observ. Mycol. (Havniae) 1: 123, 1815.

担子果有柄，菌盖圆形、扇形至肾形，3 ~ 5 × 3 ~ 6 cm，厚0.35 ~ 0.7 cm，新鲜时软韧，干时变硬，光滑，土黄色、深肉桂色至深褐色，有辐射状条纹，波浪状至瓣裂；菌肉白色或近白色，厚0.2 ~ 0.6 cm；菌管延生，近白色至淡褐色；孔面近白色至淡灰色；管口多角形至近圆形，每毫米3 ~ 5个；菌柄侧生至偏生，长0.5 ~ 3 cm，粗0.3 ~ 0.9 cm，光滑，上部与菌盖同色，基部近黑色。孢子圆柱形，光滑，无色，7.5 ~ 8.5 × 3 ~ 4 μm。

生境：生于腐木上。

分布：黑龙江、吉林、山西、陕西、甘肃、青海、新疆、安徽、浙江、江西、湖南、四川、贵州、云南、西藏、福建、广东、广西、海南。

用途：药用。

讨论：本种已归入*Cerioporus*，属中。

---

413 黑柄多孔菌

Polyporus melanopus (Pers.) Fr., Syst. Mycol. (Lundae) 1: 347, 1821.
Boletus infundibuliformis var. *melanopus* (Pers.) Pers., Syn. meth. fung. (Göttingen) 2: 517, 1801.
Boletus melanopus Pers., Tent. disp. meth. fung. (Lipsiae): 70, 1797.

担子果半肉质，菌盖直径3 ~ 7 cm，圆形，中部下凹呈脐状或浅漏斗形，干后硬而脆，淡黄色至黄褐色，后期茶褐色，表面平滑无环带，边缘呈波状；菌柄近中生，长2.5 ~ 5 cm，粗0.4 ~ 0.8 cm，近圆柱形，有绒毛，暗褐色至黑色，内部白色，内实，基部稍膨大；菌管白色；孔口近圆形至多角形，每毫米3 ~ 5个，常破裂成不规则形。孢子圆柱形，光滑，无色，7 ~ 9 × 2.5 ~ 4 μm。

生境：生于阔叶树腐木上。

分布：黑龙江、吉林、北京、河北、河南、甘肃、江西、湖南、湖北、贵州、西藏、广东、广西、海南。

用途：药用。

讨论：本种已归入*Picips* 属中。

412 **雅致多孔菌** *Polyporus leptocephalus* (Jacq.) Fr. 摄影：吴兴亮

413 **黑柄多孔菌** *Polyporus melanopus* (Pers.) Fr. 摄影：吴兴亮

414 桑多孔菌

Polyporus mori (Pollini) Fr., Syst. Mycol. (Lundae) 1: 344, 1821.
Boletus mori (Pollini) Pollini, Giorn. Fis. Chim. Stor. nat. Med. Arti Pavia 9: 35, 1816.
Cantharellus alveolaris (DC.) Fr., Syst. Mycol. (Lundae) 1: 322, 1821.
Favolus mori (Pollini) Fr., Syst. orb. veg. (Lundae) 1: 76, 1825.
Favolus peponinus Lloyd, Mycol. Writ. 5 (Letter 66): 16, 1917.
Favolus whetstonei Lloyd, Mycol. Writ. 5: 615, 1916.
Hexagonia alveolaris (DC.) Murrill, Bull. Torrey bot. Club 31(6): 327, 1904.
Hexagonia mori Pollini, Hort. Veron. Pl. Nov. 1: 35, 1816.
Polyporellus alveolaris (DC.) Pilát, Beih. bot. Cbl., Abt. B 56: 36, 1936.

担子果具侧生柄，单生或数个聚生，韧肉质至软革质；菌盖直径3 ~ 5 cm，半圆形至圆形，有纤毛组成的鳞片，奶油色，后变为浅黄色或黄褐色，具放射状纹，边缘锐，干后内卷；孔口乳白色至奶油色、浅黄色至浅黄褐色，多角形，放射状排列，延生到菌柄，每毫米约1 ~ 2个；菌肉奶油色至浅黄色；菌管奶油色，后浅黄色；菌柄浅黄色至褐色，长0.5 ~ 1 cm。孢子圆柱形，无色，光滑，8 ~ 10 × 3 ~ 4 μm。

生境：生于阔叶树腐木上。

分布：陕西、甘肃、新疆、浙江、湖南、湖北、四川、贵州、云南、西藏、福建、广西、海南。

用途：药用。

讨论：本种已归入*Neofavolus* 属中。

---

415 宽鳞多孔菌

Polyporus squamosus (Huds.) Fr., Syst. Mycol. (Lundae) 1: 343, 1821.
Boletus squamosus Huds., Fl. Angl., Edn 2 2: 626, 1778.
Boletus testaceus With., Bot. arr. veg. Gr. Brit. (London) 2: 770, 1776.
Polyporellus rostkowii (Fr.) P. Karst., Meddn Soc. Fauna Flora fenn. 5: 38, 1879.
Polyporellus squamatus (Lloyd) Pilát, Beih. Botan. Centralbl., Abt. B 56: 55, 1936.
Polyporus squamatus Lloyd, Mycol. Writ. 3 (Syn. Ovinus): 84, 1911.
Trametes retirugus Bres., Atti Acad. Agiato Rovereto: 6, 1893.

担子果具短柄或近无柄，近肉质，覆瓦状；菌盖初期圆形，后扇形，5 ~ 15 × 4 ~ 13 cm，厚1 ~ 2 cm，黄褐色至土黄色，有暗褐色鳞片；菌肉淡白色至污黄白色；菌管延生，白色至污黄白色；管口白色至污黄白色，长圆形，辐射状排列；菌柄侧生，长2.5 ~ 4.5 cm，粗18 ~ 3.5 cm，基部黑色，具绒毛。孢子圆柱形，光滑，无色，9.5 ~ 13 × 4 ~ 5 μm。

生境：生于阔叶树的树干上。

分布：吉林、内蒙古、河北、山西、陕西、甘肃、青海、江苏、湖南、四川、广西、贵州、西藏。

用途：食用、药用。

讨论：本种已归入*Cerioporus* 属中。

414 **桑多孔菌** *Polyporus mori* (Pollini) Fr. 摄影：吴兴亮

415 **宽鳞多孔菌** *Polyporus squamosus* (Huds.) Fr. 摄影：王绍能

416 拟黑柄多孔菌

Polyporus submelanopus H.J. Xue & L.W. Zhou, Mycotaxon 122: 436, 2013.

担子果菌盖圆形、扁平至浅漏斗形或不规则，5 ~ 8 × 4 ~ 8 cm，表面黄褐色，后变为茶褐色，光滑，无环带，边缘锐，内卷或波浪状；孔口表面白色至暗黄褐色，近圆形至多角形，每毫米3 ~ 5个，边绿薄，全缘至撕裂状；菌肉近白色；菌管干后淡黄色；菌柄中生，暗褐色至黑色，近圆柱形，光滑，长3 ~ 5 cm，直径0.4 ~ 0.6 cm。孢子圆柱形，无色，薄壁，光滑，8 ~ 10 × 3 ~ 3.9 μm。

生境：生于阔叶树倒木和腐木上。

分布：广西及西北地区。

用途：药用。木材白色腐朽。

讨论：本种已归入*Picipes* 属中。

417 拟变形多孔菌

Polyporus subvarius C.J. Yu & Y.C. Dai, in Dai, Yu & Wang, Ann. bot. fenn. 44(2): 142, 2007.
Piptoporus choseniae Vassilkov, Nov. sist. Niz. Rast., 1967 4: 244, 1967.
Polyporus choseniae (Vassilkov) Parmasto [as 'chozeniae'], Folia cryptog. Estonica 5: 35, 1975.

担子具侧生柄，革质；菌盖圆形或扇形，5 ~ 8 × 4 ~ 6 cm，表面黄褐色，光滑，边缘锐，波状；孔口表面土黄色，多角形，放射状排列，每毫米1 ~ 2个，边缘薄，全缘；菌肉奶油色，菌管奶油色；菌柄基部黑褐色，被绒毛，长2 ~ 3 cm，直径0.8 ~ 1.2 cm。孢子圆柱形，无色，薄壁，光滑，10 ~ 12 × 4 ~ 5 μm。

生境：生于阔叶树腐木上。

分布：广西及青藏地区。

用途：木材白色腐朽。

讨论：本种已归入*Cerioporus* 属中。

416 **拟黑柄多孔菌** *Polyporus submelanopus* H.J. Xue & L.W. Zhou 摄影：吴兴亮

417 **拟变形多孔菌** *Polyporus subvarius* C.J. Yu & Y.C. Dai 摄影：刘宏

418 变形多孔菌

Polyporus varius (Pers.) Fr., Syst. Mycol. (Lundae) 1: 352, 1821.
Boletus varius Pers., Observ. Mycol. (Lipsiae) 1: 85, 1796.
Polyporellus varius (Pers.) P. Karst., Meddn Soc. Fauna Flora fenn. 5: 37, 1879.
Polyporus picipes Rostk., in Sturm, Deutschl. Fl., 3 Abt. (Pilze Deutschl.) [7](27~28): 39, 1848.

担子果有柄，菌盖圆形、扇形至肾形，4 ~ 8 × 3 ~ 6 cm，厚0.3 ~ 0.8 cm，淡黄褐色、深肉桂色至栗褐色，边缘波浪状至瓣裂；菌肉白色或近白色，厚0.2 ~ 0.6 cm；菌管近白色至淡褐色；孔面近白色至淡灰白色；管口多角形至近圆形，每毫米3 ~ 5个；菌柄侧生至偏生，长1 ~ 2.5 cm，粗0.3 ~ 1 cm，光滑，上部与菌盖同色，基部黑色。孢子圆柱形，光滑，无色，7.5 ~ 9 × 3.5 ~ 4 μm。

生境：生于腐木上。

分布：黑龙江、吉林、河北、陕西、甘肃、青海、新疆、安徽、浙江、江西、四川、贵州、云南、福建、广东、广西、海南。

用途：食用、药用。

讨论：本种已归入*Cerioporus* 属中。

419 黄白小脆柄菇

Psathyrella candolleana (Fr.) G. Bertrand, Bull. Soc. Mycol. Fr. 29: 185, 1913.
Agaricus candolleanus Fr., Observ. Mycol. (Leipzig) 2: 182, 1818.

菌盖初期钟形，后平展，中部稍凸起，直径3 ~ 5 cm，初期浅黄褐色，后为黄白色或浅灰白色，中部色较深，光滑或有细颗粒，盖缘初期挂在菌幕片，菌盖展开后常裂开；菌肉白色，薄；菌褶直生，稍密，初期灰白色，很快变为茶褐色，后变为暗褐紫色；菌柄长3 ~ 6 cm，粗0.2 ~ 0.5 cm，圆柱形，白色，常纵裂，有伏纤毛，中空。孢子椭圆形，光滑，暗紫褐色，6.5 ~ 8 × 3.5 ~ 4.5 μm。

生境：生于林地上。

分布：四川、贵州、云南、广东、广西、海南。

用途：药用。

420 安顺假笼头菌

Pseudoclathrus anshunensis W. Zhou & K.Q. Zhang, Acta Mycol. Sin. 10(3): 200, 1991.

未开裂的担子果（菌蕾）卵圆形或宽卵圆形，灰白色，具灰褐色的斑块，直径3 ~ 4 cm；菌蕾启开，基部为托部，顶部为一柄向上托起，柄端有3 ~ 4个（有时为5个）的柱状托臂，均为柠檬黄色至橙黄色，柄圆柱形，中空，海绵状，高4 ~ 6 cm，上部分柠檬黄色，下部分淡黄色或比柄端柱状托臂略淡；托臂长4 ~ 6 cm，连结一起，永不分离，有横向皱褶，向上渐细；孢体着生于内侧。孢子椭圆形至圆柱状，光滑，3 ~ 4 × 1.3 ~ 1.8 μm。

生境：生于阔叶林中地上。

分布：广西、贵州、云南。

418 变形多孔菌

Polyporus varius (Pers.) Fr.

摄影：吴兴亮

419 黄白小脆柄菇

Psathyrella candolleana (Fr.) G. Bertrand

摄影：吴兴亮

420 安顺假笼头菌

Pseudoclathrus anshunensis W. Zhou & K.Q. Zhang

摄影：吴兴亮

421 雷公山假笼头菌

Pseudoclathrus leigongshanensis W. Zhou & K.Q. Zhang, Acta Mycol. Sin. 6(2): 94, 1987

菌蕾卵圆形，直径3 ~ 5 cm，灰白色，成熟后包被破裂，基部为托部，顶部为一柄向上托起，柄端有5 ~ 6个柱状托臂，托臂弯成弧形，顶部相连，永不分离，托臂长8 ~ 10 cm，直径1.5 ~ 2 cm，具横向皱褶，海绵质，粉红色，产孢体着生于托臂内侧，黑褐色，黏液状，具恶臭。孢子圆柱形，光滑，3.5 ~ 4.5 × 1.8 ~ 2.5 μm。

生境：生于林中地上。

分布：湖南、贵州、广西。

422 纺锤爪鬼笔

Pseudocolus fusiformis (E. Fisch.) Lloyd, Mycol. Writ.(7): 53, 1909.
Anthurus javanicus (Penz.) G. Cunn., Proc. Linn. Soc. N.S.W. 56(3): 186, 1931.
Colus elegans Welw., Fungi Lusit.: no. 150: 6, 1842.
Colus fusiformis E. Fisch., Neue Denkschr. Allg. Schweiz. Ges. Gesammten Naturwiss. 32(1): 64, 1891.
Colus javanicus Penz., Ann. Jard. Bot. Buitenzorg 16: 160, 1899.
Pseudocolus javanicus (Penz.) Lloyd, Mycol. Notes (Cincinnati) 2: 358, 1907.
Pseudocolus rothae (Berk. ex E. Fisch.) Yasuda, Bot. Mag., Tokyo 30: 298 (Jap. sect.), 1916.
Pseudocolus rothae Lloyd, Mycol. Notes (Cincinnati): 20, 1907.
Pseudocolus schellenbergiae (Sumst.) M.M. Johnson, Ohio Biol. Survey Bull. 22: 338, 1929.

幼时由白色卵圆形包被包裹，成熟后顶部破裂伸出3个近柱形的分枝，似爪状，外侧分枝黄色至橘黄色，变曲，海绵质，初期顶部结合，后分离，内侧有褐色至黑褐色黏液状孢体，有腥臭气味。孢子无色，长椭圆形或近圆柱状，4 ~ 7 × 2 ~ 3 μm。

生境：生于林中地上。

分布：贵州、广东、广西、香港。

423 胶质刺银耳

Pseudohydnum gelatinosum (Scop.) P. Karst., Not. Sällsk. Fauna et Fl. Fenn. Förh. Ny Ser. 9: 374, 1868.
Hydnum gelatinosum Scop., Fl. carniol. Edn 2 (Vienna) 2: 472, 1772.

担子果柔软胶质，具弹性，无柄或有柄；菌盖贝壳状至半圆形，直径2 ~ 5 × 1.5 ~ 4 cm，肉较厚，上表面近白色至浅青灰色，有同色小疣散生，下表面密生白色或微灰白色胶质刺齿，圆锥长，长2 ~ 4 mm，常稍延生至柄之上部；子实层生刺齿上。孢子无色透明，近球形，6 ~ 8 × 5 ~ 6.5 μm。

生境：生于阔叶树腐木桩上。

分布：广东、广西、贵州、西藏。

用途：食用，具有较高的营养价值。本种对小白鼠肉瘤S-180及艾氏癌的抑制率为90%。

421 雷公山假笼头菌

Pseudoclathrus leigongshanensis W. Zhou & K.Q. Zhang

摄影：吴兴亮

422 纺锤爪鬼笔

Pseudocolus fusiformis (E. Fisch.) Lloyd

摄影：吴兴亮

423 胶质刺银耳

Pseudohydnum gelatinosum (Scop.) P. Karst.

摄影：吴兴亮

424 喜粪生裸盖菇

Psilocybe coprophila (Bull.) P. Kumm., Führ. Pilzk. (Zerbst): 71, 1871.

菌盖直径1.5 ~ 2.5 cm，半球形，伸展后凸镜形，有时中部脐凹，稍黏，光滑，近边缘具细毛，灰黄褐色至灰红褐色；菌肉薄，白色；菌褶直生，灰褐色至深紫褐色，稍稀，幅宽，不等长，褶缘粗糙有颗粒；菌柄圆柱形，长2 ~ 6 cm，直径1 ~ 3 mm，黄褐色至灰褐色，有绒毛，空心。孢子宽椭圆形，光滑，暗褐色，10 ~ 12 × 7 ~ 8.5 μm。

生境：生于粪堆上。

分布：湖南、贵州、广西、西藏。

用途：有毒。

425 古巴裸盖菇

Psilocybe cubensis (Earle) Singer, Sydowia 2(1-6): 37, 1948.
Hypholoma caerulescens (Pat.) Sacc. & Trotter, Syll. fung. (Abellini) 21: 212, 1912.
Naematoloma caerulescens Pat., Bull. Soc. mycol. Fr. 23(2): 78, 1907.
Stropharia cubensis Earle, Inf. an. Estac. Cent. agr. Cuba 1: 240, 1906.
Stropharia cyanescens Murrill, Mycologia 33(3): 279, 1941.

菌盖直径1 ~ 2.5 cm，锥形或半球形，后近平展而中部稍突起，边缘有白色残幕，无条棱，浅土黄色至污褐色，中部色深，老熟时从边缘开始带白色，伤后变蓝黑色；菌肉近白色，伤后变蓝黑色；菌褶直生或弯生，灰褐色至暗紫褐色，最后黑紫色，褶缘白色；菌柄圆柱形基部膨大，长4 ~ 8 cm，直径0.4 ~ 0.8 cm，菌环以下光滑或稍有鳞片，顶部有条纹，白色至奶油色或黄褐色，伤后变蓝黑色，内部松软或空心；菌环上位，膜质，灰白色。孢子近卵圆形，光滑，暗褐色，12 ~ 14 × 7 ~ 9 μm。

生境：生于牛、马等动物的粪便上。

分布：广西、贵州。

用途：著名毒蘑菇。所含裸盖菇素能引起神经性中毒，毒性反应快，有致幻作用，可造成时空感觉的错乱或昏迷，食量大时可致死。

426 疸黄粉末牛肝菌

Pulveroboletus icterinus (Pat. & Bak.) Watl., Not. Roy. Bot. Gdn. Edinb. 46(3): 413, 1990.
Boletopsis icterinus Pat. & Bak., J. Straits Br. R. Asiatic Sac. 78: 68, 1918.

菌盖凸镜形至扁凸镜形，直径2.5 ~ 5 cm，干，覆有一层厚的黄色粉末，菌幕从盖缘延伸一直将整个菌柄包裹，破裂后残余物挂在菌盖边缘；菌肉黄白色，伤时变为浅蓝色；菌管表面粉黄色至淡肉褐色，伤时变青绿色；管口角形，与菌柄成短延生或弯生；菌管长2 ~ 10 mm，不易剥离；残留菌环位于柄上位，黄色，单环，易脱落，不活动；菌柄中生至偏生，长5 ~ 7 cm，粗6 ~ 10 mm，圆柱形，直至微弯曲，上粗下细，鲜黄色，伤时变灰蓝色，上覆有黄色粉末，初实心，后为空心。孢子椭圆形至广椭圆形，光滑，浅黄色，8 ~ 9.5 × 3.5 ~ 5.5 μm。

生境：生于混交林中地上。

分布：陕西、安徽、江苏、福建、河南、四川、贵州、云南、广东、广西、海南。

用途：药用。有毒。

424 喜粪生裸盖菇

Psilocybe coprophila
(Bull.) P. Kumm.

摄影：曾春兰

425 古巴裸盖菇

Psilocybe cubensis
(Earle) Singer

摄影：曾春兰

426 疸黄粉末牛肝菌

Pulveroboletus icterinus
(Pat. & Bak.) Watl.

摄影：吴兴亮

427 淡红粉末牛肝菌

Pulveroboletus subrufus N.K. Zeng & Zhu L. Yang, in Zeng, Liang, Tang, Li & Yang, Mycologia 109(3): 438, 2017.

菌盖直径4 ~ 6 cm，幼时半球形，成熟后凸镜形，黄色，覆有淡红色至淡红褐色粉末状小鳞片，黄色的菌幕从盖缘延伸至菌柄；菌肉黄色，伤变蓝色；菌管直生至短延生，黄白色至黄色；管口多角形，每毫米1 ~ 2个；菌柄靠近上部有丝膜状菌环；菌柄圆柱形，长3.5 ~ 5 cm，直径0.7 ~ 1.2 cm，黄色，被有淡黄褐色粉末，伤变蓝。孢子长椭圆形，光滑，黄褐色，9 ~ 10.5 × 4.5 ~ 5.5 µm。

生境：生于混交林中地上。

分布：湖南、贵州、广西。

用途：有毒，胃肠炎型。

428 鲜红密孔菌

Pycnoporus cinnabarinus (Jacq.) P. Karst., Revue Mycol., Toulouse 3(no. 9): 18, 1881.
Boletus cinnabarinus Jacq., Fl. austriac. 4: 2, 1776.
Polyporus cinnabarinus (Jacq.) Fr., Syst. Mycol. (Lundae) 1: 371, 1821.

担子果无柄；菌盖木栓质，半圆形或扇形而基部狭小，2 ~ 6 × 2 ~ 10 cm，厚0.5 ~ 2 cm，橙红色，后期褪色，有微细绒毛或光滑，稍有皱纹；菌肉橙色，有明显的环纹，厚0.3 ~ 0.6 cm；菌管长1 ~ 4 mm；管口红色，近圆形，每毫米2 ~ 4 个。孢子圆柱形，光滑，无色，4 ~ 5.5 × 2 ~ 2.5 µm。

生境：生于阔叶树的腐木上。

分布：黑龙江、吉林、内蒙古、河北、山西、河南、陕西、甘肃、青海、新疆、安徽、江苏、浙江、江西、湖南、四川、贵州、云南、西藏、广东、广西、海南。

用途：药用。

429 血红密孔菌

Pycnoporus sanguineus (L.) Murrill, Bull. Torrey Bot. Club 31(8): 421, 1904.
Boletus sanguineus L., Sp. Pl., Edn 2 2: 1646, 1763.

担子果无柄或近无柄；菌盖薄，革质，半圆形至扇形，扁平，2 ~ 6 × 2 ~ 6 cm，厚0.2 ~ 0.5 cm，表面平滑或稍有细毛，血红色，后褪色，具不明显的环纹；菌肉红色，有环纹；管孔短，长2 ~ 3 mm；管口近圆形，红色，每毫米5 ~ 7个。孢子长圆柱形，稍弯曲，平滑，无色，3.5 ~ 5 × 1.5 ~ 2.5 µm。

生境：生于阔叶树腐木上。

分布：河北、山东、河南、安徽、江苏、浙江、江西、湖南、湖北、四川、贵州、云南、福建、台湾、广东、广西、海南。

用途：药用。

427 淡红粉末牛肝菌

Pulveroboletus subrufus
N.K. Zeng & Zhu L. Yang

摄影：吴兴亮

428 鲜红密孔菌

Pycnoporus cinnabarinus
(Jacq.) P. Karst.

摄影：谭周荣

429 血红密孔菌

Pycnoporus sanguineus
(L.) Murrill

摄影：刘宏

430 蓝尖枝瑚菌

Ramaria cyanocephala (Berk. & M.A. Curtis) Corner, Monograph of Clavaria and allied Genera, (Annals of Botany Memoirs No. 1): 568, 1950.

担子果高6 ~ 8 cm，宽4 ~ 6 cm，多分枝，全体黄褐色，密被黄褐色绒毛，顶端浅蓝色，老后为紫蓝色；菌柄粗壮，可多次分枝；小枝顶端浅蓝色至紫蓝色，基部常有假根；菌肉污白色。孢子近椭圆形，有刺疣，浅黄褐色，10 ~ 15 × 5 ~ 8 μm。

生境：生于阔叶林中地上。

分布：广东、广西、贵州。

431 印滇枝瑚菌

Ramaria indoyunnaniana R.H. Petersen & M. Zang, Acta bot. Yunn. 8(3): 287, 1986.

担子果高大，6 × 8 cm；外廓呈阔纺缍形，倒梨形；菌柄粗大，高4 ~ 5 cm，粗2 ~ 3 cm，顶部呈多回丛状分枝，枝圆形，壁光滑，粉红色，肉红色，中部枝红褐色，手压后呈污褐色，湿时不黏，外表较干燥，分枝3 ~ 7回，顶端幼时粉红色至淡粉玫瑰红色；菌肉白色，新鲜时闻之有清香味。孢子长椭圆形，壁有较长的条纹脊突和斑点突起，淡黄色，8 ~ 10 × 4 ~ 5 μm。

生境：生于针阔叶混交林下。

分布：四川、云南、广西、贵州。

用途：食用。

432 密丛枝瑚菌

Ramaria stricta (Pers.) Quél., Fl. Mycol. France (Paris): 464, 1888.
Clavaria stricta Pers., Ann. Bot. (Usteri) 15: 33, 1795.
Clavaria condensata Fr., Epicr. syst. mycol. (Uppsala): 575, 1838.
Clavariella condensata (Fr.) P. Karst., Hattsvampar 37: 184 , 1882.
Ramaria condensata (Fr.) Quél., Fl. Mycol. France (Paris): 467, 1888.
Clavaria kewensis Massee, J. Bot. Lond. 34: 153, 1896.

担子果高5 ~ 10 cm，宽4 ~ 8 cm，淡黄色、土黄色至黄褐色，干燥后褐色；菌柄长2 ~ 5 cm，黄褐色，向上不规则二叉状分枝；小枝细而密，直立，尖端具2 ~ 3个细齿，浅土黄色；菌肉白色，内实。孢子椭圆形，近光滑或稍粗糙，淡黄褐色，6.5 ~ 10 × 4 ~ 5 μm。

生境：生于阔叶林中腐木上。

分布：贵州、广西及东北、青藏等地区。

用途：食用。

430 蓝尖枝瑚菌

Ramaria cyanocephala (Berk. & M.A. Curtis) Corner

摄影：吴兴亮

431 印滇枝瑚菌

Ramaria indoyunnaniana R.H. Petersen & M. Zang

摄影：吴兴亮

432 密丛枝瑚菌

Ramaria stricta (Pers.) Quél.

摄影：吴兴亮

433 毛伏褶菌

Resupinatus trichotis (Pers.) Singer, Persoonia 2(1): 48, 1961.
Agaricus rhacodius Berk. & M.A. Curtis, Ann. Mag. Nat. Hist., Ser. 3 4(22): 288, 1859.
Agaricus trichotis Pers., Mycol. eur. (Erlanga) 3: 18, 1828.
Dendrosarcus rhacodium (Berk. & M.A. Curtis) Kuntze, Revis. Gen. pl. (Leipzig) 3: 464, 1898.
Geopetalum rhacodium (Berk. & M.A. Curtis) Kühner & Romagn., Fl. Analyt. Champ. Supér. (Paris): 68, 1953.
Pleurotus applicatus f. *rhacodium* (Berk. & M.A. Curtis) Pilát, Atlas des Champignons de l'Europe, II: Pleurotus Fries: 67, 1935.
Pleurotus rhacodium (Berk. & M.A. Curtis) Sacc., Syll. Fung. (Abellini) 5: 380, 1887.
Resupinatus applicatus var. *trichotis* (Pers.) Krieglst., Beitr. Kenntn. Pilze Mitteleur. 8: 177, 1992.
Resupinatus rhacodium (Berk. & M.A. Curtis) Singer, Lilloa 22: 253, 1951.

担子果菌盖贝壳、肾形至扇形，直径0.5 ~ 1 cm，灰色至灰黑色，无柄，以背面着生在基物上，表面有灰色放射状皱纹，基部密生暗褐色至黑色的软毛；菌褶灰色，呈放射状排列。孢子近球形，平滑，无色，4 ~ 5.5 × 4 ~ 5 μm。

生境：生于阔叶树腐木上。

分布：浙江、福建、广东、广西、海南、贵州。

434 红根须腹菌

Rhizopogon roseolus (Corda) Th. Fr., Svensk bot. Tidskr. 3: 282, 1909.
Splanchnomyces roseolus Corda, in Sturm, Deutschl. Fl. III (Pilze) 3: 3, 1837.
Rhizopogon rubescens (Tul. & C. Tul.) Tul. & C. Tul., G. bot. ital. 2(1): 58, 1844.
Hysteromyces vulgaris Vittad., Not. Nat. Civil. Lombardia 1: 341, 1844.
Melanogaster berkeleyanus Broome, Ann. Mag. nat. Hist. Ser. 1 15: 41, 1845.
Rhizopogon provincialis Tul., Fungi hypog.: 88, 1851.
Rhizopogon vulgaris (Vittad.) M. Lange, Dansk bot. Ark. 16(no. 1): 56, 1956.
Rhizopogon luteorubescens A.H. Sm., Mem. N. Y. bot. Gdn 14(2): 92, 1966.

子实体直径1 ~ 2.2 cm，扁球形至不规则球形，初期近白色、黄色至黄褐色，后大部分黄褐色至红褐色，伤后变暗褐色至黑红色，基部由白色至淡黄褐色的根状菌索固着地上；产孢组织初期白色，逐渐变暗色至灰褐色，伤后变带红色。孢子近棱形至椭圆形或近肾形，光滑，无色，6 ~ 8 × 3 ~ 4 μm。

生境：埋生或半埋生于林中地下或地上。

分布：浙江、福建、广东、广西、海南、贵州。

用途：可食。

433 **毛伏褶菌** *Resupinatus trichotis* (Pers.) Singer 摄影：吴兴亮

434 **红根须腹菌** *Rhizopogon roseolus* (Corda) Th. Fr. 摄影：谭伟福

435 乳酪粉金钱菌

Rhodocollybia butyracea (Bull.) Lennox, Mycotaxon 9: 218, 1979.
Agaricus butyraceus Bull., Herb. Fr. (Paris) 12: tab. 572, 1792.
Agaricus leiopus Pers., Tent. disp. meth. Fung.: 21, 1797.
Agaricus butyraceus γ *asemus* Fr., Observ. Mycol. (Leipzig) 2: 124, 1818.
Agaricus asemus (Fr.) Fr., Syst. Mycol. (Lundae) 1: 121, 1821.
Collybia butyracea (Bull.) P. Kumm., Führ. Pilzk. (Zwickau): 117, 1871.
Collybia asema (Fr.) Gillet, Hyménomycètes (Alençon): 317, 1876.

菌盖初半球形，后平展至凸镜形，直径3 ~ 5 cm，水浸状，黄褐色、褐色至红褐色，边缘颜色渐浅；菌肉中部厚，边缘薄；菌褶直生至近离生，密，黄白色至乳黄色，不等长，边缘锯齿状；菌柄长5 ~ 8 cm，直径5 ~ 8 mm，圆柱形，基部膨大，淡黄色至土黄色，干时褐色，基部有黄白色至淡黄色细毛，空心，具纵向条纹。孢子椭圆形，光滑，5 ~ 7.5 × 3 ~ 4.5 μm。

生境：针阔混交林中地上。

分布：广西、贵州及东北、青藏等地区。

用途：食用。

---

436 突囊硬孔菌

Rigidoporus eminens Y.C. Dai, Ann. bot. fenn. 35(2): 144, 1998.
Physisporinus eminens (Y.C. Dai) F. Wu, Jia J. Chen & Y.C. Dai, in Wu, Chen, Ji, Vlasák & Dai, Mycologia 109(5): 760, 2017.

子实体平伏，易与基物剥离，蜡质至软革质，干后收缩，长60 ~ 120 cm，宽25 ~ 50 cm，厚达5 mm；孔口表面白色至乳白色，干后变为奶油色，圆形至多角形，每毫米7 ~ 8个，边缘薄，全缘，撕裂状或齿状，不育边缘明显，白色，新鲜时蜡质；菌肉新鲜时白色，干后奶油色，软木栓质；菌管新鲜时肉质，污白色，干后奶油色或浅棕黄色，脆。孢子近球形，无色，薄壁，4 ~ 6 × 4 ~ 5 μm。

生境：生于阔叶树干基部上。

分布：四川、贵州、广西、海南、青海、西藏。

---

437 小孔硬孔菌

Rigidoporus microporus (Sw.) Overeem, Icon. Fung. Malay. 5: 1, 1924.
Boletus microporus Sw., Prodr., 149, 1788.
Fomes microporus (Sw.) Fr., Grevillea 14(no. 69): 20, 1885.
Leptoporus lignosus (Klotzsch) R. Heim, Annals Cryptog. Exot. 7: 22, 1934.
Polyporus microporus (Sw.) Fr., Syst. Mycol. (Lundae) 1: 376, 1821.

子实体无柄，平伏反卷覆瓦状叠生，木栓质；菌盖半圆形至扇形，外伸4 ~ 5 cm，宽4 ~ 6 cm，基部厚8 ~ 12 mm，乳白色呈浅黄白色，成熟时黄褐色至红褐色，光滑，具同心环纹，边缘锐，干后内卷；孔口表面乳白色至奶油色，干后灰褐色，圆形，每毫米8 ~ 10个，边缘薄，全缘，不育边缘明显；菌肉黄白色；菌管乳黄色至浅灰褐色，分层明显。孢子近球形，无色，3 ~ 5 × 3 ~ 5 μm。

生境：生于阔叶树干基部或倒木上。

分布：云南、贵州、福建、广西、海南。

---

435 乳酪粉金钱菌

Rhodocollybia butyracea (Bull.) Lennox

摄影：吴兴亮

436 突囊硬孔菌

Rigidoporus eminens Y.C. Dai

摄影：吴兴亮

437 小孔硬孔菌

Rigidoporus microporus (Sw.) Overeem

摄影：吴兴亮

438 玉红牛肝菌

Rubinoboletus balloui (Peck) Heinem. & Rammeloo, Bull. Jard. Bot. natn. Belg. 53(1/2): 295, 1983.

菌盖直径5 ~ 8 cm，半球形后近平展，橙红色、红褐色至橙褐色，光滑或具微绒毛状；菌肉黄白色至淡黄色，伤不变色；菌管较短，淡黄色，成熟后黄褐色，直生或稍弯生；孔口多角形，黄褐色至红褐色；菌柄长5 ~ 7 cm，直径1.5 ~ 2.5 cm，圆柱形，实心，黄色至淡橙红色，有不明显的网纹或纵条纹，上下近等粗或向基部稍膨大。孢子宽椭圆形至卵圆形，薄壁，光滑，淡粉红色，5 ~ 7 × 4 ~ 5 μm。

生境：生于林中地上。

分布：广西、海南、贵州。

439 远东疣柄牛肝菌

Rugiboletus extremiorientalis (Lj.N. Vassiljeva) G. Wu & Zhu L. Yang, in Wu, Zhao, Li, Zeng, Feng, Halling & Yang, Fungal Diversity: 10.1007/s13225-015-0322-0, [15], 2015.

Krombholzia extremiorientalis Lj.N. Vassiljeva, Notul. syst. Sect. cryptog. Inst. bot. Acad. Sci. U.S.S.R. 6: 191, 1950.

Krombholziella extremiorientalis (Lj.N. Vassiljeva) Šutara, Česká Mykol. 36(2): 81, 1982.

Leccinum extremiorientale (Lj.N. Vassiljeva) Singer, Agaric. mod. Tax., Edn 2 (Weinheim): 744, 1962.

菌盖初期近球状，成熟时扁半球形后平展，直径5 ~ 13 cm，杏黄色、黄褐色或土黄色，往往在成熟后 龟裂，盖缘有明显的菌幕残片；菌肉白色、淡白色到淡黄白色，有香味；菌管杏黄色至橙黄色，弯 生至近离生，在菌柄处下陷；管口同色，近圆形，每毫米3 ~ 4个；菌柄长7 ~ 15 cm，粗2 ~ 3 cm，近 圆柱形，基部微膨大，杏黄色至橙黄色，具颗粒状小点或小鳞片。孢子近梭形至长椭圆形，微带黄 褐色，10 ~ 13.5 × 3.5 ~ 5 μm。

生境：生于林地上。

分布：四川、贵州、云南、广西、海南。

用途：食用、药用。

440 白红菇

Russula albida Peck, Bull.N.Y. Mus.2: 10, 1905.

菌盖初期近球形，后平展而中部下凹，直径4 ~ 6 cm，白色中央往往具乳白色或淡黄褐色污斑，边缘平滑，有不明显条纹；菌肉白色；菌褶白色，弯生或直生，长短一致，稍密，褶间具横隔脉；菌柄白色，圆柱形，长3.5 ~ 5.5 cm，粗0.8 ~ 1.6 cm；内部白色，菌内部松软。孢子近球形，近光滑，有小刺或小瘤，8 ~ 9 × 7 ~ 8 μm。

生境：生于针阔混交林中地上。

分布：吉林、安徽、江苏、福建、广东、广西、四川、云南、贵州。

用途：食用。

438 玉红牛肝菌

Rubinoboletus balloui (Peck) Heinem. & Rammeloo

摄影：吴兴亮

439 远东疣柄牛肝菌

Rugiboletus extremiorientalis (Lj.N. Vassiljeva) G. Wu & Zhu L. Yang

摄影：吴兴亮

440 白红菇

Russula albida Peck

摄影：吴兴亮

441 白龟裂红菇

Russula alboareolata Hongo, Memoirs of Shiga University 29: 102, 1979.

菌盖扁半球形，成熟后伸展，直径5 ~ 6.5 cm，白色至粉白色，中部污白色至浅黄白色，湿时黏，有明显的条纹；有不明显或稍明显的龟裂；菌肉白色至微粉红色；菌褶较稀，贴生，白色至粉白色；菌柄长3 ~ 4.5 cm，直径0.8 ~ 1.5 cm，近圆柱形，白色。孢子椭圆形至近圆形，具小疣和不完整弱网纹，近无色，6 ~ 7.5 × 6 ~ 7 μm。

生境：生于针混交林中地上。

分布：广东、广西、贵州。

---

442 密集红菇

Russula compacta Frost et Peck, Ann. Rep. N. Y. State Mus. 32:32, 1880.

菌盖扁半球形，中央渐凹陷，直径6 ~ 10 cm，盖表初期微黏，后期干燥，赤褐色、橙褐色，有簇生的短绒组成颗粒状斑点；菌肉白色，盖缘易裂开；菌褶离生，白色，密集，褶片间有横脉络相联结；菌柄中生，较菌盖的色泽为淡，中部外表也有赤褐色的斑块。孢子近圆形、宽椭圆形，脊突呈斑条状，中央部联成不完整的网眼，8 ~ 9 × 7 ~ 8 μm。

生境：生于针叶林或阔叶林中地上。

分布：贵州、广西。

---

443 壳状红菇

Russula crustosa Peck, N. Y. State Mus. 39: 41, 1887.

菌盖扁半球形，后渐平展至中凹，直径5 ~ 8.5 cm，表面浅土黄色或黄褐色，中部色深，湿润时较黏，表面有斑状龟裂，老后边有棱纹；菌肉白色；菌褶白色，少数分叉，直生或凹生；菌柄近圆柱形，白色或带浅土黄色，长3 ~ 6 cm，粗1 ~ 2 cm，内部松软。孢子近球形，无色，有小疣，6 ~ 8 × 5.5 ~ 7 μm。

生境：生于针叶林或阔叶林中地上。

分布：河北、陕西、安徽、江苏、四川、云南、贵州、福建、广东、广西、海南。

用途：食用、药用。

---

441 白龟裂红菇

Russula alboareolata Hongo

摄影：吴兴亮

442 密集红菇

Russula compacta Frost et Peck

摄影：吴兴亮

443 壳状红菇

Russula crustosa Peck

摄影：吴兴亮

444　花盖红菇

Russula cyanoxantha (Schaeff.) Fr., Monogr. Hymenomyc. Suec. 2(2): 194, 1863.
Russula cutefracta Cooke, Grevillea 10(no. 54): 46, 1881.
Russula cyanoxantha f. *pallida* Singer, Z. Pilzk. 2(1): 4, 1923.
Russula cyanoxantha f. *peltereaui* Singer, Z. Pilzk. 5(1): 15, 1925.
Russula cyanoxantha var. *cutefracta* (Cooke) Sarnari, Boll. Assoc. Micol. Ecol. Romana 9(no. 27): 38, 1992.

菌盖初期扁半球形，后渐平展下凹，直径5 ~ 9 cm；浅紫蓝灰色、浅紫褐稍带绿色、浅青褐色至灰绿褐色，往往紫、绿、褐等各色混杂，中部色稍深，菌肉白色，表皮下淡红色或淡紫色，伤不变色；菌褶白色，较密，不等长，多分叉，褶间有横脉，近直生；菌柄长5 ~ 8 cm，粗1 ~ 2.5 cm，白色，近圆柱形，质脆，内部织呈海绵质；孢子近球形，无色，有小刺，7.2 ~ 8.8 × 5.5 ~ 7 μm。

生境： 生于阔叶林中地上。

分布： 吉林、辽宁、河南、江苏、安徽、四川、贵州、云南、西藏、福建、广东、广西、海南。

用途： 食用、药用。

445　美味红菇

Russula delica Fr., Epicr. Syst. Mycol. (Uppsala): 350, 1838.
Lactarius piperatus β *exsuccus* Pers., Observ. Mycol. (Copenhagen) 2: 41, 1800.
Lactarius exsuccus (Pers.) W. G. Sm., J. Bot., London 11: 336, 1873.

菌盖初期扁半球形，中央脐状，伸展后下凹，直径5 ~ 13 cm，白色，后污白色稍带蛋壳色，光滑或具细绒毛，稍黏，边缘初期内卷，后平展或稍上翘，无条纹；菌肉白色或近白色；菌褶白色或近白色，后稍带蛋壳色，中等密，不等长，分叉，狭窄，近延生；菌柄长3 ~ 5 cm，粗1.5 ~ 3 cm，白色，伤不变色，圆柱形或向下渐细，光滑。孢子近球形，小刺明显，稍有网纹，无色，7.5 ~ 10 × 6 ~ 8.8 μm。

生境： 生于针叶林或针阔混交林中地上。

分布： 安徽、江苏、浙江、贵州、云南、广东、广西、海南。

用途： 食用、药用。

446　密褶红菇

Russula densifolia Secr. ex Gillet, Hyménomycètes (Alençon): 231, 1876.
Agaricus densifolivs Secr., Myc. Suis. 1: 476, 1833.

菌盖初期扁半球形，后伸展至下凹，边缘初内卷，直径5 ~ 9 cm，污白色、灰褐色、褐色至黑褐色；菌肉白色，伤变粉色至黑褐色；菌褶密而窄，分叉，不等长，直生或近延生，近白色，伤后变粉红色，后为黑褐色；菌柄长3 ~ 5 cm，粗0.8 ~ 1.5 cm，近圆柱形，内实，近白色，伤变黑褐色。孢子近球形，无色，有小疣，稍有网纹，6.5 ~ 9 × 5 ~ 7 μm。

生境： 生于针叶林或阔叶林中地上。

分布： 安徽、江苏、浙江、江西、四川、贵州、云南、广东、广西、海南。

用途： 药用。

444 花盖红菇

Russula cyanoxantha (Schaeff.) Fr.

摄影：吴兴亮

445 美味红菇

Russula delica Fr.

摄影：吴兴亮

446 密褶红菇

Russula densifolia Secr. ex Gillet

摄影：吴兴亮

447 臭红菇

Russula foetens (Pers.) Pers., Observ. Mycol. (Lipsiae) 1: 102, 1796.
Agaricus foetens Pers., Observ. Mycol. (Lipsiae) 1: 102, 1796.

菌盖初期近球形，后扁半球形至平展，中部稍下凹，直径5 ~ 9 cm，黏，土黄色至浅黄褐色，盖缘有明显棱纹，有时表皮有龟裂成不规则的块斑；菌肉污白色，表皮下带土黄白色，脆，味麻辣；菌褶近弯生，稍密，不等长，分叉，褶间有横脉，白色，后污白色或污叶色，往往出现褐色点或斑；菌柄长4 ~ 10 cm，粗1.5 ~ 2.5 cm，近圆柱形，污白色或淡黄褐色，老后有褐色斑痕，内实，后中空。孢子近球形，有小疣，7.5 ~ 11 × 7.5 ~ 10 μm。

生境：生于阔叶林中地上。

分布：吉林、黑龙江、内蒙古、河南、山西、江苏、安徽、浙江、湖南、四川、贵州、云南、西藏、福建、广西、海南。

用途：药用。

448 拟臭红菇

Russula grata Britzelm., Hymenomyc. Südbayern 9: 239, 1893.
Russula laurocerasi Melzer, České Houby 2: 243, 1921.
Russula subfoetens var. *grata* (Britzelm.) Romagn., Russules d'Europe Afr. Nord: 340, 1967.

菌盖初期近球形，后扁半球形至平展，中部稍下凹，直径5 ~ 10 cm，黏，土黄色、中黄色或黄褐色，盖缘初时内卷，后平展，有明显棱纹，表皮往往龟裂成不规则的块斑；菌肉白色或略带淡黄色，表皮下带土黄色；菌褶弯生，密，不等长，分叉，褶间有横脉，白色，后污白色或污叶色，往往出现褐色点或斑；菌柄长5 ~ 12 cm，粗1.2 ~ 2 cm，近圆柱形或基部稍粗，污白色或淡褐色，有褐色斑点。孢子近球形，有小刺，8 ~ 11 × 8 ~ 10 μm。

生境：生于阔叶林中地上。

分布：贵州、云南、西藏、福建、广东、广西、海南。

用途：药用。

449 叶绿红菇

Russula heterophylla (Fr.) Fr., Epicr. Syst. Mycol. (Uppsala): 352, 1838.

菌盖扁半球形至平展，中部稍稍下陷，直径5 ~ 10 cm，盖表浅绿色、淡黄绿色或灰绿色；菌肉白色；菌褶近延生，白色，密；菌柄中生，长3 ~ 6 cm，粗1.2 ~ 2 cm，近圆柱形，白色。孢子近球形，壁上具小疣，无色，5 ~ 7 × 4 ~ 6.5 μm。

生境：生于林中地上。

分布：黑龙江、河北、河南、江苏、四川、贵州、云南、福建、广东、广西、海南。

用途：食用、药用。

447 臭红菇

Russula foetens (Pers.) Pers.

摄影：吴兴亮

448 拟臭红菇

Russula grata Britzelm.

摄影：吴兴亮

449 叶绿红菇

Russula heterophylla (Fr.) Fr.

摄影：吴兴亮

450 日本红菇

Russula japonica Hongo, Acta phytotax. geobot., Kyoto 15(4): 102, 1954.

菌盖半球形，后平展，中央近漏斗形，边缘略内卷，直径8 ~ 13 cm，白色至乳白色稍带浅黄色，湿时稍黏；菌肉脆，白色；菌褶直生至贴生，密，不等长，部分分叉，白色，成熟时部分带浅土黄色，易碎；菌柄长3 ~ 5 cm，直径1.5 ~ 2.5 cm，中生，白色。孢子宽椭圆形至近球形，具小刺，小刺间偶有连线，不形成网纹，无色，6 ~ 7 × 5 ~ 6 μm。

生境： 生于林中地上。

分布： 贵州、广西。

用途： 有毒。

---

451 厚皮红菇

Russula mustelina Fr., Epicr.Syst. Mycol. (Uppsala): 351, 1838.

菌盖初期扁半球形，后渐平展至稍凹陷，直径5 ~ 8 cm，黏，红褐色，边缘色略浅，中央暗红色，表面被毛，表皮有时龟裂成鳞片状，边缘完整或有条纹；菌肉白色；菌褶初期白色，后为乳黄色，不等长，有分叉，褶间有横脉，直生；菌柄长4 ~ 6 cm，粗0.8 ~ 1.5 cm，近圆柱形，白色，有时染有粉红色或带玫瑰红色，内部松软至中空。孢子近球形，有小刺，无色或稍带淡黄色，7 ~ 8.5 × 6 ~ 7 μm。

生境： 生于阔叶林中地上。

分布： 江苏、福建、广东、广西、贵州。

用途： 食用。

---

452 黑红菇

Russula nigricans (Bull.) Fr., Epicr. Syst. Mycol. (Uppsala): 350, 1838.
Agaricus elephantinus Bolton, Hist. Fung. Halifax (Huddersfield) 1: 28, 1788.
Omphalia adusta β *elephantinus* (Bolton) Gray, Nat. Arr. Brit. Pl. (London) 1: 614, 1821.
Russula elephantina (Bolton) Fr., Epicr. Syst. Mycol. (Uppsala): 350, 1838.
Russula nigrescens Krombh., Naturgetr. Abbild. Schwämme (Prague) 9: 27, 1845.

菌盖扁半球形，伸展后中部下凹，直径6 ~ 15 cm，稍黏，边缘初期内卷，后平展至稍上翘，平滑无条纹，初污白色，后灰褐色、暗褐色、黑褐色至黑色；菌肉近污白色至灰白色，伤后变红色，又很快变成黑色；菌褶白色，伤后变灰红色，后变黑褐色，厚而稀，不等长，直生或近延生，有时褶间有横脉；菌柄长5 ~ 7 cm，粗2 ~ 3 cm，圆柱形，初白色，后为浅灰褐色至灰褐色，实心。孢子近球形，无色，有小疣，联成较细的不完整网纹，7 ~ 9 × 6 ~ 8 μm。

生境： 生于阔叶林中地上。

分布： 吉林、江苏、安徽、江西、四川、云南、贵州、福建、广东、广西、海南。

用途： 药用。

---

450 日本红菇

Russula japonica Hongo

摄影：吴兴亮

451 厚皮红菇

Russula mustelina Fr.

摄影：吴兴亮

452 黑红菇

Russula nigricans (Bull.) Fr.

摄影：吴兴亮

453 红菇

Russula rosea Pers., Observ. Mycol. (Lipsiae) 1: 100, 1796.
Agaricus lacteus Pers., Syn. Meth. Fung. (Göttingen) 2:439, 1801.
Russula lactea (Pers.) Fr., Epicr. Syst. Mycol. (Upsaliae): 355, 1838.
Russula lactea (Pers.) Fr., Epicr.Syst. Mycol. (Upsaliae): 355, 1838.
Russula lepida Fr., Anteckn. Sver. Ätl. Svamp. : 50, 1836.

菌盖平展，中央微凹，直径5 ~ 10 cm，粉红色、红色至灰紫红色，中部色稍深或深红色，湿时黏，被绒毛，有或无条纹，表皮易撕下；菌肉白而微带黄色；菌褶白色，等长，有分叉，有横脉，直生；菌柄中生，圆柱形或棒形，长4 ~ 10 cm，粗1 ~ 2 cm，基部略大，白色或染有珊瑚色，有或无绒毛和条纹。孢子球形至近球形，有小刺和弱网纹，微黄色，7 ~ 9 × 6 ~ 8 μm。

生境：生于阔叶林或混交林中地上。

分布：辽宁、江苏、四川、贵州、云南、福建、广东、广西。

用途：药用。

---

454 血红菇

Russula sanguinea Fr., Epicr. syst. mycol. (Upsaliae): 351 ,1838.
Agaricus sanguineus Bull., Herb. Fr. (Paris) 1: tab. 42, 1781.
Russula sanguinea f. *bianca* Cetto, I Funghi dal Vero, Vol. 6. Edn. 2 (Trento): 447, 1991.
Russula sanguinea f. *umbonata* Britzelm., Botan. Centralbl. 71: 56, 1897.

菌盖直径5 ~ 10 cm，初期半球形，后期平展，中部下凹，血红色至玫瑰红色，干后不规则褪色；菌肉白色，伤后不变色；菌褶直生至稍延生，奶油色至浅赭色，稍密；菌柄长6 ~ 8 cm，直径1.5 ~ 2.5 cm，上下等粗或向下稍细，粉红色，内部实心。孢子球形至近球形，无色，表面具小疣，疣间有连线，但不形成网纹，7 ~ 8 × 6 ~ 7.5 μm

生境：生于阔叶林或混交林中地上。

分布：广西及东北、华北地区。

---

455 点柄臭红菇

Russula senecis Imai, J. Coll. Agric., Hokkaido Imp. Univ. 43: 344, 1938.

菌盖扁半球形，平展后中部稍下凹，直径4 ~ 8 cm，土黄色至黄褐色，黏，边缘表皮常裂纹，有小疣组成的条棱；菌肉污白色；菌褶污白色至淡黄褐色，直生至稍延生，等长或不等长；菌柄长6 ~ 10 cm，粗0.8 ~ 1.5 cm，圆柱形，上下等粗或基部渐细，污黄色，具暗褐色小腺点，内部松软至中空，质脆。孢子近球形，具明显刺棱，淡黄色，8.5 ~ 10 × 8.5 ~ 9.5 μm。

生境：生于混交林中地上。

分布：河北、河南、江西、湖北、四川、贵州、云南、西藏、香港、广东、广西、海南、台湾。

用途：药用。

---

453 红菇

Russula rosea Pers.

摄影：吴兴亮

454 血红菇

Russula sanguinea Fr.

摄影：刘宏

455 点柄臭红菇

Russula senecis Imai

摄影：吴兴亮

456　茶褐红菇

Russula sororia Fr., Epicr. syst. Mycol. (Uppsala): 359, 1838.
Russula consobrina var. *sororia* (Fr.) Gillet, Hyménomycètes (Alençon): 238, 1876.
Russula consobrina var. *intermedia* Cooke, Handb. Brit. fung. Edn 2 (London): 329, 1889.

菌盖初期扁半球形，后渐平展至稍凹陷，直径4 ~ 8 cm，灰褐色、土茶褐色或茶褐色，湿时黏，边缘色略浅，中央褐色，边缘有小疣组成的棱纹；菌肉白色，变淡灰色；菌褶初期白色，后为淡灰色，不等长，稍密，褶间有横脉，近直生至近离生；菌柄长4 ~ 6 cm，粗1.2 ~ 1.5 cm，近圆柱形或向下渐细，白色，变淡灰色，稍被绒毛，内部松软至中空。孢子近球形，有小刺或疣，近无色或稍带淡黄白色，6 ~ 7.5 × 5.5 ~ 7 μm。

生境：生于阔叶林中地上。

分布：浙江、吉林、广西、四川、贵州、云南。

用途：食用。

457　变绿红菇

Russula virescens (Schaeff.) Fr., Anteckn. Sver. Ätl. Svamp.: 50, 1836.
Agaricus virescens Schaeff., Fung. Bavar. Palat. 4: 40, 1774.

菌盖幼时球形，后渐伸展至扁半球形，中央稍凹，直径5 ~ 10 cm，不黏，浅绿色至绿色，表皮往往龟裂成不规则的块状小斑，边缘有明显的棱纹；菌肉白色，质脆；菌褶白色，近直生或离生，等长或长短不一，较密，褶间具横脉；菌柄长3 ~ 7 cm，粗1 ~ 2 cm，白色。孢子近球形，无色，有小疣和纹状突起，6.5 ~ 8 × 5.5 ~ 6.5 μm。

生境：生于针叶林或阔叶林中地上。

分布：吉林、山东、安徽、浙江、江苏、贵州、云南、广东、广西、海南。

用途：食用、药用。

458　裂褶菌

Schizophyllum commune Fr., Observ. Mycol. (Havniae) 1: 103, 1815.
Agaricus alneus L., Fl. Suec. : 1242, 1755.
Agaricus alneus Reichard, Willd., Sp. Pl., Edn 4: 605, 1780.
Apus alneus (L.) Gray, Nat. Arr. Brit. Pl. (London) 1: 617, 1821.

担子果无柄盖形，通常覆瓦状叠生；菌盖扇形，侧耳形，长1 ~ 3 cm，直径1 ~ 2 cm，灰白色，被绒毛至粗毛；边缘锐，瓣裂，干后内卷；子实层体假褶状，白色至浅黄棕色；菌肉乳白色，革质；孢子圆柱形至腊肠形，5 ~ 8 × 2.5 ~ 3.5 μm。

生境：生于腐木、倒木上，引起白色木腐。

分布：黑龙江、吉林、辽宁、河北、河南、山东、江苏、山西、陕西、甘肃、安徽、浙江、江西、湖南、四川、贵州、云南、福建、台湾、广东、广西。

用途：食用、药用。

---

456 茶褐红菇

Russula sororia Fr.

摄影：吴兴亮

457 变绿红菇

Russula virescens (Schaeff.) Fr.

摄影：吴兴亮

458 裂褶菌

Schizophyllum commune Fr.

摄影：吴兴亮

459 马勃状硬皮马勃

Scleroderma areolatum Ehrenb., Sylv. Mycol. Berol. (Berlin) 15: 27, 1818.

担子果扁半球形至球形，直径2 ~ 4.5 cm，具长短不一的柄状基部，基部下面开散成许多菌丝束；孢皮薄，浅土黄色，表面具有细小暗褐色、紧贴的鳞片，顶端不规则开裂。孢子球形至近球形，深褐色，孢子成堆时暗灰褐色，7 ~ 10 × 7 ~ 9 μm。

生境： 生于针叶林中地上。

分布： 河北、陕西、甘肃、安徽、江苏、浙江、江西、四川、贵州、云南、福建、广东、广西。

用途： 药用。

---

460 黄硬皮马勃

Scleroderma flavidum Ellis & Everh., J. Mycol. 1(7): 88, 1885.

担子果扁圆球形，直径5 ~ 8 cm，近黄色或杏黄色，后渐为黄褐色至深青黄灰色，具有深色小斑片和紧贴的小鳞片，成熟时呈不规则裂片，无柄或基部似柄状，由一团黄色或其他颜色的菌丝索固生于地上；孢体灰褐色或带淡紫灰色，后变深棕灰色。孢子球形，深褐色，相连形成网纹，直径7 ~ 10.5 μm。

生境： 生于阔叶林地上。

分布： 贵州、云南、福建、广东、广西、海南、香港。

用途： 食用、药用。

---

461 多根硬皮马勃

Scleroderma polyrhizum (J. F. Gmel.) Pers., Syn. Meth. Fung. (Göttingen) 1: 156, 1801.
Lycoperdon polyrhizum J. F. Gmel., Systema Naturae, Edn 13 2(2): 1464, 1792.
Sclerangium polyrhizon (J. F. Gmel.) Lév. [as 'polyrhiza'], Annls Sci. Nat., Bot., sér. 3 9: 130, 1848.
Scleroderma geaster Fr., Syst. Mycol. (Lundae) 3(1): 46, 1829.

担子果近球形或土豆形，直径4 ~ 6.5 cm；孢被厚而坚硬，初期浅黄白色，后土黄色至土黄褐色，表面常有龟裂纹或斑状鳞片，成熟时呈星状开裂，裂片反卷；孢体成熟后暗褐色。孢子球形，褐色，有小疣，常相连成不完整的网纹，直径5 ~ 10 μm。

生境： 生于林中地上。

分布： 河南、江苏、浙江、湖南、四川、贵州、云南、福建、台湾、广东、广西。

用途： 食用、药用。

---

459 马勃状硬皮马勃

Scleroderma areolatum Ehrenb.

摄影：吴兴亮

460 黄硬皮马勃

Scleroderma flavidum Ellis & Everh.

摄影：吴兴亮

461 多根硬皮马勃

Scleroderma polyrhizum (J. F. Gmel.) Pers.

摄影：谭伟福

462 云南硬皮马勃

Scleroderma yunnanense Y. Wang, in Zhang, Xu, Liu, He, Wang, Wang & Ji, Mycotaxon 125: 195, 2013.

子实体球形至扁球形，直径3 ~ 4 cm，下端缩成柄状基部；包被厚3 ~ 5 mm，木栓质，土黄褐色至黄褐色，初期近平滑，后期表皮逐渐龟裂呈鳞片状，包被内侧近白色；孢体初期灰紫色，后期呈暗紫褐色，成熟后粉末状。孢子球形至近球形，褐色至浅褐色，密被小刺，7.5 ~ 8.5 × 7 ~ 8 μm。

生境：生于林中地上。

分布：贵州、云南、广西。

用途：药用。

463 相似干腐菌

Serpula similis (Berk. & Broome) Ginns, Mycologia 63(2): 231, 1971.
Gyrophana similis (Berk. & Broome) Pat., Bull. Soc. Mycol. Fr. 39(1): 53, 1923.
Merulius similis Berk. & Broome, J. Linn. Soc., Bot. 14(no. 73): 58, 1873.
Sesia similis (Berk. & Broome) Kuntze, Revis. gen. pl. (Leipzig) 2: 870, 1891.

担子果覆瓦状叠生，肉质至软海绵质；菌盖扇形至不规则圆形，波状，外伸1.5 ~ 3 cm，宽3 ~ 5 cm，基部厚3 ~ 5 mm；表面乳黄色至浅黄色，粗糙；子实层体黄褐色，皱孔状至网纹褶状，近中央部分绝大多数褶厚，边缘褶较小；不育边缘明显，浅黄色；菌肉浅奶油色，软木质至海绵质。孢子近球形，亮黄色，厚壁，光滑，4.5 ~ 5 × 3.5 ~ 4.1 μm。

生境：生于竹子根部。

分布：广西、海南、贵州。

用途：造成木材褐色腐朽。

464 凹陷辛格杯伞

Singerocybe umbilicata Zhu L. Yang & J. Qin, Mycologia 106(5): 1020, 2014.

菌盖直径3 ~ 4 cm，中央下陷呈漏斗状，但不达菌柄基部，表面白色至米色，中间色深，边缘波状；菌肉薄，白色，有令人作呕的气味；菌褶延生，白色；菌柄长3 ~ 4 cm，直径4 ~ 6 mm，圆柱形，白色、米色至淡褐色，空心。孢子近椭圆形，光滑，无色，5 ~ 8 × 3 ~ 4.5 μm。

生境：生于针叶林或针阔叶混交林中地上。

分布：广西、贵州。

用途：有毒。

462 云南硬皮马勃

Scleroderma yunnanense Y. Wang

摄影：吴兴亮

463 相似干腐菌

Serpula similis (Berk. & Broome) Ginns

摄影：吴兴亮

464 凹陷辛格杯伞

Singerocybe umbilicata Zhu L. Yang & J. Qin

摄影：吴兴亮

465 囊状体绣球菌宽瓣变型

Sparassis cystidiosa f. **cystidiosa** Desjardin & Zheng Wang, in Desjardin, Wang, Binder & Hibbett, Mycologia 96: 5, 2004.

担子果单生或从生，肉质，直径22 cm，高20 cm，瓣片状，密集成丛呈绣球花状，新鲜时灰棕色至黄棕色，干时浅褐色至淡棕色，瓣片厚2 ~ 3 mm，肥厚，蜡质，边缘完整或开裂。孢子宽椭圆形至近球形，无色，光滑，7 ~ 9 × 6 ~ 7 μm。

生境： 生于阔叶林中腐木基部。

分布： 云南、广西。

466 赭色齿耳菌

Steccherinum ochraceum (Pers.) Gray, Nat. Arr. Brit. Pl. (London) 1: 651, 1821.
Hydnum ochraceum Pers.,Observ. Mycol.(Copenhagen) 1: 73, 1800.
Hydnum denticulatum Pers.,Mycol. eur.(Erlanga) 2: 181, 1825.

担子果革质，薄，初期半平状，后期形成菌盖呈半圆形或贝壳状，往往覆瓦状叠生和左右相连，表面密生短绒毛，直径1.5 ~ 3 cm，有环纹，灰黄色或浅黄褐色，老后呈灰黑色，边缘色浅，内卷；菌肉白色，韧；子实层体齿状，菌刺密，短，常扁平，锥形或柱形，肉色。孢子卵圆形，光滑、无色，3 ~ 4 × 2 ~ 2.5 μm。

生境： 生于阔叶林枯立木或枯枝上。

分布： 河北、黑龙江、吉林、山西、陕西、江苏、浙江、安徽、江西、福建、台湾、广东、广西、四川、贵州、云南。

用途： 引起木材白色腐朽。

467 烟色血韧革菌

Stereum gausapatum (Fr.) Fr., Hymenomyc. Eur. (Upsaliae): 638, 1874.
Thelephora gausapata Fr., Elench. Fung. (Greifswald) 1: 171, 1828.

担子果革质，平伏而反卷，丛生呈覆瓦状，常相互连接，外伸2 ~ 2.5 cm，宽3 ~ 5 cm，细长毛或粗毛，土黄色、橙黄色至烟灰色，有辐射状皱褶和同心环纹；子实层淡黄色至浅橙色，有无数色汁导管，受伤和割破时流出汁液，迅速变为血红色，菌肉浅黄色至淡褐色。孢子长椭圆形，无色，平滑，5 ~ 7 × 2.5 ~ 3.5 μm。

生境： 生于腐木上。

分布： 河北、山西、陕西、甘肃、安徽、江苏、浙江、江西、四川、贵州、云南、福建、广西、海南。

用途： 药用。

465 囊状体绣球菌宽瓣变型

Sparassis cystidiosa f. *cystidiosa* Desjardin & Zheng Wang

摄影：谭伟福

466 赭色齿耳菌

Steccherinum ochraceum (Pers.) Gray

摄影：吴兴亮

467 烟色血韧革菌

Stereum gausapatum (Fr.) Fr.

摄影：谭周荣

468　粗毛韧革菌

Stereum hirsutum (Willid.) Pers., Observ. Mycol. (Lipsiae) 2: 90, 1800.
Thelephora hirsuta Willd., Fl. Berol. Prodr., p. 397, 1787.

担子果平伏、反卷至菌盖状，通常覆瓦状叠生或左右连生，韧革质，干后革质；菌盖半圆形至贝壳状，从基部向边缘渐薄，0.8 ~ 2 × 1 ~ 2 cm，菌盖表面浅黄色、土黄色、锈黄色或灰黄褐色，具不明显的同心环纹，密被灰白色至深灰色硬毛或粗茸毛，缘锐，波状，黄褐色，干后内卷；子实层平滑，奶油色、浅黄色、米黄色、橘黄色或棕色；菌肉奶油色，绒毛层与菌肉层之间有一深褐色环带。孢子圆柱形，无色，薄壁，光滑，6 ~ 7.5 × 2.5 ~ 3.5 μm。

生境：生于多种阔叶树腐木上。

分布：黑龙江、吉林、河北、山西、陕西、甘肃、宁夏、新疆、安徽、湖南、四川、重庆、贵州、云南、福建、广西、海南。

用途：药用。

469　扁韧革菌

Stereum ostrea (Blume & T. Nees) Fr., Epic. Syst. Mycol. (Uppsala), p. 547, 1838
Thelephora ostrea Blume & T. Nees, Nova Acta Phys.-Med. Acad. Caes. Leop.-Carol. Nat. Cur. 13: 13, 1826.
Haematostereum australe (Lloyd) Z.T. Guo, Bull. Bot. Res., Harbin, Harbin 7(2): 55, 1987.

担子果无柄盖状，单生或左右连生，通常覆瓦状叠生，革质；菌盖半圆形、贝壳形或扇形，长3 ~ 6 cm，直径4 ~ 10 cm；菌盖上表面鲜黄色，黄褐色、灰黄色至浅栗色，具明显的同心环带，密被短茸毛；边缘新鲜时金黄色，全缘或开裂，干后内卷；子实层体肉色、土黄色或蛋壳色，光滑，同心环纹；菌肉浅黄褐色，革质；孢子宽椭圆形，无色，薄壁，光滑，5 ~ 6 × 2.5 ~ 3 μm。

生境：生在多种阔叶树上。造成木材白色腐朽。

分布：江苏、浙江、安徽、福建、河南、广东、广西、海南、四川、贵州、云南。

用途：药用。

470　黄纱松塔牛肝菌

Strobilomyces mirandus Corner, Boletus in Malaysia (Singapore): 61,1972.

菌盖凸镜形，直径3 ~ 6 cm，金黄褐色至黄褐色，表面被有黄色或褐色至深色的毛毡状鳞片，边缘常常有黄色至暗黄色的菌幕残余；菌管直生至稍延生，白色至灰粉色，伤后变为褐色至深褐色，常具有红色调；管口角形；菌柄6 ~ 11 cm，直径0.5 ~ 1 cm，近圆柱形，黄色至黄褐色，上部具有浅的网纹，并被有黄色或褐色的鳞片，常常有残留的菌环。孢子近球形至宽椭圆形，壁上具网纹，7.5 ~ 8.5 × 6.5 ~ 7.5 μm。

生境：生于阔叶林中地上。

分布：海南、福建、广西、云南。

468 粗毛韧革菌

Stereum hirsutum (Willid.) Pers.

摄影：吴兴亮

469 扁韧革菌

Stereum ostrea (Blume & T. Nees) Fr.

摄影：吴兴亮

470 黄纱松塔牛肝菌

Strobilomyces mirandus Corner

摄影：李常春

471 刺鳞松塔牛肝菌

Strobilomyces echinocephalus Gelardi & Vizzini, Mycol. Progr. 12(4): 578 ,2013.

菌盖直径5 ~ 7 cm，初半球形，后凸镜形至近平展，污灰色，密被黑色至暗紫黑色、直立锥状鳞片，边缘悬垂有黑色菌幕残余；菌肉浅灰色，伤后变锈红色至黑褐色，后变近黑色；菌管及孔口污白色至灰色，伤后变褐色，随后变近黑色；菌柄长6 ~ 10 cm，直径0.6 ~ 1 cm，圆柱形，密被黑褐色至近黑色鳞片。孢子近球形至宽椭圆形，有完整网纹，7 ~ 10 × 6.5 ~ 8 μm。

生境：生于混交叶林中地上。

分布：贵州、广西、云南。

472 半裸松塔牛肝菌

Strobilomyces seminudus Hongo, Trans. Mycol. Soc. Japan 23 (3): 197, 1983.

菌盖初期半球形，后呈凸镜形至平展形，直径5 ~ 8 cm，表面有绒毛或鳞片，干，绒毛灰褐色至土褐色，常裂成大小鳞片块，露出白色至灰色菌肉；盖缘初期具膜质黑色残留物，后期消失；菌肉白色至污灰色，伤后变红褐色至淡橙红色；菌管直生，有时弯生，灰白色至烟灰色，多角形，每毫米1 ~ 2个；菌柄长4 ~ 15 cm，直径0.8 ~ 1.5 cm，实心，表面淡土褐色至暗褐色，上半部有纵向长网格，下部绒质至细鳞片状；无菌环。孢子近球形，7 ~ 9.5 × 6.5 ~ 8.5 μm，有疣和不完整网纹，锈褐色。

生境：生于阔叶林中地上。

分布：甘肃、广东、广西、海南、贵州、云南、福建、浙江。

用途：药用。

473 松塔牛肝菌

Strobilomyces strobilaceus (Scop.) Berk., Hooker's J. Bot. Kew Gard. Misc. 3: 78, 1851.
Boletus cinereus Pers., Syn. Meth. Fung. (Göttingen) 2: 504, 1801.
Boletus strobilaceus Scop., Fl. Carniol., Edn 2 (Wien) 4(4): 148, 1772.
Strobilomyces floccopus (Vahl) P. Karst., Bidr. Känn. Finl. Nat. Folk 37: 16, 1882.
Strobilomyces strobiliformis Beck, Z. Pilzk. 2: 148, 1923.

菌盖初期半球形，后平展，直径5 ~ 10 cm，灰黑褐色、黑褐色至黑色，表面有粗糙的毡毛鳞片或疣；菌肉白色至淡灰白色，受伤时淡红色，后渐变黑色；菌管初由菌幕盖着，后菌幕脱落，少数残留在菌盖边缘，直生或近下延，灰色至黑褐色；管口多角形，灰白色；菌柄圆柱形，长5 ~ 12 cm，直径 0.5 ~ 2 cm，与菌盖同色，上部有网棱，下部有鳞片和绒毛，质脆，内实。孢子近球形至广椭圆形，褐色，有网纹，8 ~ 12 × 8 ~ 10 μm。

生境：生于针阔混交叶林或阔叶林中地上。

分布：山东、河南、安徽、江苏、浙江、湖北、四川、贵州、云南、西藏、福建、广东、广西、海南。

用途：食用、药用。

471 刺鳞松塔牛肝菌

Strobilomyces echinocephalus Gelardi & Vizzini

摄影：吴兴亮

472 半裸松塔牛肝菌

Strobilomyces seminudus Hongo

摄影：吴兴亮

473 松塔牛肝菌

Strobilomyces strobilaceus (Scop.) Berk.

摄影：吴兴亮

474 黏盖乳牛肝菌

Suillus bovinus (L.) Roussel, Fl. Calvados Edn 2: 34, 1796.
Boletus bovinus L., Fl. Suec. Edn 2: 1246, 1755.
Ixocomus bovinus (L.) Quél., Fl. Mycol. France (Paris): 413, 1888.

菌盖平展形，直径5 ~ 10 cm，菌盖缘初内卷，后呈波状，土黄色、淡黄褐色至黄褐色，干后呈肉桂色，湿时胶黏；菌肉浅黄色；菌管直生或近延生，淡黄褐色；菌孔角形，常呈辐射状排列；菌柄近圆柱形，3 ~ 7 × 0.5 ~ 1.3 cm，有时基部稍细，光滑，无腺点，上部色淡土黄色至淡黄褐色，下部呈黄褐色。孢子长椭圆形，淡黄色，光滑，7 ~ 11 × 3 ~ 4.5 μm。

生境：生于针叶林中地上。

分布：吉林、辽宁、浙江、安徽、江西、湖南、贵州、云南、西藏、福建、广东、广西、台湾。

用途：食用、药用。

---

475 点柄乳牛肝菌

Suillus granulatus (L.) Roussel, in Sipp. & Snell, Fl. Calvados Edn 2: 34, 1796.
Boletus granulatus L., Sp. Pl. Edn 2 2: 1617, 1763.
Boletus lactifluus Sowerby, Col. fig. Engl. Fung. Suppl. (London): Pl. 420, 1814.

菌盖扁半球形，后平展，直径5 ~ 10 cm，浅褐色至红褐色，黏，上有绒毛或光滑，边缘整齐，延伸；菌肉白色或微带黄色，伤不变色；菌管表面淡黄色至黄色，伤不变色，老时变褐色；管口多孔角形，每毫米1 ~ 2个；菌柄棒形，长6 ~ 8 cm，粗6 ~ 20 mm，淡黄褐色，有绒毛，有黑色小腺点。孢子椭圆形，光滑，浅黄色，8 ~ 10 × 3.2 ~ 4 μm。

生境：生于混交林中地上。

分布：黑龙江、吉林、辽宁、河北、山东、山西、河南、安徽、江苏、浙江、湖南、四川、贵州、云南、西藏、台湾、广东、广西。

用途：食用、药用。

---

476 褐环乳牛肝菌

Suillus luteus (L.) Roussel, Fl. Calvados Edn 2: 34, 1796.
Boletus luteus L., Sp. pl. 2: 1177, 1753.

菌盖初期扁半球形，后渐平展，直径3 ~ 8 cm，浅肉褐色、黄褐色或褐色，极黏，光滑；菌肉白色，后为淡黄色；菌管初为黄白色，后变为棕黄色或黄色，呈蜂窝状排列，与菌柄直生或稍下延，在菌柄之周围稍凹陷；管孔小，多角形，有腺点；菌柄近圆柱状，长3 ~ 6 cm，粗1 ~ 1.5 cm，淡黄白色，有散生小腺点，菌环以下部分常变为浅褐色，内实；菌环生于柄的上部，膜质，初为黄白色，后为浅褐色至褐色。孢子椭圆形或近梭形，淡黄色，光滑，6.3 ~ 9.5 × 3 ~ 3.6 μm。

生境：生于针叶林或针阔叶混交林中地上。

分布：黑龙江、吉林、辽宁、河北、山东、江苏、湖南、贵州、云南、西藏、广东、广西。

用途：食用、药用。

---

474 黏盖乳牛肝菌

Suillus bovinus (L.) Roussel

摄影：吴兴亮

475 点柄乳牛肝菌

Suillus granulatus (L.) Roussel

摄影：吴兴亮

476 褐环乳牛肝菌

Suillus luteus (L.) Roussel

摄影：吴兴亮

477 黄白琥珀乳牛肝菌

Suillus placidus (Bonord.) Singer, Farlowia 2: 42, 1945.
Boletus placidus Bonord., Beitr. Mykol. 19: 204, 1861.
Gyrodon placidus (Bonord.) Fr., Hymenomyc. eur. (Upsaliae): 518, 1874.
Ixocomus placidus (Bonord.) E. -J.Gilbert, Les Livres du Mycologue Tome I-IV, Tom. III: Les Bolets: 134, 1931.

菌盖近半球形3 ~ 6 cm，黄白色至浅黄色，光滑，黏；菌管直生，近黄白色、浅黄色至黄褐色，受伤不变色；管口黄色，多角形；菌柄近圆柱形，长4 ~ 6 cm，粗0.6 ~ 1.2 cm，黄白色，具乳白色或浅褐色腺点；菌肉白色，受伤不变色。孢子近长椭圆形，浅黄褐色至黄褐色，光滑，7 ~ 10 × 3.5 ~ 4.5 μm。

生境： 生于针叶林中地上。

分布： 吉林、辽宁、陕西、广西、四川、贵州、云南。

用途： 药用。

---

478 三针虎皮乳牛肝菌

Suillus latteri N. K.Zeng, R. Xue, ZhiQ. Liang & S. Jiang, Phgtotaxa 401(4): 250, 2019.

菌盖扁半球形至平展，直径4 ~ 10 cm，上覆桃红色至红褐色绒毛状鳞片，边缘可见菌幕残余；菌肉浅黄色，伤后微变红；菌管延生，黄褐色，辐射状排列；管口复式，角形；菌柄近圆柱形，长5 ~ 10 cm，粗1 ~ 2 cm，与盖表同色，上覆桃红色至红褐色绒毛状鳞片，菌柄的上部有残存菌环。孢子长椭圆形，光滑，浅黄褐色至黄褐色，8 ~ 12 × 3.5 ~ 5 μm。

生境： 生于阔叶林中地上。

分布： 吉林、黑龙江、江苏、浙江、安徽、湖北、湖南、广东、广西、海南、四川、贵州、云南。

用途： 食用、药用。

---

479 黑毛小塔氏菌

Tapinella atrotomentosa (Batsch) Šutara, Česká Mykol. 46(1-2): 50, 1992.
Agaricus atrotomentosus Batsch, Elench. Fung. Cont. Prima (Halle): 89 & Tab. 8: 32, 1786.
Paxillus atrotomentosus (Batsch) Pers., Syn. Meth. Fung. (Göttingen): 472, 1801.

菌盖扁半球形，后平展，直径5 ~ 9 cm，不黏或潮湿时微黏，污褐色、锈褐色至烟褐色，边缘黄褐色，密生细绒毛，边缘稍内卷；菌肉白色至淡黄白色；菌褶浅黄白色至淡黄褐色，干后变黑褐色，稀疏，不等长，延生，有横脉，基部分叉；菌柄圆柱形，偏生，长3 ~ 6 cm，粗1 ~ 2.5 cm，基部同等或略膨大，密生栗褐色至暗红褐色绒毛。孢子卵圆形至宽椭圆形，光滑，浅黄色，4.5 ~ 6.5 × 3 ~ 4.5 μm。

生境： 生于林地上。

分布： 贵州、云南、西藏、福建、广东、广西、海南。

用途： 药用。

---

477 黄白琥珀乳牛肝菌

Suillus placidus (Bonord.) Singer

摄影：吴兴亮

478 三针虎皮乳牛肝菌

Suillus Latteri N. K.Zeng, et al.

摄影：吴兴亮

479 黑毛小塔氏菌

Tapinella atrotomentosa (Batsch) Šutara

摄影：吴兴亮

480 金黄蚁巢伞

Termitomyces aurantiacus (R. Heim) R. Heim, Termites et Champignons (Paris): 56, 1977.
Termitomyces cylindricus S.C. He, Acta Mycol. Sin. 4(2): 104, 1985.
Termitomyces striatus var. *aurantiacus* R. Heim, Denkschr. schweiz. naturf. Ges. 80(1): 23, 1952.

菌盖直径5 ~ 10 cm，初期圆锥形、钟形或斗笠形，盖中央具乳头状突起，表面黄褐色至红褐色，顶部色深，盖缘成熟后裂开；菌肉白色至污白色；菌褶离生，白色，稍稀，不等长；菌柄圆柱形，柄长8 ~ 15 cm，粗0.5 ~ 2 cm，近白色，中上部乳白色，淡赭色，柄基部棕黑色，基部膨大又延伸成10 ~ 32 cm的假根，向下渐细，假根的末梢与地下白蚁巢相连结。孢子卵圆形或宽椭圆形，光滑，无色，透明，5.5 ~ 7.5 × 3.5 ~ 5 μm。

生境： 生于地下蚁巢上。

分布： 海南、广西、云南、贵州。

用途： 食用，味极鲜美。

481 盾形蚁巢伞

Termitomyces clypeatus R. Heim, Bull. Jard. Bot. État 21: 207, 1951.
Sinotermitomyces taiwanensis M. Zang & C.M. Chen, Fungal Science, Taipei 13(1, 2): 25, 1998.

菌盖斗笠形、锥形，中央具尖状突起，直径5 ~ 8 cm，初呈淡黄褐色至土黄褐色，后呈赭褐色或灰褐色，有辐射状条纹，盖缘成熟后裂开；菌褶离生，白色；菌肉白色至污白色；菌柄圆柱形，近等粗，柄长8 ~ 15 cm，粗0.5 ~ 1.5 cm，基部有假根状延伸，中上部乳白色、淡赭色，柄基部棕黑色。孢子卵圆形至椭圆形，无色，透明，4.5 ~ 7 × 3 ~ 4 μm。

生境： 生于地下白蚁巢上。

分布： 贵州、云南、广东、广西、海南。

用途： 食用、药用。

482 真根蚁巢伞

Termitomyces eurhizus (Berk.) R. Heim, Arch. Mus. Hist. Nat. Paris, ser. 6 18: 140, 1942.
Rajapa eurhiza (Berk.) Singer, Lloydia 8: 143, 1945.
Termitomyces albiceps S. C. He, Acta Mycol. Sin. 4(2): 106, 1985.

菌盖初期圆锥形，后渐伸展，直径5 ~ 20 cm，中央有显著的斗笠状突起，淡灰褐色、淡褐色或灰褐色，盖面往往呈辐射状撕裂，表面湿时黏，光滑；菌肉白色，较厚；菌褶近离生至弯生，密，不等长，白色，后变为浅粉红色或米黄色；菌柄圆柱形或近纺缍形，长5 ~ 12 cm，粗1 ~ 2 cm，淡褐色或灰白色，内部白色，内实，纤维质，基部稍膨大又延伸成10 ~ 20 cm的假根，向下渐细，假根的末梢与地下白蚁巢相联结。孢子椭圆形，光滑，无色，7 ~ 8.5 × 4.5 ~ 5.5 μm。

生境： 生于白蚁巢上。

分布： 安徽、江苏、浙江、贵州、云南、广东、广西、海南。

用途： 食用、药用。

480 金黄蚁巢伞

Termitomyces aurantiacus (R. Heim) R. Heim

摄影：吴兴亮

481 盾形蚁巢伞

Termitomyces clypeatus R. Heim

摄影：吴兴亮

482 真根蚁巢伞

Termitomyces eurhizus (Berk.) R. Heim

摄影：吴兴亮

483 小蚁巢伞

Termitomyces microcarpus (Berk. & Broome) R. Heim, Arch. Mus. Hist. Nat. Paris, ser. 6 18: 128, 1942.
Agaricus microcarpus Berk. & Broome, J. Linn. Soc., Bot. 11(no. 56): 537, 1871.

菌盖初期半球形或圆锥形至斗笠形，中部突尖，直径1.5 ~ 2.5 cm，光滑，灰白色、浅灰褐色至淡棕褐色，具放射状条纹，往往边缘开裂；菌肉白色，薄；菌褶白色，密，凹生或近离生，不等长；菌柄近圆柱形，长3 ~ 6 cm，粗0.2 ~ 0.5 cm，白色，纤维质，具丝光，基部成假根生于白蚁窝上。孢子椭圆至近卵圆形，无色，平滑，6 ~ 7 × 3.5 ~ 5 μm。

生境： 生于林中地上。

分布： 四川、贵州、云南、福建、广西。

用途： 食用、药用。

484 条纹蚁巢伞

Termitomyces striatus (Beeli) R. Heim, Mém. Acad., Sci., Paris 44: 72, 1942.

菌盖直径5 ~ 8 cm，圆锥形、斗笠形至平展，灰色、灰褐色至浅褐色，中央有较尖的突起，有辐射状纹理，边缘撕裂；菌肉白色，伤不变色；菌褶离生，白色至淡粉红色，稠密；菌柄长5 ~ 13 cm，直径1 ~ 2 cm，假根的末稍与地下白蚁巢粗连结。孢子椭圆形，无色，光滑，5.5 ~ 7.5 × 3.5 ~ 4.5 μm。

生境： 生于白蚁巢上。

分布： 贵州、四川、海南、广西、云南。

用途： 食用，味鲜美。

485 雅致栓孔菌

Trametes elegans (Spreng.) Fr., Epicr. syst. Mycol. (Upsaliae): 492, 1838.
Daedalea elegans Spreng., K. svenska Vetensk-Akad. Handl., ser. 3 41: 51, 1820.

担子果无柄盖形，新鲜时革质，干后硬革质；菌盖半圆形、扇形，菌盖6 × 8 cm，表面白色至乳白色，后变为浅灰白色，近基部有瘤状突起，具同心环带，边缘锐，完整，与盖面同色；孔口表面奶油色，后浅赭色，干后浅黄色；不育边缘明显或不明显，奶油色，多角形至迷宫状，放射状排列，每毫米约2 ~ 3个；菌肉乳白色，木栓质；菌管奶油色，比孔面颜色稍浅，木栓质。孢子长椭圆形，无色，薄壁，光滑，3 ~ 6 × 2 ~ 3 μm。

生境： 生于阔叶树腐木上。

分布： 福建、广西、海南、贵州。

483 小蚁巢伞

Termitomyces microcarpus (Berk. & Broome) R. Heim

摄影：吴兴亮

484 条纹蚁巢伞

Termitomyces striatus (Beeli) R. Heim

摄影：吴兴亮

485 雅致栓孔菌

Trametes elegans (Spreng.) Fr.

摄影：吴兴亮

486　迷宫栓孔菌

Trametes gibbosa (Pers.) Fr., Epicr. Syst. Mycol. (Uppsala): 492, 1838.
Merulius gibbosus Pers., Observ. Mycol. (Copenhagen) 1: 21, 1796.
Daedalea gibbosa (Pers.) Pers., Syn. Meth. Fung. (Göttingen) 1: 501, 1801.
Polyporus gibbosus (Pers.) P. Kumm., Führ. Pilzk. (Zwickau): 59, 1871.
Trametes gibbosa f. *tenuis* Pilát, Atlas des Champignons de l'Europe. Polyporaceae I (Praha) 3(1): 290, 1939.
Pseudotrametes gibbosa (Pers.) Bondartsev & Singer, Mycologia 36: 68, 1944.

担子果无柄，单生或数个覆瓦状叠生；菌盖半圆形、扇形或肾形，扁平，5 ~ 10 × 6 ~ 13 cm，厚1 ~ 2 cm，表面近白色，后渐变灰白色、浅灰褐色至黑褐色，具细微绒毛，后变光滑，有环带，边缘锐；菌肉近白色、浅蛋壳色至灰白色；菌管与菌肉同色；孔面近白色，后米黄色至乳黄色；管口近圆形、多角形或部分裂为褶状，每毫米1 ~ 2个。孢子圆柱形，无色，4 ~ 4.8 × 2 ~ 2.5 μm。

生境： 生于阔叶树倒木上。

分布： 吉林、辽宁、北京、河南、山西、江苏、浙江、湖北、四川、贵州、西藏、广西、海南。

用途： 药用。

487　毛栓孔菌

Trametes hirsuta (Wulfen) Lloyd, Mycol. Writ. 7: 1319, 1924.
Boletus hirsutus Wulfen, in Jacquin, Collnea Bot.2: 149, 1788.
Coriolus vellereus (Berk.) Pat., Bulletin du Muséum National d'Histoire Naturelle, Paris 27: 376, 1921.
Coriolus velutinus P. Karst., Trudy Troitsk. Otd. Imp. Russk. Geogr. Obsc. 8: 61, 1906.
Polyporus cinerescens Lév., Annls Sci. Nat., Bot., sér. 3 2: 184, 1844.
Polyporus cinereus Lév., Annls Sci. Nat., Bot., sér. 3 5: 140, 1846.
Polyporus fagicola Velen., České Houby 4-5: 654, 1922.
Polystictus hirsutus (Wulfen) Fr., Syst. Mycol. (Lundae) 1: 367, 1821.
Trametes hirsuta (Wulfen) Pilát, in Kavina & Pilát, Atlas Champ. l'Europe (Praha) 3: 265, 1939.

担子果无柄，单生或覆瓦状叠生；菌盖扁平，半圆形或扇形，3 ~ 5.5 × 2 ~ 8 cm，厚0.3 ~ 1 cm，表面乳白色，后奶油色、浅棕黄色、灰色至灰褐色，被硬毛和绒毛，有同心环带和环沟，表面常被绿色藻类；孔口表面初期乳白色，后期浅乳黄色至淡灰褐色，多角形或近圆形，每毫米约2 ~ 4个；菌肉乳白色；菌管奶油色或乳黄色。孢子圆柱形，无色，薄壁，光滑，5 ~ 7 × 1.8 ~ 2.5 μm。

生境： 生于阔叶树腐木上。

分布： 浙江、福建、河南、湖北、湖南、广西、海南、四川、贵州、西藏、陕西、甘肃、新疆。

用途： 药用。

486 **迷宫栓孔菌** *Trametes gibbosa* (Pers.) Fr. 摄影：吴兴亮

487 **毛栓孔菌** *Trametes hirsuta* (Wulfen) Lloyd 摄影：刘宏

488 东方栓孔菌

Trametes orientalis (Yasuda) Imazeki, Bull. Tokyo Sci. Mus. 6: 73, 1943.
Polystictus orientalis Yasuda, Bot. Mag., Tokyo 32: 135, (Jap. sect.) 1918.

担子果无柄或有柄基，覆瓦状叠生，往往数个菌盖左右相连；菌盖贝壳状、肾形、半圆形或近圆状，5 ~ 10 × 5 ~ 15 cm，厚5 ~ 10 mm，具微细绒毛，米黄色至浅灰黄褐色，有明显的灰色同心环带和环棱，在基部常具瘤或疣状突起，边缘锐或钝；菌肉白色；菌管白色；管口近圆形，白色至浅黄白色，每毫米2 ~ 3个。孢子长椭圆形，稍弯曲，无色，光滑，5.5 ~ 7 × 2.5 ~ 3 μm。

生境： 生于阔叶树腐木上。

分布： 黑龙江、吉林、湖北、江西、湖南、云南、贵州、西藏、台湾、广东、广西、海南。

用途： 药用。

489 云芝栓孔菌

Trametes versicolor (L.) Pilát, Atlas des Champignons de l'Europe3: 261, 1939.
Boletus versicolor L., Sp. pl. 2: 1176, 1753.
Poria versicolor (L.) Scop., Fl. carniol. Edn 2 (Vienna) 2: 468, 1772.
Agaricus versicolor (L.) Lam., Encyclop. Méthod. Botan. (Paris) 1: 50, 1783.
Polyporus fuscatus Fr., Observ. Mycol. (Leipzig) 2: 259, 1818.
Polyporus versicolor (L.) Fr., Syst. Mycol. (Lundae) 1: 368, 1821.
Polyporus nigricans Lasch, in Rabenhorst, Fungi europ. exsicc. 4: no. 15, 1859.
Polyporus versicolor var. *nigricans* Fr., Hymenomyc. Eur. (Uppsala): 568, 1874.
Polystictus versicolor (L.) Cooke, Grevillea 14(no. 71): 83, 1886.
Coriolus versicolor (L.) Quél., Enchir. Fung. (Paris): 175, 1886.

担子果通常覆瓦状叠生，有时数十个菌盖聚生；菌盖近圆形、半圆形、扇形或不规则形，2 ~ 5 × 2 ~ 6 cm，厚2 ~ 4 mm，淡黄褐色、棕黄色、褐色或灰色到紫灰色，具明显的同心环带，被细密绒毛；边缘锐，淡黄色至浅黄褐色；菌肉白色；菌管初期白色，后烟灰色至灰褐色；孔口初期白色，后奶油色至浅灰色，近圆形、多角形至不规则形，每毫米3 ~ 5个。孢子圆柱形，无色，薄壁，光滑，4 ~ 6 × 2 ~ 2.5 μm。

生境： 生于阔叶树上。

分布： 陕西、甘肃、新疆、浙江、江西、湖北、湖南、四川、贵州、云南、西藏、福建、广西、海南。

用途： 药用。

488 **东方栓孔菌** *Trametes orientalis* (Yasuda) Imazeki 摄影：吴兴亮

489 **云芝栓孔菌** *Trametes versicolor* (L.) Pilát 摄影：吴兴亮

490 大锁银耳

Tremella fibulifera Möller, Bot. Mitt. Trop. 8: 170, 1895.

子实体直径4 ~ 6 cm，高2 ~ 3.5 cm，由许多瓣片组成，脑状或不规则形或大肠形，白色至乳黄白色，干后变米黄色，胶质，柔软，半透明；锁状联合大而明显；原担子十字形纵隔，近球形或卵形，10 ~ 22 × 8 ~ 12 μm；上担子直径2 ~ 4 um；孢子无色，光滑，近卵圆形，6.5 ~ 10 × 5 ~ 8.5 μm。

生境：阔叶林中腐木上。

分布：广西、四川、西藏。

491 茶色银耳

Tremella foliacea Pers.: Fr., Obs. Myc. 2: 98, 1799.

担子果由薄的叶状瓣片组成，直径5 ~ 8 cm，高3 ~ 5 cm，红褐色或锈褐色，干后深褐色，胶质，半透明；子实层覆于瓣片的两侧。孢子近球形，7.5 ~ 10 × 6.8 ~ 8 μm。

生境：生于阔叶林倒木或枯枝上。

分布：山西、吉林、浙江、安徽、福建、江西、湖北、湖南、广东、广西、四川、贵州、云南、陕西、青海。

用途：食用、药用。

492 银耳

Tremella fuciformis Berk., Jour. Bot. 8:277, 1856.

担子果胶质，光滑，半透明，花瓣状，直径5 ~ 8 cm，纯白色，有平滑柔软的胶质褶壁，由扁薄而卷曲的瓣片所组成，干后色变淡黄色，基蒂常黄褐色，硬而脆；每个瓣片的上下表面均为子实层所覆盖。孢子卵形或近球形，无色，透明，6 ~ 8.5 × 5 ~ 6 μm。

生境：生于阔叶树的倒木上。

分布：山西、吉林、江苏、浙江、安徽、福建、江西、湖北、湖南、广东、广西、四川、贵州、云南、陕西、台湾、海南。

用途：食用、药用。

490 **大锁银耳**

Tremella fibulifera Möller

摄影：谭国荣

491 **茶色银耳**

Tremella foliacea Pers.: Fr.

摄影：刘宏

492 **银耳**

Tremella fuciformis Berk.

摄影：谭伟福

493 橙黄银耳

Tremella mesenterica Retz., K. Vetensk. Acad. Handl. 30: 249, 1769.
Tremella lutescens Pers., Mycol. eur. (Erlanga) 1: 100, 1822.
Hormomyces aurantiacus Bonord., Handb. Allgem. mykol.: 150, 1851.

担子果呈脑状皱褶或不规则的缩成大肠状，直径达2.5 ~ 6 cm，高2 ~ 3 cm，胶质，黄色、橙黄色至橘黄色，干后同色或较深，从树皮裂缝中长出，成熟时有的裂瓣稍膨大中空。孢子近球形，10 ~ 15 × 7 ~ 10 μm。

生境： 生于阔叶树的枯枝或倒木上。

分布： 山西、福建、湖北、湖南、广东、广西、四川、贵州、云南、陕西、宁夏、西藏。

用途： 食用、药用。

494 垫状银耳

Tremella pulvinalis Kobayasi, Sci. Rep. Tokyo Bunrika Daig., Sect. B 4: 14, 1939.

子实体垫状，胶质，白色至污白色，半透明，长2 ~ 5 cm，直径1 ~ 2 cm，高0.2 ~ 1.5 cm，脑状，干后强烈收缩；子实层无分生孢子；下担子卵形至卵状椭圆形，长11 ~ 15.5 μm，直径10 ~ 14 μm，2 ~ 4纵裂，上担子37.5 ~ 88 × 2.5 ~ 3 μm，孢子卵形，有小尖，7 ~ 10 × 5 ~ 7 μm。

生境： 生于阔叶林中阔叶树上。

分布： 湖南、福建、广西、贵州。

用途： 食用。

493 **橙黄银耳** *Tremella mesenterica* Retz. 摄影：李常春

494 **垫状银耳** *Tremella pulvinalis* Kobayasi 摄影：吴兴亮

495　珊瑚银耳

Tremella ramarioides M. Zang, Acta bot. Yunn. 14(4): 393, 1992.

担子果胶质，光滑，珊瑚状向周围叉状分枝，丛体高3 ~ 5 cm，直径3 ~ 6 cm，单枝分叉，顶枝顶短而圆钝，集成珊瑚状，乳黄白色或淡黄色，干后收缩，角质，硬而脆，变乳黄白色至淡黄色，基蒂常黄褐色；每个瓣片的上下表面均为子实层所覆盖，宽3 ~ 7 cm，厚2 ~ 3 mm，带状至花瓣状，边缘波状或瓣裂，两面平滑。担子近卵形，6 ~ 7 × 5 ~ 6 μm；分生孢子椭圆形或近圆形，无色，透明，3 ~ 3.5 × 2 ~ 2.5 μm。

生境：生于阔叶树腐木上。

分布：广西、云南。

用途：食用。

496　伯氏附毛孔菌

Trichaptum brastagii (Corner) T. Hatt., Mycoscience 46(5): 306, 2005.
Trametes brastagii Corner, Beih. Nova Hedwigia 97: 83, 1989.

子实体具明显菌盖，覆瓦状叠生，革质；菌盖匙形或扇形，外伸1 ~ 2 cm，宽1 ~ 3 cm，基部厚可达1 mm；表面浅紫褐色、浅灰褐色、赭色至紫褐色，被细线毛，具同心环带;边缘锐，干后内卷；孔口表面奶油色至浅紫褐色，多角形，每毫米4 ~ 5个；边缘薄，撕裂状；不育边缘明显，宽可达1 mm；菌肉奶油色，厚可达0.5 mm；菌管与孔口表面同色，长可达0.5 mm孢子短圆柱形，无色，薄壁，光滑，3.5 ~ 5 × 2 ~ 2.5 μm。

生境：生于阔叶树死树上。

分布：贵州、广西。

用途：造成木材白色腐朽。

495 **珊瑚银耳** *Tremella ramarioides* M. Zang　　摄影：吴兴亮

496 **伯氏附毛孔菌** *Trichaptum brastagii* (Corner) T. Hatt.　　摄影：吴兴亮

497 褐紫附毛孔菌

Trichaptum fuscoviolaceum (Ehrenb.) Ryvarden [as 'fusco-violaceus'], Norw. Jl Bot. 19: 237, 1972.
Xylodon candidus Ehrenb., Sylv. mycol. berol. (Berlin): 19, 1818.
Xylodon fuscoviolaceus (Ehrenb.) Kuntze, Revis. gen. pl. (Leipzig) 3(3): 541, 1898.

担子果平伏至有菌盖，覆瓦状叠生，革质；菌盖窄半圆形，外伸1.5 ~ 2.5 cm，直径2.5 ~ 5 cm，厚2 ~ 4 mm；表面灰褐色至紫褐色，被细微绒毛，具同心环带；边缘锐，淡黄褐色，干后内卷；子实层体紫色至紫褐色；孔口不规则形至齿状，每毫米2 ~ 4个；菌肉较薄，上层浅灰色，下层近紫褐色；菌齿与孔口表面同色。孢子圆柱形，稍弯曲，无色，薄壁，光滑，5.5 ~ 7 × 2.2 ~ 2.8 μm。

生境：生于针叶树死树倒木和树桩上。

分布：贵州、广西及东北、华北、西北和青藏地区。

用途：药用。

498 桦附毛孔菌

Trichaptum pargamenum (Fr.) G. Cunn., Bull. N.Z. Dept. Sci. Industr. Res. 164: 100, 1965.
Polyporus biformis Fr., in Klotzsch, Linnaea 8(4): 486, 1833.

子实体有菌盖，覆瓦状叠生，革质，菌盖半圆形，外伸1 ~ 2 cm，直径2 ~ 3 cm，厚3 ~ 6 mm，表面浅褐色至淡黄褐色，被细密绒毛，具同心环带；边缘锐，干后略内卷；子实层体齿状；每毫米1 ~ 2个；菌肉明显分层，上层乳白色，下层淡褐色。孢子圆柱形，无色，薄壁，表面光滑，稍弯曲，4.5 ~ 5.5 × 2 ~ 2.5 μm。

生境：生于阔叶树上。

分布：黑龙江、吉林、内蒙古、河北、山西、河南、安徽、江苏、浙江、四川、贵州、云南、福建、广西。

用途：药用。

499 赭红拟口蘑

Tricholomopsis rutilans (Schaeff.) Singer, Schweiz. Z. Pilzk. 17: 56, 1939.
Agaricus rutilans Schaeff., Fung. Bavar. Palat. 3: 219, 1770.

菌盖凸镜形至平展形，直径4 ~ 12 cm，有短绒毛组成的鳞片，浅砖红色、赭红色至褐紫红色；菌褶弯生或近直生，淡黄色，密，不等长，褶缘锯齿状；菌肉白色带黄色，中部厚；菌柄圆柱形，长6 ~ 11 cm，粗0.7 ~ 2.5 cm, 上部黄色，下部稍暗具红褐色或紫红褐色小鳞片，内部松软后变空心，基部稍膨大。孢子近球形或近卵圆形，光滑，带黄色，5.8 ~ 7 × 3.5 ~ 4.5 μm。

生境：生于针叶树腐木上或腐树桩上。

分布：甘肃、陕西、广西、四川、贵州、西藏、新疆、台湾。

用途：药用。

497 褐紫附毛孔菌

Trichaptum fuscoviolaceum (Ehrenb.) Ryvarden

摄影：吴兴亮

498 桦附毛孔菌

Trichaptum pargamenum (Fr.) G. Cunn.

摄影：吴兴亮

499 赭红拟口蘑

Tricholomopsis rutilans (Schaeff.) Singer

摄影：吴兴亮

500　黄绿口蘑

Tricholoma sejunctum (Sowerby) Quél., Mém. Soc. Émul. Montbéliard Sér. 2 5: 76, 1872.
Agaricus sejunctus Sowerby, Col. fig. Engl. Fung. Mushr. (London) 2: tab. 126, 1799.

菌盖半球形，后扁半球形至近平展，直径3 ~ 7 cm，浅黄绿色、灰黄绿色至浅棕绿色，中部色深，湿时黏，具纤毛状鳞片，边缘内卷；菌肉白色至黄白色；菌褶弯生，稍密，初期白色，后灰粉色至浅黄色；菌柄长5 ~ 10 cm，直径0.8 ~ 2 cm，浅黄白色，上部色浅，向下颜色稍深，上下等粗，有时基部稍膨大，内部实心或松软。孢子近球形或宽椭圆形，光滑，无色，6.5 ~ 7.5 × 4.5 ~ 6 μm。

生境： 生于林中地上。

分布： 广西、贵州及东北等地区。

用途： 食用。

501　柔韧小薄孔菌

Trullella duracina (Pat.) Zmitr., Folia Cryptogamica Petropolitana (Sankt-Peterburg) 6: 104, 2018.
Antrodiella duracina (Pat.) I. Lindblad & Ryvarden, Mycotaxon 71: 336, 1999.
Leptoporus duracinus Pat., Bull. Soc. Mycol. Fr. 18(2): 174, 1902.
Polyporus duracinus (Pat.) Sacc. & D. Sacc., Syll. fung. (Abellini) 17: 115, 1905.
Trulla duracina (Pat.) Miettinen, in Miettinen & Ryvarden, Ann. bot. fenn. 53(3-4): 168, 2016.
Tyromyces duracinus (Pat.) Murrill, N. Amer. Fl. (New York) 9(1): 37, 1907.

担子果革质，干后木栓质；菌盖匙形至半圆形，直径3 ~ 4 cm；黄褐色至褐色，具明显或不明显的同心环纹，光滑，边缘锐；孔口表面乳白色至奶油色，干后淡黄灰色，多角形，每毫米7 ~ 8个；边缘薄，全缘，不育边缘明显；菌肉奶油色；菌管乳黄色；菌柄扁圆柱形，长0.5 ~ 1.2 cm，直径2 ~ 3 mn。孢子圆柱形至腊肠形，无色，薄壁，光滑，4 ~ 5 × 1.8 ~ 2 μm。

生境： 生于腐木或腐树桩上。

分布： 广东、广西。

502　喇叭陀螺菌

Turbinellus floccosus (Schwein.) Earle ex Giachini & Castellano, Mycotaxon 115: 196, 2011.
Cantharellus canadensis Klotzsch ex Berk., Ann. nat. Hist., Mag. Zool. Bot. Geol. 3: 380, 1839.
Cantharellus floccosus Schwein., Trans. Am. phil. Soc., Ser. 2 4(2): 153, 1832.

担子果漏斗形至喇叭形，高5 ~ 8 cm，土黄色至橘红色，上密生红褐色鳞片，边缘内卷，瓣裂；菌肉白色，较厚；菌褶肉黄色，稍密至较稀，狭窄，有分叉并相互交织的脉状棱褶，下延至中下部；菌柄圆柱形，长3 ~ 5 cm，直径0.8 ~ 1.5 cm，初内实，后变中空，基部稍下伸成短假根。孢子椭圆形，近无色或浅黄色，初期光滑，渐变粗糙，13 ~ 15 × 6 ~ 7.5 μm。

生境： 生于针阔混交林中地上。

分布： 安徽、福建、山东、湖北、湖南、广西、四川、贵州、云南、西藏、陕西。

用途： 药用。

500 黄绿口蘑

Tricholoma sejunctum (Sowerby) Quél.

摄影：吴兴亮

501 柔韧小薄孔菌

Trullella duracina (Pat.) Zmitr.

摄影：吴兴亮

502 喇叭陀螺菌

Turbinellus floccosus (Schwein.) Earle ex Giachini & Castellano

摄影：吴兴亮

503 浅褐陀螺菌

Turbinellus fujisanensis (S. Imai) Giachini, Mycotaxon 115: 197, 2011.
Cantharellus fujisanensis S. Imai, Bot. Mag., Tokyo 55: 519, 1941.
Gomphus fujisanensis (S. Imai) Parmasto, Identification of URSS Clavariaceae: 28, 1965.
Neurophyllum fujisanense (S. Imai) S. Ito [as 'fujisanensis'], Mycol. Fl. Japan 2(4): 103, 1955.

担子果喇叭状，高7 ~ 12 cm；菌盖直径4 ~ 7 cm，近肉色、浅土黄褐色、土黄色至黄褐色，被褐色鳞片，带土红色；菌肉白色；菌褶呈曲折棱纹，污肉黄色；菌柄与菌盖无明显界线，从菌盖中央向下成管状延伸至基部，长2 ~ 5 cm，直径0.8 ~ 1.2 cm，表面白色至污白色。孢子具细小的疣，近椭圆形，近无色，12 ~ 15 × 6 ~ 8 μm。

生境： 生于针阔混交林中地上。

分布： 广西、四川、贵州、云南。

用途： 食用。

504 新苦粉孢牛肝菌

Tylopilus neofelleus Hongo, J. Jap. Bot. 42: 154, 1967.
Tylopilus neofelleus f. *olivaceus* Hid. Takah., Trans. Mycol. Soc. Japan 27(1): 95, 1986.

菌盖半球形，后近平展，中部凸镜形，直径5 ~ 11 cm，菌盖表面浅紫色至紫褐色；菌肉灰白色，伤后不变色，味苦；菌管孔口淡粉色，伤后不变色；菌柄圆柱状，近等粗，高6 ~ 13 cm，粗1.8 ~ 3 cm，内实，紫褐色，顶端淡紫色。孢子近纺缍形，淡粉紫色，光滑，8 ~ 9 × 3 ~ 5 μm。

生境： 生于针阔混交林地上。

分布： 贵州、海南、广西。

用途： 有微毒。

505 垂边红孢纱牛肝菌

Veloporphyrellus velatus (Rostr.) Y.C. Li & Zhu L. Yang, Mycologia 106(2): 303, 2014.
Boletus velatus (Rostr.) Sacc. & D. Sacc., Syll. fung. (Abellini) 17: 97, 1905.
Suillus velatus Rostr., Bot. Tidsskr. 24: 357, 1902.
Tylopilus velatus (Rostr.) F.L. Tai, Syll. fung. sinicorum: 758, 1979.

菌盖半球形至平展，中央凸镜形，直径3 ~ 5 cm，密被红褐色至栗褐色鳞片，边缘延伸，悬垂有菌幕残余；菌肉白色，伤不变色；菌管与菌孔淡粉红色，伤不变色；菌柄圆柱形，长5 ~ 7 cm，直径0.6 ~ 1 cm，淡栗褐色，光滑。孢子近梭形至椭圆形，光滑，淡粉红色，11 ~ 12 × 4 ~ 5 μm。

生境： 生于林地上。

分布： 贵州、广西等。

503 浅褐陀螺菌

Turbinellus fujisanensis (S. Imai) Giachini

摄影：吴兴亮

504 新苦粉孢牛肝菌

Tylopilus neofelleus Hongo

摄影：吴兴亮

505 垂边红孢纱牛肝菌

Veloporphyrellus velatus (Rostr.) Y.C. Li & Zhu L. Yang

摄影：吴兴亮

506 草菇

Volvariella volvacea (Bull.) Singer, Lilloa 22: 401, 1951.
Agaricus rhodomelas Lasch, Linnaea 4: 548, 1829.
Agaricus volvaceus Bull., Herb. Fr. (Paris) 6: tab. 262, 1786.
Amanita virgata Pers., Tent. disp. meth. fung. (Lipsiae): 18, 1797.
Vaginata virgata (Pers.) Gray, Nat. Arr. Brit. Pl. (London) 1: 601, 1821.
Volvaria rhodomelaena (Lasch) P. Kumm., Führ. Pilzk. (Zerbst): 99, 1871.
Volvaria volvacea (Bull.) P. Kumm., Führ. Pilzk. (Zerbst): 99, 1871.
Volvariopsis volvacea (Bull.) Murrill, N. Amer. Fl. (New York) 10(2): 144, 1917.

菌盖钟形，伸展中央稍凸起，直径5 ~ 8 cm，灰白色至深灰色，边缘颜色渐浅，具放射状丝状条纹，干后灰褐色，边缘锐，干后内卷；菌肉白色，干后浅黄色；菌褶密，不等长，离生，白色至奶油色，后期粉红色，干后黄褐色；菌柄长6 ~ 8 cm，直径0.5 ~ 2 cm，圆柱形，近白色，光滑，纤维质，实心，干后浅黄色，脆质；菌托大，杯状，奶油色至灰褐色。孢子椭圆形至宽椭圆形，光滑，淡粉红色，6 ~ 8 × 4 ~ 5 μm。

生境： 生于草堆、富含有机质的草地上。

分布： 四川、贵州、广西、海南、福建。

用途： 食用、药用。

---

507 褶孔绒盖牛肝菌

Xerocomus porophyllus T.H. Li, W.J. Yan & Ming Zhang, Mycotaxon 124: 257, 2013.

菌盖中部突起至平展，直径5 ~ 7 cm，红褐色至暗红褐色，干，有绒毛至小鳞片，常微裂；菌肉白色至近白色，有时淡粉色，伤不变色；菌管长3 ~ 5 mm，延生，部分孔状部分褶状，通常近柄处呈褶片状，有小横脉，外围较多为孔状，黄棕色；如形成菌孔的孔口多角形；菌柄长4 ~ 5 cm，直径0.8 ~ 1.5 cm，圆柱形，向下略变细，淡黄淡色至黄褐色，基部有白色菌丝体。孢子长椭圆形，淡黄棕色，7 ~ 10 × 5 ~ 6.5 μm。

生境： 生于阔叶树林中地上。

分布： 贵州、广西等。

---

508 铃形干脐菇

Xeromphalina campanella (Batsch) Kühner & Maire, Bull. trimest. Soc. mycol. Fr. 50: 18, 1934.
Agaricus campanella Batsch, Elench. fung. (Halle): 73, 1783.
Omphalia campanella (Batsch) P. Kumm., Führ. Pilzk. (Zwickau): 107, 1871.

菌盖半球形至钟形，后展开，中部下凹或近漏斗形，直径1 ~ 2 cm，橘黄色，光滑，边缘有条纹；菌肉膜质，黄色；菌褶延生，稀，黄白色，或比菌盖色稍浅，褶间有明显横脉；菌柄长1.5 ~ 3 cm，粗2 ~ 5 mm，橙黄色、红褐色至褐色，基部有毛。孢子椭圆形，无色，5 ~ 6.5 × 2.5 ~ 3.5 μm。

生境： 生于腐木上。

分布： 江苏、浙江、安徽、广东、海南、贵州、云南。

用途： 药用。

---

506 **草菇**

Volvariella volvacea (Bull.) Singer

摄影：吴兴亮

507 **褶孔绒盖牛肝菌**

Xerocomus porophyllus T.H. Li, W.J. Yan & Ming Zhang

摄影：吴兴亮

508 **铃形干脐菇**

Xeromphalina campanella (Batsch) Kühner & Maire

摄影：吴兴亮

509 中华干蘑

Xerula sinopudens R.H. Petersen & Nagas., Rep. Tottori Mycol. Inst. 43: 41, 2006.

菌盖扁半球形至凸镜形，直径2 ~ 4 cm，具短绒毛，淡灰色、淡褐色至黄褐色，色较浅；菌肉白色，薄；菌褶白色至米色，弯生至直生，稀；菌柄长5 ~ 10 cm，直径0.3 ~ 0.5 cm，细长，深褐色，外被有绒毛，有假根。孢子近球形至宽椭圆形，无色，光滑，6.5 ~ 7 × 6 ~ 7.5 μm。

生境： 生于腐木上。

分布： 贵州、云南、广西。

510 丛片木革菌

Xylobolus frustulatus (Pers.) P. Karst., Meddn Soc. Fauna Flora fenn. 6: 11, 1881.
Auricularia frustulata (Pers.) Mérat [as 'frvstvlata'], Nouv. Fl. Environs Paris 1: 34, 1821.
Stereum frustulatum (Pers.) Fr., Epicr. Syst. Mycol. (Upsaliae): 552, 1838.
Thelephora frustulata Pers., Syn. meth. fung. (Göttingen) 2: 577, 1801.
Xerocarpus frustulatus (Pers.) P. Karst., Bidr. Känn. Finl. Nat. Folk 37: 134, 1882.

子实体平伏，与基物难剥离，木质，不规则开裂，长0.5 ~ 1 cm，宽0.6 ~ 1.2 cm；子实层体灰白色、浅灰色至灰色，干后浅黄色至棕黄色，光滑；菌肉呈肉桂色、褐色至咖啡色。孢子椭圆形，无色，壁薄至稍厚，光滑，4 ~ 5 × 3 ~ 3.5 μm。

生境： 生于无皮栎倒木和树桩上

分布： 海南、广西。

用途： 药用。

511 显趋木革菌

Xylobolus princeps (Jungh.) Boidin, Revue Mycol., Paris 23: 341, 1958.
Stereofomes annosus (Berk. & Broome) Rick, Egatea 15: 396, 1930.
Stereum annosum Berk. & Broome, J. Linn. Soc., Bot. 14(no. 74): 67, 1873.
Stereum princeps (Jungh.) Lév., Annls Sci. Nat., Bot., sér. 3 2: 210 ,1844.
Thelephora princeps Jungh., Verh. Batav. Genootsch. Kunst. Wet. 17(2): 38, 1838.
Xylobolus annosus (Berk. & Broome) Boidin, Revue Mycol., Paris 23: 341, 1958.

担子果多年生，覆瓦状叠生，木栓质；菌盖半圆形，外伸2 ~ 4 cm，宽3 ~ 8 cm，基部厚2 ~ 3 mm；表面锈褐色至红褐色，干后咖啡色、暗锈褐色至黑褐色，具黑色环带或环区；边缘金黄色至黄褐色；子实层体灰白色、浅肉色、浅灰色至木材色，光滑或具瘤状突起；菌肉咖啡色，硬木质。孢子椭圆形，4 ~ 6 × 3 ~ 4 μm。

生境： 生于阔叶树倒木上。

分布： 广西、海南。

用途： 造成木材白色腐朽。

509 中华干蘑

Xerula sinopudens R.H. Petersen & Nagas.

摄影：吴兴亮

510 丛片木革菌

Xylobolus frustulatus (Pers.) P. Karst.

摄影：吴兴亮

511 显趋木革菌

Xylobolus princeps (Jungh.) Boidin

摄影：吴兴亮

512 亚盖趋木革菌

Xylobolus subpileatus (Berk. & M.A. Curtis) Boidin, Revue Mycol., Paris 23: 341, 1958.
Stereum insigne Bres., Nuovo G. bot. ital. 23(1): 158 ,1891.
Stereum scytale Berk., Hooker's J. Bot. Kew Gard. Misc. 6: 170, 1854.
Stereum sepium Burt, Ann. Mo. bot. Gdn 7(2-3): 215, 1920.
Stereum subpileatum Berk. & M.A. Curtis, Hooker's J. Bot. Kew Gard. Misc. 1: 238, 1849.

子实体覆瓦状叠生，革质至木栓质；菌盖扇形或不规则形，从基部向边缘渐薄，外伸1 ~ 3 cm，宽2 ~ 4 cm，基部厚2 ~ 3 mm；表面褐色至暗锈褐色，从基部向边缘逐渐变浅，被细密绒毛，具同心环带；边缘锐，波状，干后内卷；子实层体初期奶油色，后期浅灰色至浅灰褐色，光滑；菌肉黄褐色，革质至近木质，改菌通常不育。

生境：生于阔叶树死树上。

分布：海南、广西。

513 红绿臧氏牛肝菌

Zangia olivacea Y.C. Li & Zhu L. Yang, in Li, Feng & Yang, Fungal Diversity 49: 137, 2011.

菌盖扁半球形至中部凸起，直径3 ~ 5 cm，橄榄褐色至绿褐色带红色调，稍凹凸不平；菌肉近白色至奶油色；菌管淡肉红色；孔口幼时白色，成熟后淡粉红色；菌柄圆柱形，长6 ~ 10 cm，直径0.5 ~ 1.2 cm，伤后稍变淡蓝色，被粉红色至浅紫红色小疣突，内部菌肉伤后缓慢变淡蓝色。孢子近梭形至长椭圆形，光滑，淡粉红色，12 ~ 15 × 5 ~ 6 μm。

生境：生于针阔混交林中地上。

分布：广西、贵州、云南。

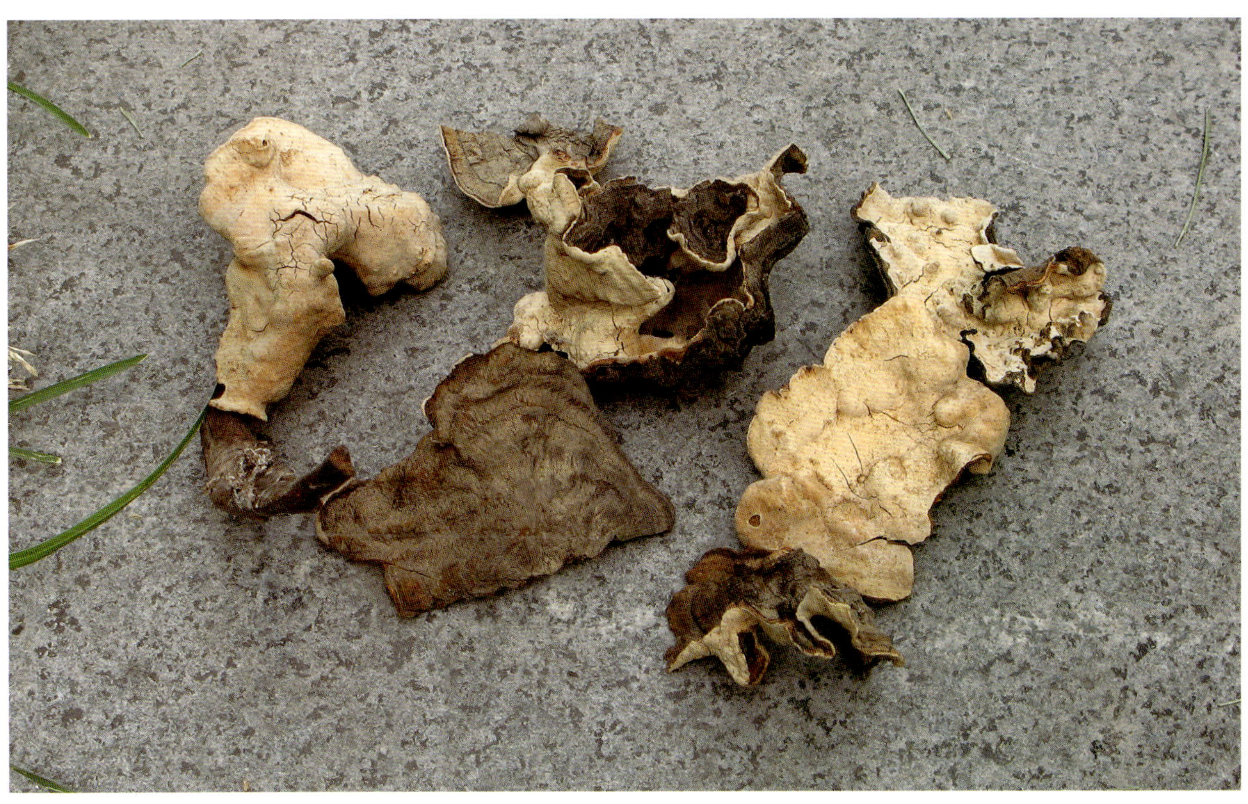

512 **亚盖趋木革菌** *Xylobolus subpileatus* (Berk. & M.A. Curtis) Boidin 摄影：吴兴亮

513 **红绿臧氏牛肝菌** *Zangia olivacea* Y.C. Li & Zhu L. Yang 摄影：吴兴亮

参考文献

毕志树，郑国扬，李泰辉，等，1990．粤北山区大型真菌志[M]．广州：广东科技出版社.

毕志树，郑国杨，李泰辉，1994．广东大型真菌志[M]．广州：广东科技出版社.

陈作红，杨祝良，图力古尔，等，2016．毒蘑菇识与中毒防治[M]．北京：科学出版社.

陈作红，张平，2019．湖南大型真菌图鉴[M]．长沙：湖南师范大学出版社.

戴芳澜，1979．中国真菌总汇[M]．北京：科学出版社.

戴玉成，2005．中国林木病原腐朽菌图志[M]．北京：科学出版社.

戴玉成，2009．中国储木及建筑木材腐朽菌图志[M]．北京：科学出版社.

戴玉成，崔宝凯，2010．海南岛大型木生真菌多样性[M]．北京：科学出版社.

戴玉成，图力古尔，2009．中国东北野生食药用真菌图志[M]．北京：科学出版社.

戴玉成，吴兴亮，2002．山鸡椒上一种新的干基腐朽病[J]．林业科学研究（15）：555-558.

戴玉成，吴兴亮，2004．介绍一种新的食用菌：伯氏圆孢地花菌[J]．中国食用菌，23（4）：3-4.

戴玉成，杨祝良，2008．中国药用真菌名录及部分名称的修订[J]．菌物学报，27（6）：801-824.

戴玉成，杨祝良，2018．中国五种重要食用菌学名新注[J]．菌物学报，37（12）：1572-1577.

戴玉成，周丽伟，杨祝良，等，2010．中国食用菌名录[J]．菌物学报，29（1）：1-21.

邓叔群，1963．中国的真菌[M]．北京：科学出版社.

郭林，2019．中国真菌志：第五十九卷 炭角菌属[M]．北京：科学出版社.

黄年来，1998．中国大型真菌原色图鉴[M]．北京：中国农业出版社.

蒋得斌，吴兴亮，李光平，等，2010．广西猫儿山国家级自然保护区大型真菌资源研究[J]．贵州科学，28（1）：1-11.

李建宗，胡新文，彭寅斌，1993．湖南大型真菌志[M]．长沙：湖南师范大学出版社.

李泰辉，宋斌，吴兴亮，2004．滇黔桂香菇属种类[J]．贵州科学，2（1）：62-66.

李泰辉，宋斌，吴兴亮，等，2004．滇黔桂革耳属研究[J]．贵州科学，22（1）：47-53.

李泰辉，宋斌，吴兴亮，等，2004．黔滇桂的笼头菌科[J]．贵州科学，22（1）：67-75.

李泰辉，宋斌，吴兴亮，等，2004．黔滇桂鬼笔科研究[J]．贵州科学，22（1）80-89.

李泰辉，宋相金，宋斌，等，2017．车八岭大型真菌图志[M]．广州：广东科技出版社.

李泰辉，吴兴亮，宋斌，等，2004．滇黔桂喀斯特地区大型真菌研究[J]．贵州科学，22（1）：1-16.

李玉，李泰辉，杨祝良，等，2015．中国大型菌物资源图鉴[M]．河南：中原农民出版社.

李玉，图力古尔，2014．中国真菌志：第四十五卷 侧耳—香菇型真菌[M]．北京：科学出版社.

梁宗琦，1983．一种国内未见报道的虫草菌：古尼虫草[J]．真菌学报，2（4）：258-259.

梁宗琦，2007．中国真菌志：第三十二卷 虫草属[M]．北京：科学出版社.

梁宗琦，刘作易，2009．中国虫草图谱[M]．贵阳：贵州科技出版社.

刘波，1984．中国药用真菌[M]．太原：山西人民出版社.

刘波，1992．中国真菌志：第二卷 银耳目 花耳目[M]．北京：科学出版社.

刘波，1998．中国真菌志：第七卷 层腹菌目 黑腹菌目 高腹菌目[M]．北京：科学出版社.

刘波，2005．中国真菌志：第二十三卷 硬皮马勃目 柄灰包目 鬼笔目 轴灰包目[M]．北京：科学出版社.

卯晓岚，1998．中国经济真菌[M]．北京：科学出版社．

卯晓岚，2000．中国大型真菌[M]．郑州：河南科学技术出版社．

清水大典，1997．冬虫夏草菌图谱[M]．东京：保育社．

上海农业科学院食用菌研究所，1991．中国食用菌志[M]．北京：中国林业出版社．

邵力平，项存悌，1997．中国森林蘑菇[M]．哈尔滨：东北林业大学出版社

宋斌，李泰辉，吴兴亮，等，2004．滇黔桂牛肝菌资源的初步评价[J]．贵州科学，22（1）：90-96.

宋斌，吴兴亮，李泰辉，等，2004．滇验桂灵芝科多样性初步研究[J]．贵州科学，22（1）：76-79.

图力古尔，2014．中国真菌志：第四十九卷 球盖菇科[M]．北京：科学出版社．

王云章，等，1983．西藏真菌[M]．北京：科学出版社．

魏铁铮，2008．中国蚁巢伞属系统学研究[D]．北京：中国科学研究院．

吴兴亮，1989．贵州大型真菌[M]．贵阳：贵州人民出版社．

吴兴亮，2000．中国贵州大型真菌资源及其利用[J]．贵州科学，18（1）：71-76.

吴兴亮，2011．广西邦亮自然保护区大型真菌的种类组成及其生态分布[J]．贵州科学，29（3）；8-19.

吴兴亮，2019．中国海南岛大型真菌[M]．北京：科学出版社．

吴兴亮，陈光平，余登利，等，2021．中国宽阔水大型真菌[M]．北京：科学出版社．

吴兴亮，戴玉成，2005．中国灵芝图鉴[M]．北京：科学出版社．

吴兴亮，戴玉成，李泰辉，等．2011．中国热带真菌[M]．北京：科学出版社．

吴兴亮，等，2017．中国茂兰大型真菌[M]．北京：科学出版社．

吴兴亮，邓春英，张维勇，等，2014．中国梵净山大型真菌[M]．北京：科学出版社．

吴兴亮，李泰辉，刘作易，等，2009．广西大瑶山国家级自然保护区大型真菌[J]，贵州科学，27（1）：59-65.

吴兴亮，李泰辉，宋斌，2004．贵州茂兰喀斯特林区大型真菌生态分布及资源评价[J]．贵州科学，22（1）：31-61.

吴兴亮，李泰辉，宋斌，2009．广西花坪国家级自然保护区大型真菌资源及生态分布[J]．菌物学报，28（4）：528-534.

吴兴亮，李泰辉，宋斌，等，2009．广西防城金花茶国家级自然保护区大型真菌及其生态[J]．贵州科学，27（1）：77-86.

吴兴亮，李泰辉，宋斌，等，2009．广西九万山大型真菌资源[J]．贵州科学，27（1）：43-50.

吴兴亮，李泰辉，谭伟福，等，2009．广西十万大山国家级自然保护区大型真菌垂直分布[J]．贵州科学，27（1）：22-25.

吴兴亮，卯晓岚，图力古尔，等，2013．中国药用真菌[M]．北京：科学出版社．

吴兴亮，宋斌，李泰辉，等，2009．中国广西大型真菌研究[J]．贵州科学，27（4）：1-25.

吴兴亮，王季槐，钟金霞，1993．贵州茂兰喀斯特森林是区真菌的种类组成及其生态分析[J]．生态学报，13（4）：306-312.

吴兴亮，臧穆，夏同珩，1997．灵芝及其他真菌彩色图志[M]．贵阳：贵州科枝出版社．

吴兴亮，朱国胜，李泰辉，等，2004．广西岑王老山自然保护区大型真菌种类及其生态分布[J]．贵州科学，22（1）：18-27.

吴兴亮，朱国胜，李泰辉，等，2004．广西龙滩自然保护区大型真菌种类及其生态分布[J]．贵州科学，22（1）：54-61.

吴兴亮，邹芳伦，连宾，等，1998．宽阔水自然保护区大型真菌分布特征[J].生态学报，18（6）：609-614.

吴兴亮，邹芳伦，张杰，2006．广西岜盆—板利白头叶猴保护区大型真菌资源及其分布[J]，贵州科学，24（4）：37-45.

小林义雄，清水大典，1983．冬虫夏草菌图谱[M]．大阪：保育社．
杨祝良，2005．中国真菌志：第二十七卷 鹅膏科[M]．北京：科学出版社．
杨祝良，2019．中国真菌志：第五十二卷 环柄菇类（蘑菇科）[M]．北京：科学出版社．
应建浙，赵继鼎，卯晓岚，等，1982．食用蘑菇[M]．北京：科学出版社．
应建浙，卯晓岚，马启明，等，1987．中国药用真菌图鉴[M]．北京：科学出版社．
应建浙，臧穆，1994．西南地区大型经济真菌[M]．北京：科学出版社．
袁明生，孙佩琼，1995．四川蕈菌[M]．成都：四川科学技术出版社．
臧穆，2006．中国真菌志：第二十二卷 牛肝菌科（1）[M]．北京：科学出版社．
张小青，戴玉成，2005．中国真菌志：第二十九卷 锈革孔菌科[M]．北京：科学出版社．
赵继鼎，1998．中国真菌志：第三卷 多孔菌科[M]．北京：科学出版社．
赵继鼎，张小青，2000．中国真菌志：第十八卷 灵芝科[M]．北京：科学出版社．
中国科学院青藏高原综合科学考察队，1994．川西地区大型经济真菌[M]．北京：科学出版社．
中国植物学会真菌分会，1987．真菌、地衣汉语学名命名法规[J]．真菌学报，6：61-64．
周彤燊，2007．中国真菌志：第三十六卷 地星科 鸟巢菌科[M]．北京：科学出版社．
朱国胜，刘作易，吴兴亮，等，2004．中国滇黔桂喀斯特地区部分虫草属真菌研究[J]．贵州科学，22（1）：27-30.
庄文颖，1998．中国真菌志：第八卷 核盘菌科 地舌菌科[M]．北京：科学出版社．
庄文颖，2004．中国真菌志：第二十一卷 晶杯菌科 肉杯菌科 肉盘菌科[M]．北京：科学出版社．
庄文颖，2014．中国真菌志：第四十八卷 火丝菌科[M]．北京：科学出版社．
Corner E JH, 1970. Phylloporus Quel. and Paxillus Fr. in Malaya and Borneo[J].Nova Hedwigia, 20：795-811.
Corner E JH, 1981. The Agaric Genera Lentinus，Panus，and Pleurotus[J]. J. Cramer. Germany：1-169.
Dai Y C, Niemela T, Qin G F. 2003. Changbai wood-rotting fungi 14. A new pleurotoid species Panellus edulis[J]. Annales Botanici. Fennici, 40(2)：107-112.
Gilbertson R L, Ryvarden L,1986. North American Polypores (Vol.1-2)[J]. Fungiflora. Oslo.1：1-306.
Kirk P M, Cannon P F, David J C, et al., 2008. Ainsworth & Bisby's Dictionary of the Fungi. 10th ed[M]. Wallingford：CAB International.
Pegler D N, 1977. A preliminary Agaric Flora of East Africa[J]. Her Majesty's Stationery Office. London：1-728.
Pegler D N, 1983. Agaric Flora of the Lesser Antilles. Her Majesty's Stationary Office[J]. London：1-668.
Ryvarden L, Jogansen I,1980. A prelimiary Polypore Flora of East Africa[M].Oslo. Fungiflora.
Singer R, 1969. Mycoflora Australis[M]. J. Cramer. Germany.
Singer R, 1986. The Agaricales in Modern taxonomy[M]. Koeltz Scientific Books.
Smith AH, 1972. The North American species of Psathyrella[M]. Memoirs of the New York Botanical Garden Vol.24，New York.
Thiers HD, 1975. California mushrooms. A field guide to the Boletess[M]. Hafner Pres. New York and London.

中文名索引

拉丁学名索引